物联网工程
设计与实施
第2版

黄传河 涂航 伍春香 李明 ●编著

Design and Implementation
of Internet of Things Engineering

Second Edition

机械工业出版社
CHINA MACHINE PRESS

本书从工程实施方法论的视角审视物联网工程设计与实施的主要任务，从需求出发，按照物联网工程设计的主要步骤，介绍物联网工程的设计方法、设计条件、设计结果及实施方法。全书共 12 章，分别介绍物联网工程的设计与实施过程、可行性研究、需求分析、初步设计、感知系统设计、传输系统设计、数据中心设计、物联网安全设计、物联网应用软件设计、物联网工程实施、物联网运行维护与管理以及智能物联网案例。

本书可作为高校物联网工程专业及相关专业的本科教材，也可供物联网领域从业者参考使用。

图书在版编目（CIP）数据

物联网工程设计与实施 / 黄传河等编著 . -- 2 版 . -- 北京 : 机械工业出版社, 2025.6. --（物联网工程专业系列教材）. -- ISBN 978-7-111-78033-5

I. TP393.4；TP18

中国国家版本馆 CIP 数据核字第 2025HD8581 号

机械工业出版社（北京市百万庄大街 22 号　邮政编码 100037）

策划编辑：朱　劼　　　　　　　　责任编辑：朱　劼　郎亚妹
责任校对：邓冰蓉　张慧敏　景　飞　责任印制：单爱军
天津嘉恒印务有限公司印刷
2025 年 7 月第 2 版第 1 次印刷
185mm×260mm・20 印张・467 千字
标准书号：ISBN 978-7-111-78033-5
定价：69.00 元

电话服务　　　　　　　　　　网络服务
客服电话：010-88361066　　　机 工 官 网：www.cmpbook.com
　　　　　010-88379833　　　机 工 官 博：weibo.com/cmp1952
　　　　　010-68326294　　　金 书 网：www.golden-book.com
封底无防伪标均为盗版　　　　机工教育服务网：www.cmpedu.com

前　言

本书第 1 版自出版以来，已经多次重印，且技术更迭迅速，相关标准、规范相继推出或升级，对其进行修订再版势在必行。在各方的鼎力支持下，本书得以顺利出版。

本书遵循《高等学校物联网工程专业规范（2020 版）》所界定的范围和国家有关信息工程相关标准和规范，从工程方法论的角度，按照工程逻辑组织相关内容，让读者能以工程思维、系统思维了解物联网工程设计与实施的任务和方法，并能将其用于建设具体工程项目。

物联网工程是为实现预定的应用目标而将物联网的各个要素有机地组织在一起的工程，涉及物联网技术、网络工程、计算机控制、人工智能、大数据技术、软件工程等多个领域，是实现物联网应用的最终途径。物联网工程涉及范围广泛，实施阶段涉及诸多细节。与其他工程类似，物联网工程并不存在一种绝对最优的方法或方案，而是追求相对较优、性价比较高的设计方法和工程方案。本书所介绍的方法正是遵循这一原则的。

本书由黄传河规划和统筹，第 8 章由涂航撰写，第 9 章第 1 节由伍春香撰写，第 12 章由李明撰写，其余内容由黄传河撰写。

由于课时的限制，使用本书时可对内容进行必要的取舍。对已经开设软件工程课程的学校，可略去第 9 章第 1 节；对已经开设应用系统设计课程的学校，可略去第 12 章。

由于资料来源的广泛性，参考文献难免有遗漏，书中引用的很多资料无法一一注明出处，在此对原作者表示感谢和歉意。

物联网工程内容广泛、工程性强且处于快速发展和变化中，特别是人工智能、大数据与物联网深度交融背景下出现的智能物联网技术与应用，其内容更是日新月异，加之作者水平所限，本书难免存在不足之处，诚望读者不吝赐教。若有任何意见或建议，请发送至 huangch@whu.edu.cn。

黄传河 于武汉大学

目 录

前言

第1章 物联网工程设计与实施过程 …… 1
1.1 物联网工程概述 …… 1
1.1.1 物联网工程的概念 …… 1
1.1.2 物联网工程的内容 …… 2
1.1.3 物联网工程的组织 …… 3
1.2 物联网工程设计的目标与约束条件 …… 4
1.2.1 物联网工程设计的目标 …… 4
1.2.2 物联网工程设计的约束条件 …… 4
1.3 物联网工程设计的原则和主要依据 …… 6
1.3.1 物联网工程设计的原则 …… 6
1.3.2 物联网工程设计的主要依据 …… 7
1.4 物联网工程的设计方法 …… 8
1.4.1 生命周期模型 …… 8
1.4.2 设计与实施过程 …… 12
1.4.3 对技术人员的能力要求 …… 14
1.5 物联网工程设计的主要步骤和文档 …… 14
1.5.1 物联网工程设计的主要步骤 …… 14
1.5.2 物联网工程设计的主要文档 …… 14

第2章 可行性研究 …… 16
2.1 可行性研究的内容 …… 16
2.2 可行性研究报告的编制 …… 17
2.2.1 可行性研究报告的内容 …… 17
2.2.2 可行性研究报告的编制要求 …… 27
2.3 可行性研究报告的评审 …… 29

第3章 需求分析 …… 30
3.1 需求分析的目标与内容 …… 30
3.1.1 需求分析的目标 …… 30
3.1.2 需求分析的内容 …… 31
3.1.3 需求分析的步骤 …… 33
3.2 需求分析的收集 …… 33
3.2.1 需求信息的收集方法 …… 33
3.2.2 需求分析的实施 …… 34
3.2.3 需求信息的归纳整理 …… 44
3.3 物联网工程的约束分析 …… 44
3.4 需求说明书的编制 …… 44

第4章 初步设计 …… 47
4.1 初步设计的主要任务 …… 47
4.2 初步设计文件的内容 …… 47
4.3 初步设计文件的编制说明 …… 49

4.3.1　关于政府投资项目的说明 ···· 49
　　4.3.2　关于公司项目的说明 ········ 50
4.4　初步设计方案的评审 ············ 50

第 5 章　感知系统设计 ·············· 51
5.1　感知方式设计 ···················· 51
5.2　感知与控制设备选型 ············ 52
5.3　边缘计算系统设计 ··············· 52
5.4　控制与决策核心功能设计 ······ 52
5.5　感知系统设计文档的编制 ······ 53

第 6 章　传输系统设计 ·············· 54
6.1　逻辑网络设计 ···················· 54
　　6.1.1　逻辑网络设计的内容与目标 ···· 54
　　6.1.2　逻辑网络的结构及设计 ········ 59
　　6.1.3　地址与命名规则设计 ·········· 69
　　6.1.4　路由协议选择 ················ 74
　　6.1.5　带宽与流量分析及性能设计 ···· 77
　　6.1.6　逻辑网络设计说明书的编制 ···· 79
6.2　物理网络设计 ···················· 80
　　6.2.1　物理网络设计的任务与目标 ···· 80
　　6.2.2　物理网络的结构与选型 ········ 80
　　6.2.3　结构化布线系统设计 ·········· 81
　　6.2.4　物联网设备的选型 ············ 87
　　6.2.5　物理网络设计说明书的编制 ···· 92

第 7 章　数据中心设计 ·············· 93
7.1　数据中心设计的任务与目标 ···· 93
7.2　数据中心设计的方法 ············ 93
7.3　高性能计算机系统 ··············· 94
　　7.3.1　高性能计算机的结构与类别 ···· 94
　　7.3.2　高性能计算机的 CPU 类型 ···· 99
　　7.3.3　高性能计算机的作业调度与
　　　　　管理系统 ···················· 99

　　7.3.4　高性能计算机的性能指标 ··· 101
7.4　服务器的选型 ···················· 101
　　7.4.1　服务器的基本要求 ··········· 101
　　7.4.2　服务器配置与选择要点 ····· 102
7.5　存储设备选型 ···················· 104
　　7.5.1　磁盘接口类别与性能 ······· 104
　　7.5.2　RAID ························ 105
　　7.5.3　存储体系结构 ··············· 108
　　7.5.4　磁带库 ······················ 112
7.6　数据中心网络选型 ··············· 112
7.7　数据中心基础软件选型 ········· 113
7.8　云计算服务设计 ················· 114
　　7.8.1　云计算的类型 ··············· 114
　　7.8.2　云存储系统 ················· 114
　　7.8.3　云计算服务系统的设计 ····· 115
　　7.8.4　第三方云中心 ··············· 115
7.9　机房工程设计 ···················· 115
　　7.9.1　UPS ························· 115
　　7.9.2　制冷系统设计 ··············· 116
　　7.9.3　消防系统设计 ··············· 118
　　7.9.4　监控与报警系统设计 ······· 120
　　7.9.5　机房装修设计 ··············· 122
7.10　数据中心设计文档的编制 ···· 122

第 8 章　物联网安全设计 ········· 123
8.1　感知系统安全设计 ··············· 123
　　8.1.1　身份标识设计 ··············· 123
　　8.1.2　RFID 系统安全设计 ········· 125
　　8.1.3　传感器网络安全设计 ······· 130
　　8.1.4　感知层隐私保护 ············ 134
　　8.1.5　物联网感知终端安全设计 ··· 136
8.2　网络安全设计 ···················· 139
　　8.2.1　接入认证协议 ··············· 139
　　8.2.2　基于 DTLS+ 的安全传输 ···· 143

8.2.3　6LoWPAN 安全……………144
　　8.2.4　RPL 协议安全…………………146
　　8.2.5　EPCglobal 网络安全……………147
　　8.2.6　物联网安全专网…………………148
8.3　物联网平台安全……………………153
　　8.3.1　物联网平台安全基础……………153
　　8.3.2　物联网密码基础设施……………155
　　8.3.3　物联网平台身份认证机制………157
　　8.3.4　物联网平台运行安全……………160
　　8.3.5　数据备份与容灾…………………162
8.4　物联网安全管理……………………165
　　8.4.1　物联网安全管理范围……………165
　　8.4.2　物联网安全标准…………………166
　　8.4.3　物联网安全工程实施……………167
　　8.4.4　物联网安全评估方法……………167
　　8.4.5　物联网安全文档管理……………168
8.5　安全设计文档编制…………………168

第9章　物联网应用软件设计…………170
9.1　物联网应用软件的特点……………170
9.2　软件工程方法………………………171
　　9.2.1　软件工程概述……………………171
　　9.2.2　软件生命周期……………………172
　　9.2.3　问题定义与可行性研究…………173
　　9.2.4　需求分析…………………………174
　　9.2.5　软件开发计划……………………183
　　9.2.6　软件设计…………………………190
　　9.2.7　软件编码…………………………198
　　9.2.8　软件测试…………………………200
　　9.2.9　软件维护…………………………212
　　9.2.10　软件项目管理……………………215
　　9.2.11　软件开发过程……………………221
9.3　应用软件设计模式…………………227
　　9.3.1　应用软件设计方法………………227

　　9.3.2　软件架构设计………………………227
　　9.3.3　模块划分……………………………232
9.4　嵌入式软件设计方法…………………233
　　9.4.1　开发工具与平台……………………234
　　9.4.2　基于虚拟机的调试与测试…………235
9.5　分布式信息处理与软件设计
　　　方法………………………………………235
　　9.5.1　分布式计算模型……………………235
　　9.5.2　分布式程序架构……………………235
　　9.5.3　分布式程序设计方法………………237
9.6　移动终端 App 设计……………………238
9.7　物联网应用部署………………………238
　　9.7.1　应用在末梢终端上的部署…………238
　　9.7.2　应用在服务器上的部署……………238
　　9.7.3　基于云计算的应用部署……………239
9.8　物联网应用软件设计说明书
　　　编制………………………………………239

第10章　工程实施…………………………242
10.1　物联网工程实施过程…………………242
10.2　招投标与设备采购……………………244
　　10.2.1　招投标过程…………………………244
　　10.2.2　招投标文件…………………………246
　　10.2.3　合同…………………………………249
　　10.2.4　设备采购与验收……………………250
10.3　施工过程管理与质量监控
　　　 方法………………………………………251
　　10.3.1　施工进度计划………………………251
　　10.3.2　施工过程管理………………………253
　　10.3.3　工程监理……………………………253
　　10.3.4　施工质量控制………………………256
10.4　工程验收………………………………258
　　10.4.1　物联网工程验收过程………………258
　　10.4.2　文档验收……………………………261

第 11 章 运行维护与管理 ………… 263

11.1 物联网测试与维护 ………… 263
11.1.1 物联网测试 …………… 263
11.1.2 物联网维护 …………… 273
11.2 物联网故障分析与处理 …… 274
11.2.1 物联网故障分类 ……… 274
11.2.2 物联网故障排除过程 … 275
11.2.3 物联网故障诊断工具 … 277
11.3 物联网运行与管理 ………… 280
11.3.1 物联网运行状态监测 … 280
11.3.2 物联网管理 …………… 281

第 12 章 智能物联网案例——车联网与智能驾驶 ………… 282

12.1 关键需求 …………………… 282
12.2 车联网系统设计 …………… 282
12.2.1 总体设计 ……………… 282
12.2.2 感知系统设计 ………… 285
12.2.3 数据传输系统设计 …… 289
12.2.4 数据存储方案设计 …… 289
12.2.5 数据处理与决策系统设计 … 290
12.2.6 网络部署设计 ………… 293
12.3 智能驾驶关键技术设计 …… 293
12.3.1 预测与轨迹规划 ……… 293
12.3.2 预测与轨迹规划算法设计 … 294
12.3.3 数据闭环系统 ………… 300
12.3.4 数据闭环设计 ………… 301
12.3.5 地图方案设计 ………… 304
12.3.6 车辆控制执行 ………… 305
12.4 车联网应用设计 …………… 306
12.4.1 静态信息广播 ………… 306
12.4.2 动态信息广播 ………… 307
12.4.3 气象信息广播 ………… 308
12.4.4 红绿灯信息推送 ……… 308
12.4.5 实时路侧信息警示 …… 309
12.4.6 车辆间交互信息警示 … 309

参考文献 ………………………… 310

第 1 章 物联网工程设计与实施过程

物联网工程的规划、设计、实施是一个复杂的系统工程,了解其主要过程、方法与要素,是完成物联网工程的前提和基础。本章介绍物联网工程的主要内容、设计的目标、设计过程及主要设计文档。

1.1 物联网工程概述

1.1.1 物联网工程的概念

物联网工程是研究物联网系统的规划、设计、实施与管理的工程科学,要求物联网工程技术人员根据既定的目标,依照国家、行业或企业规范,制订物联网建设的方案,协助工程招投标,开展设计、实施、管理与维护等工程活动。

物联网工程除了具有一般工程所具有的特点外,还有其特殊性。

- 技术人员应全面了解物联网的原理、技术、系统、安全等知识,了解物联网技术的现状和发展趋势。
- 技术人员应熟悉物联网工程设计与实施的步骤、流程,熟悉物联网设备及其发展趋势,具有设备选型与集成的经验和能力。
- 技术人员应掌握信息系统开发的主流技术,具有基于先进通信特别是无线通信技术、云计算、人工智能、大数据处理、Web 服务、移动智能终端 App 服务、信息发布与信息搜索等要素进行综合开发的经验和能力。
- 工程管理人员应熟悉物联网工程的实施过程,具有协调评审、监理、验收等各环节的经验和能力。

一个物联网工程,对于委托方(称为甲方)或承建方(称为乙方)来说,其承担的工作任务是不一样的。除非另有说明,本书都是以乙方的视角来讨论。对于自研物联网产品,项目组接受上级分派的任务,开展研发工作,也可把项目组看成乙方,把上级看成甲方,只是可能没有场外工程施工、投标等内容。

1.1.2 物联网工程的内容

因具体应用不同，不同的物联网工程，其内容会各不相同。但通常而言，物联网工程包括以下基本内容。

1. 数据感知系统

感知系统是物联网最基本的组成部分。感知系统可能是自动条码识读系统、RFID 系统、无线传感网、光纤传感网、视频传感网、卫星网等特定系统中的一个或多个组合。

2. 数据接入与传输系统

为将感知的数据接入 Internet 或数据中心，需要建设接入与传输系统。接入系统可能包括无线接入（Wi-Fi、GPRS/4G/5G/NB-IoT/LoRa、ZigBee、WAVE、卫星信道等方式）和有线接入（LAN、光纤直连等方式）。骨干传输系统一般可以租用已有的骨干网络，在没有可供租用的网络时，就需要自己建设远距离骨干传输网络，一般使用光缆组建远距离骨干传输网络，在不能或不方便布设光缆的地方，也可使用专用无线传输，如微波。

3. 数据存储系统

数据存储系统包括两个方面的含义：一是用于存储数据的基础硬件，通常用硬盘组成磁盘阵列形成大容量存储装置；二是保存、管理数据的软件系统，通常是使用数据库管理系统和高性能并行文件系统。典型的数据库管理系统包括 Oracle、MySQL、SQL Server、DB2 等，用于保存结构化的数据。典型的高性能文件系统包括 Lustre、GPFS（IBM）、GFS（Google）等，用于管理并发用户的并行文件。

4. 数据处理系统

物联网系统会收集大量的原始数据，各类数据的格式、含义、用途各不相同。为了有效处理、管理和利用这些数据，通常需要有通用的数据处理系统。数据处理系统可能有多种形式，分别完成不同的功能。比如，数据接入和聚合系统，完成对不同类型、格式的数据进行收集、整理、聚合的功能；数据清洗系统，完成数据清洗、过滤、去噪、删重等功能；搜索引擎，完成信息检索与展示功能；数据挖掘系统，完成在海量数据中挖掘隐藏信息的功能；数据智能化处理与决策系统，完成系统状态发现、态势预测、智能决策等功能。

5. 应用系统

应用系统是最顶层的功能系统，是用户看到的物联网功能的集中体现。应用系统因建设目的的不同，具有各不相同的功能和使用模式。比如，智能交通系统与山体滑坡监测系统差异很大。

6. 控制系统

物联网的特点之一是依据感知的数据，根据一定的规则，对客观世界进行某种控制。例如，自动驾驶车辆可能会对车辆转向系统、制动系统进行控制，智能交通系统可能会对交通信号灯进行控制，农业物联网系统可能会对浇灌水阀、光照系统、温控系统、施肥系统进行控制，停车场收费系统可能会对停车位指示灯、进出停车场栏杆等进行控制。但不是所有的物联网系统都必须具有控制系统，是否需要控制系统要根据具体的应用目的来确定，比如，水质监测系统、滑坡监测系统可能就没有控制系统。

7. 安全系统

安全系统是保证信息系统安全、贯穿物联网各个环节的特定功能系统。物联网因其暴露性、泛在性，安全问题十分突出，这一问题是关系到物联网系统能否发挥正常作用的关键。因此，在任何一个物联网工程中，都需要设计有效的安全措施。

8. 数据中心

数据中心是数据汇聚、存储、处理、分发的核心，任何一个物联网系统都需要一个或大或小的数据中心。在数据中心内，除了计算机系统、存储系统、网络通信系统之外，还配备有为保证这些系统工作的其他系统，包括空调系统、不间断电源系统（UPS）、消防系统、安防与监控系统（含报警设备）等。

9. 网络管理系统

网络管理系统也是物联网工程中必不可少的一部分，其功能是对物联网系统进行故障管理（故障发现、定位、排除）、性能管理（性能监测与优化）、配置管理、安全管理，在某些系统中可能还包括计费管理。

1.1.3 物联网工程的组织

1. 组织方式

物联网工程与其他工程类似，原则上按工程招投标方式确定承建单位，工程项目一般采用项目经理制，按工程内容组织施工队伍，并按照商业合同的要求组织项目实施。

2. 组织机构

除很小的工程之外，一般的物联网工程通常都成立下述三层机构。

- 领导小组：负责协调各部门的工作，解决重大问题，进行重大决策，指导总体组的工作，审批各类方案，组织项目验收。领导小组通常由甲乙双方的相关领导组成，有时只由乙方的领导组成。
- 总体组：制订系统需求分析、项目总体方案、工程实施方案，确定所使用的标准、规范，设计全局性的技术方案，对项目的实施进行宏观管理和控制，进行质量管理。多数情况下，总体组由乙方人员组成，有时会请甲方的相关人员参与。
- 技术开发组：根据总体组确定的建设任务，完成具体的设计、开发、安装与测试工作，制作各种技术文档，进行技术培训。技术开发组可能分为不同类别的技术小组，由乙方人员组成。

3. 工程监理

物联网工程监理是指在物联网建设过程中，为用户提供建设方案论证、系统集成商确定、物联网工程质量控制等服务，其核心职责是工程质量控制，包括工程材料的质量、设备的质量、施工的质量等。

监理单位为具有资质的第三方，通常通过招标确定。

监理人员进行质量监控的主要工作包括以下方面。

- 审查建设方案是否合理、所选设备质量是否合格。
- 审查信息系统硬件平台是否合理，是否具有可扩展性，软件平台是否统一、合理。

- 审查应用软件的功能、使用方式是否满足需求。
- 审查施工过程是否符合质量要求、基础建设是否完成、通信线路布设是否合理。
- 审查培训计划是否完整、培训效果是否达到预期目标。
- 审查施工工程是否符合法律、法规、环保等要求。
- 协助用户进行测试和验收。

1.2 物联网工程设计的目标与约束条件

1.2.1 物联网工程设计的目标

物联网工程设计的总体目标是在系统工程科学方法的指导下，根据用户需求，设计完善的方案，优选各种技术和产品，科学组织工程实施，保证建设成一个可靠性高、性价比高、易于使用、满足用户需求的系统。

不同的物联网工程，其具体的目标各不相同，因此，在设计之初，就应该制定明确、具体的设计目标，用以指导、约束和评估设计的全过程及最终结果。目标应具体、尽可能量化，并用具体的参数表示出来，比如带宽、数据丢失率、差错率、数据传输延迟、感知数据量及响应时间、控制精度、存储空间大小、可扩展的范围（节点数、距离、数据量）等。

在总体目标之下，在每个阶段有自己具体的目标。比如，需求分析阶段的目标是了解用户的需求，完成需求分析报告；设计阶段的目标是根据需求、技术等条件，完成初步设计、详细设计、应用系统设计、施工方案设计等，撰写详尽的设计报告与施工方案，供下一阶段使用。

1.2.2 物联网工程设计的约束条件

用户的需求应尽可能得到重视和满足，然而，受多种因素的限制，并非所有用户需求都能得到满足。物联网工程设计的约束条件是设计工作必须遵循的一些前置或附加条件。一个物联网设计即使达到了设计的目标，如果不满足约束条件，也将导致该网络设计无法实施。所以，在需求分析阶段，在确定用户需求的同时，就应对这些前置或附加条件加以确定。

在一个物联网工程中，满足用户需求的网络设计是一个集合，设计约束则是过滤条件，经过过滤后所得到的设计集合，就是可以实施的设计集合。

一般来说，物联网工程设计的约束因素主要来自政策、预算、时间、技术和环保等方面。

1. 政策约束

了解政策约束的目的是发现隐藏在项目背后的可能导致项目失败的因素，如事务安排、持续争论、偏见、利益关系或历史等。政策约束的来源包括法律、法规、行业规定、业务规范、技术规范、环境保护等，政策约束的直接体现形式包括法律法规条文、发表的暂行规定、国际国家行业标准、行政通知与发文等。

在物联网工程设计过程中，设计人员需要与客户就协议、标准、供应商等方面的政策进行讨论，明晰客户在设备、传输、桌面或其他协议方面是否已经制定了标准，是否有关于开发和专有解决方案的规定，是否有认可供应商或平台方面的相关规定，是否允许不同厂商之间的竞争。在明确这些政策约束后，才能开展后期的设计工作，以免出现设计失败或重复设计的现象。

需要特别注意的是，对于一个曾经展开但没有成功的类似项目，应当判断类似的情况是否有可能再次发生，并思考采取什么方案才能避免。

2. 预算约束

预算是决定网络设计的关键因素，许多能满足用户需求的优良设计，恰恰因为超出了用户的基本预算而无法付诸实施。

如果用户的预算是弹性的，则意味着赋予了设计人员更大的发挥空间，设计人员可以从技术先进性、用户满意度、可扩展性、易维护性等多个角度对设计进行优化；但是大多数情况下，设计人员面对的是刚性的预算约束，预算可调整的幅度非常小，在刚性预算约束下实现用户满意度、可扩展性、易维护性是需要大量工程设计经验的。

需要注意的是，对于因预算限制使所设计的物联网工程方案不能满足用户需求的情况，放弃设计工作并不是一种积极的态度。正确的做法是在统筹规划的基础上，合理确定技术先进性标准，将物联网建设工作划分为多个迭代周期，同时将建设目标分解为多个阶段性目标，通过阶段性目标的实现，到达最终满足用户全部需求的目的，当前预算仅用于完成当前迭代周期的建设目标。

预算的正确分解也是一项必须面对的工作。预算通常分为一次性投资预算和周期性投资预算，一般来说，年度发生的周期性投资预算和一次性投资预算之间的比例为10%～15%是比较合理的。一次性投资预算主要用于物联网工程的初始建设，包括设备采购、软件采购、系统维护和测试、工作人员培训以及系统设计和安装的费用等。应根据一次性投资预算，对设备、软件进行选型，对培训工作量进行限定，确保网络初始建设的可行性。周期性投资预算主要用于后期的运营维护，包括人员经费、设备维护消耗、软件系统升级消耗、材料消耗、信息使用费用、线路租用费用等多个方面。同时，对客户单位网络工作人员的能力进行分析，考察他们的工作能力和专业知识是否能够胜任后续工作，并提出相应的建议，这是评判周期性投资预算是否能够满足运营需求的关键之一。

最后，评判多个相同或近似预算物联网工程的优劣，还要对物联网的投资回报进行分析，从降低运行费用、提高生产效率、提高产品质量、扩大市场占有率等多个角度来选择最适合的建设方案。

3. 时间约束

建设进度安排是需要考虑的另一个因素。项目进度表限定了项目最后的期限和重要的阶段。通常，客户会对项目进度有大致要求，设计者必须据此制订合理、可行的实施计划。

在全面了解项目之后，要对物联网设计者自行安排的进度计划与项目进度表的时间进行对照分析，对于存在疑问的地方，要及时与各方进行沟通。

4. 技术约束

用户提出的一些功能需求可能是现阶段的技术无法实现的。因此，设计人员应对每一项需求进行深入分析，列出那些在给定时间约束内既没有现成的设备或技术，也不可能通过努力研制出满足要求的设备或技术的项目，与用户进行沟通，商讨解决方案。通常可采取的对策如下。

- 取消不能实现的需求。
- 暂缓执行相关需求，等待设备或技术出现。
- 组织力量或委托第三方研发，但存在不成功的风险。
- 作为双方的课题进行试验性探讨。

5. 环保约束

随着人们环保意识的不断增强，环境约束越来越严格。比如有些物联网工程可能对文物古迹、森林湖泊、野生动物、自然景观等造成破坏或影响，施工过程或系统运行可能导致电磁干扰、噪声污染等，对人类的居住环境造成影响。对于这些情况，必须进行严格的论证和评价，如果不能满足相关标准的要求，物联网工程就可能无法继续实施。

1.3 物联网工程设计的原则和主要依据

1.3.1 物联网工程设计的原则

物联网工程设计是一个复杂的过程，为保证设计的有效性，应遵循以下基本原则。

- 法规原则。物联网工程首先是一个工程，其设计应遵循国家的相关法律、法规、规范、标准。
- 规划－设计－施工匹配原则。工程界有一个著名的说法：一个再好的施工也不能弥补一个失败的设计，一个再好的设计也不能弥补一个失败的规划。因此设计应充分理解规划的意图，并为施工做好方案，做好规划－设计－施工的良好匹配和流畅衔接。
- 目标驱动原则。设计目标是推动设计的唯一重要因素，再好的设计，如果不能满足设计目标，也只能算是失败的甚至是无用的设计。
- 应用至上原则。应保证应用系统能有效运行、满足用户需求，不了解应用系统的特点和要求，就无法设计出好的物联网工程系统。
- 综合平衡原则。应在需求、成本、时间、技术、环境等多种因素之间寻求最好的平衡和折中。有时多个需求是彼此矛盾的，因此需要进行仔细的平衡和折中。
- 适用原则。应优先选用最简单、最可行的解决方案。当超前性与成熟性、新颖性与实用性、探索性与可行性、综合性与简单性无法兼顾时，应选择最简单、最可行的解决方案，选用成熟的、经过测试的设备和软件，以此保证工程项目建设的成功。
- 原创性原则。应避免简单照抄其他设计方案的做法。每一个工程项目都有自己的特殊性，不要简单地使用统一的设计模板或照抄其他项目的设计方案。
- 弹性原则。应具有可预见性和可扩展性，使系统具有弹性和可扩展性。
- 资质原则。应安排有相关设计资质和经验的人员主导设计工作。

1.3.2 物联网工程设计的主要依据

物联网工程设计应遵循相关标准、规范,并借鉴成熟案例。

关于物联网及相关信息技术,目前典型的国家标准如下。

- GB/T 33474—2016,物联网 参考体系结构
- GB/T 36468—2018,物联网 系统评价指标体系编制通则
- GB/T 36478.1—2018,物联网 信息交换和共享 第1部分:总体架构
- GB/T 36478.2—2018,物联网 信息交换和共享 第2部分:通用技术要求
- GB/T 40684—2021,物联网 信息共享和交换平台通用要求
- GB/T 40778.1—2021,物联网 面向Web开放服务的系统实现 第1部分:参考架构
- GB/T 40778.2—2021,物联网 面向Web开放服务的系统实现 第2部分:物体描述方法
- GB/T 40687—2021,物联网 生命体征感知设备通用规范
- GB/T 40688—2021,物联网 生命体征感知设备数据接口
- GB/T 41800—2022,信息技术 传感器网络 爆炸危险化学品贮存安全监测系统技术要求
- GB/T 41816—2022,物联网 面向智能燃气表应用的物联网系统技术规范
- GB/T 42028—2022,面向陆上油气生产的物联网系统技术要求
- GB/T 9385—2008,计算机软件需求规格说明规范
- GB/T 36964—2018,软件工程软件开发成本度量规范
- GB/T 32911—2016,软件测试成本度量规范
- GB/T 37700—2019,信息技术 工业云 参考模型
- GB/T 35589—2017,信息技术 大数据技术参考模型
- GB/T 38633—2020,信息技术 大数据系统运维和管理功能要求
- GB/T 38643—2020,信息技术 大数据分析系统功能测试要求
- GB/T 38667—2020,信息技术 大数据 数据分类指南
- GB/T 38672—2020,信息技术 大数据接口基本要求
- GB/T 38673—2020,信息技术 大数据系统基本要求
- GB/T 38675—2020,信息技术 大数据计算系统通用要求
- GB/T 38676—2020,信息技术 大数据存储与处理系统功能测试要求
- GB/T 35282—2017,信息安全技术 电子政务移动办公系统安全技术规范
- SZY 102—2017,信息分类及编码规定
- SZY 301—2017,基础数据库表结构及标识符
- SZY 302—2017,监测数据库表结构及标识符
- SZY 303—2017,业务数据库表结构及标识符
- SZY 304—2017,空间数据库表结构及标识符
- SZY 305—2017,多媒体数据库表结构及标识符
- GB 50174—2008,电子信息系统机房设计规范
- GB 50052—2009,供配电系统设计规范

- GB/T 36951—2018，信息安全技术 物联网感知终端应用安全技术要求
- GB/T 37024—2018，信息安全技术 物联网感知层网关安全技术要求
- GB/T 37025—2018，信息安全技术 物联网数据传输安全技术要求
- GB/T 37033.1—2018，信息安全技术 射频识别系统密码应用技术要求 第1部分：密码安全保护框架及安全级别
- GB/T 37033.2—2018，信息安全技术 射频识别系统密码应用技术要求 第2部分：电子标签与读写器及其通信密码应用技术要求
- GB/T 37033.3—2018，信息安全技术 射频识别系统密码应用技术要求 第3部分：密钥管理技术要求
- GB/T 37044—2018，信息安全技术 物联网安全参考模型及通用要求
- GB/T 37093—2018，信息安全技术 物联网感知层接入通信网的安全要求
- GB/T 22239—2019，信息安全技术 网络安全等级保护基本要求
- GB/T 25070—2019，信息安全技术 网络安全等级保护安全设计技术要求
- GB/T 28448—2019，信息安全技术 网络安全等级保护测评要求
- GB/T 34942—2017，信息安全技术 云计算服务安全能力评估方法
- GB/T 28448—2019，信息安全技术 网络安全等级保护测评要求
- GB/T 22239—2019，信息安全技术 网络安全等级保护基本要求
- GB/T 37961—2019，信息技术服务 服务基本要求
- GB/T 37972—2019，信息安全技术 云计算服务运行监管框架
- GB/T 38249—2019，信息安全技术 政府网站云计算服务安全指南
- GMT 0054—2018，信息系统密码应用基本要求
- GB/T 8567—2006，计算机软件文档编制规范
- GB/T 11457—2006，信息技术 软件工程术语

对于土建工程的项目，其设计、预决算应遵循相应的国家标准和规范，包括消防、给排水、环保等。

1.4 物联网工程的设计方法

1.4.1 生命周期模型

在物联网工程领域，目前尚未存在一个专门、统一且被公认的生命周期模型。本书将借鉴网络工程和软件工程的生命周期模型，阐述物联网系统以及物联网工程的生命周期相关内容。

一个物联网系统从构思开始到最后被淘汰的过程被称为该物联网系统的生命周期。一般来说，物联网的生命周期至少包括物联网系统的构思规划、分析设计、实时运行和维护的过程。对于大多数物联网系统来说，由于应用的不断发展，这些系统需要不断重复设计、实施和维护这一过程。

因此，物联网系统的生命周期与网络工程和软件工程的生命周期非常类似。首先，它是一个循环迭代的过程，每次循环迭代的动力都来自应用需求的变更；其次，每次循环过

程中都存在需求分析、规划设计、实施调试和运营维护等阶段。有些物联网系统仅仅经过一个周期就被淘汰，而有些物联网在存续期间经历多次循环周期。一般来说，物联网系统规模越大、投资越多，则其可能经历的循环周期也越多。

1. 生命周期的迭代模型

生命周期迭代模型的核心思想是应用驱动理论和成本评价机制。具体而言，当系统无法满足用户的需求时，就必须进入下一个迭代周期，经过该迭代周期的运作后，系统将能够满足用户的需求；成本评价机制决定是否结束系统的生命周期，当对已有投资的再利用成本小于新建系统的成本时，系统可以进入下一次迭代周期，而再利用成本大于新建成本时，就必须舍弃迭代，终结当前系统，新建系统。生命周期的迭代模型如图1-1所示。

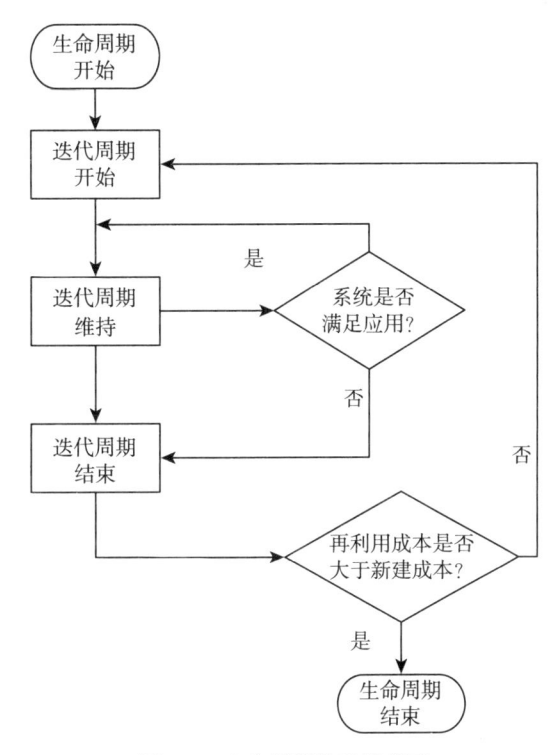

图1-1 生命周期的迭代模型

2. 迭代周期的构成

每一个迭代周期都是一个系统重构的过程，不同的设计方法对迭代周期的划分方式是不同的。这些划分方式侧重点不同，拥有不同的文档模板，但实施后的效果都能够满足用户的需求。目前，没有哪个迭代周期可以完美描述所有项目的开发构成，常见的迭代周期构成方式主要有以下三种。

（1）四阶段周期

四阶段周期的特点是能够快速适应新的需求，强调网络建设周期中的宏观管理，灵活性较强。

如图1-2所示，四个阶段分别为构思与规划阶段、分析与设计阶段、实施与构建阶段、运行与维护阶段，这四个阶段之间有一定的重叠，这保证了两个阶段之间交接工作的顺利进行，同时也为网络工程设计赋予了灵活性。

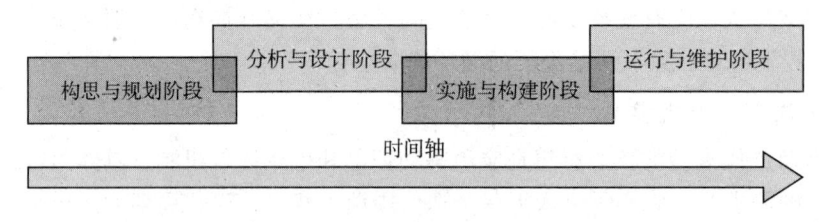

图 1-2　四阶段周期

构思与规划阶段的主要工作是明确物联网系统设计或改造的需求，并确定新物联网系统的建设目标。分析与设计阶段的工作是根据物联网系统的需求进行设计，并形成特定的设计方案。实施与构建阶段的工作是根据设计方案进行设备与软件的研制、购置、安装、调试，形成可试用的环境。运行与维护阶段提供物联网服务，并实施物联网管理。

四阶段周期的优点在于工作成本较低、灵活性高，适用于规模较小、需求较为明确、网络结构简单的物联网工程。

（2）五阶段周期

五阶段周期是网络工程中较为常见的迭代周期划分方式，它将一次迭代划分为以下五个阶段，可用于物联网工程的设计。

- 需求分析。
- 通信设计。
- 逻辑网络设计。
- 物理网络与软件设计。
- 实施。

在五个阶段中，每个阶段都是一个独立的工作环节，每个环节完成后才能进入下一个环节，这类似于软件工程中的"瀑布模型"，由此形成了特定的工作流程。五阶段周期如图 1-3 所示。

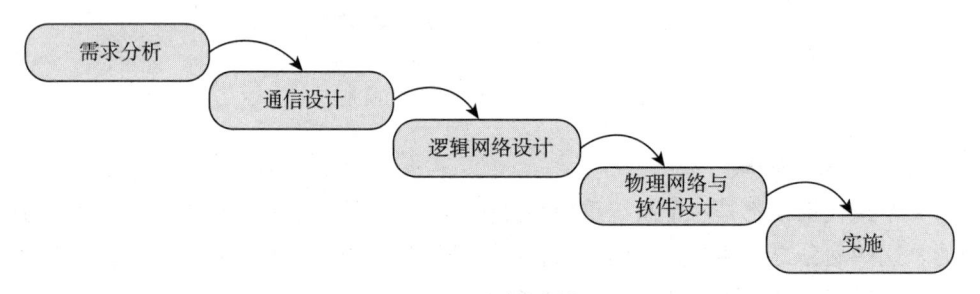

图 1-3　五阶段周期

按照这种流程设计物联网工程，在下一个阶段开始之前，前面每个阶段的工作都必须已经完成。通常情况下，不允许返回到前面的阶段，如果前一阶段的工作没有完成就开始进入下一个阶段，则会对后续工作产生较大的影响，甚至出现工期拖后和成本超支的情况。

这种模式的主要优势在于所有的计划都在较早的阶段完成，系统的所有负责人都能清楚地了解系统的具体情况以及工作进度，更有利于协调各方工作。

五阶段周期的缺点是比较死板，不灵活。因为在项目完成之前，用户的需求常常会发生变化，这使得已完成的部分需要频繁修改，从而影响工作的进程。所以，在基于这种流程完成物联网设计时，用户的需求确认工作非常重要。

五阶段周期由于存在较为严格的需求和通信分析规范，并且在设计过程中充分考虑了网络的逻辑特性和物理特性，因此较为严谨，适用于规模较大、需求较为明确、在一次迭代过程中需求变更较小的物联网工程。

（3）六阶段周期

六阶段周期是对五阶段周期的补充，针对其缺乏灵活性进行了改进。通过在实施阶段前后增加相应的测试和优化过程，提高物联网建设工程中对需求变更的适应性。

六个阶段分别为需求分析、逻辑设计、物理设计、设计优化、实施及测试、监测及性能优化，如图1-4所示。

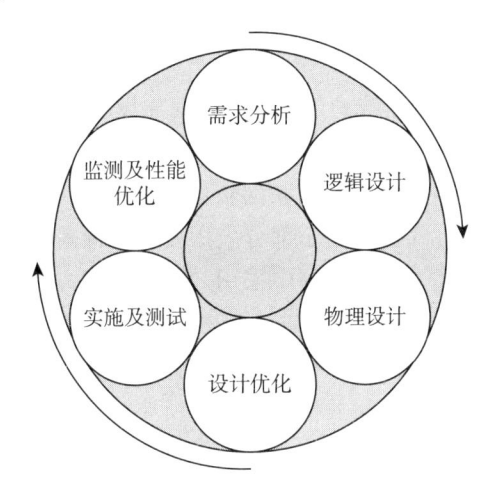

图1-4 六阶段周期

- 需求分析阶段。网络分析人员通过与用户和技术人员进行交流来获取新系统或升级系统的商业和技术目标，归纳出当前物联网的特征，并分析当前和将来的网络通信量、性能，包括流量、负载、协议行为和服务质量要求。
- 逻辑设计阶段。主要完成物联网的逻辑拓扑结构、设备与物品编址、设备命名、路由协议选择、安全规划、物联网管理等设计工作，并且根据这些设计生成对设备厂商、服务提供商的选择策略。
- 物理设计阶段。根据逻辑设计的成果，研制或选择具体的技术和产品，使逻辑设计成果符合工程设计规范。
- 设计优化阶段。该阶段完成在实施阶段前的方案优化，通过召开专家研讨会、搭建试验平台、物联网仿真等多种形式，找出设计方案中的缺陷，并进行方案优化。
- 实施及测试阶段。该阶段根据优化后的方案进行设备的购置、安装、调试与测试，开发或购置软件系统，通过测试和试用，发现物联网环境与设计方案的偏离，纠正实施过程中的错误，甚至可能修改物联网设计方案。
- 监测及性能优化阶段。该阶段是物联网的运营和维护阶段，通过网络管理、安全管理等技术手段，对物联网是否正常运行进行实时监控，一旦发现问题，通过优化设备配置参数，达到优化物联网性能的目的。一旦发现物联网性能已经无法满足用户需求，则进入下一次迭代周期。

六阶段周期偏重于物联网的测试和优化，尤其关注需求不断变更的情况。其严格的逻辑设计和物理设计规范，使得该种模式适合于大型物联网的建设工作。

1.4.2 设计与实施过程

物联网工程设计过程描述的是在设计一个物联网系统时必须完成的基本任务，而物联网生命周期的迭代模型为描绘物联网工程的设计提供了特定的理论模型，因此物联网设计过程主要是指第一次迭代过程。

一个物联网项目从构思到最终退出应用，通常会遵循迭代模型，经历多个迭代周期，每个周期内的各种工作可根据工程规模采用不同的迭代周期。例如，物联网建设初期建设的是试点系统，由于规模比较小，因此第一次迭代周期的开发工作采用四阶段周期方式；随着应用的发展，需要基于试点系统的建设进行全面建设和互联，扩展后的物联网规模较大，则可以在第二次迭代周期中采用五阶段周期或六阶段周期方式。

由于在物联网工程中，中等规模的物联网数量较多且应用范围较广，因此本书主要介绍五阶段迭代周期方式，该方式也适用于部分应用要求、覆盖要求比较单纯的大型物联网工程。在较为复杂的大型、超大型物联网中采用六阶段周期方式时，也必须完成五阶段周期中要求的各项工作，只不过在此基础上进一步增强了灵活性和必需的验证机制。

从工程实施的角度来看，将大型工程问题分解为多个相对独立的较小工程问题，是解决复杂工程问题的常用方法，也是相关法规、规范所要求的实施程序。依据国家相关工程实施规范，本书将物联网工程设计与实施过程划分为以下四个主要阶段。

- 可行性研究阶段
- 初步设计（简称初设）阶段
- 详细设计（简称详设）阶段
- 安装和测试阶段

各阶段的工作成果都将直接影响下一阶段工作的开展。

在这四个阶段中，每个阶段都必须依据上一阶段的成果完成本阶段的工作，并形成本阶段的工作成果，作为下一阶段的工作依据。对大型物联网工程，通常可行性研究委托一个机构承担，而后续三个阶段（初步设计、详细设计、安装和测试）委托另一个机构承担，分别通过招标的方式确定承担单位。这些阶段成果分别为"可行性研究报告""初步设计方案""详细设计方案""安装和测试方案"。多数大中型物联网工程的设计与实施过程如图 1-5 所示。

各阶段产生的输出成果将直接关系到下一阶段的工作。因此，作为这些工作成果的产物，所有记录设计规划、技术选择、用户信息以及上级审批的文件，都应该妥善保存，以便日后进行查询和参考。另外，在极端情况下，如果某一阶段的工作出现重大失误，可以根据上一阶段的成果，重新执行本阶段的工作。

下面简要介绍各阶段的主要内容，其详细内容在后续章节介绍。

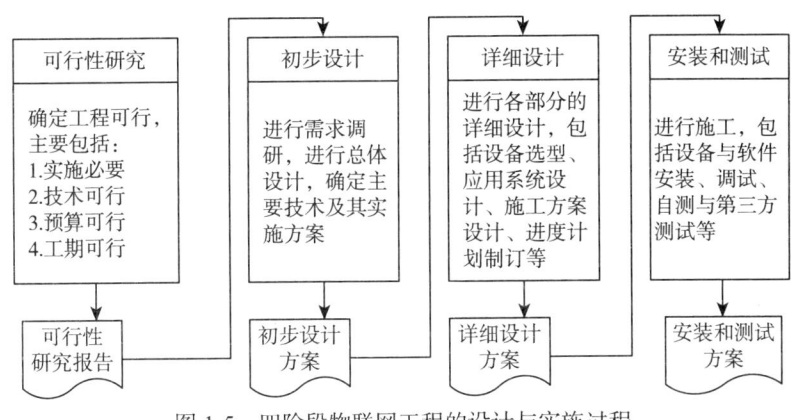

图 1-5　四阶段物联网工程的设计与实施过程

1. 可行性研究

对于大型物联网工程而言，原则上都要先进行可行性研究（或工程可行性研究），只有可行性研究获得批准，工程才能启动并进入实施阶段。

可行性研究是指对拟定的物联网工程的必要性进行论证，对物联网工程的可行性进行全面研究，包括工程合法性、合规性、技术可行性、工期可行性、施工方案可行性、环保可行性、节能可行性、运营方案可行性、经费筹措机制可行性、效益可行性、招标方案（确定承建单位）等多个方面。

可行性研究的结果是可行性研究报告。甲方或有资质的机构召开可行性研究报告评审会，评审的结果可以是通过、不通过、原则通过但需进一步完善。可行性研究报告未获通过时，该工程不会进入下一阶段，有可能被取消，也有可能延期，等待新的实施条件成熟。

2. 初步设计

初步设计简称初设（学术界也称为基本设计、概要设计），主要内容是根据可行性研究报告，进行更详细的需求分析，给出物联网系统的概要设计方案，包括总体功能设计、技术选型、感知系统概要设计、传输系统概要设计、数据存储与处理系统概要设计、应用系统概要设计、控制系统概要设计、环保与节能方案概要设计、安防系统概要设计、消防系统概要设计、施工方案概要设计等。初步设计中的系统概貌与位置分布可使用逻辑拓扑结构表示。设计结果被汇总为初步设计方案，供评审和详细设计使用。

3. 详细设计

详细设计简称详设，根据初步设计方案对每一个子系统进行详细的设计。对土建等施工内容，要给出具体的施工图、材料等；对信息系统，要给出详细的模块设计、数据库设计、网络及其参数设计、设备安装与参数设置说明、测试方案等。详细设计所使用的地理分布图需使用实际地图，并标注相应的实际距离、线路走向。详细设计结果被汇总为详细设计方案，供评审和施工使用。

4. 安装和测试

安装和测试工作是指组织人员，根据详细设计方案进行具体的工程实施，包括基础（土建）施工、设备与辅材采购、网络布设、设备安装与调试、应用系统开发与部署、系统联调、自我测试、聘请第三方测试、试运行等，并根据测试、试运行的结果对系统进行优化。在试运行期满后申请甲方进行验收。

对大型工程，甲方都会聘请监理机构，在整个实施过程中，对施工的各环节进行质量监督。

1.4.3 对技术人员的能力要求

负责物联网工程设计与实施的技术人员需要具备必要的专业知识与专业能力，主要包括以下几个方面。

- 了解相关产业政策。
- 熟悉相关法律法规、工程规范。
- 具有必要的工程伦理知识。
- 具备与特定物联网工程相关的专业知识、工程经验。
- 熟悉相关物联网技术的发展现状与趋势。
- 了解相关主流物联网设备及其功能、性能、适用条件、市场价格。

1.5 物联网工程设计的主要步骤和文档

1.5.1 物联网工程设计的主要步骤

通常，物联网工程设计包括以下几个步骤。

1）进行可行性研究。对大型项目，可行性研究是必需的，但对小型项目，一般不进行该项工作。

2）根据拟建物联网工程的性质，确定所使用的生命周期模型。

3）进行需求分析，确定设计目标、性能参数。

4）若是改造现有物联网系统，则需对现有网络进行分析。

5）进行初步设计，包括网络系统、感知系统、数据存储与处理系统、控制系统、应用软件系统、安防系统、现场施工概要方案等设计，确定各部分的衔接关系、总体施工进度等。

6）进行详细设计，包括按软件工程规范进行软件系统各模块设计、网络与设备布置方案设计。此阶段可能还需要进行某些技术试验和测试，以确定具体的技术方案。

7）进行施工方案设计，包括工期计划、施工流程、现场管理方案、施工人员安排、工程质量保证措施等。

8）设计测试方案。

9）设计试运行方案，并针对可能出现的问题制订处理预案。

10）试运行期满，准备验收文档，申请验收，结算经费。

1.5.2 物联网工程设计的主要文档

在物联网工程建设过程中的每一阶段，都需要撰写规范的文档。这些文档将作为下一阶段工作开展的依据。同时，文档也是工程验收和后续运行维护工作中必不可少的资料。

主要包括如下文档。

- 可行性研究报告。
- 需求分析报告。
- 招标文件（乙方协助甲方完成，用于招标。有时由甲方单独撰写，不需要乙方协助）。
- 投标文件（乙方用于投标）。
- 初步设计方案。
- 详细设计方案。
- 施工方案/施工记录。
- 测试方案/测试记录。
- 验收文档（可能多达数十种）。

第 2 章 可行性研究

可行性研究是启动一个工程项目前对项目必要性和可行性进行的全面研究和论证，是做出启动工程项目决策的最重要依据。

2.1 可行性研究的内容

可行性研究是工程项目开始前具有决定性意义的工作，是在投资决策之前，对拟建工程项目进行全面技术与经济分析论证的科学方法。在投资管理中，可行性研究是指对拟建项目有关的自然、社会、经济、技术等因素进行调研、分析对比，并对建成后的社会经济效益进行预测。在此基础上，综合论证项目建设的必要性、业务的盈利性、经济的合理性、技术的先进性和适应性以及建设条件的可能性和可行性，从而为投资决策提供科学依据。

可行性研究报告是在着手开展某一建设或科研项目之前，对该项目实施的可能性、有效性、技术方案及技术政策进行具体、深入、细致的技术论证和经济评价，目的是确定一个在技术上合理、经济上合算的最优方案和最佳时机而写的书面报告。可行性研究报告简称为可研报告。

可行性研究报告要求以全面、系统的分析为主要方法，以经济效益为核心，围绕影响项目的各种因素，运用大量的数据资料论证拟建项目是否可行。同时，要对整个可行性研究提出综合分析评价，指出优缺点和建议。为了使结论更具说服力，通常还需要添加一些附件，如试验数据、论证材料、计算图表、附图等。

按用途分类，可行性研究报告分为政府审批核准用可行性研究报告和融资用可行性研究报告。审批核准用可行性研究报告侧重项目的社会经济效益和影响，融资用可行性研究报告侧重关注项目在经济上是否可行。具体而言，包括政府立项审批、产业扶持、银行贷款、融资投资、投资建设、境外投资、上市融资、中外合作、股份合作、组建公司、征用土地、申请高新技术企业等各类可行性报告。

可行性研究报告通过对项目的市场需求、资源供应、建设规模、工艺路线、设备选型、环境影响、资金筹措、盈利能力等

方面的调查研究，在行业专家研究经验的基础上对项目经济效益及社会效益进行科学预测，从而为客户提供全面的、客观的、可靠的项目投资价值评估及项目建设进程等咨询意见。

2.2 可行性研究报告的编制

对大型项目，根据国务院发布的《企业投资项目核准和备案管理条例》、国家发改委发布的《企业投资项目核准和备案管理办法》，企业在项目建设投资前必须到项目建设地发改委提交项目可行性研究报告，申请立项。

不涉及政府资金和利用外资的企业投资项目按照备案制立项。需要企业提交工程项目可行性研究报告、备案请示、公司工商材料、项目建设地址图、项目总平面布置图，配合发改委填写项目立项备案表。

在项目备案的同时，还需要同步办理环境影响评价和节能评估。需要编制环境影响评价报告（或者报告表、登记表）、节能评估报告（或者报告表、登记表），这两份报告需要具有相应资质的单位编制，是项目立项备案过程中的重要文档。

2.2.1 可行性研究报告的内容

2023年3月23日，国家发改委发布《国家发展改革委关于印发投资项目可行性研究报告编写大纲及说明的通知》(发改投资规〔2023〕304号)，规定了可行性研究报告的内容。下面分别为《政府投资项目可行性研究报告编写通用大纲（2023年版）》和《企业投资项目可行性研究报告编写通用大纲（2023年版）》，其中黑体加粗部分为固定标题，宋体部分为简要解释和说明。

1. 政府投资项目可行性研究报告内容

下述横线之间的内容为《政府投资项目可行性研究报告编写通用大纲（2023年版）》的正文。

一、概述

（一）项目概况

项目全称及简称，概述项目建设目标和任务、建设地点、建设内容和规模（含主要产出）、建设工期、投资规模和资金来源、建设模式、主要技术经济指标、绩效目标等。

（二）项目单位概况

简述项目单位基本情况。拟新组建项目法人的，简述项目法人组建方案。对于政府资本金注入项目，简述项目法人基本信息、投资人（或者股东）构成及政府出资人代表等情况。

（三）编制依据

概述项目建议书（或项目建设规划）及其批复文件、国家和地方有关支持性规划、产业政策和行业准入条件、主要标准规范、专题研究成果，以及其他依据。

（四）主要结论和建议

简述项目可行性研究的主要结论和建议。

二、项目建设背景和必要性

（一）项目建设背景

简述项目立项背景，项目用地预审和规划选址等行政审批手续办理和其他前期工作进展。

（二）规划政策符合性

阐述项目与经济社会发展规划、区域规划、专项规划、国土空间规划等重大规划的衔接性，与扩大内需、共同富裕、乡村振兴、科技创新、节能减排、碳达峰碳中和、国家安全和应急管理等重大政策目标的符合性。

（三）项目建设必要性

从重大战略和规划、产业政策、经济社会发展、项目单位履职尽责等层面，综合论证项目建设的必要性和建设时机的适当性。

三、项目需求分析与产出方案

（一）需求分析

在调查项目所涉产品或服务需求现状的基础上，分析产品或服务的可接受性或市场需求潜力，研究提出拟建项目功能定位、近期和远期目标、产品或服务的需求总量及结构。

（二）建设内容和规模

结合项目建设目标和功能定位等，论证拟建项目的总体布局、主要建设内容及规模，确定建设标准。大型、复杂及分期建设项目应根据项目整体规划、资源利用条件及近远期需求预测，明确项目近远期建设规模、分阶段建设目标和建设进度安排，并说明预留发展空间及其合理性、预留条件对远期规模的影响等。

（三）项目产出方案

研究提出拟建项目正常运营年份应达到的生产或服务能力及其质量标准要求，并评价项目建设内容、规模以及产出的合理性。

四、项目选址与要素保障

（一）项目选址或选线

通过多方案比较，选择项目最佳或合理的场址或线路方案，明确拟建项目场址或线路的土地权属、供地方式、土地利用状况、矿产压覆、占用耕地和永久基本农田、涉及生态保护红线、地质灾害危险性评估等情况。备选场址方案或线路方案比选要综合考虑规划、技术、经济、社会等条件。

（二）项目建设条件

分析拟建项目所在区域的自然环境、交通运输、公用工程等建设条件。其中，自然环境条件包括地形地貌、气象、水文、泥沙、地质、地震、防洪等；交通运输条件包括铁路、公路、港口、机场、管道等；公用工程条件包括周边市政道路、水、电、气、热、消防和通信等。阐述施工条件、生活配套设施和公共服务依托条件等。改扩建工程要分析现有设施条件的容量和能力，提出设施改扩建和利用方案。

（三）要素保障分析

土地要素保障。分析拟建项目相关的国土空间规划、土地利用年度计划、建设用地控制指标等土地要素保障条件，开展节约集约用地论证分析，评价用地规模和功能分区的合理性、节地水平的先进性。说明拟建项目用地总体情况，包括地上（下）物情况等；涉及耕地、园地、林地、草地等农用地转为建设用地的，说明农用地转用指标的落实、转用审批手续办理安排及耕地占补平衡的落实情况；涉及占用永久基本农田的，说明永久基本农田占用补划情况；如果项目涉及用海用岛，应明确用海用岛的方式、具体位置和规模等内容。

资源环境要素保障。分析拟建项目水资源、能源、大气环境、生态等承载能力及其保障条件，以及取水总量、能耗、碳排放强度和污染减排指标控制要求等，说明是否存在环境敏感区和环境制约因素。对于涉及用海的项目，应分析利用港口岸线资源、航道资源的基本情况及其保障条件；对于需围填海的项目，应分析围填海基本情况及其保障条件。对于重大投资项目，应列示规划、用地、用水、用能、环境以及可能涉及的用海、用岛等要素保障指标，并综合分析提出要素保障方案。

五、项目建设方案

（一）技术方案

通过技术比较提出项目预期达到的技术目标、技术来源及其实现路径，确定核心技术方案和核心技术指标。简述推荐技术路线的理由。对于专利或关键核心技术，需要分析其取得方式的可靠性、知识产权保护、技术标准和自主可控性等。

（二）设备方案

通过设备比选提出所需主要设备（含软件）的规格、数量、性能参数、来源和价格，论述设备（含软件）与技术的匹配性和可靠性、设备（含软件）对工程方案的设计技术需求，提出关键设备和软件推荐方案及自主知识产权情况。对于关键设备，进行单台技术经济论证，说明设备调研情况；对于非标设备，说明设备原理和组成。对于改扩建项目，分析现有设备利用或改造情况。涉及超限设备的，研究提出相应的运输方案，特殊设备提出安装要求。

（三）工程方案

通过方案比选提出工程建设标准、工程总体布置、主要建（构）筑物和系统设计方案、外部运输方案、公用工程方案及其他配套设施方案。工程方案要充分考虑土地利用、地上地下空间综合利用、人民防空工程、抗震设防、防洪减灾、消防应急等要求，以及绿色和韧性工程相关内容，并结合项目所属行业特点，细化工程方案有关内容和要求。涉及分期建设的项目，需要阐述分期建设方案；涉及重大技术问题的，还应阐述需要开展的专题论证工作。

（四）用地用海征收补偿（安置）方案

涉及土地征收或用海海域征收的项目，应根据有关法律法规政策规定，提出征收补偿（安置）方案。土地征收补偿（安置）方案应当包括征收范围、土地现状、征收目的、补偿方式和标准、安置对象、安置方式、社会保障、补偿（安置）费用等内容。用海用岛涉及利益相关者的，应根据有关法律法规政策规定等，确定利益相关者协调方案。

（五）数字化方案

对于具备条件的项目，研究提出拟建项目数字化应用方案，包括技术、设备、工程、建设管理和运维、网络与数据安全保障等方面，提出以数字化交付为目的，实现设计－施工－运维全过程数字化应用方案。

（六）建设管理方案

提出项目建设组织模式和机构设置，制定质量、安全管理方案和验收标准，明确建设质量和安全管理目标及要求，提出拟采用新材料、新设备、新技术、新工艺等推动高质量建设的技术措施。根据项目实际提出拟实施以工代赈的建设任务等。

提出项目建设工期，对项目建设主要时间节点做出时序性安排。提出包括招标范围、招标组织形式和招标方式等在内的拟建项目招标方案。研究提出拟采用的建设管理模式，如代建管理、全过程工程咨询服务、工程总承包（EPC）等。

六、项目运营方案

（一）运营模式选择

研究提出项目运营模式，确定自主运营管理还是委托第三方运营管理，并说明主要理由。委托第三方运营管理的，应提出对第三方的运营管理能力要求。

（二）运营组织方案

研究项目组织机构设置方案、人力资源配置方案、员工培训需求及计划，提出项目在合规管理、治理体系优化和信息披露等方面的措施。

（三）安全保障方案

分析项目运营管理中存在的危险因素及其危害程度，明确安全生产责任制，建立安全管理体系，提出劳动安全与卫生防范措施，以及项目可能涉及的数据安全、网络安全、供应链安全的责任制度或措施方案，并制订项目安全应急管理预案。

（四）绩效管理方案

研究制定项目全生命周期关键绩效指标和绩效管理机制，提出项目主要投入产出效率、直接效果、外部影响和可持续性等管理方案。大型、复杂及分期建设项目，应按照子项目分别确定绩效目标和评价指标体系，并说明影响项目绩效目标实现的关键因素。

七、项目投融资与财务方案

（一）投资估算

对项目建设和生产运营所需投入的全部资金即项目总投资进行估算，包括建设投资、建设期融资费用和流动资金，说明投资估算编制依据和编制范围，明确建设期内分年度投资计划。

（二）盈利能力分析

根据项目性质，确定适合的评价方法。结合项目运营期内的负荷要求，估算项目营业收入、补贴性收入及各种成本费用，并按相关行业要求提供量价协议、框架协议等支撑材料。通过项目自身的盈利能力分析，评价项目可融资性。对于政府直接投资的非经营性项目，开展项目全生命周期资金平衡分析，提出开源节流措施。对于政府资本金注入项目，计算财务内部收益率、财务净现值、投资回收期等指标，评价项目盈利能力；营业收入不足以覆盖项目成本费用的，提出政府支持方案。对于综合性开发项目，分析项目服务能力和潜在综合收益，评价项目采用市场化机制的可行性和利益相关方的可接受性。

（三）融资方案

研究提出项目拟采用的融资方案，包括权益性融资和债务性融资，分析融资结构和资金成本。说明项目申请财政资金投入的必要性和方式，明确资金来源，提出形成资金闭环的管理方案。对于政府资本金注入项目，说明项目资本金来源和结构、与金融机构对接情况，研究采用权益型金融工具、专项债、公司信用类债券等融资方式的可行性，主要包括融资金额、融资期限、融资·成本等关键要素。对于具备资产盘活条件的基础设施项目，研究项目建成后采取基础设施领域不动产投资信托基金（REITs）等方式盘活存量资产、实现项目投资回收的可能路径。

（四）债务清偿能力分析

对于使用债务融资的项目，明确债务清偿测算依据和还本付息资金来源，分析利息备付率、偿债备付率等指标，评价项目债务清偿能力，以及是否增加当地政府财政支出负担、引发地方政府隐性债务风险等情况。

（五）财务可持续性分析

对于政府资本金注入项目，编制财务计划现金流量表，计算各年净现金流量和累计盈余资金，判断拟建项目是否有足够的净现金流量维持正常运营。对于在项目经营期出现经营净现金流量不足的项目，研究提出现金流接续方案，分析政府财政补贴所需资金，评价项目财务可持续性。

八、项目影响效果分析

（一）经济影响分析

对于具有明显经济外部效应的政府投资项目，计算项目对经济资源的耗费和实际贡献，分析项目费用效益或效果，以及重大投资项目对宏观经济、产业经济、区域经济等所产生的影响，评价拟建项目的经济合理性。

（二）社会影响分析

通过社会调查和公众参与，识别项目主要社会影响因素和主要利益相关者，分析不同目标群体的诉求及其对项目的支持程度，评价项目采取以工代赈等方式在带动当地就业、促进技能提升等方面的预期成效，以及促进员工发展、社区发展和社会发展等方面的社会责任，提出减缓负面社会影响的措施或方案。

（三）生态环境影响分析

分析拟建项目所在地的环境和生态现状，评价项目在污染物排放、地质灾害防治、防洪减灾、水土流失、土地复垦、生态保护、生物多样性和环境敏感区等方面的影响，提出生态环境影响减缓、生态修复和补偿等措施，以及污染物减排措施，评价拟建项目能否满足有关生态环境保护政策要求。

（四）资源和能源利用效果分析

研究拟建项目的矿产资源、森林资源、水资源（含非常规水源）、能源、再生资源、废物和污水资源化利用，以及设备回收利用情况，通过单位生产能力主要资源消耗量等指标分析，提出资源节约、关键资源保障，以及供应链安全、节能等方面措施，计算采取资源节约和资源化利用措施后的资源消耗总量及强度。计算采取节能措施后的全口径能源消耗总量、原料用能消耗量、可再生能源消耗量等指标，评价项目能效水平以及对项目所在地区能耗调控的影响。

（五）碳达峰碳中和分析

对于高耗能、高排放项目，在项目能源资源利用分析的基础上，预测并核算项目年度碳排放总量、主要产品碳排放强度，提出项目碳排放控制方案，明确拟采取减少碳排放的路径与方式，分析项目对所在地区碳达峰碳中和目标实现的影响。

九、项目风险管控方案

（一）风险识别与评价

识别项目全生命周期的主要风险因素，包括需求、建设、运营、融资、财务、经济、社会、环境、网络与数据安全等方面，分析各风险发生的可能性、损失程度，以及风险承担主体的韧性或脆弱性，判断各风险后果的严重程度，研究确定项目面临的主要风险。

（二）风险管控方案

结合项目特点和风险评价，有针对性地提出项目主要风险的防范和化解措施。重大项目应当对社会稳定风险进行调查分析，查找并列出风险点、风险发生的可能性反影响程度，提出防范和化解风险的方案措施，提出采取相关措施后的社会稳定风险等级建议。对可能引发"邻避"问题的，应提出综合管控方案，保证影响社会稳定的风险在采取措施后处于低风险且可控状态。

（三）风险应急预案

对于拟建项目可能发生的风险，研究制定重大风险应急预案，明确应急处置及应急演练要求等。

十、研究结论及建议

（一）主要研究结论

从建设必要性、要素保障性、工程可行性、运营有效性、财务合理性、影响可持续性、风险可控性等维度分别简述项目可行性研究结论，评价项目在经济、社会、环境等各方面效果和风险，提出项目是否可行的研究结论。

（二）问题与建议

针对项目需要重点关注和进一步研究解决的问题，提出相关建议。

十一、附表、附图和附件

根据项目实际情况和相关规范要求，研究确定并附具可行性研究报告必要的附表、附图和附件等。

---

2. 企业投资项目可行性研究报告内容

下述横线之间的内容为《企业投资项目可行性研究报告编写通用大纲（2023年版）》的正文。

一、概述

（一）项目概况

项目全称及简称。概述项目建设目标和任务、建设地点、建设内容和规模（含主要产出）、建设工期、投资规模和资金来源、建设模式、主要技术经济指标等。

（二）企业概况

简述企业基本信息、发展现状、财务状况、类似项目情况、企业信用和总体能力，有关政府批复和金融机构支持等情况。分析企业综合能力与拟建项目的匹配性。属于国有控股企业的，应说明其上级控股单位的主责主业，以及拟建项目与其主责主业的符合性。

（三）编制依据

概述国家和地方有关支持性规划、产业政策和行业准入条件、企业战略、标准规范、专题研究成果，以及其他依据。

（四）主要结论和建议

简述项目可行性研究的主要结论和建议。

二、项目建设背景、需求分析及产出方案

（一）规划政策符合性

简述项目建设背景和前期工作进展情况，论述拟建项目与经济社会发展规划、产业政策、行业和市场准入标准的符合性。

（二）企业发展战略需求分析

对于关系企业长远发展的重大项目，论述企业发展战略对拟建项目的需求程度和拟建项目对促进企业发展战略实现的重要性和紧迫性。

（三）项目市场需求分析

结合企业自身情况和行业发展前景，分析拟建项目所在行业的业态、目标市场环境和容量、产业链供应链、产品或服务价格，评价市场饱和程度、项目产品或服务的竞争力，预测产品或服务的市场拥有量，提出市场营销策略等建议。

（四）项目建设内容、规模和产出方案

阐述拟建项目总体目标及分阶段目标，提出拟建项目建设内容和规模，明确项目产品方案或服务方案及其质量要求，并评价项目建设内容、规模以及产品方案的合理性。

（五）项目商业模式

根据项目主要商业计划，分析拟建项目收入来源和结构，判断项目是否具有充分的商业可行性和金融机构等相关方的可接受性。结合项目所在地政府或相关单位可以提供的条件，提出商业模式及其创新需求，研究项目综合开发等模式创新路径及可行性。

三、项目选址与要素保障

（一）项目选址或选线

通过多方案比较，选择项目最佳或合理的场址或线路方案，明确拟建项目场址或线路的土地权属、供地方式、土地利用状况、矿产压覆、占用耕地和永久基本农田、涉及生态保护红线、地质灾害危险性评估等情况。备选场址方案或线路方案比选要综合考虑规划、技术、经济、社会等条件。

（二）项目建设条件

分析拟建项目所在区域的自然环境、交通运输、公用工程等建设条件。其中，自然环境条件包括地形地貌、气象、水文、泥沙、地质、地震、防洪等；交通运输条件包括铁路、公路、港口、机场、管道等；公用工程条件包括周边市政道路、水、电、气、热、消防和通信等。阐述施工条件、生活配套设施和公共服务依托条件等。改扩建工程要分析现有设施条件的容量和能力，提出设施改扩建和利用方案。

（三）要素保障分析

土地要素保障。分析拟建项目相关的国土空间规划、土地利用年度计划、建设用地

控制指标等土地要素保障条件，开展节约集约用地论证分析，评价用地规模和功能分区的合理性、节地水平的先进性。说明拟建项目用地总体情况，包括地上（下）物情况等；涉及耕地、园地、林地、草地等农用地转为建设用地的，说明农用地转用指标的落实、转用审批手续办理安排及耕地占补平衡的落实情况；涉及占用永久基本农田的，说明永久基本农田占用补划情况；如果项目涉及用海用岛，应明确用海用岛的方式、具体位置和规模等内容。

资源环境要素保障。分析拟建项目水资源、能源、大气环境、生态等承载能力及其保障条件，以及取水总量、能耗、碳排放强度和污染减排指标控制要求等，说明是否存在环境敏感区和环境制约因素。对于涉及用海的项目，应分析利用港口岸线资源、航道资源的基本情况及其保障条件；对于需围填海的项目，应分析围填海基本情况及其保障条件。

四、项目建设方案

（一）技术方案

通过技术比较提出项目生产方法、生产工艺技术和流程、配套工程（辅助生产和公用工程等）、技术来源及其实现路径，论证项目技术的适用性、成熟性、可靠性和先进性。对于专利或关键核心技术，需要分析其获取方式、知识产权保护、技术标准和自主可控性等。简述推荐技术路线的理由，提出相应的技术指标。

（二）设备方案

通过设备比选提出拟建项目主要设备（含软件）的规格、数量和性能参数等内容，论述设备（含软件）与技术的匹配性和可靠性、设备和软件对工程方案的设计技术需求，提出关键设备和软件推荐方案及自主知识产权情况。必要时，对关键设备进行单台技术经济论证。利用和改造原有设备的，提出改造方案及其效果。涉及超限设备的，研究提出相应的运输方案，特殊设备提出安装要求。

（三）工程方案

通过方案比选提出工程建设标准、工程总体布置、主要建（构）筑物和系统设计方案、外部运输方案、公用工程方案及其他配套设施方案，明确工程安全质量和安全保障措施，对重大问题制定应对方案。涉及分期建设的项目，需要阐述分期建设方案；涉及重大技术问题的，还应阐述需要开展的专题论证工作。

（四）资源开发方案

对于资源开发类项目，应依据资源开发规划、资源储量、资源品质、赋存条件、开发价值等，研究制定资源开发和综合利用方案，评价资源利用效率。

（五）用地用海征收补偿（安置）方案

涉及土地征收或用海海域征收的项目，应根据有关法律法规政策规定，确定征收补偿（安置）方案，包括征收范围、土地现状、征收目的、补偿方式和标准、安置对象、安置方式、社会保障等内容。用海用岛涉及利益相关者的，应根据有关法律法规政策规定等，确定利益相关者协调方案。

（六）数字化方案

对于具备条件的项目，研究提出拟建项目数字化应用方案，包括技术、设备、工程、建设管理和运维、网络与数据安全保障等方面，提出以数字化交付为目的，实现设计－施工–运维全过程数字化应用方案。

（七）建设管理方案

提出项目建设组织模式、控制性工期和分期实施方案，确定项目建设是否满足投资管理合规性和施工安全管理要求。如果涉及招标，明确招标范围、招标组织形式和招标方式等。

五、项目运营方案

（一）生产经营方案

对于产品生产类企业投资项目，提出拟建项目的产品质量安全保障方案、原材料供应保障方案、燃料动力供应保障方案以及维护维修方案，评价生产经营的有效性和可持续性。

对于运营服务类企业投资项目，明确拟建项目运营服务内容、标准、流程、计量、运营维护与修理，以及运营服务效率要求等，研究提出运营服务方案。

（二）安全保障方案

分析项目运营管理中存在的危险因素及其危害程度，明确安全生产责任制，设置安全管理机构，建立安全管理体系，提出安全防范措施，制定项目安全应急管理预案。

（三）运营管理方案

简述拟建项目的运营机构设置方案，明确项目运营模式和治理结构要求，简述项目绩效考核方案、奖惩机制等。

六、项目投融资与财务方案

（一）投资估算

说明投资估算编制范围、编制依据，估算项目建设投资、流动资金、建设期融资费用，明确建设期内分年度资金使用计划。

（二）盈利能力分析

根据项目性质，选择适合的评价方法，估算项目营业收入和补贴性收入及各种成本费用，并按相关行业要求提供量价协议、框架协议等支撑材料，分析项目的现金流入和流出情况，构建项目利润表和现金流量表，计算财务内部收益率、财务净现值等指标，评价项目的财务盈利能力，并开展盈亏平衡分析和敏感性分析，根据需要分析拟建项目对企业整体财务状况的影响。

（三）融资方案

结合企业自身及其股东出资能力，分析项目资本金和债务资金来源及结构、融资成本以及资金到位情况，评价项目的可融资性。结合企业和项目经济、社会、环境等评价结果，研究项目获得绿色金融、绿色债券支持的可能性。对于具备条件的基础设施项目，研究提出项目建成后通过基础设施领域不动产投资信托基金（REITs）等模式盘活存量资产、实现投资回收的可能性。企业拟申请政府投资补助或贴息的，应根据相关要求研究提出拟申报投资补助或贴息的资金额度及可行性。

（四）债务清偿能力分析

按照负债融资的期限、金额、还本付息方式等条件，分析计算偿债备付率、利息备付率等债务清偿能力评价指标，判断项目偿还债务本金及支付利息的能力。必要时，开展项日资产负债分析，计算资产负债率等指标，评价项目资金结构的合理性。

（五）财务可持续性分析

根据投资项目财务计划现金流量表，统筹考虑企业整体财务状况、总体信用及综合融资能力等因素，分析投资项目对企业的整体财务状况影响，包括对企业的现金流、利润、营业收入、资产、负债等主要指标的影响，判断拟建项目是否有足够的净现金流量，确保维持正常运营及保障资金链安全。

七、项目影响效果分析

（一）经济影响分析

对于具有明显经济外部效应的企业投资项目，论证项目费用效益或效果，以及重大项目可能对宏观经济、产业经济、区域经济等产生的影响，评价拟建项目的经济合理性。

（二）社会影响分析

通过社会调查和公众参与，识别项目主要社会影响因素和关键利益相关者，分析不同目标群体的诉求及其对项目的支持程度，评价项目在带动当地就业、促进企业员工发展、社区发展和社会发展等方面的社会责任，提出减缓负面社会影响的措施或方案。

（三）生态环境影响分析

分析拟建项目所在地的生态环境现状，评价项目在污染物排放、地质灾害防治、防洪减灾、水土流失、土地复垦、生态保护、生物多样性和环境敏感区等方面的影响，提出生态环境影响减缓、生态修复和补偿等措施，以及污染物减排措施，评价拟建项目能否满足有关生态环境保护政策要求。

（四）资源和能源利用效果分析

对于占用重要资源的项目，分析项目所需消耗的资源品种、数量、来源情况，以及非常规水源和污水资源化利用情况，提出资源综合利用方案和资源节约措施，计算采取资源节约和资源化利用措施后的资源消耗总量及强度。计算采取节能措施后的全口径能源消耗总量、原料用能消耗量、可再生能源消耗量等指标，评价项目能效水平以及对项目所在地区能耗调控的影响。

（五）碳达峰碳中和分析

对于高耗能、高排放项目，在项目能源资源利用分析基础上，预测并核算项目年度碳排放总量、主要产品碳排放强度，提出项目碳排放控制方案，明确拟采取减少碳排放的路径与方式，分析项目对所在地区碳达峰碳中和目标实现的影响。

八、项目风险管控方案

（一）风险识别与评价

识别项目市场需求、产业链供应链、关键技术、工程建设、运营管理、投融资、财务效益、生态环境、社会影响、网络与数据安全等方面的风险，分析各风险发生的可能性、损失程度，以及风险承担主体的韧性或脆弱性，判断各风险后果的严重程度，研究确定项目面临的主要风险。

（二）风险管控方案

结合项目特点和风险评价，有针对性地提出项目主要风险的防范和化解措施。重大项目应当对社会稳定风险进行调查分析，查找并列出风险点、风险发生的可能性及影响程度，提出防范和化解风险的方案措施，提出采取相关措施后的社会稳定风险等级建议。对可能引发"邻避"问题的，应提出综合管控方案，保证影响社会稳定的风险在采取措施后处于低风险且可控状态。

（三）风险应急预案

对于拟建项目可能发生的风险，研究制定重大风险应急预案，明确应急处置及应急演练要求等。

九、研究结论及建议

（一）主要研究结论

从建设必要性、要素保障性、工程可行性、运营有效性、财务合理性、影响可持续性、风险可控性等维度分别简述项目可行性研究结论，重点归纳总结拟推荐方案的项目市场需求、建设内容和规模、运营方案、投融资和财务效益，并评价项目各方面的效果和风险，提出项目是否可行的研究结论。

（二）问题与建议

针对项目需要重点关注和进一步研究解决的问题，提出相关建议。

十、附表、附图和附件

根据项目实际情况和相关规范要求，研究确定并附具可行性研究报告必要的附表、附图和附件等。

可行性研究报告正文之前应另加封面、编制人员页、编制单位资质证书。
封面内容通常为：

****项目可行性研究报告

编制单位：****

二〇二*年*月

编制人员页内容通常为：

****项目可行性研究报告

编制单位：****

法人：***

项目负责人：

主要编制人：***，…，***

第3页为编制单位资质证书复印件。随后是目录和正文。

2.2.2 可行性研究报告的编制要求

1. 内容要求

（1）内容全面

应按照项目投资的主体（或性质），选择对应的模板（二选一），撰写各部分的内容，不应遗漏。

（2）内容真实

可行性研究报告涉及的内容以及相应的数据，必须真实可靠，不允许有偏差及失误。其中所运用的资料、数据，都要经过反复核实，以确保内容的真实性。

（3）方案具体

可行性研究报告的主要任务是对预先设计的方案进行论证，所以必须包括主要的设计、研究方案。

（4）预测准确

可行性研究报告是投资决策前的活动。它是在事件没有发生之前的研究，是对事务未来发展的情况、可能遇到的问题和结果的估计，具有预测性。因此，必须进行深入的调查研究，运用切合实际的预测方法，科学地预测未来前景。

（5）论证严密

论证性是可行性研究报告的一个显著特点。要使其有论证性，必须做到运用系统的分析方法，围绕影响项目的各种因素进行全面、系统的分析，既要做宏观分析，又要做微观分析。

2. 政策法规要求

可行性研究报告除了需要全面反映工程项目的有关信息之外，还需要符合政府有关部门的决策要求。在我国，涉及立项审批的部门一般是发改委，发改委对工程项目（包括物联网工程项目）可行性研究报告有明确、具体要求（如前所述），特别是关于政策法规方面，应在"（三）编制依据"部分给出具体说明，包括但不限于以下内容。

（1）项目立项有政策法规依据

涉及的主要政策法规包括：

- 拟建工程项目所在地区省市企业投资项目备案暂行管理办法
- 《产业结构调整指导目录》（最新年份）
- 《固定资产投资项目节能评估和审查暂行办法》
- 《建设项目环境影响评价文件分级审批规定》
- 《建设项目经济评价方法与参数》

（2）符合备案条件

企业投资建设实行登记备案的项目，应当符合下列条件：

- 符合国家的法律法规；
- 符合国家产业政策；
- 符合行业准入标准；
- 符合国家关于实行企业投资项目备案制的有关要求。

3. 可行性论证

要从建设必要性、要素保障性、工程可行性、运营有效性、财务合理性、影响可持续性、风险可控性等维度分别进行论证，通过数据充分、逻辑合理、推理严密的论证，说明其项目实施是可行的。具体论证点在上一节的可行性研究报告编写参考大纲中有较详细的说明。

4. 附表、附图和附件

在报告正文中涉及的各种佐证材料应以附件的形式给出。一些典型的附件有（但不限于此）：

- 项目建设场地位置平面图；
- 项目设施部署图；
- 单位/企业组织机构图；
- 项目产品生产工艺流程图；
- 项目主要生产设备清单；
- 项目招标计划表；
- 项目总投资分析表；
- 项目投产后原材料费用估算表；
- 项目投产后总成本费用估算表；
- 项目投产后利润估算表；
- 项目不确定性因素评价；
- 项目建设投资估算表；
- 项目流动资金估算表；
- 项目固定资产折旧表；
- 项目无形及递延资产摊销表；
- 项目销售税金及附加估算表；
- 项目利润与利润分配表；
- 项目现金流量表（全部投资）；
- 项目还本付息计划表；
- 项目资产负债表。

2.3 可行性研究报告的评审

可行性研究报告提交后，由项目审批单位（通常为发改委）或其授权的机构（通常为有资质的咨询机构）组织可行性研究报告评审。评审专家应包括项目所涉及领域的专家，常见领域包括信息技术、电气、暖通、造价（工程经济），若涉及建筑物/构筑物建设或改造，应包括建筑、结构领域的专家，若涉及气象、水利、农业、环保等领域，则应有相应领域的专家。

第 3 章 需求分析

需求分析是一个获取和确定能够支持物联网和用户高效工作的系统需求的过程。物联网需求描述了物联网系统的行为、特性或属性,它是系统设计与实现的基础和约束条件。本章介绍物联网工程需求分析的主要内容。

特别强调:用户虽然对自己的业务非常熟悉,但未必熟知物联网技术。在进行需求分析时,不能简单地采用由用户讲述、由需求分析人员记录汇总的工作模式,而是要从技术、应用、产品、行业用户成功案例等多维度引导和启发用户,与用户共同总结、提炼需求,甚至提出用户没想到但十分重要的需求,这是完成一份高质量需求分析的关键方法。

3.1 需求分析的目标与内容

3.1.1 需求分析的目标

需求分析是获取物联网系统需求并对其进行归纳整理的过程,该过程是物联网设计和开发的基础,也是开发过程中的关键环节。

虽然物联网需求分析不同于软件应用系统的需求分析工作,但物联网设计人员也需要与用户进行大量的交流和沟通,也需要通过对用户业务流程的了解来细化需求。一般来说,如果物联网工程与应用软件同步开展,则可以将物联网需求调查和应用软件需求调查结合在一起进行。通过多种沟通手段,使设计人员不仅了解用户的业务知识,也了解用户对物联网各方面的需求,为后续步骤打下坚实的工作基础。

需求分析的主要目标如下。

- 全面了解用户需求,包括应用背景与应用模式、功能需求、物联网分布状况与通信能力需求、物联网的安全性需求、物联网管理需求、面向未来的可扩展性需求等。
- 编制翔实的需求分析文档,为设计者提供设计依据,使得设计者:
  - 客观评价既有物联网系统(针对既有物联网进行升级改造的情况);

- 全面了解客户需求以便客观地做出决策；
- 定义最好的功能集合和人机物交互方式；
- 定义移植、可扩展的功能；
- 合理、充分使用用户既有资源（特别是针对利旧需求）。

在需求分析阶段对用户需求的定义越明确和详细，实施期间需求变动的可能性就越小，同时建设完成后用户的满意度也就越高。

3.1.2 需求分析的内容

需求分析的内容因物联网工程的不同而有所不同，但一般都包括以下内容。

1. 了解应用背景

应用背景概括物联网应用的技术背景、用户所处行业物联网应用的方向和技术趋势，借以说明用户建设物联网工程的必要性、建设思路的可行性和先进性。主要包括以下内容。

- 国内外同行的应用现状及成效。
- 该用户建设物联网工程的目的。
- 该用户建设物联网工程拟采取的步骤和策略。
- 经费预算与工期。

2. 了解功能需求

了解用户的业务类型、感知信息的获取方式、数据量与传输方式、数据存储与处理方式、应用系统功能、信息服务的方式等。主要包括以下内容。

- 被感知对象及其分布。
- 感知信息的种类、感知/控制设备与接入的方式。
- 现有或需新建系统的功能。
- 需要集成的应用系统。
- 需要提供的信息服务种类和方式。
- 拟采用的通信方式及网络带宽。
- 用户数量。

3. 了解安全性需求

物联网因其泛在性、暴露性、终端处理能力弱、对物理世界的精确控制等特性，既有普通网络的安全性需求，也有一些特殊的安全性需求。主要包括以下内容。

- 敏感数据的分布及其安全级别。
- 网络用户的安全级别及其权限。
- 可能存在的安全漏洞及其对物联网应用系统的影响。
- 物联网设备的安全功能要求。
- 网络系统软件的安全要求。
- 应用系统安全要求。
- 安全软件的种类。
- 拟遵循的安全规范和达到的安全级别。

4. 了解物联网的通信量及其分布

物联网的通信量是物联网各部分产生的数据量的总和,这是设计网络带宽、存储空间和处理能力的基础。主要包括以下内容。

- 每个节点产生的数据量及其按时间分布的规律。
- 每个用户要求的通信量估算及其按时间分布的规律。
- 设备接入网络的方式及其带宽。
- 应用系统的平均、最大通信量。
- 并发用户数、最大用户数。
- 按小时、按日、按月、按年生成且需要长期保存的数据量、临时数据量。
- 每个节点或终端允许的最大延迟时间。

5. 了解物联网环境

物联网环境是用户的地理环境、网络布局、设备分布的总称,是进行拓扑设计、设备部署、网络布线的基础。主要包括以下内容。

- 相关建筑群的位置。
- 用户各部门的分布位置及各办公区的分布。
- 建筑物内、办公区的强弱电位置。
- 各办公区信息点的位置与数量。
- 物联网设备及网联化物品对象的分布位置、类型、数量、接入方式。
- 接入网络的位置、接入方式。

6. 了解信息处理方式与能力

信息处理能力是指物联网对感知的数据进行分析、处理、决策、存储、分发以及生成各类高易用性格式数据的能力。主要包括以下内容。

- 服务器所需的存储容量。
- 服务器所需的处理速度及其规模。
- 服务器的类别及其处理数据所需的专用或通用软件。
- 是自建数据处理系统还是租用云计算系统。
- 数据处理方式。
- 所用人工智能模型与智能化处理、决策模式。
- 数据存储模式。
- 数据分发方式与格式。

7. 了解管理需求

物联网的管理是用户不可或缺的关键环节,高效的管理能提高运营效率。

物联网的管理主要包括两个方面:管理规章与策略,网络管理系统及其远程管理操作。

管理需求主要包括以下内容。

- 实施管理的人员。
- 管理的功能。
- 管理系统及其供应商。

- 管理的方式。
- 需要管理、跟踪的信息。
- 管理系统的部署位置与方式。

8. 了解扩展性需求

物联网扩展性需求的含义包括以下三个方面：新的部门、设备能否简单、方便地接入；新的应用能否无缝地在现有系统上运行；现有系统能否支持更大的规模并在扩展后保持健壮性。主要包括以下内容。

- 用户的业务增长点。
- 需要淘汰、保留的设备。
- 网络设备、通信线路预留的数量和位置。
- 设备的可升级性。
- 系统软件的可升级性、可扩展性。
- 应用系统的可升级性、可扩展性。
- 接入方式及通信协议的兼容性、可升级性、可扩展性。

3.1.3 需求分析的步骤

需求分析通常包含以下几个步骤。

1）从相关管理部门了解用户的行业状况、通用的业务模式、外部关联关系、内部组织结构。

2）从高层管理者了解建设目标、总体业务需求、投资预算等信息。

3）从各业务部门了解具体的业务与功能需求、使用方式、数据处理方式等信息。

4）从技术部门了解具体的设备需求、网络需求、维护需求、安全需求、环境状况、新技术应用需求等信息。

5）整理需求信息，形成需求分析报告。

3.2 需求分析的收集

3.2.1 需求信息的收集方法

1. 实地考察

实地考察是获取第一手资料最为直接的方法，也是必需的步骤和手段。通过实地考察，设计人员能够准确地掌握用户的规模、物联网地理分布等重要信息。

2. 用户访谈

设计人员会通过多种形式与用户进行访谈，深入了解用户的各种需求。访谈的形式包括面谈、电话交谈、电子邮件交流、微信/QQ在线交谈、在线会议等。在进行任何一次访谈前，都应做好访谈计划，明确访谈的内容、要求对方回答的问题，并做好记录。通常，访谈对象应是对项目内容具有发言权的人员，比如项目负责人、熟悉业务的业务骨干等。

3. 问卷调查

问卷调查通常是指针对数量众多的终端用户，询问其对物联网项目的应用需求、使用方式需求、个人业务量需求等。调查问卷应简洁明了，让所有人能明白每个调查题目的确切含义，并尽量采用选择题的方式作答，避免书写长段文字。

4. 向同行咨询

在对需求分析收集过程中碰到问题时，如果不涉及商业秘密，可以向同行或有经验的人员请教，甚至可以在网络上进行讨论。在网络上讨论时，应避免暴露用户身份信息，只讨论技术层面的问题。

3.2.2 需求分析的实施

1. 制订详尽的需求分析收集计划

此计划应包括具体的时间、地点、实施人员、访谈对象、访谈内容等。通常，针对不同的需求内容，应分别拟定记录表格，供相关人员使用，力求信息收集过程的规范化、信息的完整性，方便日后对不同人员收集的信息进行分析处理。

2. 根据计划分工进行信息收集

（1）应用背景信息的收集

收集应用背景相关的信息。

（2）业务需求信息的收集

收集业务需求相关的信息。

1）业务需求。

①收集业务需求

在物联网开发过程中，业务需求的收集是理解业务本质的关键，应保证设计的物联网能够满足业务的需求。

物联网工程旨在为一个集体提供服务。在该集体中，存在着职能上的分工，也存在着不同的业务需求。一般来说，用户只熟悉自己分管的业务需求，对于其他用户的需求只有侧面的了解。因此，对于集体内的不同用户，都需要收集特定的业务信息，具体如下。

确定主要相关人员

业务需求收集的第一步是获取组织机构图，通过组织机构图了解集体中的岗位设置和岗位职责。各单位的组织结构不尽相同，图 3-1 所示为某个单位的组织结构。

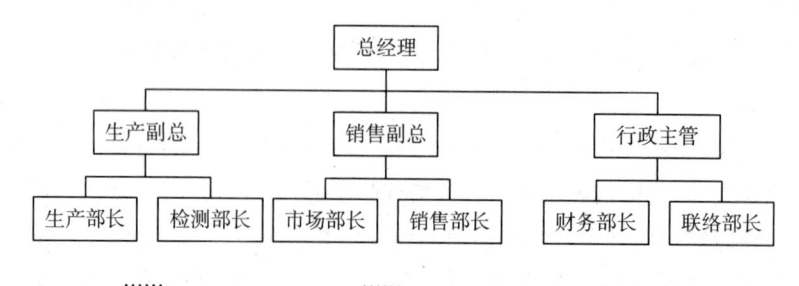

图 3-1 某个单位的组织机构

在调查组织结构的过程中，应与以下两类人员进行重点沟通。
- 决策者：负责审批物联网设计方案或决定投资规模。
- 信息提供者：负责解释业务战略、长期计划和其他常见的业务需求。

确定关键时间点

项目的时间限制即完工的最后期限。对于大型项目，必须制订严格的项目实施计划，明确各阶段及关键的时间点，同时这些时间点所对应的成果也是重要的里程碑。在计划设定完后，便会形成项目阶段建设日程表，在获得项目的更多信息后，该日程表还可以更进一步细化。

确定物联网的投资规模

如果已经完成了可行性研究，则可以查阅可行性研究报告获得该项信息，否则需要进行调研。

在整个物联网的设计和实施过程中，经费是一个重要的因素，投资规模将直接影响到物联网工程的设计思路、技术路线、设备选型、服务水平。

针对确定的物联网规模，投资规模必须合理并符合工程要求，存在一个投资最低限额；如果低于该限额，则会出现资金缺乏等问题，导致物联网建设失败。

在进行投资预算或者预算确认时，应根据工程建设内容进行核算，将一次性投资和周期性投资都纳入考量范围，并根据实际情况向管理层汇报经费问题。

计算系统成本时，有关物联网设计、实施和维护的每一类成本都应该纳入考量范围。表 3-1 所示为投资项目清单示例，可根据项目实际情况进行调整。

表 3-1 投资项目清单

投资项目	投资子项目	投资性质
感知系统	RFID 系统	一次性投资
	视频感知系统	一次性投资
	控制系统	一次性投资
核心网络	核心网络设备	一次性投资
	服务器	一次性投资
	存储设备	一次性投资
汇聚网络	汇聚网络设备	一次性投资
接入网络	接入网络设备	一次性投资
综合布线	综合布线	一次性投资
机房建设	机房装修	一次性投资
	UPS	一次性投资
	防雷	一次性投资
	消防	一次性投资
	监控	一次性投资
平台软件	数据库管理软件	一次性投资
	应用服务器软件	一次性投资
	各类中间件软件	一次性投资
	工作流软件	一次性投资
	门户软件	一次性投资

（续）

投资项目	投资子项目	投资性质
软件开发	应用软件购置	一次性投资
	应用软件开发	一次性投资
	门户开发	一次性投资
安全设备	核心安全设备	一次性投资
	边界安全设备	一次性投资
	终端安全设备	一次性投资
系统管理	网络管理软件	一次性投资
	安全管理软件	一次性投资
	终端管理软件	一次性投资
	应用管理软件	一次性投资
实施管理	集成	一次性投资
	测试	一次性投资
	评测	一次性投资
	培训	一次性投资
	监理	一次性投资
运营维护费用	通信线路费	周期性投资
	设备维护费	周期性投资
	材料消耗费	周期性投资
	人员消耗费	周期性投资
预备费		一次性投资

确定业务活动

在着手设计一个物联网工程之前，应通过对业务活动的了解来明确物联网的需求。一般情况下，物联网工程对业务活动的了解不需要非常细致，重点是通过对业务类型的分析，梳理各类业务对物联网的需求，主要包括最大用户数、并发用户数、峰值带宽、正常带宽等。

预测增长率

预测增长率是另一种常规需求。通过对物联网技术发展趋势和功能扩展趋势的分析，明确网络的伸缩性需求。

预测增长率主要考虑以下方面的发展趋势。

- 分支机构增长率
- 物联网覆盖区域（感知/控制设备）增长率
- 用户增长率
- 应用增长率
- 通信带宽增长率
- 存储数据量增长率
- 新技术应用增长率

预测增长率主要采用两种方法，即统计分析法和模型匹配法。统计分析法是指基于该物联网前几年的统计数据，形成不同维度的发展趋势，最终预测未来几年的增长率。模型匹配法是指根据不同的行业、领域建立各种增长率的模型，物联网设计者根据当前物联网的情况，依据经验选择模型，对未来几年的增长率进行预测。需要注意的是，只有针对那些比较复杂、发展变化较大的物联网工程，才需要预测增长率。

确定数据处理能力

从感知设备获取的数据需经必要的处理后才能提供给相关用户使用。因物联网规模的不同，其数据量的大小差别很大，对数据处理能力的要求差别也很大，应通过需求调查，确定处理能力，进而确定所需要的数据处理设备的类型、配置、数量等信息。

确定物联网的可靠性和可用性

物联网的可用性和可靠性需求至关重要，这些指标的参数甚至可能会影响到物联网的设计思路和技术路线。

一般来说，不同行业有着各自的可用性、可靠性要求。物联网设计人员在进行需求分析时，应首先获取本行业的物联网可靠性和可用性指标标准，并基于该标准与用户进行交流，明确特殊要求。这些特殊要求可能极为苛刻，比如要求可用性达到 7×24 小时、线路故障后立即完成备用线路切换，且不对应用产生影响等。

确定 Web 站点和网络的连接性

Web 站点可以自己构建，也可以由网络服务提供商提供。无论采用哪种方式，一个机构的 Web 站点或内部物联网在设计时都将反映其自身的业务需求。只有完全理解了一个机构的网络业务策略，才能设计出具备可靠性、可用性和安全性的物联网。

确定物联网的安全性

确定物联网的安全性需求、构建合适的安全体系是物联网设计工作的重要内容。在物联网设计方面存在着很多误区，无论是过分强调物联网的安全性，还是对物联网安全不屑一顾，都是不合适的设计思路。正确的设计思路是调查用户的设备与信息分布，对信息进行分类，根据分类信息的涉密性质、敏感程度、传输与存储、访问控制等安全要求，确保物联网性能和安全保密的平衡。

对大多数物联网来说，由于用户的信息秘密级别并不高，因此采取常规的安全保障技术措施即可；对于有特殊业务或存在涉密、敏感信息的物联网，例如级别较高的政府部门或从事国家安全相关的高度机密开发工作的公司，其网络所承载的业务就需要对职员进行严格的安全限制，使用安全性高的技术来保证信息的安全访问和输出。

网络安全需求调查中最关键的是，不能出现网络安全需求的盲区或漏洞，也不宜不必要地扩大安全范围或等级，提倡适度安全。

确定远程访问

远程访问是指从互联网或者外部网络访问物联网的设备或信息。当网络用户不在企业或组织网络内部时，可以借助于加密、VPN 等技术，从远程网络来访问内部网络。通过远程访问，可以实现在任意时间、任意地点都可掌控物联网，满足方便工作的需求，不过这也需要配置相应的远程访问安全技术。

根据需求分析，物联网设计者要确定物联网是否具有远程访问的功能，或者根据物联网的升级需要，考虑物联网的远程访问。

②制作业务需求清单

设计人员与应用机构各类人员通过多种形式的交流获取组织内部的业务需求，这些业务需求主要通过文档的形式体现。绝大多数业务需求文档都应包含如下内容。

- 确定主要相关人员
  - 信息来源
  - 信息管理人员名单
  - 相关人员的联系方式
- 确定关键时间点
  - 项目起始时间点
  - 项目的各阶段时间安排计划
- 确定工程投资规模
  - 投资规模估算
  - 预算费用估算
- 业务活动
  - 业务分类
  - 各类业务的物联网需求
- 预测增长率
  - 分支机构增长率
  - 物联网覆盖范围增长率
  - 用户增长率
  - 应用增长率
  - 通信带宽增长率
  - 存储数据增长率
  - 新技术应用增长预期
- 物联网的可靠性和可用性
  - 业务活动的可靠性要求
  - 业务活动的可用性要求
- 确定 Web 站点和网络的连接性
  - Web 站点栏目设置
  - Web 站点的建设方式
  - 物联网的网络出口要求
- 确定物联网的安全性
  - 信息保密等级
  - 信息敏感程度
  - 信息的存储与传输要求
  - 信息的访问控制要求
- 确定远程访问
  - 远程访问要求
  - 需要远程访问的人员类型
  - 远程访问的技术要求

在输出清单中，还应该特别记录管理层人员对新物联网设计的基本需求，以及管理层列出的该系统所需的特殊功能。预先详细考虑新系统的特殊性能将大大提高以后的工作效率，还能增强竞争力，减少费用开支。

2）用户需求。

①收集用户需求

为了设计出符合用户需求的物联网，收集用户需求过程应从当前的物联网用户开始，必须找出用户需要的重要服务或功能。这些服务可能需要网络完成，也可能只需要本地计算机完成。例如，有些用户服务属于局部应用，由本机的应用程序提供，只需使用用户计算机和相关设备，其他服务则需要通过网络连接，由工作组服务器、大型机或 Web 服务器提供。在很多情况下，可通过其他备选方案来提供用户需要的服务。

收集用户需求的过程中，需要注意与用户交流。物联网设计者应将技术性语言转换为普通的交流性语言，并且将用户描述的非技术性需求转换为特定的物联网属性要求，例如网络带宽、并发连接数、每秒新增连接数等。

与用户交流

与用户交流是指与特定的个人和群体进行交流。在交流之前，需要先确定该组织的关键人员和关键群体，再展开交流。在整个设计和实施阶段，应始终保持与关键人员之间的交流，以确保物联网工程建设不偏离用户需求。

在物联网开发过程中，要注意与用户群交流的方法和技巧，应该避免出现交流不充分和交流过于频繁的情况。避免交流不充分的关键是找到对业务非常熟悉的人员，这样不但能减少交流的工作量，也可以避免由于提供的信息不充分导致设计过程偏差。通常，这些熟悉业务且具备一定归纳能力的人都被称为行业专家，他们对物联网设计的影响与组织的领导人员是相同的。另外，交流的方式也非常重要，应针对不同的人员采用不同的交流方式，例如对于一线工作人员，可以先下发调查问卷，再依据调查问卷进行访谈。避免交流过于频繁的关键在于每次交流前都要有明确的交流目标，同时交流后的归纳和总结同样可以提高交流的效率，否则会使管理层和用户群体在项目结束前就产生厌烦心理，从而产生抵触情绪，给工作带来麻烦。

收集用户需求三种最常用的方式如下。

- 观察和问卷调查。对于工作性质相同的用户群体，观察和问卷调查是成本较低且成效显著的收集用户需求的方式。问卷制作应遵循简单、可操作性强的原则，尽量设计成选择的形式，而不是让用户填写大段的文字；而观察工作的重点是留意用户对各类信息、报表、文件的处理。另外，问卷调查的方式还可以根据用户情况做出调整。对于计算机操作能力不强的用户群，只能采用下发调查问卷，并录入调查结果的方式；对于计算机操作能力很强的用户群，可以采用下发电子文档或者开发调查网页的方式，简化调查结果录入工作。现在，最简单的方式是制作基于手机的在线调查问卷，用户在手机上在线填写，后端自动完成统计、归类工作。
- 集中访谈。不管是否进行大规模的问卷调查，集中访谈方式都不容忽视。对于不需要进行问卷调查的小规模物联网工程，则可以直接将用户代表集中起来进行讨论，以明确需求；对于进行了问卷调查的大规模物联网工程，则需要对问卷调查结果进行分析，抽取部分用户代表，就问卷形式无法解决的问题进行讨论，从而发现深层次的问题。

- 采访关键人员。采访关键人员这一环节虽然涉及的人员较少，整体工作量较小，但是由于这些关键人员对物联网工程有着重要的影响力，所以访谈的准备工作和总结工作非常重要。一般来说，这些关键人员主要是各级领导和行业专家，各级领导主要从管理角度明确需求，行业专家则负责明确业务需求。采访关键人员之前，一定要有针对地制订问题提纲，并且最好先将提纲发给被采访人员。在采访过程开始前，应首先获取联系方式，最好和访谈者约定如邮件、电话、即时通信机制。对于关键人物，不可能一次访谈就明确所有需求，但是第一次访谈要形成需求的大致框架，以便于后期访谈工作的开展。

用户服务

除了信息化程度很高的用户群体，大多数用户都不可能用计算机行业术语来配合设计人员的用户需求收集工作。设计人员不仅要将问题转换为普通业务语言，也应从用户反馈的业务语言中提炼出技术内容，这需要设计人员具备大量的工程经验和需求调查经验。

一般来说，用户描述的需求总是主观且可变的，与用户的信息化程度、经验和环境有很大的关系。需求收集人员需要注意以下方面内容的表述，否则很容易导致需求的偏离。

- 信息的及时传输。及时传输能使用户快速访问、传输或修改信息，这主要取决于用户对系统响应时间的需求。但是，用户在描述及时传输性的时候，往往很难用量化的时间来描述，常听到的说法是"传输得够快""不要太慢"等。这就需要调查人员引入参照物，例如"像访问×××网站那样快""××秒传输完"，从而对及时传输要求进行量化。

- 响应时间的可预测。用户对响应时间的预测，是以响应时间不影响其业务工作为前提的。需求收集人员需要明确每个业务的响应时间需求，可以通过对现有业务时间的调查来建立参照标准。例如，在门诊挂号系统中，每次挂号的响应不能长于普通人能忍耐的时间，比如3s。

- 可靠性和可用性。可靠性和可用性是紧密相关的，用户很难区分可靠性、可用性、可恢复性等概念，他们只会通过一些用户体验性语言来描述，例如"这个系统是不能停机的""系统在出故障后，应该在一个小时内就能恢复"，需求收集人员应提炼出可靠性、可用性等特定的参数指标。

- 适应性。适应性是指系统适应用户改变需求的能力。用户只会提出特定的服务要求，不会去关心服务是如何在物联网中实现的。例如，物联网用户希望网络中有一台FTP服务器，以便于进行文件的上传和下载，但是大多数用户不会关注这台服务器存放的位置、采用的操作系统、FTP服务器软件的版本等信息。需求收集人员的主要工作是收集用户的服务要求，暂时不用考虑如何实现这些服务要求，这属于后续设计阶段要完成的任务。

- 可伸缩性。从用户的角度来看，可伸缩性通常不是在面谈和调查用户时获得的信息，而是通过估计公司预期的增长率得到的。

- 安全性。安全性保证用户所需的信息和物理资源的完整性。大多数用户很难准确描述安全方面的需求，所以需求调查人员的引导非常重要，应根据应用和信息的具体需求来提供正确的安全技术建议。
- 低成本。低成本意味着实现相同的功能而花费相对少，这是用户所期待的，也是物联网设计者在设计物联网项目时追求的目标之一。
- 租用云服务。对大型物联网工程，用户可能希望自建数据中心，对于小型物联网工程，用户通常倾向于租用云服务提供商的服务，这样可减少一次性投资和维护成本。

需求归档机制

与其他所有技术性工作类似，必须将物联网分析和设计的过程记录下来。文档不仅有助于将需求用书面形式记录下来，便于保存和交流，也有利于今后说明需求和物联网性能的对应关系。所有的访谈、调查问卷等最好能由用户代表签字确认，同时应根据这些原始资料整理出规范的需求文档。

②输出用户服务表

用户服务表可表示用于收集和归档需求类型信息，也可用来指导管理人员和物联网用户的讨论。用户服务表主要是需求调查人员自行使用的表格，不面向用户，类似于备忘录，在收集用户需求时，应利用用户服务表随时纠正收集工作中的失误和偏差。

用户服务表没有固定的格式，设计团队可以根据自己的经验自行设计。表 3-2 是一个简单的示例。

表 3-2　用户服务表

用户服务需求	服务或需求描述	用户服务需求	服务或需求描述
地点		安全性	
用户数量		可伸缩性	
今后 3 年的期望增长速度		成本	
信息的及时发布		响应时间	
可靠性/可用性		其他	

3）应用需求。

①收集应用需求

应用需求收集工作应考虑如下因素。

- 应用的类型和地点。
- 使用方法。
- 需求增长情况。
- 可靠性和可用性需求。
- 网络响应。

这些需求因素的收集工作通常可以从两个角度来完成。一是从应用类型自身的特性角度，二是从应用对资源的访问角度。

应用的种类较多，其中常见的分类方式主要有按功能分类和按响应分类。

按功能分类

按功能对应用进行分类，可以将应用划分为监测功能应用和控制功能应用。具有控制功能的物联网通常也具有监测功能。

常见功能类型的应用如图 3-2 所示，这些大多数都是人们日常工作中接触较为频繁、应用范围较广的应用。

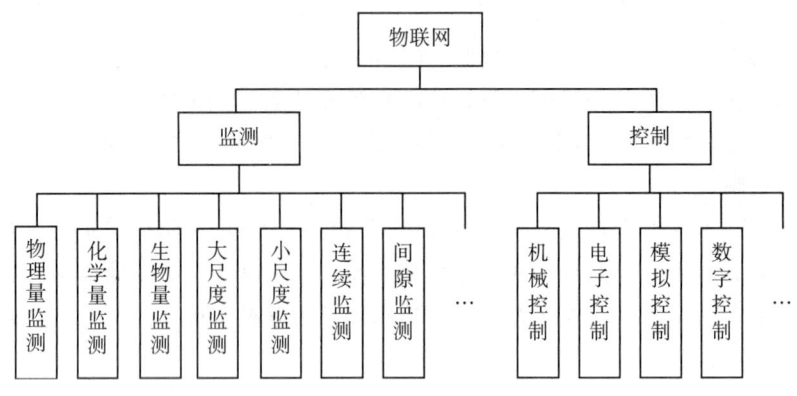

图 3-2　常见功能类型的应用

对应用需求按功能分类，依据不同类型的需求特性，可以很快归纳出物联网工程中应用对物联网的主体需求。

按响应分类

按响应对应用进行分类，可以将应用分为实时应用和非实时应用。不同响应方式具有不同的物联网响应性能需求。

实时应用在特定事件发生时会实时地发回信息，系统在收到信息后马上处理，一般不需要用户干涉，这对物联网带宽、物联网延迟、系统处理能力等提出了明确的要求。因此实时应用要求信息传输的速率稳定，具有可预测性。

非实时应用只是要求一旦发生请求，就需要在规定的时限内完成响应，因此对带宽、延迟、处理能力的要求较低，但可能对物联网设备、计算机平台的缓冲区有较高的要求。

按应用的提供方式分类

应用的提供方式主要有 PC 端访问和移动端访问。现在，基于智能手机的移动端访问的应用方式几乎是所有系统都必须提供的。

②掌握应用对资源的存取和访问需求

用户对应用系统的访问需求是网络设计的重要依据，物联网工程必须保证用户可以顺利地使用软件并获取需要的数据。用户对网络资源的存取和访问，是可以通过各种指标进行量化的，这些量化的指标通过统计产生，并直接反映了用户的需求。

需要考虑如下指标。

- 每个应用的用户数量。
- 每个用户平均使用每个应用的频率。
- 使用高峰期。
- 平均访问时间长度。
- 每个事务的平均大小。
- 每次传输的平均数据量。

- 影响通信的定向特性。例如，在一个 C/S 软件系统中，客户端发送至服务器端的请求数据量非常小，但是服务器端返回的数据量较大。

③掌握其他需求

增长率

随着应用的持续发展，用户数量不断增长，相应地，对网络的需求也会随之变化。在获取应用需求时，需要询问用户对应用发展的要求或者规划。

可靠性和可用性

对于网络的可靠性和可用性，除了从用户的角度获取需求之外，还要对网络中的应用进行分析，以便从技术角度对网络的可靠性和可用性需求进行补充。需求收集的工作要点在于找出组织中重要应用系统的特殊可靠性和可用性需求，例如，在公交公司的物联网中对公交车进行感知和调度的软件，其可靠性和可用性需求就是重点。

对数据更新的需求

一个应用对信息更新的需求是由用户对最新信息的需求来决定的，但是，用户对信息更新的要求并不等同于应用对数据更新的需求。应用软件在面对相同的信息更新需求时，如果采用了不同的数据传输和存储技术，则会产生不同的数据更新需求，而网络设计直接面向数据更新需求。

④制作应用需求表

应用需求表记录应用需求的量化指标。可以通过这些量化指标直接指导网络设计。表 3-3 为一个典型的应用需求表，可根据实际需要进行调整。

表 3-3 应用需求表

用户名（应用程序名）	应用需求								
	版本等级	描述	应用类型	位置	平均用户数	使用频率	平均事务大小	平均会话长度	是否实时

（3）安全性需求信息的收集

根据 3.1.2 节中界定的需求内容，收集相关信息。

（4）网络的通信量及其分布信息的收集

根据 3.1.2 节中界定的需求内容，收集相关信息。

（5）物联网环境信息的收集

根据 3.1.2 节中界定的需求内容，收集相关信息。

（6）管理需求信息的收集

根据 3.1.2 节中界定的需求内容，收集相关信息。

（7）扩展性需求信息的收集

根据 3.1.2 节中界定的需求内容，收集相关信息。

（8）传输网络的需求信息收集

主要内容包括：骨干网、接入网的类型、带宽，网络的覆盖范围与规模，网络的协议类型及其通用性和兼容性。

（9）数据处理方面的需求信息收集

主要内容包括：服务器所需的处理性能及其规模，处理数据所需要的专用或通用软件。

（10）数据存储方面的需求信息收集

主要内容包括：需要保存的数据量及其增长速度，存储系统所需的存储容量，数据保存位置与备份方式。

3.2.3 需求信息的归纳整理

对于从需求调查中获取的信息，需要认真总结和归纳，并通过多种形式进行展现。在对需求信息进行总结时，应做到以下几点。

- 简单直接。提供的总结信息应该简单易懂，并且将重点放在信息的整体框架上，而不只是具体的需求细节。另外，为了方便用户阅读，应尽量使用用户的行业术语，而不是技术术语。
- 说明来源和优先级。对于需求，要按照业务、用户、应用、计算机平台、网络等进行分类，并明确各类需求的具体来源（例如人员、政策等）。
- 尽量多用图表。图片和表格的运用可以使读者轻松地理解数据模式。在需求数据总结中合理使用图片、表格，尤其是数据表格的图形化展示，是非常有必要的。
- 指出矛盾的需求。在需求中会存在一些矛盾，需求说明书中应对这些矛盾进行说明，使设计人员找到解决方法。同时，如果用户给出了矛盾目标的优先级别，则需要特殊标记，以便在无法避免矛盾的时候，先实现高级别的目标。

3.3 物联网工程的约束分析

用户的需求应尽可能得到重视和满足，然而，受多种因素的影响，这些需求未必都能得到满足。物联网工程的约束条件，是设计工作必须遵循的一些附加条件。对于一个物联网设计，即使其基本达到了设计的目标，但由于不满足约束条件，该网络设计仍将无法实施。所以，在需求分析阶段，在确定用户需求的同时应对这些附加条件进行明确。

在一个物联网工程中，满足用户需求的设计是一个集合，设计约束是过滤条件。过滤后的设计集合，就是可以实施的设计集合。

一般来说，物联网设计的约束因素主要来自政策、预算、时间、技术和环保等方面，具体内容可参见第1章。在完成需求调研、全面掌握拟建物联网工程的信息后，应对约束因素进行全面分析并给出相应的结论。

3.4 需求说明书的编制

编写需求说明书的目的是能够向管理人员提供决策信息、向设计人员提供设计依据、向用户反馈完整的工程信息，因此说明书应尽量简明且信息充分。

物联网工程是一个综合性较强的领域，其需求说明书暂无国际或国家标准，即使存在一些相近行业的标准，也只规定了需求说明的大致内容要求。这主要是由于物联网工程需求涉及内容较广、个性化较强，而且不同的人员对需求的组织形式也不一样。

但需求说明书中必须反映最基本的内容，包括业务、用户、应用、设备、网络、安全等方面的需求。下面给出一个提纲，可作为实际需求说明书的参考模板使用。

在实际制作需求说明书时，还应有封面、目录等信息。通常，封面下方包括文档类别、阅读范围、编制人、编制日期、修改人、修改日期、审核人、审核日期、批准人、批准日期、版本等信息。

1. 引言
   1.1 编写目的
   1.2 术语定义
   1.3 参考资料
2. 概述
   2.1 项目的描述
   2.2 物联网系统的功能
   2.3 物联网系统的总体架构
   2.4 物联网工程的内容
   2.5 用户特点
3. 具体需求（可将以下的每一节作为一章）
   3.1 业务需求
     3.1.1 主要业务
     3.1.2 未来增长预测
   3.2 用户需求
   3.3 应用需求
     3.3.1 系统功能
     3.3.2 感知信息及其来源、用途
     3.3.3 应用（含数据处理方法）及使用方式
   3.4 数据传输系统需求
     3.4.1 总体结构
     3.4.2 感知系统
     3.4.3 网络传输系统
     3.4.4 控制系统（可选）
   3.5 网络性能需求
     3.5.1 数据存储能力
     3.5.2 数据处理能力
     3.5.3 网络通信流量与网络服务最低带宽
   3.6 其他需求
     3.6.1 可使用性
     3.6.2 安全性
     3.6.3 可维护性
     3.6.4 可扩展性
     3.6.5 可靠性

3.6.6 可管理性
3.6.7 数据中心
3.7 约束条件
3.7.1 投资约束
3.7.2 工期约束
3.7.3 技术约束
3.7.4 环保约束

附录

第 4 章 初步设计

初步设计的主要目的在于阐述工程项目的可行性，确定总体方案和技术规格，估算投资预算，为后续工作提供指导，满足相关法规要求，进而保证项目的经济社会效益。对于政府投资的大型物联网工程项目，初步设计是必需的步骤，且应通过相关的评审，评审通过后才能进行详细设计。对于小型项目，可以将初步设计与详细设计合并。初步设计是在可行性研究报告获批通过之后，在需求分析的基础上完成的概要设计。

4.1 初步设计的主要任务

物联网工程项目初步设计的主要任务包括以下六个方面。

- 确定总体设计方案：根据项目的需求和要求，确定项目的总体设计方案，包括项目的整体布局、结构形式、主要设备配置等。
- 编制工程概算：根据初步设计的工程量和其他相关数据，编制出项目的工程概算，作为项目投资决策和资金安排的依据。
- 确定主要技术参数和设备规格：根据项目的工艺、技术要求和设备选型，确定主要技术参数和设备规格，以确保项目的顺利实施和运营。
- 编制初步设计文件：根据初步设计的成果，编制出项目的初步设计文件，包括初步设计说明书、设计图纸、概算书等。
- 进行方案比选和优化：通过对多个方案的比选和优化，确定最终的初步设计方案，确保项目的技术可行性和经济合理性。
- 提供满足项目审批要求的其他内容：初步设计文件需要满足项目审批的要求，包括国家或地方的相关法规、政策要求和审批机关的审查意见等。

4.2 初步设计文件的内容

根据发改委审批初步设计方案的惯例，参考《国家电子政务

工程建设项目初步设计方案和投资概算编制要求》，物联网工程项目的初步设计说明书，应按照下述横线之间部分的提纲进行撰写。

<hr>

×××物联网工程建设项目初步设计方案

第一章　项目概述

  1. 项目名称

  2. 项目建设单位及负责人，项目责任人

  3. 初步设计方案和投资概算编制单位

  4. 初步设计方案和投资概算编制依据

  5. 项目建设目标、规模、内容、建设期

  6. 总投资及资金来源

  7. 效益及风险

  8. 相对可行性研究报告批复的调整情况

  9. 主要结论与建议

第二章　项目建设单位概况

  1. 项目建设单位与职能

  2. 项目实施机构与职责

第三章　需求分析

  1. 业务目标需求分析结论

  2. 系统功能指标

  3. 信息量指标

  4. 系统性能指标

第四章　总体建设方案

  1. 总体设计原则

  2. 总体目标与分期目标

  3. 总体建设任务与分期建设内容

  4. 系统总体结构和逻辑结构

第五章　本期项目设计方案

  1. 建设目标、规模与内容

  2. 标准规范建设内容

  3. 信息资源规划和数据库设计

  4. 应用支撑系统设计

  5. 应用系统设计

  6. 数据处理和存储系统设计

  7. 终端系统及接口设计

  8. 网络系统设计

  9. 安全系统设计

  10. 备份系统设计

  11. 运行维护系统设计

  12. 其他系统设计

  13. 系统配置及软硬件选型原则

  14. 系统软硬件配置清单

  15. 系统软硬件物理部署方案

  16. 机房及配套工程设计

  17. 环保、消防、职业安全卫生和节能措施的设计

  18. 初步设计方案相对可研报告批复变更调整情况的详细说明

第六章 项目建设与运行管理

  1. 领导和管理机构

  2. 项目实施机构

  3. 运行维护机构

  4. 核准的项目招标方案

  5. 项目进度、质量、资金管理方案

  6. 相关管理制度

第七章 人员配置与培训

  1. 人员配置计划

  2. 人员培训方案

第八章 项目实施进度

第九章 初步设计概算

  1. 初步设计方案和投资概算编制说明

  2. 初步设计投资概算书

  3. 资金筹措及投资计划

第十章 风险及效益分析

  1. 风险分析及对策

  2. 效益分析

附表：

  1. 项目软硬件配置清单

  2. 应用系统定制开发工作量核算表

附件：

  初步设计和投资概算编制依据，有关的政策、技术、经济资料。

附图：

  1. 系统网络拓扑图

  2. 系统软硬件物理布置图

4.3 初步设计文件的编制说明

4.3.1 关于政府投资项目的说明

对于政府投资的物联网工程项目，应按照4.2节给定的大纲编制初步设计说明书。

项目概算原则上应符合可行性研究报告审批的经费额度。

第五章的设计方案为初步方案（概要方案），能说明方案的概貌和关键因素即可。如果是租用第三方的云服务或数据中心，则不需要"16. 机房及配套工程设计"部分。

关于效益分析，有时只有社会效益、环境效益，没有经济效益，因此应更多地分析社会效益（提高政府治理水平、提高社会运行效率、促进社会和谐、改善人居环境、提高人民幸福感、推动技术进步等）、环境效益等。

4.3.2　关于公司项目的说明

对于公司的物联网工程项目，应参照 4.2 节给定的大纲编制初步设计说明书。其中与政府投资项目的主要不同之处为：

- 不需要"第九章 初步设计概算"，因为公司项目通常使用自有资金投资建设，有时也没有可行性研究报告，所以也不需要与可行性研究报告的变更对比说明。
- 关于效益分析，主要分析经济效益，以说明投资收益、盈利预期等。

4.4　初步设计方案的评审

初步设计方案完成后，应申请对设计方案进行评审。

对于政府投资项目，一般由项目审批机构（通常为发改委）或其授权的咨询机构资质评审，其评审程序与可行性研究报告评审程序相同。

对于企业投资项目，一般由项目甲方组织评审。

初步方案评审通过后才能进入详细设计及实施阶段。

第 5 章 感知系统设计

物联网感知系统是物联网的基础,是实现物联网功能的前提。在当前的物联网体系中,除了感知系统之外,通常还配备执行系统(控制系统),两者合称为感控系统,但习惯上仍将其称为感知系统。物联网感知系统设计包括感知方式设计、感知设备选型、感控决策系统设计等。

5.1 感知方式设计

基于物联网应用需求,可以设计下述感知方式。

- 物体标识感知方式。这种感知方式以标识、识别对象物体为主要目的,例如生产流水线上的原料部件、仓储/物流中的物品等,一般可采用 RFID 等技术实现。
- 环境信息感知方式。这种方式以感知环境参数为主要目的,常见的可感知参数包括环境温度、湿度、光照度、风力及风向、水位高度、水流流量、特定物质浓度(如 PM2.5/PM10、泥沙含量、指定化学物质浓度等)、位移量、车流量、车速等。一般采用相应的传感器网络实现,包括物理传感器、化学传感器、光纤传感器、卫星、陀螺仪等。
- 视频感知。这种方式以连续记录、识别给定场景为主要目的,如城市视频监控。一般采用高清摄像头联网组成监控网络。
- 遥感感知。这种方式通常以专用用途的卫星为主要感知器,通过遥感影像,可以识别出火灾、山体滑坡、水质污染、森林覆盖率等,还可以预测农作物产量、特定区域的矿产含量等。一般依赖专用卫星和遥感软件。
- 对象跟踪感知。这种方式以跟踪对象为主要目的,如跟踪野生动物行踪、海面舰船位置、海洋中的鱼群位置等。一般使用卫星、无人机等作为感知器。
- 识别与控制一体化感知。这种方式的目的是控制,但需要以识别为前提,例如,门禁系统以人脸识别为基础决定是否开门,停车场门禁系统以车牌识别为基础决定升降拦阻杆和收费,智慧农田/大棚以识别环境信息为基础决定开

闭水（液体肥料、杀虫剂等）的喷洒装置。

5.2 感知与控制设备选型

确定感知目的与方式之后，就需要选用具体的设备搭建感知与控制系统。

设备选型的主要任务如下。

- 为每项功能选择合适的设备。这就需要仔细了解相关设备的主流供应商，以及设备的功能、性能、接口规格、供电方式等。
- 为每个设备设计供电线路。每种设备的供电电压、电流、电源接口方式都不同，需要有针对性地设计供电线路，保证配电系统具有足够的供电容量。
- 为每个设备设计固定方式。每个设备安装的位置不同，需要的固定方式也不同，可能有的固定在土壤中，有的固定在水中，有的悬挂在空中，有的固定在杆架上，有的固定在墙壁上。需要有针对性地设计安装位置与固定方式。
- 为每个设备设计数据传输线路。各种设备的数据传输方式不尽相同，需要有针对性地设计传输介质及连接方式。
- 给出设备的预算，为采购提供依据。对所有设备、配件、通信线路及辅材、网络设备、供电线路及辅材等给出相对准确的数量和市场价格，为采购提供依据。

5.3 边缘计算系统设计

有些感知系统会生成大量的数据，但大部分数据都没有应用价值，如果把所有数据都传输到数据中心或云端保存，不仅会占用大量带宽、时间、存储空间，而且对数据的及时处理造成负面影响。为此，对一些物联网系统配置边缘计算系统，以便对数据进行本地化处理，就显得很有必要。

边缘计算系统的设计应满足如下要求。

- 边缘计算系统部署在靠近感知数据汇聚的位置。
- 边缘计算具备对原始数据进行清洗、归档和处理能力。
- 边缘计算软件可通过云端或管理端进行远程卸载、维护和升级。
- 边缘计算系统可利用人工智能技术，具有边缘智能。
- 应为边缘计算系统设计可靠的供电、防雷、抗毁措施。
- 边缘计算任务可与云端任务进行联合调度。

5.4 控制与决策核心功能设计

选定设备后，下一项任务就是对感知与控制系统的核心功能进行设计，给出总体设计和详细设计方案。

不同供应商的设备提供的功能调用方式、API 可能各不相同。在进行核心功能设计时，首先要给出尽量通用的功能实现方法，便于实现通用性，同时也要给出针对所选设备的特定实现技术，便于实施人员能根据设计方案进行具体的实现。

控制功能的实现主要依赖于计算机控制与自动控制技术，因此，要充分利用计算机控制的相关技术，选用相应的控制系统或执行部件。

当前，决策功能越来越需要依靠人工智能、大数据等技术。在设计时，应充分利用该领域的新技术，体现智能物联网（AIoT）的特性，展现应有的先进性和技术水平。

5.5 感知系统设计文档的编制

设备选型和核心功能设计的结果要通过设计文档来呈现。感知系统设计文档通常由下列主要部分构成。

- 感知系统概述
- 感知系统类型与功能设计
- 感知系统设备选型
- 感知系统连接方式设计
- 感知系统安装方式设计
- 感知系统供电（含接地方案）设计
- 感知系统避雷设计（如果没有室外设备，则不需要此部分）
- 感知系统数据传输方案（含传输介质和设备）设计
- 感知系统核心功能及实现方式设计
- 边缘计算系统设计（如果需要）
- 感知系统软硬件清单（含边缘计算）
- 感知系统最终费用估计
- 注释和说明

其中注释和说明部分的目的在于帮助其他子系统的设计人员、系统实施人员准确了解物理感知系统设计细节，内容包括对一些决策原因的说明、设计依据、计算依据等。

第6章 传输系统设计

物联网传输系统是物联网数据传输的通道，通过网络实现。对于物联网传输系统的设计，从设计顺序的角度看，可以分为逻辑网络设计、物理网络设计；从具体功能的角度看，可分为接入网络设计、骨干传输网络设计。本书围绕逻辑网络设计和物理网络设计展开详细阐述。

逻辑网络是指实际网络的功能性、结构性抽象，用于描述用户的网络行为、性能等要求。逻辑网络设计根据用户的分类和分布，选择特定的技术，构建特定的逻辑网络结构。物理网络设计为逻辑网络设计出特定的物理环境平台，主要包括布线系统设计、设备选型等。第4章中对网络部分给出了总体方案，包括逻辑网络设计的部分内容，但有些物联网工程没有初步设计这一环节，本章针对这种情况，按正常设计流程，完整介绍逻辑网络设计的内容。

6.1 逻辑网络设计

6.1.1 逻辑网络设计的内容与目标

逻辑网络设计要根据用户的分类特点和分布状况，选用特定的技术，构建特定的网络结构。该网络结构大致描述了设备的互联及分布状况，但是不对具体的物理位置和运行环境进行确定。

逻辑网络设计过程主要由以下4个步骤组成。
- 确定逻辑网络设计的目标。
- 确定网络的功能与服务。
- 确定网络的结构。
- 进行技术决策。

1. 逻辑网络设计的内容

逻辑网络设计的工作主要包括如下内容。
- 网络结构设计。
- 感控技术选择。
- 接入网络技术选择。
- 传输网络或广域网技术选择。

- 地址设计和命名模型。
- 路由方案设计。
- 网络管理策略设计。
- 网络安全策略设计。
- 测试方案设计。
- 逻辑网络设计文档编制。

其中网络管理策略设计、网络安全策略设计、测试方案设计等内容将在其他章节介绍。

2. 逻辑网络设计的目标

逻辑网络设计的目标主要来自需求分析说明书和概要设计方案中关于网络的部分。由于这部分内容直接体现了网络管理部门对网络设计的要求，因此需要重点考虑。一般情况下，逻辑网络设计的目标包括如下内容。

- 合适的应用运行环境：逻辑网络设计必须为应用系统提供运行环境，并保障用户能够顺利访问应用系统。
- 成熟而稳定的技术选型：在逻辑网络设计阶段，应该选择较为成熟稳定的技术，越是大型的项目，越要考虑技术的成熟度，以避免错误投入。
- 合理的网络结构：合理的网络结构不仅可以减少一次性投资，避免网络建设中出现各种复杂问题，而且可以很好地支撑应用的运行。
- 合适的运营成本：逻辑网络设计不仅决定了一次性投资，技术选型、网络结构也直接决定了运营维护等周期性投资。
- 良好的可扩展性：网络设计必须具有较好的可扩展性，以便于满足用户和应用增长的需要，确保不会因为这些增长导致网络重构。
- 易用性：网络对于用户是透明的，网络设计必须保证用户操作的单纯性，过多的技术性限制会导致用户对网络的满意度降低。
- 可管理性：对于网络管理员来说，网络必须提供高效的管理手段和途径，否则不仅会影响管理工作本身，也会直接影响用户。
- 安全性：网络安全应提倡适度安全，对于大多数网络来说，既要保证用户的各种安全需求，也不要给用户带来太多限制；但是对于特殊的网络，必须采用较为严密的网络安全措施。

3. 逻辑网络设计的原则

在进行网络方案设计时，应遵循以下原则。

- 先进性：具备先进的设计思想、网络结构和开发工具，采用市场占有率高、标准化和技术成熟的软硬件产品。
- 高可靠性：网络系统是日常业务和各种应用系统的基础设施，应保证正常时期的不间断运行。整个网络应有足够的健壮性和抗干扰能力，对网络的设计、选型、安装和调试等环节应进行统一规划和分析，确保整个网络具有一定的容错能力，还应充分考虑投资合理性，使网络系统具有良好的性价比。

- 标准化：所有网络设备都应符合有关国际标准，以保证不同厂家网络设备之间的互操作性和网络系统的开放性。
- 可扩展性：网络设计要考虑网络系统的应用场景和未来网络的发展趋势，便于实现向更新技术的升级与衔接。要留有扩展余量，包括端口数量和带宽的升级能力。
- 易管理性：网络设备应易于管理、易于维护、操作简单且易学易用，便于进行网络配置，发现故障后能及时维护。
- 安全性：网络系统应能提供多层次的安全控制手段。网络系统的数据多数要求具有高度的安全性，因此，其本身要有较高的安全性，应对使用的信息进行严格的权限管理，在技术上提供先进的、可靠的、全面的安全方案和应急措施，确保系统万无一失。同时应符合国家关于网络安全的标准和管理条例。
- 实用性：网络系统建设首先要从网络系统的实用性角度出发，应支持文本、语音、图形、图像及音频、视频等多种媒体信息的传输、查询服务。所以网络系统设计必须具有很强的实用性，以满足不同用户信息服务的实际需要，具有较高的性价比，能为多种应用系统提供强有力的支持平台。
- 开放性：系统设计应该采用开放技术、开放结构、开放系统组件和开放用户接口，以利于网络的维护、扩展升级以及与外界信息的互通。

这些原则之间有时会相互冲突，因此难以做到对所有原则一概遵守，需要有针对性地进行取舍。

4. 需要关注的问题

（1）逻辑网络设计要素

逻辑网络设计工作的要素如下。

- 用户需求。
- 设计限制。
- 现有网络。
- 设计目标。

逻辑网络设计过程就是根据用户需求，不违背设计限制，对现有网络进行改造或新建网络，并最终达到设计目标的过程。

（2）网络设计面临的冲突

在网络设计工作中，设计目标由不同维度的子目标构成。这些子目标被单独考虑时，存在较为明显的优劣关系，例如：

- 最低的安装成本。
- 最低的运行成本。
- 最高的运行性能。
- 最大的适应性。
- 最短的故障时间。
- 最大的可靠性。
- 最大的安全性。

这些子目标相互之间可能存在冲突，不存在一个网络设计方案，能够使所有子目标都达到最优。为了找到较为优秀的方案，减少这些子目标之间的冲突，可以采用两种方法：第一种方法较为传统，由网络管理人员和设计人员共同构建这些子目标之间的优先级，尽量让优先级比较高的子目标达到较优；第二种方法是对每个子目标构建权重，对其取值范围进行量化，通过评判函数决定哪种方案最优，而子目标的权重关系直接体现了用户对不同目标的关心程度。

（3）成本与性能

成本与性能是最为常见的互相冲突的目标。一般来说，网络设计方案的性能越高，也就意味着需要更高的成本，包括建设成本和运行成本。

设计方案时，所有不超过成本限制、满足用户要求的方案都称为可行方案。设计人员只能从可行方案中依据用户对性能和成本的喜好进行选择。

网络建设成本分为一次性投资和周期性投资。

在初期建设过程中，如何合理规划一次性投资的支付是比较关键的。过早支付费用，容易给建设方带来风险，对于未按设计方案实施的情况，无法形成制约机制。而支付费用过晚，容易给承建方带来资金压力，导致项目实施质量等多方面的问题。较为合理的支付方式是依据逻辑网络设计的特点，将网络工程划分为各个阶段，在每个阶段完成后实施验收，并支付相应的阶段费用，在工程建设完毕并试运行一段时间后，才支付最后的质量保证费用。

还应考虑运营维护等周期性费用支付的合理性，主要体现在周期划分方式、支付方式等方面。

5. 网络辅助服务

网络设计人员应依据网络提供的服务要求来选择特定的网络技术。不同的网络，其服务要求不同，但是对于大多数物联网来说，除了正常的物联网功能和服务外，还存在两个主要的辅助服务——网络管理服务和网络安全服务。这些服务在设计阶段是必须考虑的。

（1）网络管理服务

可以根据网络的特殊需要，将网络管理服务划分为几大类，其中重点是网络故障诊断、网络设备的配置和重配置以及网络监测。

- 网络故障诊断。网络故障诊断主要借助于网管软件、诊断软件和各种诊断工具。对于不同类型的网络，需要的软件和工具是不同的，应在设计阶段就考虑到网络工程中需要的各种诊断软件和工具。
- 网络设备的配置和重配置。物联网中设备的配置及重配置是网络管理的另一个问题，各种设备都提供了多种配置方法，同时也提供了配置重新装载的功能。在设计阶段，考虑到物联网设备的配置保存和更新需要，提供特定的配置工具以及配置管理工具对于方便管理人员的工作是非常有必要的。
- 网络监测。网络监测的需求随着网络规模和复杂性的不同而有所不同。网络监测是指为了预防潜在灾难，使用监测服务来监测网络的运行状态。

（2）网络安全服务

网络安全系统现在已不是辅助功能，而是网络设计中不可或缺的固有部分。网络设计者可以采用以下步骤来进行安全设计。

1）明确需要保护的系统。首先要明确网络中需要重点防护的关键系统，通过该项工作，可以找出安全工作的重点，避免全面铺开而又难以兼顾的局面。

2）确定潜在的网络弱点和漏洞。对于需要重点防护的系统，必须通过对这些系统的数据存储、传输协议、服务方式等的分析，找出可能存在的网络弱点和漏洞。在设计阶段，应依据工程经验对这些网络弱点和漏洞设计特定的防护措施。在实施阶段，再根据实施效果进行调整。

3）尽量简化安全。安全设计过程中要注意简化问题，不要盲目地夸大安全技术和措施的重要性。在适当时，采用一些高效且成本低的安全技术来提高安全性是非常有必要的。

4）安全制度。仅仅依靠技术手段是无法确保网络整体安全的，还必须匹配相应的安全制度。在逻辑网络设计阶段，尚不能制定完备的安全制度，但是必须明确对安全制度的大致要求，包括培训、操作规范、保密制度等框架性要求。

6. 技术评价

根据用户需求设计逻辑网络时，选择合适的网络技术是关键，选择时应考虑如下因素。

（1）感知系统的有效性

感知系统是物联网的最基础部分，拟采用的感知方案保证能全面、准确、及时地获取感知的信息，是物联网工程成功的前提。针对不同的对象和应用目标，应有针对性地选用有效的感知技术、手段和设备。

（2）通信带宽

必须确保所选择的网络技术能提供足够的带宽，能够为终端设备和用户访问应用系统提供保障。在选择时，不能仅局限于现有的应用要求，还要考虑适当的带宽增长需求。

（3）技术成熟性

所选择的网络技术必须是成熟稳定的技术。有些新兴的应用技术在尚未被大规模投入应用时，还存在着较多不确定因素，这些不确定因素可能会为网络建设带来难以预估的损失。虽然新技术的发展离不开工程应用，但是对于大型工程来说，项目本身不能成为新技术的试验田。因此，尽量使用较为成熟、已有较多成功应用案例的技术是明智的选择。

同时，在技术变革的特殊时期，可以采用试点的方式缩小新技术的应用范围，规避技术风险，待技术成熟后再进行大规模应用。

（4）网络协议

当前广泛应用的网络协议主要是 TCP/IP 协议族，其网络层协议包括 IPv4 和 IPv6，两者彼此并不兼容。对于大型物联网，可以考虑使用 IPv6，避免地址不足的问题。对于无线传输，可以根据需要传输的数据量，选用 4G/5G 或 LoRa/NB-IoT 协议。

（5）可扩展性

在选择网络技术时，不能仅考虑当前的需求，而忽视未来的发展趋势。在大多数情况下，设计人员都会在设计环节预留一定的冗余量。无论是在带宽、通信容量、数据吞吐量、用户并发数等方面，网络实际需求与设计结果之间的比例都应低于一个特定值，以便为未来的扩展预留充足的空间。一般来说，该值为 70%～80%，在不同的工程中，可根据需要进行调整。

（6）高投入产出比

选择网络技术时最关键的不是技术的扩展性、高性能，也不是成本最低，决定设计者采用某种技术的关键是投入产出比，尤其是一些借助于网络来实现运营的工程，只有通过投入产出分析，才能最后确定所使用的技术。

6.1.2 逻辑网络的结构及设计

逻辑网络结构是通过对网络进行逻辑抽象，描述网络中主要连接设备和网络计算机节点分布而形成的网络主体框架。逻辑网络结构与网络拓扑结构的最大区别在于：网络拓扑结构中只有点和线，忽视了设备和计算机节点的特性；逻辑网络结构主要描述连接设备和计算机节点的连接关系，具有更多的属性。

由于当前的网络工程主要由局域网和实现局域网互连的广域网构成，因此可以将网络工程中的网络结构设计分为局域网结构设计和广域网结构设计两部分，其中局域网结构设计主要讨论数据链路层的设备互连方式，广域网络结构设计主要讨论网络层的设备互连方式。

1. 层次化网络设计模型

层次化网络设计模型可以帮助设计者按层次设计网络结构，为不同层次赋予特定的功能、选择正确的设备和系统。

随着用户的不断增多，网络复杂度也不断增大，层次化网络设计模型已经成为网络工程的经典模型。

采用层次化网络设计模型进行设计工作，具有如下优点。

- 使用层次化模型可以使网络设计成本降到最低，通过在不同的层次设计特定的网络互连设备，可以避免因各层中不必要的特性而产生的额外造价。层次化模型还支持在不同的层次进行更精细的容量规划，从而减少带宽资源的浪费。同时，层次化模型也可以使网络管理具有层次性，不同层次的网络管理人员的工作职责也不同，其培训规模和管理成本也不同，这种分工协作的管理模式有助于减少控制管理成本。
- 利用层次化网络设计模型时，可以在不同层次上实施模块化。模块是特定层次上的设备及连接集合，模块化设计使每个设计元素得以简化并易于理解。同时网络层次间的接口也易于识别，使得故障隔离程度得到提高，保证了网络的稳定性。
- 层次化设计为网络的灵活改变提供了有力支撑，当网络中的一个网元需要改变时，升级的成本只限制在整个网络中一个很小的子集中，对网络整体性能影响降到最小。

（1）层次化网络设计的原则

层次化网络设计应该遵循一些简单的原则，以保证设计出来的网络更具有层次的特性。

- 在设计时，设计者应该尽量控制层次的数量。过多的层次虽然方便网络故障排查和文档编写，但会导致整体网络性能下降，并且会增加网络的延迟。
- 在接入层，应当严格控制网络结构。接入层的用户往往期望获得更大的外部网络访问带宽，而随意申请其他的途径访问外部网络，这是不允许的。
- 为了保证网络的层次性，不能在设计中随意加入额外连接。额外连接是指打破层次性，在不相邻层次间的连接，这些连接会导致网络中出现许多问题，例如缺乏汇聚层的访问控制和数据报过滤等。
- 在进行层次设计时，应当首先设计感知层和接入层。根据负载、流量和行为的分析，对上层进行更精细的容量规划，再依次完成上层的设计。
- 应尽量采用模块化方式，每个层次由多个模块或者设备集合构成，各模块间的边界应非常清晰。

（2）物联网工程五层模型

从学术研究的角度而言，通常把物联网分为感知层、传输层、处理层和应用层四个层次。从物联网工程及实施的角度而言，比较常见且易于实施的是五层模型，自下而上分别是感控层、接入层、汇聚层、骨干层（或核心层）、数据中心层，每一层都有着特定的作用。

- 感控层实现对客观对象或环境信息的感知，在有些应用中还具有控制功能，实现对对象的控制。
- 接入层为感控系统和局域网接入汇聚层（或广域网）或者终端用户访问网络提供接入。
- 汇聚层将网络业务连接到骨干网，并且实施与安全、流量负载和路由相关的策略。
- 骨干层提供不同区域或者下层的高速连接。
- 数据中心层提供数据的汇聚、存储、处理、分发等功能。

一个典型物联网结构如图 6-1 所示。

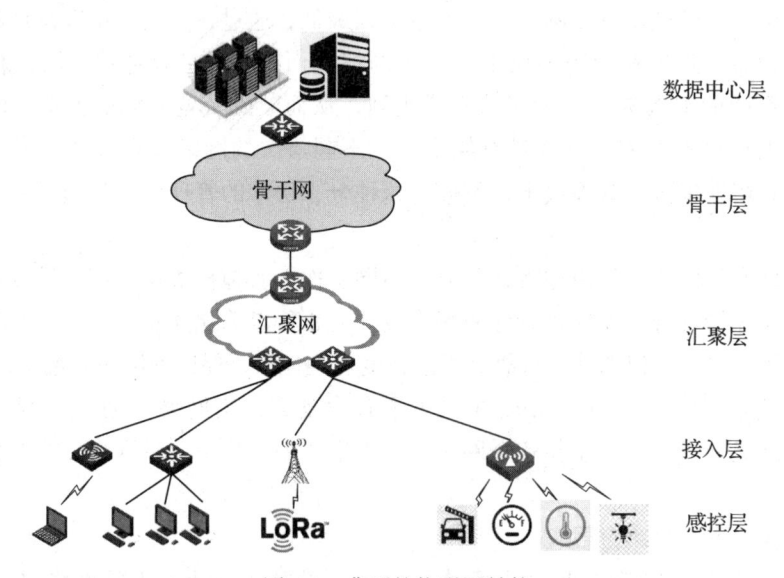

图 6-1　典型的物联网结构

数据中心层设计要点

数据中心是物联网存储和处理全部信息的中心，因此应满足以下基本要求。
- 具备足够的存储能力，包括存储容量、存取速度、容错性。通常应能满足整个生命周期的存储要求。
- 具备强大的处理能力，包括计算能力、访问速度、处理方式等。对于智能物联网应用，还应包括支持特定人工智能模型的训练与处理能力。
- 具有保证系统稳定、安全运行的辅助设施，包括空调系统、不间断电源（UPS）系统、消防系统、监控与报警系统等。

骨干层设计要点

骨干层是网络的高速骨干部分，在设计中应尽量采用冗余组件，使其具备高可靠性，能快速适应变化。

骨干层应根据传输数据量的需求选用高性能的网络，比如高带宽以太网、OTN 等。

对于那些需要连接到因特网和外部网络的物联网工程来说，骨干层应包括一条或多条到外部网络的连接。

汇聚层设计要点

汇聚层是骨干层和接入层的分界点，从安全性考量，对资源访问的控制，从性能因素考量，对通过骨干层流量的控制等，都应在汇聚层实施。

为保证层次化的特性，汇聚层应该向骨干层隐藏接入层的详细信息，例如，不管接入层划分了多少个子网，汇聚层向骨干层路由器进行路由宣告时，仅宣告多个子网地址汇聚而形成的一个网络。另外，汇聚层也会对接入层屏蔽网络其他部分的信息，例如汇聚层路由器可以不向接入路由器宣告其他网络部分的路由，仅仅向接入设备宣告自己是默认路由。

接入层设计要点

接入层为用户设备提供连接到网络、访问应用系统的能力。接入层可承担一些用户管理功能，包括地址认证、用户认证、计费管理等。接入层还负责用户信息收集工作，例如收集用户的 IP 地址、MAC 地址、访问日志等信息。

感控层设计要点

感控层的设计要充分考虑感控系统的覆盖范围、工作环境，包括供电保障，要根据具体的需求设计最佳的感控方案。

2. 感控层结构

感控层要将感知设备、智慧物品、控制设备等连接到网络，可考虑三种连接方式，如图 6-2 所示。

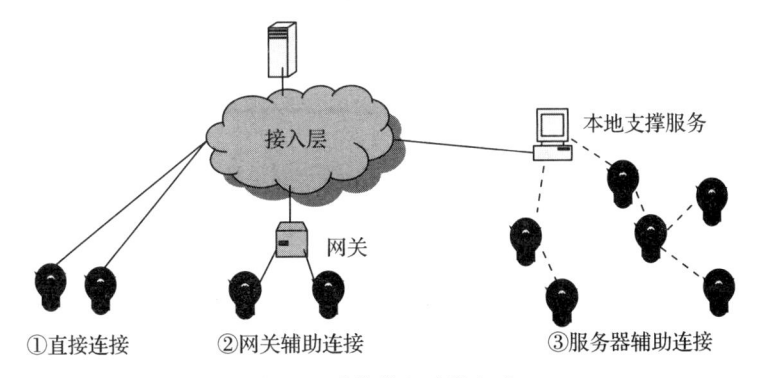

图 6-2 感控设备连接方式

- 直接连接：感知设备或智能物品直接接入网络与其他感知对象和服务器相连。这种连接方式对智能物品在计算和组网方面的要求比较高，对网关的要求比较低，对节点和业务模型的配置不是很灵活。
- 网关辅助连接：感知设备或智能物品通过网关接入后与其他感知对象和远程服务器相连。这种连接方式对智能物品在计算和组网方面的要求比较低，对网关的要求比较高，对节点和业务模型的配置很灵活。
- 服务器辅助连接：物品通过公共的本地支撑服务器汇聚以后与远程服务器相连。这种连接方式对感知设备或智能物品的计算能力和网关的要求比较低，对智能物品的组网能力要求比较高，对节点和业务模型的配置很灵活。

可以根据应用的要求、感知设备的功能等具体情况，选用合适的连接方式。

3．接入方式

根据感控系统、用户系统的不同，选择合适的接入方式。

- 对孤立的感控系统，可以选用 4G/5G 等无线方式接入汇聚网络。
- 对集中式的感控系统、用户系统，可以选用局域网、WLAN、LoRa、NB-IoT 等方式接入汇聚网络。
- 对用户系统，可以选用 WLAN、4G/5G 等方式接入汇聚网络。
- 对数据中心，可以选用以太网、光纤直连等方式接入骨干网。

4．局域网结构

下面介绍在进行局域网设计时，常见的局域网结构。

（1）单核心局域网结构

单核心局域网结构主要由一台核心交换机、二层或三层交换机构建局域网的核心，通过多台接入交换机接入计算机节点，该网络一般通过与核心交换机互连的路由设备（路由器或防火墙）接入广域网。

典型的单核心局域网结构如图 6-3 所示。

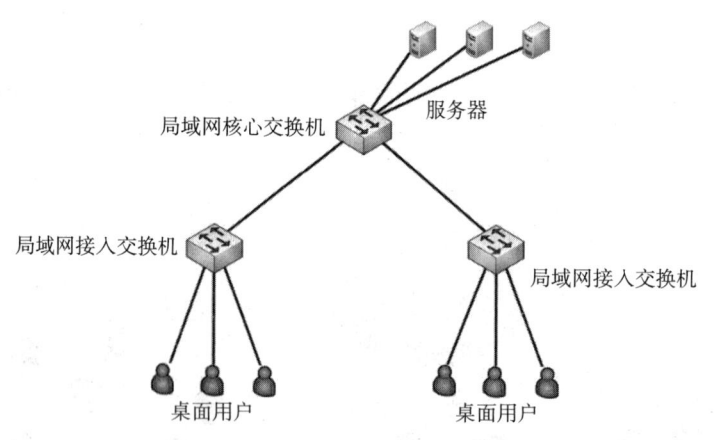

图 6-3 典型的单核心局域网结构

单核心局域网结构的特性如下。

- 核心交换机多采用二层或三层交换机。

- 可以划分成多个 VLAN，VLAN 内只进行数据链路层帧转发。
- 网络内各 VLAN 之间的访问需要经过核心交换机，并且只能通过网络层数据包转发方式实现。
- 网络中除核心交换机之外，不存在其他的带三层路由功能的设备。
- 核心交换机与各 VLAN 设备可以采用 10Mbit/s/100Mbit/s/1000Mbit/s 以太网连接。
- 节省设备投资。
- 部门局域网络访问核心局域网以及相互之间访问的效率高。
- 在核心交换机端口充足的前提下，部门局域网络接入较为方便。
- 网络地理范围小，要求部门局域网络分布比较紧凑。
- 核心交换机是网络的故障单点，容易导致整个网络失效。
- 网络扩展能力有限。
- 对核心交换机的端口密度要求较高。
- 除非规模较小的网络，否则推荐桌面用户不直接与核心交换设备相连，也就是说，核心交换机与用户计算机之间应存在接入交换机。

（2）双核心局域网结构

双核心局域网结构主要由两台核心交换机构建局域网核心，该网络一般也通过与核心交换机互连的路由设备接入广域网，并且路由器与两台核心交换机之间都存在物理链路。

典型的双核心局域网结构如图 6-4 所示。

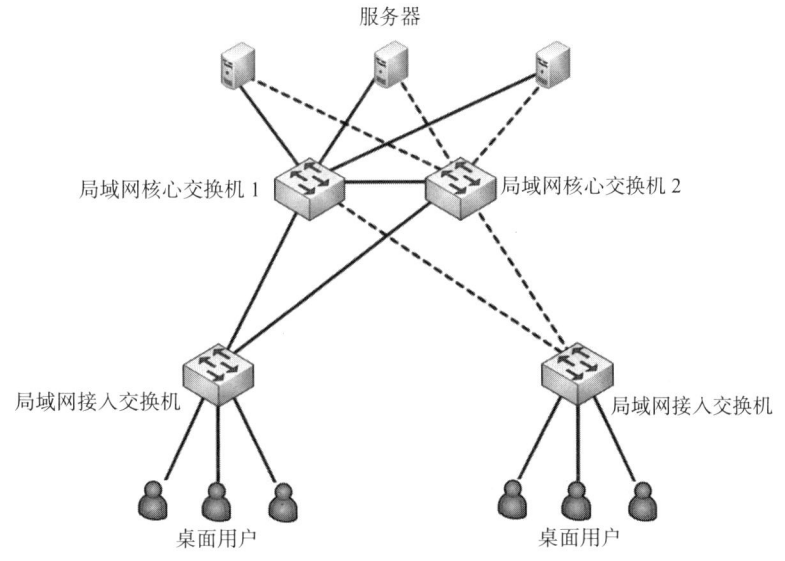

图 6-4 典型的双核心局域网结构

双核心局域网结构的特性如下。

- 核心交换机在实现时多采用三层交换机。
- 网络内各 VLAN 之间的访问需要经过两台核心交换机中的一台。
- 网络中除核心交换机之外，不存在其他具备路由功能的设备。
- 核心交换机之间运行特定的网关保护或负载均衡协议。
- 核心交换机与各 VLAN 设备间可以采用 10Mbit/s/100Mbit/s/1000Mbit/s 以太网连接。

- 网络拓扑结构可靠。
- 路由层面可以实现无缝热切换。
- 部门局域网络访问核心局域网以及相互之间访问时有多条路径可供选择，可靠性更高。
- 核心交换机和桌面计算机之间存在接入交换机，接入交换机同时和双核心存在物理连接。
- 所有服务器都直接同时连接至两台核心交换机，借助于网关保护协议，实现桌面用户对服务器的高速访问。

（3）层次局域网结构

层次局域网结构主要定义了根据不同的功能要求将局域网划分层次构建的方式，从功能上定义为核心层、汇聚层、接入层。层次局域网一般通过与核心层交换机互连的路由器接入广域网。

典型的层次局域网结构如图 6-5 所示。

层次局域网结构的特性如下。

- 核心层实现高速数据转发。
- 汇聚层实现丰富的接口和接入层之间的互访控制。
- 接入层实现用户接入。
- 网络拓扑结构故障定位可分级，便于维护。
- 网络功能清晰，有利于发挥设备最大效率。
- 网络拓扑易于扩展。

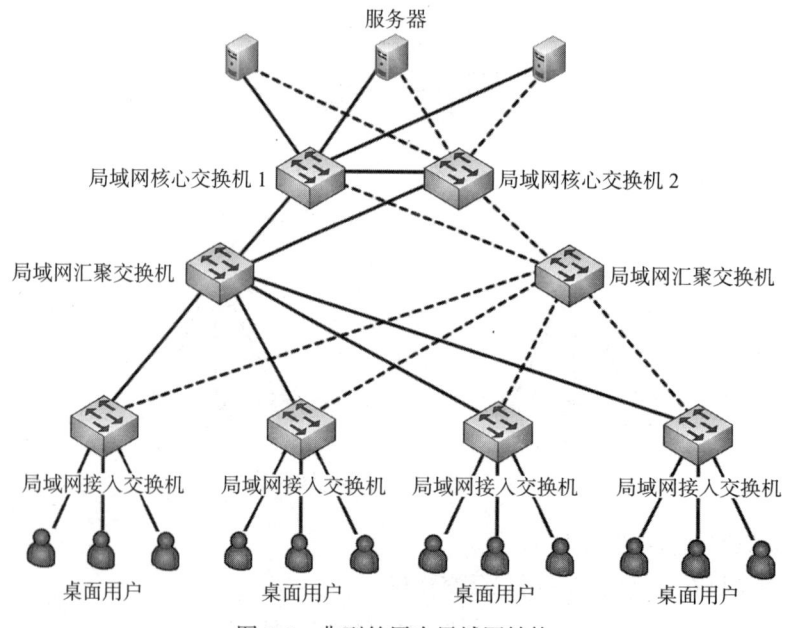

图 6-5 典型的层次局域网结构

5. 无线局域网结构

在无线局域网（WLAN）中，所有终端设备（包括感知设备/智能物品、计算机、移动终端等）都通过无线接入点（AP）实现接入和互连。

WLAN 使用 802.11 系列协议，建议尽量使用 802.11ax（Wi-Fi6），速率可达到 9.6Gbit/s。

单个 AP 的信号覆盖范围较小，通常只覆盖几米到几十米的区域。为扩大覆盖范围，可将多个 AP 进行互连。AP 之间一般通过有线方式互连，也可通过网格方式实现无线互连。

WLAN 的典型结构如图 6-6 所示。

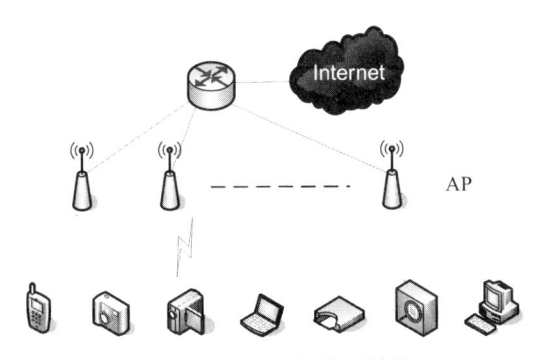

图 6-6　WLAN 的典型结构

为方便管理，现在的 AP 一般是指瘦 AP，它具有如下主要特征。
- 由后端控制器对所有 AP 进行统一配置和管理，无须对单个 AP 进行分别配置。
- 在所有 AP 共同覆盖的范围内，终端可自由移动和漫游。
- AP 可通过以太网电缆供电，无须单独铺设供电线路。

6. 广域网结构

在大多数网络工程中，通常利用广域网实现多个局域网之间的互连，进而构建一个统一且协同运作的大型网络。

（1）单核心广域网结构

单核心广域网结构主要由一台核心路由器连接各个局域网。

典型的单核心广域网结构如图 6-7 所示。

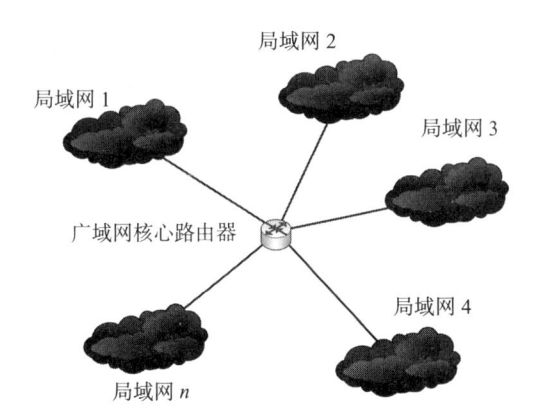

图 6-7　典型的单核心广域网结构

单核心广域网结构的特性如下。
- 网络内各局域网之间的访问需要经过核心路由器。

- 各部门局域网至核心路由器之间可采用光纤线路或高速以太网连接。
- 网络结构简单。
- 核心路由器是网络的故障单点,容易导致整网失效。
- 对核心路由器的端口密度要求较高。

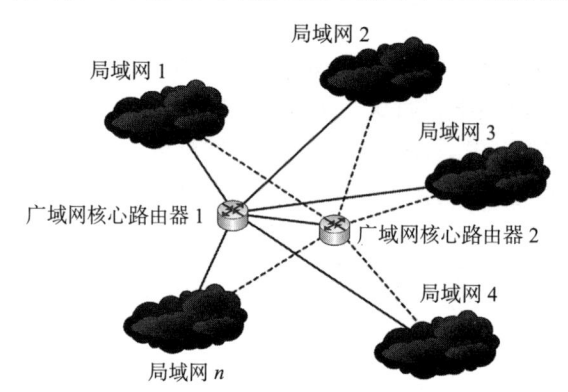

(2)双核心广域网结构

双核心广域网结构由两台核心路由器构建框架,并互连各个局域网。

典型的双核心广域网结构如图 6-8 所示。

双核心广域网结构的特性如下。

- 网络内各局域网之间的访问需要经过两台核心路由器中的一台。
- 核心路由器之间运行特定的网关保护或负载均衡协议,例如 HSRP、VRRP、GLBP 等。
- 核心路由器与各局域网可以采用 10Mbit/s/100Mbit/s/1000Mbit/s 以太网连接。
- 网络拓扑结构可靠。
- 路由器可以无缝热切换。
- 部门局域网络访问核心局域网以及相互之间访问时有多条路径选择,可靠性更高。

图 6-8 典型的双核心广域网结构

(3)半冗余广域网结构

半冗余广域网结构定义了由多台核心路由器连接各局域网并构建广域网的方式,在半冗余广域网结构中,任意一个核心路由器存在至少两条以上的链路连接至其他路由器。如果核心路由器和任何其他路由器之间都有链路,则该网络就是半冗余广域网结构的特例——全冗余广域网结构。

典型的半冗余广域网结构如图 6-9 所示。

半冗余广域网结构的特性如下。

- 半冗余广域网结构灵活,方便扩展。
- 部分网络可以采用特定的网关保护或负载均衡协议。
- 网络拓扑结构相对可靠,呈网状。
- 路由选择比较灵活,可以有多条备选路径。
- 部门局域网访问核心局域网以及相互访问时,有多条路径可供选择,可靠性高。

(4)层次子域广域网结构

层次子域广域网结构将大型广域网划分为多个较为独立的子域,每个子域内的路由器采用半冗余方式互连。在层次子域广域网结构中，多个子域之间存在层次关系，高层子域连接多个低层子域。层次子域广域网结构中的任何路由器都可以接入局域网。

典型的层次子域广域网结构如图 6-10 所示。

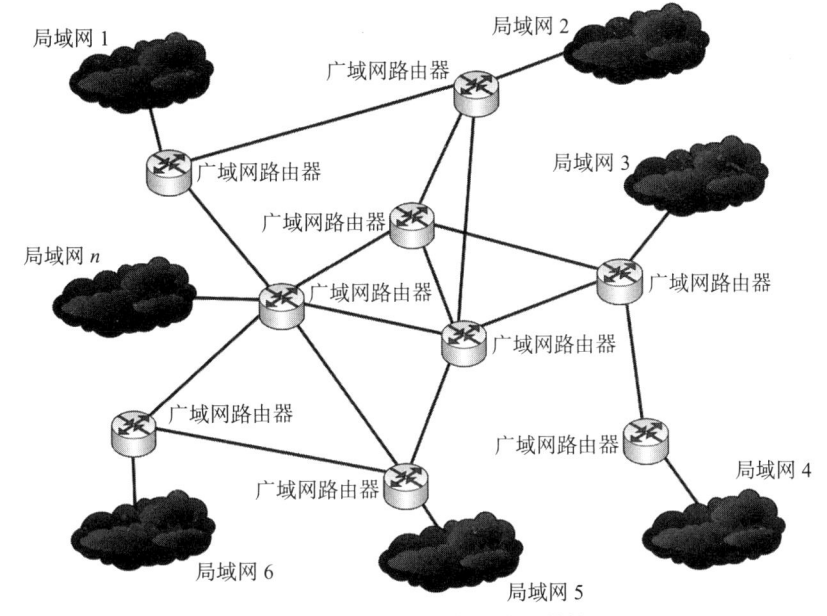

图 6-9　典型的半冗余广域网结构

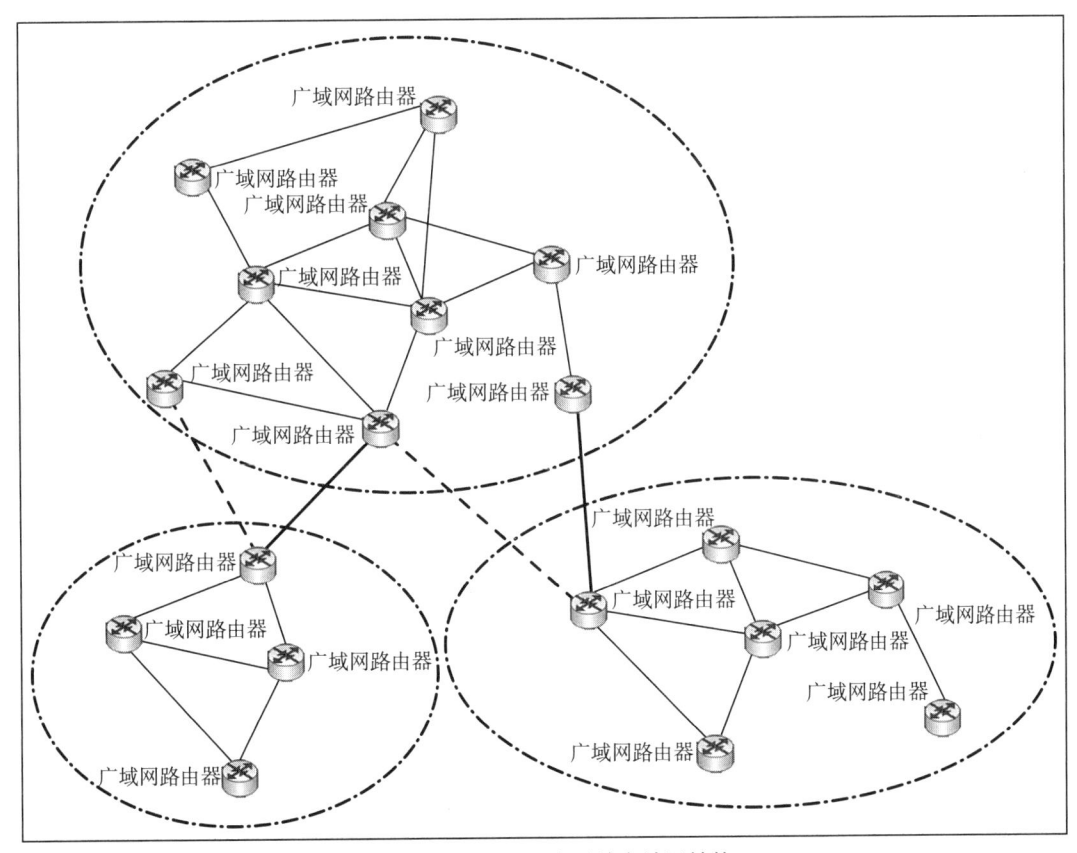

图 6-10　典型的层次子域广域网结构

层次子域广域网结构的特性如下。
- 低层子域之间的互访应通过高层子域完成。
- 层次子域结构具有较好的扩展性。
- 子域间的链路带宽应高于子域内的链路带宽。
- 路由协议的选择主要以动态路由为主，尤其适用于 OSPF 协议。
- 层次子域与上层外网互连，主要借助于高层子域完成；与下层外网互连，主要借助于低层子域完成。

（5）广域网技术选型

应选用技术先进、性价比高、市占率高的广域网技术和产品。根据广域网覆盖范围和带宽要求的不同，可优先选用以太网和 OTN 两种技术。

以太网借助单模光纤进行数据传输，其传输距离可达 40km 以上，数据率可达 10Gbit/s，能够满足绝大部分的应用需求，性价比高。

OTN 不受传输距离的限制，可以达到 40Gbit/s 以上的数据率。

7. 网络冗余设计

网络冗余设计允许通过设置双重网络元素来满足网络的可用性需求，冗余减少了网络的单点失效，其目标是重复设置网络组件，以避免单个组件的失效而导致系统失效。这些组件可以是一台核心路由器、交换机，可以是两台设备间的一条链路，也可以是一个广域网连接或电源、风扇、设备引擎等设备上的模块。对于一些大型网络来说，为了确保网络中信息的安全，在独立的数据中心之外，还设置冗余的容灾备份中心，以保证数据或者应用在故障下的切换。

在网络冗余设计中，常见的通信线路设计目标主要有两个：一是备用路径，二是负载分担。

（1）备用路径

备用路径主要是为了提高网络的可用性。当一条或者多条路径出现故障时，为了保障网络的连通性，网络架构中必须存在冗余的备用路径。备用路径由路由器、交换机等设备之间的独立备用链路构成，一般情况下，备用路径仅仅在主路径失效时投入使用。

设计备用路径时主要考虑以下因素。
- 备用路径的带宽。设计备用路径带宽的依据主要是网络中重要区域、重要应用的带宽需要，设计人员要根据主路径失效后哪些网络流量不能中断来形成备用路径的最小带宽需求。
- 切换时间。切换时间是指从主路径故障到备用路径投入使用的时间，切换时间主要取决于用户对应用系统中断服务时间的容忍度。
- 非对称。备用路径的带宽比主路径的带宽小是正常的设计方法，由于备用路径大多数情况下并不投入使用，过大的带宽容易造成浪费。
- 自动切换。设计备用路径时，应尽量采用自动切换方式，避免手动切换。
- 测试。备用路径由于长期不投入使用，不容易发现线路、设备上存在的问题。应设计定期的测试方法，以便于及时发现问题。

(2）负载分担

负载分担通过冗余的形式来提高网络的性能，是对备用路径方式的扩充。负载分担通过并行链路提供流量分担来提高性能，其主要的实现方法是利用两条或多条路径同时传输流量。

对于负载分担，设计时主要考虑以下因素。

- 当网络中存在备用路径、备用链路时，就可以考虑加入负载分担设计。
- 对于主路径、备用路径相同的情况，可以实施负载分担的特例——负载均衡，也就是说多条路径上的流量是均衡的。
- 对于主路径、备用路径不同的情况，可以采用策略路由机制，让一部分流量分摊到备用路径上。
- 在路由算法的设计方面，大多数设备制造厂商实现的路由算法都能够在相同带宽的路径上实现负载均衡，甚至部分特殊的路由算法，可以根据主路径和备用路径的带宽比例实现负载分担。

6.1.3 地址与命名规则设计

当网络上的两台设备之间相互通信时，需要相互知道并识别对方。

标识设备的方式有很多种，常用的两种方式是名称和地址。对于 RFID 标签、无线传感器等设备，早期一般采用名称（或 ID）方式标识；对于主机、路由器、网关等设备，一般采用 IP 地址标识。现在的智能家电等智能物品通常都使用 IP 地址进行标识。

1. 地址分配原则

规划、分配、管理和记录网络地址是网络管理工作的主要内容。良好的网络地址规划，不仅可以对地址实施便捷的管理，也能为路由协议的收敛等提供良好的基础，因此在逻辑设计阶段，对于网络地址的分配应遵循一些特定的原则。

（1）使用结构化网络编址模型

结构化网络编址模型对地址进行层次化的规划，例如 IP 地址本身就是层次化的，分为网络前缀和主机两部分。使用结构化网络编址模型的基本思路是首先为网络分配一个 IP 网络号段，然后将该网络号段分成多个子网，最后将子网划分为更细的子网。

采用结构化网络编址模型，有利于地址管理和故障排除。结构化使得理解网络结构、对网络实施管理、生成分析和报告都相对容易，同时由于结构化网络地址在路由器、防火墙等设备的过滤规则表述方面所具备的优势，所以网络优化和网络安全也变得易于实现。

（2）通过中心授权机构管理地址

网络设计者应规划、设计物联网的全局地址模型，该模型应该根据核心、汇聚、接入的层次化，对各个区域、分支机构等在模型中的位置进行明确标识。

在网络中，IP 地址由两类地址构成，分别为公有地址和私有地址。私有地址大部分是一些保留地址段，只在企业网络内部使用，信息管理部门拥有对地址的管理权。公有地址是全局唯一的地址，并且必须在授权机构注册才能使用。

在设计阶段，应明确如下内容。

- 需要公有地址还是私有地址。

- 只需要访问专用网络的设备分布。
- 需要访问公网的设备分布。
- 私有地址和公有地址如何翻译。
- 私有地址和公有地址的边界。

（3）编址的分布授权

与编址模型匹配的是一个地址授权管理中心以及相应的管理制度，该中心不仅可以直接管理网络地址，还可以根据需要在网络区域、分支结构内建设分中心，授权分中心的管理人员对区域的地址进行管理。

在各分支机构管理人员网络管理业务较强、网络规模较大的情况下，可以采用分布授权模式，由设计人员依据结构化模型，将各个地址段的编址和管理分配到相应的分支机构。

如果分支机构的管理人员缺乏经验，则不能采用分布授权方式，而采用集中管理方式，以避免误操作以及网络失效带来的故障。

（4）终端系统使用动态编址

对于频繁变更位置、移动性较大的终端，采用静态的网络地址不利于管理，使用动态编址协议既可以保证分配的地址被纳入管理范畴，又可以减少管理工作量。

在 TCP/IP 体系中，主要使用 DHCP 来完成终端的 IP 地址和域名自动获取。

DHCP 使用客户机 / 服务器模型。服务器分配网络地址，并保存已分配的地址信息；客户机从服务器动态请求配置参数。DHCP 支持三种 IP 地址分配方法，即自动分配、动态分配、手工分配。动态分配是较为常用的方法，通过租用机制，可以保证有限的地址为大量不同时段的客户机提供地址分配服务，并且动态分配地址减少了管理人员的工作量。

设计人员在逻辑设计阶段应确定如下内容。

- 可以使用自动分配的设备。
- 可以使用动态分配的设备。
- DHCP 可以管理的 IP 地址段。
- DHCP 的逻辑网段位置。

（5）私有地址的使用

私有地址是可以用于机构内部的地址，这些地址相互之间可以访问，但是在访问公网地址时，必须进行地址转换。

在 RFC 1918 中，IETF 为内部使用的私有地址预留了如下的地址段。

- 10.0.0.1～10.255.255.255。
- 172.16.0.0～172.31.255.255。
- 192.168.0.0～192.168.255.255。

Microsoft Windows 的 APIPA 预留的地址段为 169.254.0.0～169.254.255.255。

私有地址的存在提高了网络内部的安全性，外部网络无法发起针对私有网络地址的攻击；私有地址不需要授权机构的管理，灵活性强，且可以避免大量公有地址的浪费。但同时使用私有地址也有一些缺点，如网络管理一旦外包，管理工作就很难实施，地址的分配容易陷入混乱。另外，由于大多数用户使用的私有地址段较为相近，在实现 VPN 互联时，很容易造成地址冲突。

设计人员必须设计出私有地址与公有地址的转换方式。目前，地址转换技术主要包括 NAT、PAT 和 Proxy。

- NAT 技术是指由网络管理员提供一个公有 IP 地址池，私有地址的主机在访问公有网络时建立该私有地址和地址池中某个 IP 地址的映射关系，从而访问公有网络。
- PAT 技术是指多个私有地址共用一个公有 IP 地址，在两种地址的边界设备上建立端口的映射表，该表主要由私有源地址、私有地址源端口、公有地址源端口组成，通过这种映射关系来完成多个私有地址同时访问公有网络。
- Proxy 不是网络层的地址转换技术，它主要工作在应用层，由代理软件完成数据包的地址转换工作。

对于大型网络来说，一般只能选用私有地址。首先确定选用哪一段私有 IP 地址，小型企业可以选择 192.168.0.0 地址段，大中型企业则可以选择 172.16.0.0 或 10.0.0.0 地址段。

为了方便将来的扩展，大型网络一般采用 A 类私有地址（即 10.×× .× × .× ×）。

（6）使用 IPv6 地址

使用 IPv6 地址是一种趋势。其优点是地址数量充足，一般自动配置，不需要人工配置。因此，如果所建设的网络要连接的 Internet 支持 IPv6，则应该考虑选用 IPv6 地址。

2. 使用层次化模型分配地址

层次化编址是一种对地址进行结构化设计的模型，使得地址的左半部分的号码可以体现大块的网络或节点群，地址右半部分的号码可以体现单个网络或节点。层次化编址的主要优点在于可以实现层次化的路由选择，有利于在网络互连路由设备之间分发网络拓扑结构。

（1）层次化编址的优势

在编址和路由选择模型中使用层次化模型具有如下好处。

- 易于排查故障。
- 易于进行管理和性能优化。
- 加快路由选择协议的收敛。
- 需要的网络资源更少。
- 可扩展性和稳定性强。

层次化编址允许对网络号进行汇总，如此一来，路由器在通告路由表时便能对路由规则条目进行整合。另外，该编址方式还易于实现可变长度子网掩码（VLSM），为子网的划分添加了灵活度，优化了可用地址空间。

（2）层次化路由选择

层次化路由是指对网络拓扑结构和配置的了解是局部的，即一台路由器不需要知道所有的路由信息，只需要了解其管辖的路由信息。层次化路由选择需要配合层次化的地址编码。

设计人员在进行地址分配时，为配合实现层次化的路由，必须遵守以下简单规则：如果网络中存在着分支管理，而且一台路由器负责连接上级机构和下级机构，则分配给这些下级机构网段的地址应属于一个连续的地址空间，并且这些连续的地址空间可以用一个子网或者超网段表示。例如，一台路由器上连总部、下连四个分支机构，每个分支机构都被分配一个 C 类地址段,整个网络申请的地址空间为 202.103.64.0 ～ 202.103.79.255,则应该为这四个分支机构分配连续的 C 类地址,例如 202.103.64.0 ～ 202.103.67.0。

(3)无分类路由协议

为避免 IP 地址的浪费,出现了无分类子网及可变长度子网掩码的概念,其对网络的表示方法就是使用长度字段来表示前缀的长度,例如,地址 10.1.0.1/16 表示前缀(网络地址)长度为 16 位。基于这些变革产生了无分类路由协议,这些协议不基于地址类型,而是基于 IP 地址的前缀长度,允许将一个网络组作为一个路由表项,并使用前缀说明哪些网络被分在这个组内。无分类路由选择协议支持任意的前缀长度。

设计人员在进行选择时,应尽量采用无分类路由协议,包括 RIP V2、OSPF、GBP、IS-IS 等。

(4)路由汇聚

如果地址是以层次化方式分配的,则无分类路由协议可以将多个子网或网络汇聚成一条路由,从而减少路由协议的开销,这种汇聚工作在企业网络设计中同样重要,因为路由汇聚意味着一个区域的问题不会扩散到其他区域。

在进行 IP 地址规划时,为了保证各个层次路由汇聚的正确性,需要根据 IP 地址的分配情况对路由汇聚进行验证,可针对分配方案和地址预留方案,依据下列规则对各路由器的下联网络进行路由汇聚测试,以便于及时找到扩展性等方面的问题。

- 可以汇聚的多个网络 IP 地址最左边的二进制必须相同。
- 路由器必须依据 32 位的 IP 地址和最长可达 32 位的前缀长度确定路由选择。
- 路由协议必须承载 32 位地址的前缀长度。

(5)可变长度子网掩码

使用无分类路由协议意味着在单一网络中可以有大小不同的子网,子网大小的可变性正是可变长度子网掩码(VLSM)的直观体现。VLSM 依据显式提供的前缀长度信息使用地址,在不同的地方可以具有不同的前缀长度,可提高使用 IP 地址空间的效率和灵活性。

因此,设计人员只要采用无分类路由协议,就可以在网络内部根据需要任意划分不同规模的网段,并采用可变长度子网进行表示。

3. 设计命名模型

命名在满足客户易用性需求方面起着非常关键的作用,简短且有意义的名字可以帮助用户精准地定位服务的位置。设计人员应该从资源的角度设计出易用性、可管理性强的命名模型,以便于提升网络用户的使用体验。

在企业网络中,需要进行命名的资源较多,包括智能物品、感知设备、接入网关、路由器、交换机、服务器、主机、打印机以及其他资源。借助于良好的命名模型,网络用户可以直接通过便于记忆的名字而不是地址透明地访问服务器。

在网络命名系统中,主要有两种将名字映射到地址的方法,一种是使用命名协议的动态方法,一种是借助于文件等方式的静态方法。

(1)命名的分布授权

针对企业网络的命名管理,需要建设一个特定的中心授权机构以及相应的管理制度,命名的授权管理可以采用集中方式,也可以采用分布授权方式。由于名称管理的特殊性、命名自身的层次性,且名称将直接面对客户,大多数情况下都采用分布授权,这样可以提高分支机构在应对自身内部名称变更事务时的效率快速响应能力。

(2)名称分配原则

在对网络资源进行命名并分配具体名称时,需要遵循以下原则。

- 为提高易用性,名称应该简短、有意义、无歧义,用户可以很容易地通过名称来对应各类资源,例如交换机名称中使用 sw、服务器名称中使用 srv、路由器名称中使用 rt 等。
- 名称可以包含位置代码,设计人员可以在名称模型中加入特定的物理位置代码,例如第几分公司、总部等特殊的代码。
- 名称中应尽量避免使用下划线、空格、特殊符号等不常用字符。
- 名称不应该区分大小写,这样会导致用户使用不便。

(3)名称解析

物联网中存在两类名称解析,第一类为域名解析,第二类为对象名称解析。

1)域名解析:依赖于 DNS(域名系统),用于完成域名与 IP 地址之间的转换,主要有两项功能,分别为正向解析与逆向解析。正向解析的任务是将域名转换为 IP 地址,以便网络应用程序能够正确地找到需要连接的目标主机;逆向解析的任务是将 IP 地址转换为域名。DNS 解析工作由无数 DNS 服务器所构成的分布式系统共同完成,如图 6-11 所示。

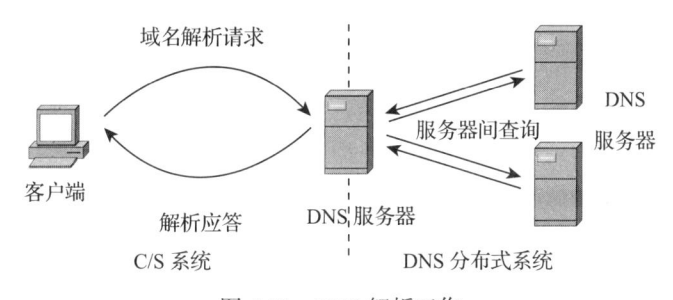

图 6-11 DNS 解析工作

大型网络一般需要安装、配置自己的 DNS。

2)对象名称解析:基于对象名称系统(ONS),用于在物联网环境中解析和定位对象名称。这种系统通常基于分布式散列表(DHT)技术,允许设备在不需要中央服务器的情况下相互通信和查找信息。

在 ONS 中,每个设备或对象都被分配一个唯一的名称或标识符。当其他设备需要与该设备通信或访问其信息时,它们可以使用对象名称解析系统来查找该设备的网络地址或其他相关信息。对象名称解析系统通常包括以下组件。

- 超级节点(super node):这些节点是系统中的关键组件,负责维护和管理 DHT。它们存储有关其他节点和对象的信息,并帮助其他节点进行查找和解析操作。
- 普通节点(ordinary node):这些节点是物联网中的设备或对象,它们通过向超级节点发送查询请求来获取所需的信息。普通节点还可以将自己的信息注册到 DHT 中,以便其他节点可以找到它们。
- DHT:这是一种分布式数据结构,用于存储关于节点和对象的信息。DHT 使用哈希函数将名称或标识符映射到特定的节点上，从而实现快速查找和解析。

对象名称解析系统的优势在于其去中心化的特性，这使得系统更加健壮和可靠。由于没有中央服务器或单点故障，系统能够抵御攻击和故障，同时保持较高的性能和可扩展性。此外，由于 DHT 的分布式特性，对象名称解析系统还具有负载均衡和容错能力。

对象名称解析系统也面临一些挑战和限制。例如，由于 DHT 的复杂性和分布式特性，实现和维护这样的系统可能需要大量的技术资源和专业知识。此外，随着物联网规模的扩大和节点数量的增加，DHT 的性能和可扩展性可能会受到限制。

通常，大型物联网系统都通过接入区域或国家级 ONS 来实现对象名称解析。

6.1.4 路由协议选择

路由协议使路由器能够自主地学习和掌握达到其他网络的有效途径，并且能够与其他路由器交换路由信息，从而实现全网路由选择的目的。

1. 路由协议选择原则

（1）路由协议类型选择

路由协议分为两大类，即距离向量协议和链路状态协议，对应的具体协议分别是 RIP 和 OSPF。网络设计人员可以依据以下条件在两种类型中进行选择。

当满足下列条件时，可以选择使用 RIP。
- 网络规模不是很大。
- 网络使用一种简单的、扁平的结构，不需要层次化设计。
- 网络使用的是简单的中心辐射状结构。
- 管理人员缺乏对路由协议的了解，路由操作能力差。
- 收敛时间对网络的影响较小。

当满足下列条件时，可以选择使用 OSPF 协议。
- 网络采用层次化设计，尤其是大型网络。
- 管理员能深入理解链路状态路由协议。
- 快速收敛对网络的影响较大。

（2）路由协议度量

当网络中存在多条路径时，路由协议使用度量值来决定使用哪条路径。不同路由协议的度量值是不同的，传统协议以路由器的跳数作为度量值，新一代的协议还将参考延迟、带宽、可靠性及其他因素。

对度量值存在着两个方面的考虑。一是对度量值的限制设定，例如设定基于跳数路由协议的有效路径度量值应小于 64（早期设备规定该值小于 16），这些对度量值的设定直接决定了网络的连通性和效率；二是多个路由协议共存时的度量值转换，路由器上可能会运行多个协议，不同的路由协议对路径的度量值不同，设计人员需要建立不同度量值之间的映射关系，让多个协议之间相互补充。

（3）路由协议顺序

路由器上可能会存在多个不同的路由协议，针对某一个特定的目标网络，这些路由协议都会选举出具有最小度量值的路径，但是不同协议的度量值不同，可比较性较小。设计人员建立的协议度量值的转换关系只用于不同路由协议之间的路由补充，不能用于具体路径的选择。

因此，设计人员可以在网络中运行多个路由协议，并约定这些协议的顺序。顺序可以用路由协议权值来表示，权值最小的协议，其顺序越靠前。如果多个路由协议都选择出了最优路径，则具有最小权值的路由协议的路径生效。

（4）层次化与非层次化路由协议

路由协议从层次化角度可以分为层次化路由协议和非层次化路由协议。在非层次化路由协议中，所有路由器的角色都是一样的；在层次化路由协议中，不同路由器的角色不同，需要处理的路由信息量也不同。

对于采用层次化设计的网络来说，最好采用层次化路由协议。

（5）内部与外部网关协议

路由协议根据自治区域的划分以及作用，可以分为内部网关协议和外部网关协议，设计人员应根据需要选择正确的、合适的协议类型。例如，对于内部网关协议，较为常见的是 RIP、OSPF、IGRP，对于外部网关协议，多选择 BGP。

（6）分类与无分类路由协议

分类与无分类路由协议的选择前文中已经做了介绍，这是进行网络路由设计时必须考虑的内容。

（7）静态路由协议

静态路由是指手工配置并且不依赖于路由协议进行更新的路由，通常用于连接一个末梢网络（只能通过一条路径到达的网络部分）。静态路由的最常见的使用方法就是默认路由。网络设计人员应该对所设计网络中的末梢网络进行区分，并设定这些末梢网络的默认路由。

静态路由一般情况下要比其他动态路由协议级别高，也就是说即使通过动态路由协议选择出一条最优路径，数据包仍然会依据静态路由指定的路径进行传送，因此设计人员需要根据实际需要来确定静态路由协议的范围，以免使得动态路由协议失效。

可以将静态路由信息导入动态路由协议形成的路由表项中，形成路由信息的互补关系。

2. 内部网关协议——OSPF

OSPF 协议是典型的、应用最广的内部网关协议，该协议为层次化、无分类路由协议，以下是 OSPF 协议的一些常见应用规则，在实际应用中可根据需要进行调整。

（1）OSPF Router ID

原则上采用网络设备的 loopback 0 或 loopback 1（考虑到某些厂商设备在不支持 loopback 0 时采用 loopback 1）的接口地址作为设备的 Router ID。Router ID 应统一规划，作为路由域内该设备的唯一地址标识以及管理地址。

（2）OSPF 时间参数
- Hello 包间隔时间为 1s。
- 相邻路由器间失效时间为 3s。
- LSA（链路状态通告）更新报文时间为 1s。

- 邻接路由器重传 LSA 的间隔为 5s。
- OSPF 的 SPF 计算间隔为 5s。
- 外部路由引入采用 OE1 方式（即到外部路由的花费值 = 本路由器到相应的 ASBR 的花费值 +ASBR 到该路由目的地址的花费值），原则上只引入需要发布的路由；域间路由条目的发布只发布域汇总路由信息（路由条目≤4 条）。
- 采用 MD5 对报文（接口、区域）进行验证。

（3）OSPF COST

COST 为 OSPF 协议的度量值，可以根据链路的带宽设定不同链路的 COST 值，表 6-1 是常见链路带宽的 COST 值，可根据设计人员的工程经验进行调整。

表 6-1 常见链路带宽的 COST 值

链路带宽	COST 值
10Gbit/s 或 SDH STM-64 或相应速率 OTN	1
2.5Gbit/s 或 SDH STM-16	3
1Gbit/s	8
155Mbit/s 或 STM-1	50
100Mbit/s	80
10Mbit/s	800
4E1	1000
E1	4000

（4）OSPF DR 与 BDR

OSPF DR（指定路由器）与 BDR（备份指定路由器）的选择应遵循以下原则。

- 应手动指定，上级设备为 DR。
- OSPF 接口上所有网络类型均配置为广播。
- OSPF 区域支持报文验证。
- ABR（Area Border Router，连接多个区域路由器）与 ASBR 应自顶向下通过第 5 类 LSA 发布默认路由。
- 在核心路由器上建议配置 OSPF 路由过滤，对引入和发布的路由都需要过滤（推荐配置策略只允许合法路由条目发布和接收）。
- 禁止 loopback 接口发送 OSPF 报文。
- 禁止采用 OSPF 虚连接的方式连接区域。

3. 外部网关协议——BGP

BGP 是应用最广泛的外部网关协议。以下是 BGP 的一些常见应用规则，在实际应用中可根据需要进行调整。

（1）BGP 对等体

- 对不同对等体组应定义易于记忆、无歧义的组名。
- 建议不要将 IBGP 对等体和 EBGP 对等体加入同一个组中。
- 不允许与不直接相连网络上的 EBGP 对等体（组）建立连接。

（2）BGP 时间参数
- BGP Keepalive 报文的发送时间间隔为 5s。
- 保持定时器为 15s。
- IBGP 对等体（组）发送路由更新报文的时间间隔为 1s。
- EBGP 对等体（组）发送路由更新报文的时间间隔在企业网内部为 5s，在企业网外部为 30s。

（3）BGP 本地优先级

BGP 要求配置本地优先级属性，本地优先级的值为 100。

（4）BGP MED

由多个 AS 构成的层次模型中，下级 AS 到上级互连 MED 值为 1，同级间 AS 互连 MED 值为 0（MED 值小的优先级高）。

（5）BGP 联盟

一个 IBGP 域内只能有一个联盟并且联盟 ID 号与 AS 号保持一致。

（6）BGP 同步

建议关闭 BGP 与 IGP 的同步。

（7）BGP 路由发布

只在做 MPLS-VPN 时 BGP 与 IGP 进行交互，原则上只允许在 PE 设备上交互。

（8）BGP 路由过滤

在 BGP 接收路由信息时需要做基于 IP 前缀的路由过滤。

（9）静态路由

为避免路由环路的生成，对已部署动态路由的连接关系，不允许在动态路由部署的连接关系上重复部署静态路由。

6.1.5 带宽与流量分析及性能设计

1. 流量估算与带宽需求

（1）流量与带宽

带宽是一个固定的值，流量是一个变化的量。带宽由网络工程师规划分配，有较强的规律性。流量由用户网络业务形成，规律性不强。

带宽与设备、传输链路相关；网络流量与使用情况、传输协议、链路状态等因素相关。

（2）不同网络服务的数据流量特性

网络性能的优劣取决于一些变量，如突发性、延迟、抖动、分组丢失等。不同的物联网服务对这些性能指标的要求不同，如感知信息具有平稳特性、电子邮件具有很强的突发性。

在物联网的设计环节中，应当根据用户数据流量特性进行网络流量的设计和管理。

（3）估算通信量时的关键因素

估算网络中的通信量时主要考虑以下两个因素。
- 根据应用业务和业务规模估算通信量的大小。
- 根据流量汇聚原理确定链路和节点的容量。

（4）估算通信量应遵循的原则
- 必须以满足当前业务需要为最低标准。
- 必须考虑到未来若干年内的业务增长需求。
- 能对选择何种网络技术提供指导。
- 能对选择何种物理介质和网络设备提供指导。

2. 流量分析与性能设计模型

（1）分层网络的流量模型
- 从接入层流向核心层时，收敛在高速链路上。
- 从核心层流向接入层时，发散到低速链路上。
- 核心层设备汇聚的网络流量最大。
- 接入层设备的流量相对较小。

分层网络的流量模型如图 6-12 所示。

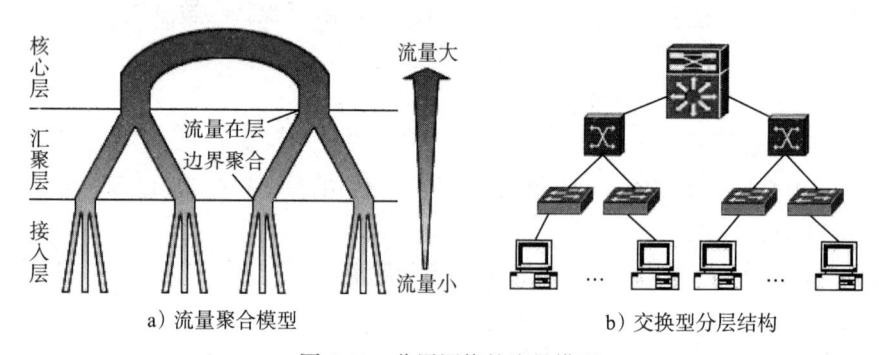

a）流量聚合模型　　b）交换型分层结构

图 6-12　分层网络的流量模型

（2）汇聚层链路聚合
- 链路聚合的目的是保证链路负载均衡。
- 双链路可能会产生负载不均衡的现象。
- 如果对汇聚层上行链路进行链路聚合配置，就可以使上行链路负载均衡。

（3）网络峰值流量设计原则

该原则要求以最繁忙时段和最大数据流量为最低设计标准，否则将会发生网络拥塞和数据丢失。

3. 流量分析与性能设计的一般步骤

通常按下述步骤进行流量分析与性能设计。

1）把网络分成易管理的几个部分。

2）确定用户和网段的应用类型和通信量。

3）确定本地和远程网段的分布。

4）对每一个网段重复上述过程。

5）综合各网段信息进行 LAN 和 WAN 主干的通信流量分析。

6）估算每一个网段、每一个关键设备的流量及带宽。

7）根据生命周期内的预期增长率，计算出各处的带宽。

8）根据计算出的带宽，确定各种所需设备、传输链路的性能及其推荐类型。

6.1.6 逻辑网络设计说明书的编制

逻辑网络设计说明书是物联网工程中有关网络功能、通信分析、技术选型的综合文档，是实际物理网络建设方案中的一个过渡性文档，也是指导实际网络建设的关键性文档。在该说明书中，网络设计者针对传输系统中所列出的设计目标，明确描述网络设计的特点，所制定的每项决策都必须有通信分析说明书、需求说明书、产品说明书以及其他事实作为依据。

编写逻辑网络设计说明书时应使用易于理解的语言（包括技术性和非技术性语言），并与客户就业务需求详细讨论网络设计方案，从而设计出符合用户需要的方案。

在正式编写逻辑网络设计说明书之前，需要进行数据准备。例如，需求说明书、通信分析说明书、设备说明书、设备手册、设备售价、网络标准以及在选择网络技术时所用到的其他信息，这些可能都是逻辑设计阶段需要的原始数据。虽然逻辑设计文档只包含其中的一小部分数据，但是与所有的原始数据一样，应当对这些数据进行整理，以便日后查阅。

逻辑网络设计文档对网络设计的特点及配置情况进行描述，一般由下列主要部分构成。

1. 项目概况
2. 设计目标
3. 工程范围
4. 设计需求
5. 当前网络状态（若为新建，则无此部分）
6. 逻辑网络结构（含主要设备选型）
7. 流量与性能设计
8. 地址与命名设计
9. 路由协议的选择
10. 安全策略设计
11. 网络管理策略设计
12. 网络测试方案设计
13. 总成本估测

附录

在总成本估测部分，要考虑一次性成本和需要重复支出的成本。此外，还要考虑包含新的培训、咨询服务费用以及雇用新员工的费用等在内的成本。

如果提出的方案成本估算已经超出了预算，那么要把该方案在商业上的优点列出来，然后提出一个满足预算的替代方案。

如果方案成本估算在预算的范围内，则不用缩减预算，但要提醒管理者安装成本必须要考虑到最后的预算中。

在封面或正文之前，应有编制人、审批人、版本、时间等内容。

6.2 物理网络设计

6.2.1 物理网络设计的任务与目标

物理网络设计是网络设计过程中紧随逻辑网络设计的重要设计部分。物理网络设计的输入是需求说明书和逻辑网络设计说明书。

物理网络设计的任务是为逻辑网络设计特定的物理环境平台，主要包括布线系统设计、数据中心设计、设备选型，并将这些设计内容撰写成物理网络设计说明书。

6.2.2 物理网络的结构与选型

1. 物理网络拓扑设计

进行物理网络设计时，首先需要给出网络的物理拓扑结构，即几何拓扑图。在物理网络拓扑图中，每一个节点、每一条链路都与实际位置具有一定的比例关系，相当于在实际的地图上进行标注。物理网络拓扑通常是对逻辑网络拓扑的地图化。有时为了方便，就直接在相应比例尺的地图上进行标注。

在物理网络拓扑图中，对于每一条链路，通常都需要清楚地给出其走向、长度、所用通信介质的类型，对于每个节点，需要给出设备的类型和能代表其最主要性能的型号。

对于一个大型物联网来说，一张图难以表示出其中的所有信息，所以需要分层次、分区域地分别给出其物理拓扑图。比如，首先给出全局图，其中只包括主要区域、主要设备及其连接链路；然后，针对分区域、分子系统甚至分楼层、分房间，分别给出其物理拓扑结构，并细化到每一个信息点、每一个插座和每一个设备，相当于施工图。

通过物理拓扑的设计，可以统计出实际需要的各类传输介质、各类设备的数量，为设备采购提供依据。

图 6-13 是某湖水水质监测物联网系统顶层物理拓扑图。可以仿照此图逐层细化，分别标出每个设备的物理位置、与其他设备之间的连接方式、种类、介质、长度等。

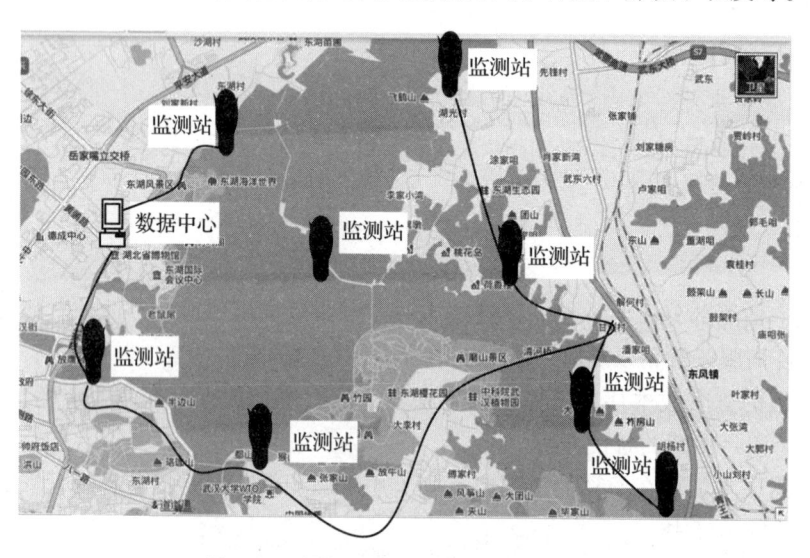

图 6-13 某物联网系统顶层物理拓扑图

2. 骨干网络与汇聚网络通信介质设计

要确定骨干网络的类型、每个设备的位置、设备之间的连接方式与介质类别，一般原则和方法如下。

- 选用合适的网络技术。对于远距离骨干网，OTN 通常是首选。对于城市区域网络，万兆以太网是一种性价比较高的方案。
- 选用的介质应与网络类别相匹配。例如，骨干网用 OTN，则应使用光纤。
- 如果通信干线距离较长（200m 以上）且对带宽要求较高，则首选光纤。如果是室外，一般选用单模光纤，如果是室内且距离在几百米内，可使用多模光纤。
- 如果通信干线距离较长（200m 以上、几千米以下），布设有线介质不便且数据量不是很大，首选 5G 蜂窝移动网络。
- 如果通信干线距离较短（200m 以内），则首选局域网方式，使用超 6 类或 7 类双绞线。

3. 接入网络通信介质设计

接入网络通信介质设计的一般原则和方法如下。

- 如果距离较长（200m 以上）且对带宽要求较高，则首选光纤，如 GPON。
- 如果通信干线距离较长（200m 以上、几千米以下），数据量不是很大，首选 5G 等无线方式。
- 如果通信干线距离较短（200m 以内），首选 WLAN 等无线方式。
- 如果通信干线距离较短（100m 以内），则首选超 6 类或 7 类双绞线。

具体采用哪种介质，应综合考虑具体环境、通信带宽、QoS 要求、施工条件、价格等因素。

6.2.3 结构化布线系统设计

1. 基本概念

小范围的工作网络、接入网络一般使用以太网，相应地，使用结构化布线系统来连接所有设备。

结构化布线系统是一个能够支持任何用户选择的话音、数据、图形、图像应用的布线系统。系统应能支持话音、图形、图像、数据多媒体、安全监控、传感等各种信息的传输，支持 UTP、光纤、STP 等各种传输载体，支持多用户、多类型产品的应用，支持高速网络的应用。

结构化布线系统具有以下特点。

- 实用性——支持多种数据通信、多媒体技术及信息管理系统等，适应当前和未来技术的发展。
- 灵活性——任意信息点能够连接不同类型的设备，如计算机、打印机、终端、服务器等。
- 开放性——能够支持任何厂家的任意网络产品，支持任意网络结构，如星形结构、树形结构等。
- 模块化——所有的接插件都是积木式的标准件，方便使用、管理和扩展。

- 扩展性——实施后的结构化布线系统是可扩展的,以便将来有更大需求时,很容易将设备安装接入。
- 经济性——一次性投资,长期受益,维护费用低,使整体投资达到最少。

2. 系统构成

结构化布线系统分为 6 个子系统,即工作区子系统、水平布线子系统、管理子系统、干线子系统、设备间子系统、建筑群子系统,如图 6-14 所示。

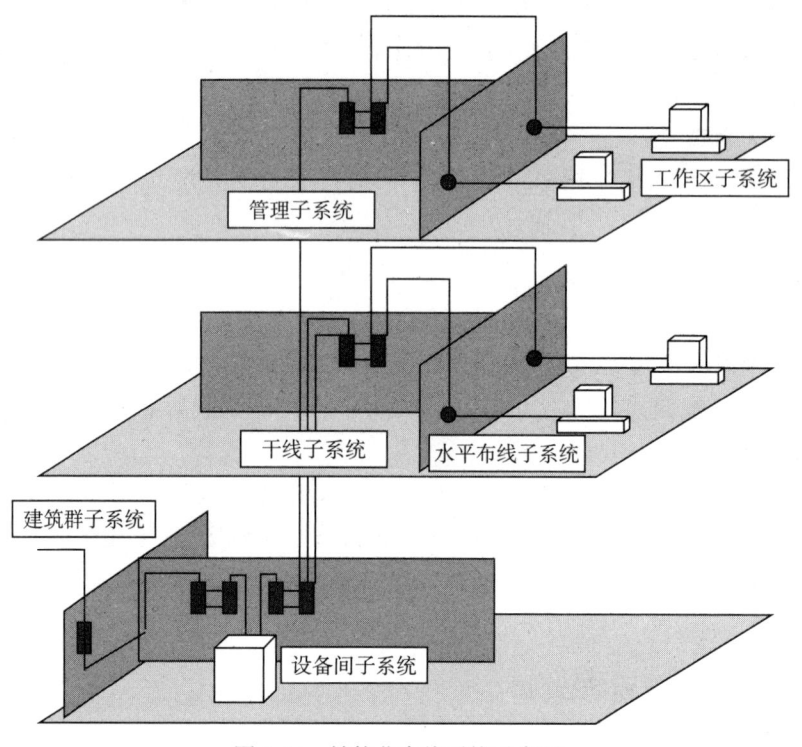

图 6-14 结构化布线系统示意图

(1)工作区子系统

工作区子系统由终端设备连接到信息插座的连线(或软线)组成,包括装配软线、适配器和连接所需的扩展软线,如图 6-15 所示。

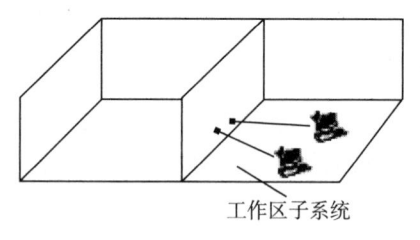

图 6-15 工作区子系统

(2)水平布线子系统

水平布线子系统的作用是将干线子系统线路延伸到用户工作区,水平布线子系统与干线子系统的区别是:水平布线子系统处于同一楼层,并连接在信息插座或区域布线的中转点上；水平布线子系统一端连接于信息插座上，另一端连接在干线接线间或设备机房的管理配线架上，如图6-16所示。

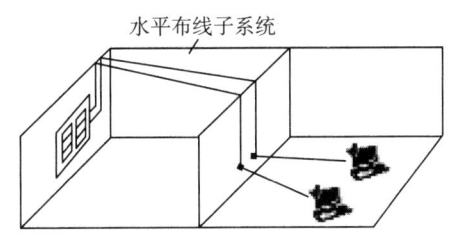

图6-16 水平布线子系统

（3）管理子系统

管理子系统由交连、互连和配线架以及相关跳线组成。管理点为连接其他子系统提供连接手段，交连和互连允许将通信线路定位或重新定位到建筑物的不同部分，以便能更容易地管理通信线路。

通过卡接或插接式跳线，交叉连接允许将端接在配线架一端的通信线路与端接在另一端配线架上的线路相连。插入线为重新安排线路提供一种简易的方法，而且不需要安装跨接线时使用的专用工具，如图6-17所示。

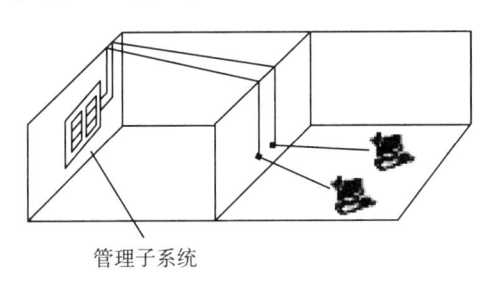

图6-17 管理子系统

（4）干线子系统

干线子系统是建筑物内网络系统的中枢，实现各楼层水平子系统之间的互联。干线子系统提供建筑物的干线（馈电线）电缆的路由，通常由光纤组成，一端连接在设备机房的主配线架上，另一端通常连接在楼层接线间的各个管理分配线架上，如图6-18所示。

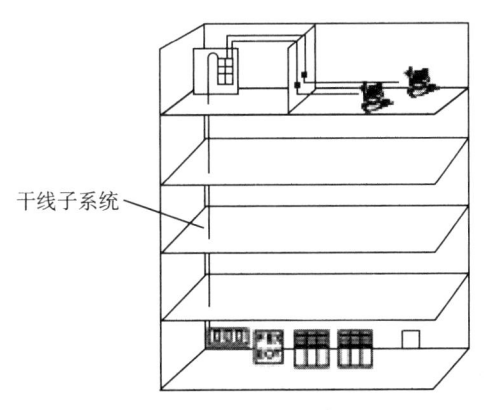

图6-18 干线子系统

（5）设备间子系统

如图 6-19 所示，设备间子系统由设备中的跳线线缆、适配器组成，实现中央主配线架与各种不同设备的互连。通常设备间子系统的设计与网络具体应用有关，相对独立于通用的结构布线系统。

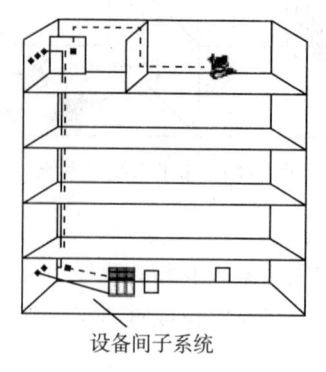

图 6-19　设备间子系统

（6）建筑群子系统

建筑群子系统将一个建筑物中的电缆延伸到建筑群的另外一些建筑物中的通信设备和装置上。该子系统是整个布线系统中的一部分，并支持提供楼群之间通信设施所需的硬件，现在通常使用光缆，如图 6-20 所示。

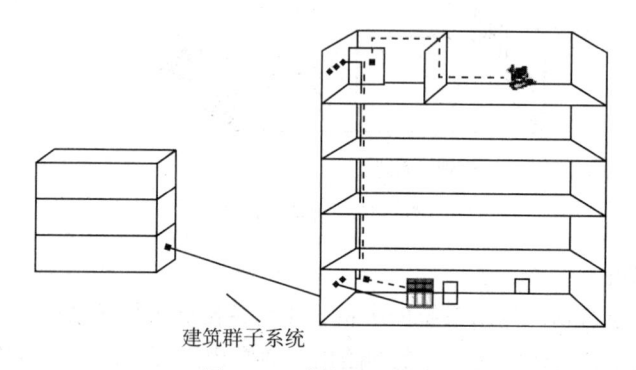

图 6-20　建筑群子系统

3.布线应遵循的标准

结构化布线应遵循如下主要标准。

- ANSI/TIA 568：商业建筑电信布线标准
- GB/T 50378—2019：《绿色建筑评价标准》
- GB 50311—2016：《综合布线系统工程设计规范》
- GB/T 50312—2016：《综合布线系统工程验收规范》

根据上述标准，在实际布线时应达到的一些主要指标如表 6-2～表 6-9 所示。

在进行结构化布线系统设计时，需要注意线缆长度对布线设计的影响。另外，由于高速以太网对双绞线的距离限制，大多数情况下，建筑群、主干子系统的双绞线等线缆主要用于电话、报警信号，网络信号基本都不再使用双绞线，而是由光纤替代。

表 6-2 双绞线布线最大距离

子系统	光纤/m	屏蔽双绞线/m	非屏蔽双绞线/m
建筑群（楼栋间）	2000	800	700
主干（设备间到配线间）	2000	800	700
配线间到墙上信息插座		90	90
信息插座到网卡		10	10

表 6-3 结构化布线系统与其他干扰源的距离

干扰源	结构化布线系统接近状态	最小间距/cm
380V 以下电力电缆 <2kVA	与线缆平行铺设	13
380V 以下电力电缆 <2kVA	有一方在接地的线槽中	7
380V 以下电力电缆 <2kVA	双方都在接地的线槽中	4
380V 以下电力电缆 <（2～5）kVA	与线缆平行铺设	30
380V 以下电力电缆 <（2～5）kVA	有一方在接地的线槽中	15
380V 以下电力电缆 <（2～5）kVA	双方都在接地的线槽中	8
380V 以下电力电缆 <5kVA	与线缆平行铺设	60
380V 以下电力电缆 <5kVA	有一方在接地的线槽中	30
380V 以下电力电缆 <5kVA	双方都在接地的线槽中	15
荧光灯、氩灯、电子启动器或交感性设备	与线缆接近	15～30
无线电发射设备、雷达设备、其他工业设备	与线缆接近	≥150
配电箱	与线缆接近	≥100
电梯、变电室	尽量远离	≥200

表 6-4 配线柜接地导线的选择规定

名称	接地距离≤30m	接地距离≤100m
接入交换机的工作站数量/个	≤50	>50，≤300
专线的数量/条	≤15	>15，≤800
信息插座的数量/个	≤75	>75，≤450
工作区的面积/m²	≤750	>750，≤4500
配电室或机房的面积/m²	10	15
选用绝缘铜导线的截面积/mm²	6～16	16～50

表 6-5 管理子系统的面积要求

工作区子系统数量/个	管理子系统的数量与大小	二级管理子系统的数量与大小
≤200	1个，≥1.2×1.5m²	0
201～400	1个，≥1.2×2.1m²	1个，≥1.2×1.5m²
401～600	1个，≥1.2×2.7m²	1个，≥1.2×1.5m²
>600	2个，≥1.2×2.7m²	

表 6-6 双绞线缆与电力线的最小距离

条件	最小距离/mm		
	<2kVA（<380V）	2～5kVA（<380V）	>5kVA（<380V）
双绞线缆与电力线平行铺设	130	300	600
有一方在接地线槽或钢管中	70	150	300
双方均在接地线槽或钢管中	10	80	150

表 6-7　双绞线缆与其他管线的最小距离

管线种类	平行距离 /m	垂直交叉距离 /m
避雷引下线	1.00	0.30
保护地线	0.05	0.02
热力管（不包封）	0.50	0.50
热力管（包封）	0.30	0.30
供水管	0.15	0.02

表 6-8　暗管允许布线线缆的数量

暗管规格（内径 /mm）	线缆数量 / 根 每根线缆外径 /mm								
	3.30	4.60	5.60	6.10	7.40	7.90	9.40	13.50	15.80	17.80
15.8	6	5	4	3	2	1	—	—	—	—
20.90	8	8	7	6	3	3	2	1	—	—
26.60	16	14	12	10	6	6	3	1	1	1
35.10	20	18	16	15	7	7	4	2	1	1

表 6-9　光纤线路衰减测试标准

线路长度 /m	衰减 /dB			
	单模光纤		多模光纤	
	波长 1310nm	波长 1550nm	波长 850nm	波长 1300nm
100	2.2	2.2	2.5	2.2
500	2.7	2.7	3.9	2.6
1500	3.6	3.6	7.4	3.6

4. WLAN 布线设计

WLAN 的布线主要是指 AP 与 AC 之间的连线、AP 与汇聚网络交换机或骨干路由器之间的连线。其布线原则应遵循结构化布线的标准和规定。

要特别注意，在工作区部署多个 AP 时，不应把多个 AP 按矩形网格整齐地部署，而应按 W 形进行部署，如图 6-21 所示，以减少 AP 间的信号干扰。

如果部署大量无线传感器、蓝牙设备，最好采用类似的构型进行部署。

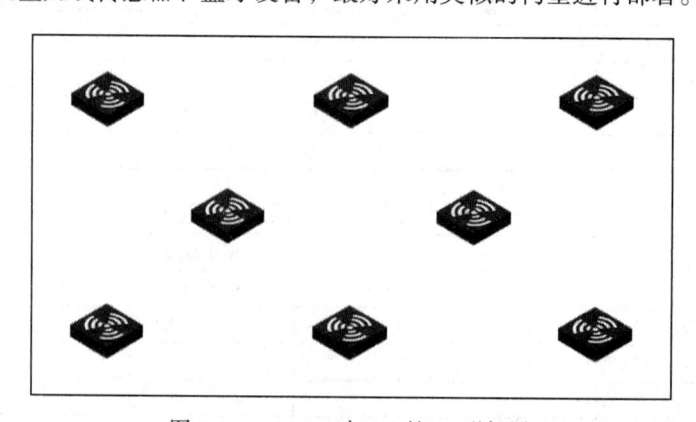

图 6-21　WLAN 中 AP 的 W 形部署

6.2.4 物联网设备的选型

1. 物联网设备选型的原则

应根据需求说明书和逻辑网络设计说明书选择设备的型号,不同型号的设备具有不同的性能和价格,决定了最终物联网的性能、价格和性价比。

在进行设备的品牌、型号的选择时,应该考虑到以下几个方面的内容。

(1) 产品技术指标

产品的技术指标是决定设备选型的关键,所有可以选择的产品都必须满足需求分析和网络设计中要求的技术指标,也必须满足逻辑网络设计中形成的逻辑功能。

利用需求分析说明书和逻辑网络设计说明书,可以形成网络设备的各项性能指标和功能要求,设计人员应对市场上的主流产品和型号进行选择,将不满足要求的产品过滤掉,形成可供选择的品牌及型号集合。后续的选型工作,就是依据多种约束条件在该集合中进行挑选。

(2) 价格因素

除了产品的技术指标之外,设计人员和用户关心的另一个因素就是价格,网络中各种设备的价格主要包括购置价格、安装价格和使用价格。

购置价格主要是指采购设备的投入,设计人员需要对不同品牌、不同型号产品的市场通用价格进行比较,同时还要考虑批量采购的折扣、进口产品在特殊行业免税政策等因素。

安装价格包括运输价格、安装前的仓储价格、安装设备的价格、调试价格等,对于普通网络设备或者设备数量较小的网络工程,可以不用考虑这些价格;但是对于大型网络项目,由于设备数量多、覆盖范围广,甚至可能使用大型机械等特殊设备,安装价格在整个价格因素中的比重较大,因此不能忽略。

使用价格是使用设备过程中周期性产生的价格,例如设备维护价格、巡检价格、保养价格等。设计人员尤其要注意使用成本因素,过高的使用价格将导致设备很快被淘汰。

设计人员要针对不同品牌、不同型号产品的价格进行估算,并形成相应的对照表,以便于用户进行选择。

(3) 原有设备的兼容性

在产品选型过程中,与原有设备的兼容性是设计人员必须考虑的因素。

购置的网络设备必须能够与原有设备实现线路互连、协议互通,以便有效地利用现有资源,实现网络投资的最优化。另外,保证与原有设备的兼容性也降低了网络管理人员的工作量,有利于实现全网统一管理。

如果一个网络中大多数网络产品都是同一个品牌,则新购置的产品采用相同的品牌是不错的选择,但是设计人员也必须考虑由于指定品牌而导致的厂商垄断价格、用户购置成本高等情况。因此,在大多数网络工程设计中,设计人员面对这种情况时会将原有品牌产品作为首选产品,但是仍然会选择两三种备用或兼容品牌,以形成一定的竞争关系。

(4) 产品的延续性

产品的延续性是设计人员保证网络生命周期的关键因素。产品的延续性主要体现在厂商对某种型号的产品是否继续研发、是否继续生产、是否继续保证备品备件供应,以及是否继续提供技术服务。

在进行网络设备选型时，对于厂商已经明确表示不再进行投入或者在一两年内即将停产的产品，不要纳入可选择产品范围。

（5）设备可管理性

设备可管理性是进行设备选型的非关键因素，但也是必须考虑的内容。

设计人员在选择设备时，必须考虑设备的管理手段，以及是否能够把该设备纳入现有或规划的管理体系中。目前，大多数设备都可以通过通用协议纳入管理平台，同时也提供标准的管理接口。在成本等方面的因素相同时，应尽可能选择采用通用管理协议、提供标准管理接口、能够纳入统一管理平台的产品。

（6）厂商的技术支持

对于大型网络工程中采用的大量设备，普通的网络管理人员只能完成日常的简单维护，对设备进行检测、保养、维修等工作必须求助专业人员。由于网络产品的特殊性，即使是网络集成商，也不能提供有效、合理的技术支持服务，对于这些设备的选择，就必须考虑厂商的技术支持。

厂商的技术支持一般包括定期巡检、电话咨询服务、现场故障排除、备品备件等。设计人员在选择产品时，可以比较不同品牌在本地的分支机构、服务人员数量、售后服务质量、技术支持价格等因素，为设备选型提供一定的依据。

（7）产品的备品备件库

本地的备品备件服务是厂商为了提供较为优质的服务而构建的常备空闲设备、配件机制，即在一个备品备件中心储备适量的设备或者配件，一旦该中心覆盖区域内产生设备或者配件故障，则可以从中心抽调备品备件进行临时替换，避免因维修工作导致网络服务中断。

设计人员可以将备品备件库作为设备选型的参考因素，在其他条件相同的情况下，尽量选择本地或附近城市具有充足备品备件的产品。对于一些不能中断服务的特殊网络（例如电力系统的生产调度网络）来说，备品备件库的情况就不再只是参考因素，而是决定性因素。

（8）综合满意度分析

在进行设备选型时，设计人员和用户会面临诸多设备选项，同时也会面临不同的选择角度，这些选择角度之间甚至是相互矛盾的。为解决这种问题，可以采用综合满意度分析方法，该方法针对不同的选择角度制定特定的满意度评估标准，将每个选择角度的最高满意度定为1。同时，根据设计人员、普通用户代表和网络管理部门负责人的协商，形成不同选择角度的比重权值，这些权值之和为1。在进行设备选型时，组织有关人员和技术专家对待选的产品进行满意度评定，对多个评定结果计算平均值，将最终满意度最接近1的产品型号作为首选，并依据满意度的评定顺序，依次产生候选产品。

（9）符合相关政策规定

对于特定应用的物联网工程，管理部门对设备生产厂家有一些特殊的规定，比如必须使用国产设备等。

2. 物联网设备选型

（1）RFID 设备的选择

1）RFID 标签的选择。根据应用的要求，选择对应的标签类别。标签的分类方式较多，在选用时主要参考以下几个参数。

①供电方式

按供电方式划分，标签可分为有源标签和无源标签。有源标签的传输距离更远，但需要电池供电，不是任何场合都适用。无源标签不需要电池供电，适用场合更广泛，但传输距离是一个很大的限制性因素。

②工作模式

按工作模式划分，标签可分为主动式标签和被动式标签。主动式标签利用自身的射频能量主动发射数据给读写器，一般是有电源的。被动式标签在读写器发出查询信号触发后才进入通信状态，它使用调制散射方式发射数据，必须利用读写器的载波来调制自己的信号。

③读写方式

按读写方式划分，标签可分为只读型标签和读写型标签。只读型标签在识别过程中，只能读出内容，不可写入内容，它所具有的存储器是只读型存储器，只读型标签又可以分为只读标签、一次性编码只读标签和可重复编程只读型标签三种。读写型标签在识别过程中，标签的内容既可被读写器读出，又可以由读写器写入，读写型标签应用过程中数据是双向传输的。

④工作频率

按工作频率划分，标签可分为低频标签、中高频标签、超高频标签、微波标签。

低频标签的工作频率范围为 30～300 kHz，典型的工作频率有 125 kHz 和 133 kHz 两种。低频标签一般为无源标签，其工作能量通过电感耦合方式从读写器线圈的辐射近场中获得。低频标签与读写器之间传送数据时，需要位于读写器天线辐射的近场区内。低频标签的阅读距离一般小于 1m，主要用于短距离、低成本的应用中。

中高频标签的工作频率一般为 3～30 MHz，其典型工作频率为 13.56MHz，工作原理与低频标签完全相同，即采用电感耦合方式工作，有时也称为高频标签。中高频标签与读写器之间传送数据时，应位于读写器天线辐射的近场区内。中高频标签的阅读距离一般小于 1m，典型应用有电子车票、证件等。它一般为无源标签。

超高频标签的典型工作频率为 433.92 MHz、862～928 MHz，可分为有源标签与无源标签两类。工作时，超高频标签位于读写器天线辐射场的远场区内，与读写器之间的耦合方式为电磁耦合方式。读写器天线辐射场为无源标签提供射频能量，将有源标签唤醒。相应的射频识别系统阅读距离一般大于 1m，典型情况为 4～6m，最远可超过 10m。读写器天线一般均为定向天线，只有在读写器天线定向波束范围内的标签才可被读/写。由于阅读距离的增加，应用中有可能在阅读区域中同时出现多个标签，从而提出了同时读取多标签的需求。

微波标签的典型频率为 2.45 GHz 和 5.8 GHz，一般采用半无源方式，使用纽扣式电池供电，具有较远的阅读距离。微波标签的典型特点主要集中在无线读写距离、是否支持多标签读写、是否适合高速识别应用、读写器的发射功率容限、射频标签及读写器的价格等方面。微波标签的识读距离为 3～5 m，最远距离可达几十米。微波标签的典型应用包括移动车辆识别、仓储物流应用等。

⑤作用距离

按作用距离划分，标签可分近距离标签、中远距离标签、远距离标签。近距离标签的识别距离一般在 10cm 以内，中远距离标签一般在 1～5 m，远距离标签一般在 5 m 以上。

除此之外，选取标签时，还要考虑标签的存储容量、封装形式、安全性要求等。

不同 RFID 标签的对比如表 6-10 所示。

表 6-10　不同 RFID 标签的对比

对比项	低频	高频	超高频	微波
频率	<135kHz	13.56MHz	860～930MHz	2.45GHz
数据传输速率	8kbit/s	64kbit/s	64kbit/s	64kbit/s
识别速度	<1m/s	<5m/s	<50m/s	<10m/s
标签结构	线圈	印刷线圈	双极线圈	线圈
传输性能	可穿透导体	可穿透导体	线性传播	视距
防碰撞性能	有限	好	好	好
识别距离	<60cm	0.1～1.0m	1～10m	5m 以上

2）读写器的选择。读写器应与标签相匹配，主要需要考虑如下因素。

- 通用性。有的读写器可读取多种类型的标签，有的读写器只能读写特定类型的标签。
- 频率。与标签一致。
- 天线。有内部天线和外部天线之分。
- 接入方式。主要有 LAN 方式和 Wi-Fi 方式接入网络。

（2）传感器设备与传感网的选择

1）传感器的选择。通常根据需要感知信息的类型、感知方式进行传感器选择。传感器可分为物理量传感器、化学量传感器、生物量传感器。物理量传感器是目前使用最广泛的传感器，主要包括力学量传感器、光学量传感器、热学量传感器、声学量传感器、距离量传感器等。选择传感器时，除功能因素外，还要考虑下述主要因素。

- 灵敏度。
- 频率响应特性。
- 线性范围。
- 稳定性。
- 精度。
- 自身尺寸、形状与安装方式。

2）传感网的选择。选择传感网时应考虑如下主要因素。

- 有线网络还是无线网络。
- 标准化网络还是专用型网络。
- 采用的无线传输方式（LoRa/NB-IoT/GPRS/4G/5G/Wi-Fi/ 蓝牙 /ZigBee）。
- 无线网络拓扑结构。

（3）光纤传感设备的选择

光纤传感设备具有精度高、传输距离远、应用范围广等特点，是目前众多应用的首选方案。选择光纤传感设备时应考虑如下主要因素。

- 调制方式。主要包括强度调制、相位调制、波长调制、偏振态调制。
- 封装方式。
- 组网方式。
- 布设方式。

（4）视频传感器的选择

视频传感器主要用于视频监控和识别，目前应用极为广泛。选择视频传感器时应考虑如下主要因素。

- 分辨率。
- 帧率。
- 感知范围。
- 传输方式。

（5）物联网中间件的选择

物联网中间件（middleware）是一种独立的系统软件或服务程序，分布式应用软件借助中间件在不同的技术之间共享资源，负责将感知数据转换到标准的传输模式，屏蔽感知系统的技术细节与差异，为上层应用软件提供运行与开发环境，帮助用户灵活、高效地开发和集成复杂的应用软件，使得上层应用不用关心各类具体信息源和应用的差异。

选择物联网中间件时应考虑如下主要因素。

- 功能类别。
- 应用环境。
- 安全性。
- 技术成熟度。
- 使用的难易程度。
- 适应性。
- 成本。
- 先进性（符合技术发展方向）。

（6）路由器、交换机等通用网络设备的选择

选择路由器与交换机时应考虑如下主要因素。

- 性能。
- 功能。
- 接口（介质）类型。
- 价格与售后服务。
- 政策限制。
- 安装限制。

（7）传输介质的选择

物联网中涉及各种设备与物品连网，通常包括多种传输介质。选择传输介质时要考虑

如下主要因素。
- 带宽。
- 传输距离。
- 连接方式。
- 价格。
- 安全性。
- 安装限制。

通常，在末端（感知部分）可考虑无线传输，光纤传感网应采用单模或多模光纤传输。对于接入网络，根据环境条件，可选择 GPRS/LoRa/NB-IoT/4G/5G 无线传输、Wi-Fi 无线传输、光纤传输等。对于骨干网络，一般选择光纤传输。

6.2.5 物理网络设计说明书的编制

物理网络设计说明书用于说明在什么样的特定物理位置实现逻辑网络设计方案中的相应内容，以及怎样有逻辑、有步骤地实现每一步的设计。该说明书详细地说明了网络类型、连接到网络的设备类型、传输介质类型，以及网络中设备和连接器的布局，即线缆要经过什么地方、设备和连接器要安放的位置和固定方式，以及它们是如何连接起来的。

物理网络设计说明书一般由下列主要部分构成。

1. 项目概述
2. 物理网络拓扑结构
3. 各层次网络技术选型
4. 物联网设备选型（含安装方式）
5. 通信介质与布线系统设计
6. 供电系统设计（非机房部分）
7. 室外防雷系统设计
8. 软硬件清单
9. 最终费用估计
10. 注释和说明

附录

其中注释和说明部分目的是帮助设计人员和非设计人员准确了解物理网络设计细节。该部分内容可以在上述各部分分别说明，也可以集中在一起统一说明。说明的内容包括一些原因的说明、设计依据、计算依据等。

软硬件清单应尽量详细，其中包括利用网络中现有的设备。对现有网络中未应用的设备也应该加以说明，说明这些设备是否可以用在其他网络的设计中或者是否已经被淘汰。

关于设备清单和费用的计算应比较准确，这是用于招标的最重要资料。

同其他设计文档一样，物理网络设计说明书应该包括编制人、审批人、版本等信息。

第 7 章 数据中心设计

数据中心是物联网系统完成数据存储、处理、分发与利用的中枢，主要包括高性能服务器系统、海量存储系统、应用系统、云服务系统、信息安全系统，以及容纳这些信息系统的机房。机房内部又包括供电系统、制冷系统、消防系统、监控与报警系统。本章将阐述这些系统的设计要点。

7.1 数据中心设计的任务与目标

数据中心汇聚了各种类型的设备，有时以云计算中心的形式出现。

下面是数据中心设计的任务和目标。

- 设计数据存储系统，用于保存海量数据。
- 设计高性能计算系统，高效执行数据处理、分发、利用等功能，提供云计算功能。
- 设计智能计算系统，实现人工智能模型训练、模型分发等功能。
- 设计服务器系统，提供各种基于 C/S、B/S 模式的网络服务。
- 设计核心网络，用于连接外部网络和数据中心内的各种设备。
- 设计机房，保证数据处理、存储设备的正常运行，主要包括制冷系统、供电系统、消防系统、监控与报警系统。
- 设计机房装修方案，提供必要的机房环境。

7.2 数据中心设计的方法

数据中心的系统和设备类型众多，既包括信息系统也包括非信息系统，涉及多个专业和管理部门，因此，数据中心的设计一般采用以下原则和方法。

- 分类设计。一般将高性能计算机、各类服务器、存储系统、网络归为一类，统一设计；将供电与配电系统作为一类进行设计；将空调系统单独进行设计；将消防系统单独进行设计；将机房环境、监控与报警系统进行统一设计。

- 找有资质的公司帮忙进行设计。针对信息系统集成,工信部门有专门的资质规定;针对消防系统,应急管理部门有专门的资质规定;针对机房装修,城乡建设管理部门有专门的资质规定。有的公司具备各方面的资质,这样的公司可提供相对好的设计方案。

7.3 高性能计算机系统

服务器负责运行大型软件、对物联网数据进行复杂处理、为用户提供公共服务的任务,只有高性能计算机才能胜任这一职责。

7.3.1 高性能计算机的结构与类别

目前,高性能计算机主要有 SMP、MPP、集群三种结构。

1. SMP 计算机

SMP(Symmetrical Multi Processing,对称多处理)技术是相对非对称多处理技术而言的、应用十分广泛的并行技术。在这种架构中,多个处理器运行操作系统的单一复本,并共享内存和一台计算机的其他资源。所有的处理器都可以平等地访问内存、I/O 设备。在对称多处理系统中,系统资源被系统中的所有 CPU 共享,工作负载能够被均匀地分配到所有可用的处理器上。SMP 计算机的典型结构如图 7-1 所示。

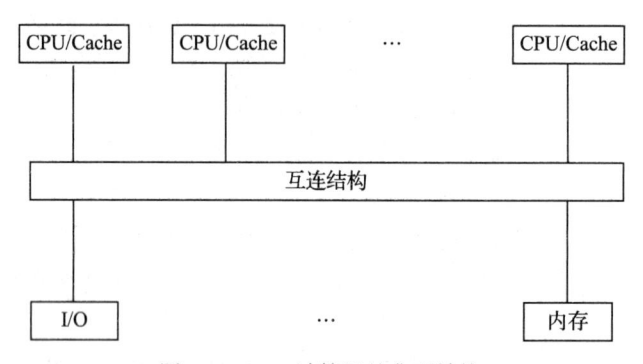

图 7-1 SMP 计算机的典型结构

互连结构主要包括总线、Crossbar 和 Switch(交换机)三种方式。总线方式实现简单,但性能不如使用 Crossbar 或 Switch。

SMP 计算机具有以下主要特点。
- 共享内存。
- 对称性(所有 CPU 访问内存和 I/O 的方式、逻辑距离相同)。
- 单地址空间。
- 每一个 CPU 都具有本地缓存。
- 利用内存实现 CPU 之间的通信。

SMP 计算机最大的缺点是扩展性有限,目前其 CPU 数量均不能超过 64 个。在 SMP 系统中增加更多处理器将面临系统不得不消耗资源来支持处理器抢占内存以及内存同步两个主要问题。

抢占内存是指当多个处理器共同访问内存中的数据时，它们并不能同时读写数据，虽然一个 CPU 在读取一段内存中的数据时，其他 CPU 也可以读取这段数据，但一个 CPU 在修改某段内存中的数据时，该 CPU 将会锁定这段数据，其他 CPU 必须等待。显然，CPU 越多，等待问题就越严重，这将导致系统性能无法提升，甚至下降。为了尽可能增加更多的 CPU，现在的 SMP 系统基本上都采用增大计算机 Cache 容量的方法来减少内存抢占问题，因为 Cache 是 CPU 的"本地内存"，它与 CPU 之间的数据交换速度远远高于内存总线速度，而且 Cache 不支持共享，这样就不会出现多个 CPU 抢占同一段内存资源的问题了。许多数据操作都可以在 CPU 内置的 Cache 或 CPU 外置的 Cache 中顺利完成。

然而，Cache 虽然解决了 SMP 系统中的内存抢占问题，却引起了另一个较难解决的"内存同步"问题。在 SMP 系统中，各 CPU 通过 Cache 访问内存数据时，要求系统必须确保内存中的数据与 Cache 中的数据一致，若 Cache 中的内容更新了，内存中的内容也应该相应更新，否则就会破坏系统数据的一致性。由于每次更新都需要占用 CPU，还要锁定内存中被更新的字段，而且更新频率过高必然影响系统性能，更新间隔过长也有可能导致因交叉读写引起数据错误，因此，SMP 的更新算法十分重要。目前的 SMP 系统大多采用侦听算法来保证 CPU Cache 中的数据与内存中的数据一致。Cache 容量越大，内存抢占问题再现的概率就越小，同时由于 Cache 具备较高的数据传输速度，其容量的增大还能够提高 CPU 的运算效率，但系统在保持内存同步方面的难度也会相应增加。

SMP 计算机主要用于运行串行性较强的程序，例如数据库系统。在这类应用场景中，因程序未能实现充分的并行化或者操作本身串行性较强，导致 CPU 不能开展大规模的并行操作。操作系统将可并行执行的指令调度到不同的 CPU 上，实现指令级或线程级并行。SMP 计算机通常都配备大容量内存。

在选择 SMP 计算机时，单个 CPU 的处理能力对最终性能的影响很大，因此应尽量选择主频高、流水线多、可并行执行线程多的 CPU。

2. MPP 计算机

MPP（Massively Parallel Processing）计算机是指利用大量的处理器实现大规模并行处理的计算机。MPP 计算机的典型结构如图 7-2 所示。

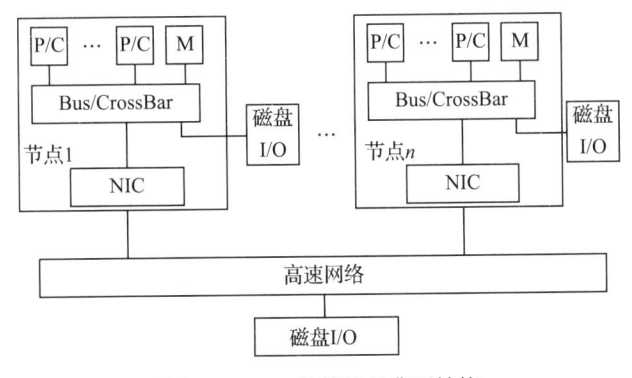

图 7-2 MPP 计算机的典型结构

其中每个节点包含一个或多个 CPU（典型结构是每个节点包含两个 CPU），数量众多的节点通过专用的高速网络互联。截至 2024 年 1 月，已公布性能最高的 MPP 计算机是 HP 公司生产的 Frontier，其计算能力的理论峰值为 1.67EFLOPS，总包含 8 699 904 个核。

具有代表性的高速网络是 6D-Torus、Slingshot-11（以太网系列）等。

MPP 计算机中的节点通常分为以下四类。

- 计算节点：承担计算功能，数量最多。
- I/O 节点：负责对外完成 I/O 功能，包括对网络存储系统的访问。
- 服务节点：执行公共的系统调用。
- 系统节点：执行开关机、调试等功能。

MPP 计算机具有以下特点。

- 分布式存储（节点间不共享内存，节点内的 CPU 间共享节点内存）。
- 分布式 I/O。
- 每个节点有多个 CPU 和 Cache（P/C）及本地内存，节点内的 CPU 数量一般小于 4。
- 节点内的局部互联网可以使用总线或 CrossBar。
- 节点通过通用或专用网卡与高速网络相连。

因为采用分布式存储，所以 MPP 计算机具有较好的可扩展性，存储器、I/O 与 CPU 之间能取得较好的平衡，计算能力与并行性、互联能力之间也能取得较好的平衡。

MPP 计算机价格昂贵，制造工艺复杂，能够代表一个国家计算机行业的最高水平。对用户来说，MPP 计算机最大的问题是编程难度大。MPP 计算机的主要用途是科学与工程计算。

3. 集群计算机

集群（cluster）计算机是指将一组相互独立的计算机（称为节点）利用高速通信网络组成的一个计算机系统，并以单一系统的模式加以管理。其出发点是提供高可靠性、可用性和可扩展性。一个集群包含多台拥有共享外存的计算机，各计算机通过内部高速局域网相互通信。当一台计算机发生故障时，它所运行的应用程序可由其他计算机接管。在大多数模式下，集群中所有的计算机拥有一个共同的名称，集群内的任意一台计算机上运行的服务都可被所有的网络客户使用。采用集群系统通常是为了提高系统的稳定性以及数据处理能力和服务能力。

（1）集群的组装方式

将独立的计算机集成在一起叫组装，常用的组装方式有以下三种。

- 机架式集群。像书架一样，机架式集群将独立的计算机整齐地放在机架上，通过局域网连接在一起，如图 7-3 所示。这是早期使用的组装方式，现在除了个人或实验用集群外，这种方式已经基本不再使用。
- 机柜式集群。机柜式集群将节点计算机封装成扁平状，如图 7-4 所示，多台计算机被安装到一个机柜中。
- 刀片式集群。每台计算机称为一个刀片，体积很小，上面集成了多个 CPU（一般为两个 CPU，个别产品为 4 个 CPU）、内存、磁盘、网卡等，刀片插在刀箱中。刀箱内部集成了网络、电源等，类似于 PC 的主板上有很多插槽，将不同的板卡插入即可工作。多个刀箱安装到机柜中组成刀片服务器，其典型结构如图 7-5 所示。

图 7-3 机架式集群

图 7-4 机柜式集群

刀片　　　　　刀箱　　　　　机柜

图 7-5 刀片式集群

刀片计算机是一种高可用高密度（High Availability High Density，HAHD）的计算机系统，是为特殊应用行业和高密度计算机环境设计的。其中每一块刀片实际上就是一块系统主板，它可以通过本地硬盘启动自己的操作系统，如 Linux，类似于一台独立的计算机。在这种模式下，每一个主板运行自己的系统，服务于指定的不同用户群，相互之间没有关联。不过可以用系统软件将这些主板集合成一个计算机集群。在集群模式下，所有的主板都可以连接起来，以提供高速的网络环境，可以共享资源，为相同的用户群服务。在集群中插入新的"刀片"，就可以提高整体性能。由于每块"刀片"都是热插拔的，所以，系统可以轻松地对其进行替换，便于进行升级、维护。

刀片式集群与机架式集群系统在功能和性能上没有实质性差异，只是组装形式不同。

（2）集群的节点与互联

集群中的节点分为以下三类。

- 管理节点：完成作业调度、其他节点监控、与用户交互的功能。
- 计算节点：完成具体的计算、处理等功能。
- I/O 节点：实现对共享外存的控制。

集群内部通常组成以下三个网络。

- 计算网络：包括计算节点、管理节点，通常用高速网络互联。
- 管理网络：包括所有节点，用于分发命令、收集状态，实现管理功能。
- I/O 网络：包括 I/O 节点、计算节点等，主要完成对共享外存的存取操作。

集群中各节点之间的连接方式多种多样，成本最低的连接方式是使用高速以太网互联（现在可用 200Gbit/s 以太网互联）。性能最好、目前使用最多的是 InfiniBand 互联。InfiniBand 交换机的数据率较高，可达 200Gbit/s 以上，正在研制的下一代 InfiniBand 交换机的数据率可达 1000Gbit/s。

刀片式集群集成度高、占地面积小、安装方便、可热插拔维护，目前得到了广泛应用。

（3）GPU 异构集群

近年来，GPU（Graphic Processing Unit）得到了快速发展和广泛应用。GPU 早期用于图形图像处理，比如显卡，后来逐步发展到具有通用计算的功能（GPGPU，简称 GPU）。现在，最快的 GPU 如英伟达的 H100 已拥有 16 896 个 32 位 CUDA 核，32 位浮点（FP32）的计算能力已达到 1979TFLOPS，人工智能计算能力（FP8，INT8）已达到 7916TFLOPS/7916TOPS。

通常用 GPU 组成 GPU 集群，每个节点由一个 CPU 和多个 GPU 组成，GPU 接收 CPU 的指令，完成计算任务，并向 CPU 返回结算结果，如图 7-6 所示。现在，混合集群已经成为高性能计算特别是人工智能计算的一种重要结构形式。

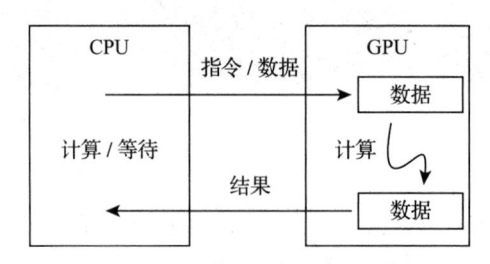

图 7-6 CPU+GPU 混合节点

利用 GPU 的最大问题是编程相对困难，GPU 需要使用特殊的编程环境对现有算法进行改造。OpenACC 编程平台大大简化了 GPU 的编程，使得不熟悉 GPU 的普通用户也能编写在 GPU 上运行的程序。当然，如果要追求程序性能，仍需要深入了解 GPU 结构及其编程技术。

AMD 公司的 MI250/300 系列 GPU，与 CPU 共享内存，编程更加简单。

（4）集群的适用领域

集群的适用范围很广，既适用于高并行性的科学与工程计算，也适用于高吞吐量的网络计算，如各种网络服务器，但不太适合用作传统数据库的数据库服务器。

7.3.2 高性能计算机的 CPU 类型

按计算机的处理器架构（即计算机 CPU 所采用的指令系统）可把计算机分为 RISC 架构计算机和 CISC 架构计算机。

1. RISC CPU

RISC 的指令系统相对简单，它只要求硬件执行有限且常用的那部分指令，大部分复杂的操作则使用成熟的编译技术，由简单指令合成。目前在嵌入式系统中普遍使用 RISC 指令集，例如手机 CPU。近年来，一些中高档计算机开始采用 RISC CPU，例如，IBM 公司 BlueGene 系列服务器使用的 Power 系列 CPU 是典型的 RISC CPU，华为的泰山服务器使用的鲲鹏 CPU 是基于 ARM 的 RISC CPU，日本富士通的富岳计算机使用的 A64FX CPU 是基于 ARM 的 RISC CPU。

2. CISC CPU

从计算机诞生以来，人们一直沿用 CISC 指令集方式。早期的桌面软件是按 CISC 设计的，并一直延续到现在，所以，微处理器（CPU）厂商一直在走 CISC 的发展道路，包括 Intel、AMD，还有其他已经更名的厂商，如 TI（德州仪器）、Cyrix 以及 VIA（威盛）等。在 CISC 微处理器中，程序的各条指令是按顺序串行执行的，每条指令中的各个操作也是按顺序串行执行的。顺序执行的优点是控制简单，但计算机各部分的利用率不高，执行速度慢。

CISC 架构的计算机主要以 IA-32/IA-64 架构（Intel Architecture，英特尔架构）为主，典型的就是现在市场占有率最高的 X86 架构，生态系统最全，从 PC 到大型服务器应有尽有。

7.3.3 高性能计算机的作业调度与管理系统

高性能计算机接收大量作业，因此需要一个作业调度与管理系统来实施高效的管理和调度。

作业调度与管理系统建立一个专用的数据库，该数据库记录系统中每个 CPU、每个核及相关内存的状态（忙、闲、等待等），并根据一定的规则，将作业调度到对应的核上运行。作业调度与管理系统能实时显示整个系统的状态，并能制作各种统计图表。

目前广泛使用的作业调度与管理系统主要有 SLURM、PBS Pro、LSF（Platform Computing 公司的产品，该公司现已被 IBM 收购）、华为多脑等。

1. SLURM

SLURM（Simple Linux Utility for Resource Management）是 LLNL（美国劳伦斯利弗莫尔国家实验室）开发的一个作业调度与管理系统，运行在 Linux 操作系统上，可以对 SMP、MPP、集群、GPU 等类型计算机的作业进行管理与调度。SLURM 是一个基于命令行的系统，使用各种命令对作业系统进行管理。

SLURM 可以免费获得，在科研机构和高校使用非常广泛。

2. PBS Pro

PBS Pro 是 PBS Professional 的简称，它是一个用于复杂和高性能计算环境的工作负载管理器和调度器，最初由 NASA 的艾姆斯研究中心开发，早期是收费的，现在可以免费获得其基本系统。PBS Pro 具有以下功能。

- 接收批作业。
- 保持和保护作业，直到作业运行。
- 运行作业。
- 将输出交付给提交者。

PBS Pro 使用复杂的管理策略和调度算法实现下述功能。

- 性能数据的动态收集。
- 增强的安全性。
- 高级别的策略管理。
- 服务质量。
- 处理有大量计算的任务。
- 相关工作负载的透明分布。
- 高级资源保留。
- 支持检验点程序。

PBS Pro 提供一系列命令，以实现对作业系统的管理。

3. LSF

LSF（Load Sharing Facility）是 Platform Computing 公司开发的商品化作业调度与管理系统，后被 IBM 收购。LSF 按管理的服务器的核数收费，价格昂贵。

4. Duonao

Duonao（多脑）是华为高性能计算系统的作业调度与管理系统，与前述作业调度与管理系统具有类似的功能和特性。

5. 调度策略

不论哪种调度系统，基本上都支持下述调度策略。

- 先来先服务。
- 公平调度及份额控制。
- 抢占式调度。
- 独占式调度。
- 主机公平调度。

- 资源预约调度。
- 高级处理器预约。
- 基于队列优先权的先进先出。
- 作业和队列循环。
- 负载平衡。

7.3.4 高性能计算机的性能指标

高性能计算机性能的量化指标有很多，最常见的指标是FLOPS（Floating-Point Operations Per Second，每秒执行的浮点运算次数，一般是指64位双精度浮点运算）。它反映的是一台计算机计算性能的理论峰值，是衡量高性能计算机最重要的指标。在人工智能计算中，通常只涉及简单计算（比如8位整数运算），此时更多地采用OPS（每秒执行的操作数）。对于同一机器来说，OPS值通常远大于该机的FLOPS值，例如同一台计算机，其双精度（64位）的FLOPS值一般是OPS值的8倍。

高性能计算机的另一个重要指标是其存储容量，通常用PB来度量（$1P=10^{15}$，B表示字节）。

7.4 服务器的选型

在物联网数据中心，除了为用户提供计算功能的高性能计算机外，更多的可能是各种类型的服务器，包括数据库服务器、文件服务器、Web服务器、邮件服务器、大数据处理服务器、高性能计算服务器、人工智能计算服务器等。应根据功能的不同选择适当类型的高性能计算机并配置相应的软件。

7.4.1 服务器的基本要求

网络服务器是整个数据中心的核心，如何选择与应用功能、规模相适应的服务器，是有关决策者和技术人员都要考虑的问题。下面是选择网络服务器时应当注意的事项。

1. 性能要稳定

为了保证数据中心正常运转，首先要确保选择的服务器性能稳定。一个性能不稳定的服务器，即使配置再高、技术再先进，也不能保证系统正常运转，严重时可能给使用者带来难以估计的损失。另外，性能稳定的服务器还能节省维护费用。

2. 以够用为准则

服务器因配置不同，价格相差悬殊。对于建设单位而言，最重要的是根据实际情况，参考以后的发展规划，有针对性地选择满足未来一段时间需要又不用投入太多经费的服务器配置方案。

3. 应考虑扩展性

由于物联网应用处于不断发展之中，快速增长的应用会对服务器的性能提出新的要求，为了减少更新服务器带来的额外开销和对工作的影响，服务器应当具有较高的可扩展性，以便及时调整配置来适应发展。

4. 可维护性好

如果服务器产品具有良好的易操作性和可管理性，当出现故障时，无须厂商支持也能将故障排除。所谓便于操作和管理主要是指用相应的技术来提高系统的可靠性，简化管理因素，降低维护成本。

5. 满足特殊要求

不同的物联网应用侧重点不同，对服务器性能的要求也不一样。例如，大数据处理要求计算性能高，Web 服务要求高通量计算性能高，云服务要求虚拟化等功能强。如果网络服务器中存放的信息有敏感资料，这就要求选择的服务器有较高的安全性。

6. 配件搭配合理

为了使服务器更高效地运行，要确保购买的服务器与内部配件的性能匹配。例如，购买了高性能的服务器，但是服务器内部的某些配件使用了低价的兼容组件，就会出现有的配件处于瓶颈状态、有的配件处于闲置状态的情况，最后导致整个服务器系统性能下降。一台高性能的服务器不只是一件或几件设备的性能优异，而是所有部件的合理搭配。要尽量避免小马拉大车或大马拉小车的情况。低速/小容量的硬盘、小容量的内存等任何一个产生系统瓶颈的配件都有可能制约系统的整体性能。

7. 理性看待价格

无论购买什么产品，用户往往极为看重产品的价格。毕竟，一分价钱一分货，高档服务器的价格比低档服务器的价格高是无可厚非的。然而，对于某些应用来说，并非一定要购买那些价格昂贵的服务器，尽管高端服务器具备诸多功能，但是这些功能对普通应用来说使用率并不高。因此，性能稳定、价格适中的服务器才是建设单位构建网络时的理性选择。

8. 售后服务要好

由于服务器的使用和维护具备一定的技术要求，这就意味着操作和管理服务器的人员必须掌握相关的使用知识。因此，选择售后服务好的 IT 产品应该成为建设单位明智的决定。

7.4.2 服务器配置与选择要点

目前，最基本的服务器包括数据库服务器、文件服务器、Web 服务器、邮件服务器、智算服务器、视频服务器、高性能计算服务器、人工智能计算服务器等。这些应用对于服务器配置要求的侧重点不同，根据不同的应用采购不同配置的服务器可以使服务器资源得到充分利用，避免资金和服务器资源的浪费。下面将对这几种服务器的配置需求侧重点进行分析，为用户提供参考。

1. 数据库服务器

数据库服务器用于运行数据库管理系统，合理地存储和组织数据，使得对数据的操作更为高效。目前主流的集中式数据库管理系统有 Oracle、DB2、MySQL、达梦等，典型的分布式数据库管理系统有 HBase、Cassandra、MongoDB、Redis、ElasticSearch、OceanBase 等。

集中式数据库服务器要处理大量的随机 I/O 请求和数据传送，因此对内存、磁盘以及

CPU 的运算能力均有一定的要求。在内存方面，数据库服务器需要高速、高容量的内存来缓存数据以减少访问硬盘的时间，提高服务器的响应速度。同时，一些数据库产品（如 Oracle）对于硬件的要求比较高。

在磁盘方面，高速的磁盘子系统也可以提高数据库服务器响应的速度，这就要求磁盘具有高速的接口和转速，目前主流存储介质有 10k 或者 15k 转的 SCSI 硬盘或 SAS 硬盘等，更新的磁盘可采用 SSD（固态盘）。

数据库服务器对于处理器性能的要求也很高。数据库服务器需要根据需求对数据进行查询，然后将结果反馈给用户。在查询请求非常多的情况下，比如大量用户同时查询，如果服务器的处理能力较弱，无法处理大量的查询请求并做出应答，那么服务器可能会出现应答缓慢甚至死机的情况。

综上所述，集中式数据库服务器对于硬件需求的优先级为内存、磁盘、处理器（在满足三者合理搭配的前提下），通常应选用大内存 SMP 计算机。

对于分布式数据库系统，宜选用集群计算机。

2. 文件服务器

文件服务器是用来提供网络用户访问文件、目录的并发控制和安全保密措施的服务器。首先，文件服务器要承载大容量数据在服务器和用户磁盘之间的传输，所以对网速有较高要求。

其次对磁盘的要求较高。文件服务器要进行大量数据的存储和传输，所以对磁盘子系统的容量和速度都有一定的要求。选择高转速、高接口速度、大容量缓存的磁盘，并且组建磁盘阵列，可以有效提升磁盘系统传输文件的速度。

除此之外，大容量的内存还可以减少读写硬盘的次数，为文件传输提供缓冲，提升数据传输速度。文件服务器对于 CPU 等其他部件的要求不是很高。

综上所述，文件服务器对于硬件需求的优先级为网络系统、磁盘系统和内存，宜选用集群计算机（有多个 I/O 节点），磁盘系统尽量用 SSD 构建。

3. Web 服务器

不同的网站内容对于 Web 服务器的硬件需求也是不同的。如果 Web 站点是静态的，对 Web 服务器硬件需求的优先级从高到低依次是网络系统、内存、磁盘系统、CPU。如果 Web 服务器主要进行密集计算（例如动态产生 Web 页），则对服务器硬件需求的优先级从高到低依次为内存、CPU、磁盘子系统和网络系统。

通常情况下，Web 服务器宜选用集群计算机。

4. 邮件服务器

邮件服务器对实时性要求不高，因此对于处理器性能的要求较低，但是由于要支持一定数量的并发连接，对网络子系统和内存有一定的要求。邮件服务器软件对内存的需求较高。同时，邮件服务器需要较大的存储空间用来存储邮件及一些文件，但是对中小企业来说，企业邮箱的数量一般只有几百个，所以对于服务器的配置要求并不高，一台入门级的服务器完全可以承载几百个邮件客户端的需求。

邮件服务器对于硬件需求的优先级从高到低依次为内存、磁盘、网络系统、处理器，宜选用集群计算机。

5. 智算服务器

智算服务器是承担人工智能计算的服务器，需要读取大量的训练样本并进行大量运算，对计算能力、存储容量、网络带宽都要求极高。

智算服务器宜选用 GPU 异构集群计算机，节点内存容量应尽量大。

6. 视频服务器

视频服务器主要承担分发视频的功能，对网络带宽要求高。视频服务器宜选用集群计算机，配置尽量大带宽的网络。

7. 高性能计算服务器

高性能计算服务器承担复杂的科学计算、工程计算等任务，对计算能力要求高。高性能计算服务器宜选用 MPP 计算机、集群计算机（含 GPU 异构集群）。

8. 人工智能计算服务器

人工智能计算服务器主要承担机器学习模型训练任务，对多维数组计算能力要求高。人工智能计算服务器宜选用 GPU 集群、NPU（神经网络处理器）集群计算机。

7.5 存储设备选型

存储设备是指由大量磁盘组成的大容量磁盘阵列，是数据中心保存数据的关键共享存储设施。这里的磁盘通常是指硬盘，也包括固态盘，特定情况下也可以是磁光盘。

7.5.1 磁盘接口类别与性能

1. 磁盘接口类别

磁盘接口是磁盘与主机系统间的连接部件，用于在磁盘和主机内存之间进行信号适配和传输数据。各种接口协议拥有不同的技术规范，具备不同的传输速度，其存取效能的差异较大，所面对的实际应用和目标市场也各不相同。同时，各种接口所处的技术生命阶段也不同，有些已经被淘汰，有些则前景光明，但发展尚未成熟。目前存储系统中普遍应用的磁盘接口主要包括 SATA、SCSI、SAS 和 FC 等。

- ATA（AT bus Attachment）：在 SATA 硬盘出现前，ATA 硬盘大多为家用产品。ATA 是广泛使用的 IDE 和 EIDE 设备的相关标准，它是并行式的内部硬盘总线。
- SATA（Serial ATA）：SATA 是作为并行 ATA（PATA）的硬盘接口的升级技术而出现的，采用串行方式传输数据。由于其具有成本低、数据传输速度高、可靠性高、扩配实现简单、系统布线的复杂度小等优点，受到业界的重视和欢迎，已经正式取代传统的 PATA 硬盘，成为中低端服务器的标准配置。与此同时，业界为了满足 SATA 硬盘的发展需要，在设计关键的芯片时，不仅考虑到 SATA 接口的连接，也为了提高数据的传输性能和保证数据的安全性，提出了 SATA raid 技术。该技术不需要额外的硬件成本，就可以实现数据保护和性能提升。
- SCSI（Small Computer System Interface）：SCSI 硬盘则主要应用于服务器。SCSI 硬

盘的转速高达 15 000rpm，数据传输速率达到 320MBit/s 以上，SCSI 可支持多个设备，CPU 占用率极低，在多任务系统中具有明显的优点。
- SAS（Serial Attached SCSI）：SAS 是并行 SCSI 之后的新一代 SCSI 技术。它和现在流行的 SATA 硬盘相同，都采用串行技术以获得更高的传输速度，并通过缩短连接线改善内部空间。此接口的设计改善了存储系统的效能、可用性和扩充性，并且提供与 SATA 硬盘的兼容性。SAS 定位于高端服务器。在系统中，每个 SAS 控制器最多可以连接 16 384 个磁盘，并且 SAS 采用点到点的串行传输方式，传输速率高达 12Gbit/s 以上。SAS 是目前广泛使用的接口技术。
- FC（Fibre Channel，光纤通道）：FC 和 SCSI 一样，最初也不是为硬盘设计开发的接口技术，是专门为网络系统设计的，随着存储系统对速度需求的提高，才逐渐应用到硬盘系统中。FC 是为提高多硬盘存储系统的速度和灵活性而开发的，它大大提高了多硬盘系统的通信速度。FC 的主要特性有热插拔性、高速带宽、远程连接、连接设备数量大等，传输速度可达 128Gbit/s 以上。
- NVMe（Non-Volatile Memory Express）：NVMe 是非易失性内存主机控制器接口规范，用于访问通过 PCIe 总线附加的非易失性存储器介质，即采用闪存的固态硬盘驱动器，理论上不一定要求使用 PCIe 总线协议。NVMe 技术给存储带来了颠覆性的创新，并对数据中心基础设施产生了深远的影响。它有效解决了带宽、IOPS（输入/输出操作每秒）和延迟等问题。通过支持 PCIe 以及 RDMA 和光纤之类的通道，NVMe 可以支持比 SATA 或 SAS 高很多的带宽。例如，NVMe 设备能超过 1M IOPS，具有 1μs 以内的访问延迟，甚至有可能实现小于 10ms 的端到端延迟。

2. 磁盘的选择

在数据中心的海量存储系统中，磁盘的性能对整个系统的性能有很大的影响。在选取磁盘类型时，通常遵循以下原则。
- 优先选用固态盘。
- 选择磁盘时，尽量选取转速高的磁盘。磁盘有 15 000r/min、10 000r/min、7200r/min 等类型，转速越高，性能越好。
- 尽量选取接口速度快的磁盘。优先选择光纤通道接口，在不能使用光纤通道接口时，可选用 SAS、SCSI、SATA 接口等。

7.5.2 RAID

1. 为什么需要 RAID

RAID（Redundant Array of Independent Disks，独立磁盘冗余阵列）有时也简称磁盘阵列（disk array）。磁盘阵列是由一个磁盘控制器来控制多个磁盘的相互连接，使多个磁盘的读写同步以减少错误、增加容量、提高效率和可靠性的技术。把这种技术加以实现的就是磁盘阵列产品，其物理形式通常是一个磁盘柜内容纳了若干个磁盘等设备，以一定的组织形式提供不同级别的服务。

简单地说，RAID 是一种把多块独立的磁盘（物理磁盘）按不同的方式组合起来形成一个磁盘组（逻辑磁盘），从而提供比单个磁盘更高的存储容量和存储性能。组成磁盘阵列的不同方式称为 RAID 级别（RAID level）。RAID 还提供了数据备份功能。在用户看来，组成的磁盘组就像一个磁盘，用户可以对它进行分区、格式化等。总之，对磁盘阵列的操作与单个磁盘一样，不同的是，磁盘阵列的存储速度要比单个磁盘快，而且提供自动数据备份功能。

RAID 技术具有两大优点，即速度快、可靠性高，因此，RAID 技术早期被应用于高级服务器 SCSI 磁盘系统中。随着计算机技术的发展，RAID 技术可被应用于中低档甚至 PC 上。RAID 通常由在磁盘阵列塔中的 RAID 控制器或计算机中的 RAID 卡来实现。

2. RAID 技术分类

磁盘阵列分为全软阵列、半软半硬阵列和全硬阵列三种。

全软阵列是指 RAID 的所有功能都由操作系统与 CPU 来完成，没有第三方的控制 / 处理芯片，业界称其为 RAID 协处理器（RAID Co-Processor）与 I/O 处理芯片。这样，有关 RAID 所有任务的处理都由 CPU 来完成。显然，这是一种低效的 RAID。

半软半硬阵列主要缺乏自己的 I/O 处理芯片，所以这方面的工作仍要由 CPU 和驱动程序来完成。而且，这种阵列所采用的 RAID 控制 / 处理芯片的能力较弱，不能支持较高的 RAID 等级。

全硬阵列则具备 RAID 控制 / 处理芯片和 I/O 处理芯片，甚至还有阵列缓存（array buffer）。由于全硬阵列是一个完整的系统，所以全硬阵列是目前最主要的阵列形式，除非特别说明，本书中的磁盘阵列都是指全硬阵列。

3. RAID 的基本工作模式

RAID 技术经过不断的发展，现在已拥有从 RAID 0 到 RAID 6 七种基本的 RAID 级别。另外，还有一些基本 RAID 级别的组合形式，如 RAID 10（RAID 0 与 RAID 1 的组合）、RAID 50（RAID 0 与 RAID 5 的组合）等。不同 RAID 级别代表着不同的存储性能、数据可靠性和存储成本。下面简单介绍几种常用的 RAID 级别。

（1）RAID 0

RAID 0 又称为 stripe（条带）或 striping（条带化），它代表了所有 RAID 级别中最高的存储性能和空间利用率。RAID 0 提高存储性能的原理是把连续的数据分散到多个磁盘上存取，这样，系统有数据请求就可以被多个磁盘并行地存取，每个磁盘执行属于它自己的那部分数据请求。这种数据上的并行操作可以充分利用总线的带宽，显著提高磁盘整体存取性能。RAID 0 相当于把多个磁盘拼成一个磁盘，从而线性提高存储系统的容量。

如图 7-7 所示，系统向三个磁盘组成的逻辑磁盘（RAID 0 磁盘组）发出的 I/O 数据请求被转化为 3 项操作，其中每一项操作都对应于一块物理磁盘。从图中可以清楚地看到通过建立 RAID 0，原先顺序的数据请求被分散到三块磁盘中同时执行。从理论上讲，三块磁盘的并行操作使同一时间内磁盘的读写速度提升了 3 倍。但由于总线带宽等多种因素的影响，实际提升的速度会低于理论值，但大量数据的并行传输与串行传输比较，其提速效果显著。

RAID 0 的缺点是不提供数据冗余，因此一旦数据损坏，将无法被恢复。RAID 0 特别适用于对性能要求较高而对数据安全要求低的领域。对于个人用户而言，RAID 0 也是提高磁盘存储性能的绝佳选择。

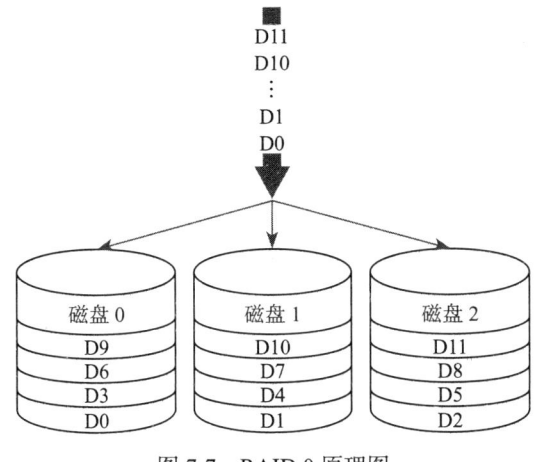

图 7-7　RAID 0 原理图

（2）RAID 1

RAID 1 又称为 mirror（镜像）或 mirroring（镜像化），它的宗旨是最大限度地保证用户数据的可用性和可修复性。RAID 1 的操作方式是把用户写入磁盘的数据全部自动复制到另一个磁盘上。

如图 7-8 所示，当写入数据时，同时写入两个磁盘，当读取数据时，同时从两个盘进行读操作，系统自动将读取成功的数据返回给请求者，如果都成功，则返回 Disk 0 的结果。对于损坏的磁盘，应及时更换。现在的磁盘阵列可热插拔更换磁盘，更换后，系统自动把数据备份到更换后的磁盘上。

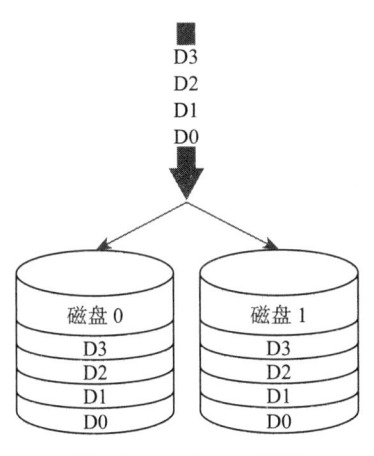

图 7-8　RAID 1 原理图

由于对存储数据进行全部备份，在所有 RAID 级别中，RAID 1 提供最高的数据可靠性。同样，由于数据的完全备份，备份数据占据总存储空间的一半，因而 mirror 磁盘空间利用率低，存储成本高。

mirror 虽不能提高存储性能，但由于其具有较高数据可靠性，尤其适用于存放重要数据，如服务器和数据库存储等领域。

（3）RAID 5

RAID 5 是一种兼顾存储性能、数据可靠性和存储成本的存储解决方案。通常以 3 个磁盘组成磁盘阵列（允许更多）。当有数据写入磁盘时，将数据分成 $N-1$ 部分（N 为磁盘数），然后写入 $N-1$ 个磁盘，同时将校验信息写入另一个磁盘，数据和校验信息轮流写入不同的磁盘上。当读取数据时，会分别从 N 个磁盘上读取数据，再通过检验信息进行校验。当有 1 个磁盘损坏时，从另外 $N-1$ 个磁盘上存储的数据可以计算出第 N 个磁盘的数据内容。RAID 5 的这种存储方式只允许有一个磁盘出现故障。当更换故障磁盘后，系统会自动进行数据同步，把有关数据写入更换后的磁盘上。RAID 5 目前使用最为广泛。

（4）RAID 6

RAID 6 是在 RAID 5 基础上发展而来的。它以 4 个磁盘组成 RAID 阵列，写入时，将数据分成 3 部分，分别写入 3 个磁盘，同时生成两份不同的校验信息，一份写入第 4 个磁盘，一份写入前 3 个盘中的一个，数据和校验信息轮流在 4 个盘中写入。RAID 6 在 2 个磁盘故障时仍然能保证数据正确。RAID 6 对硬件速度的要求很高，直到专用硬件性能得到显著提高后才得到大量应用。

（5）RAID 10（RAID 0+1）

RAID 10 是 RAID 0 和 RAID 1 的组合形式。要求磁盘数是偶数，分成两组，每组内部是 RAID 0，两组之间是 RAID 1。

（6）RAID 50（RAID 0+5）

RAID 50 是 RAID 0 和 RAID 5 的组合形式。要求磁盘数是 3 的倍数，分成 3 组，每组内部是 RAID 0，3 组之间是 RAID 5。这是目前数据中心使用最普遍的形式，可以组成具有高可靠性、高性价比的海量存储系统。

（7）RAID 60（RAID 0+6）

RAID 60 是 RAID 0 和 RAID 6 的组合形式。要求磁盘数是 4 的倍数，分成 4 组，每组内部是 RAID 0，4 组之间是 RAID 6。随着硬件性能的不断提高，RAID 60 应用越来越广泛，因为它在 2 组磁盘出故障的情况下还能保证数据的正确性。

4. RAID 级别的选择

选择 RAID 级别时主要考虑三个因素：可用性（数据冗余）、性能和成本。

- 如果对可用性要求不严苛，则选择 RAID 0 以获得最佳性能。
- 如果成本是无须考虑的因素，则可以选择 RAID 10。
- 如果可用性和性能是重要的，而成本不是主要考虑因素，则根据磁盘数量选择 RAID 50 或 RAID 60。

7.5.3 存储体系结构

可以通过大量磁盘构建存储体系，主要有三种存储体系结构，即 DAS、NAS、SAN，它们各有优缺点。

1. DAS 技术

DAS（Direct Attached Storage，直接附加存储）即直连方式存储。在这种方式下，存储设备通过电缆（通常是 SCSI 电缆）直接连接服务器，I/O（输入/输出）请求直接发送到存储设备。DAS 也可被称为 SAS（Server-Attached Storage，服务器附加存储），它依赖于服务器，本身是硬件的堆叠，不带有任何存储操作系统。图 7-9 为典型的 DAS 结构。

DAS 适用于以下环境。
- 服务器在地理分布上很分散，通过 SAN（存储区域网络）或 NAS（网络直接存储）在它们之间进行互连非常困难；
- 存储系统必须被直接连接到应用服务器上；
- 包括许多数据库应用和应用服务器在内的应用，它们需要直接连接到存储器上。

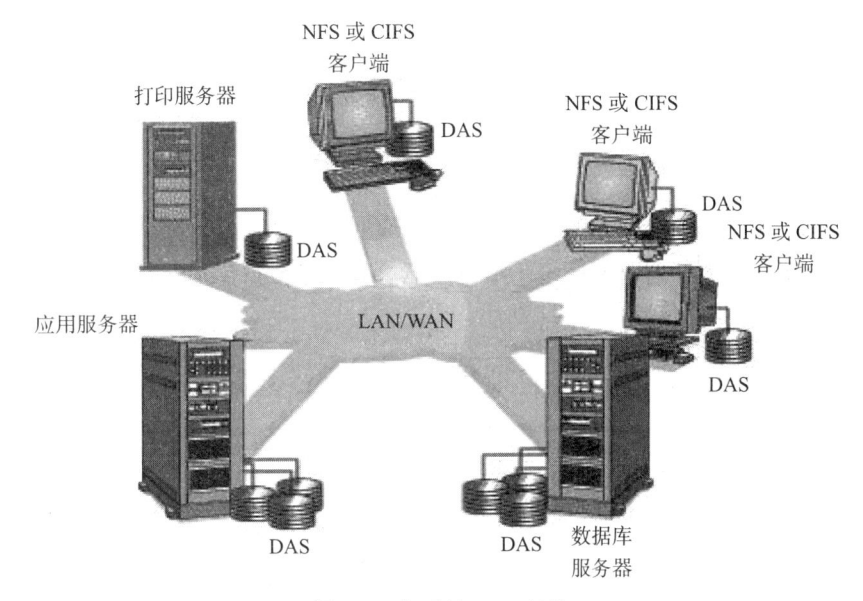

图 7-9 典型的 DAS 结构

对于多个服务器或多台 PC 的环境，使用 DAS 方式设备的初始费用可能比较低，但在这种连接方式下，每台 PC 或服务器单独拥有自己的存储磁盘，不易进行容量的再分配。整个存储系统的管理工作烦琐而重复，没有集中管理解决方案，所以总拥有成本（TCO）较高。目前，DAS 通常用于存储容量不是特别大的场景，对于大容量的存储，DAS 已基本被 NAS 所代替。

2. NAS 技术

NAS 是 Network Attached Storage 的简称，即网络附加存储。在 NAS 存储结构中，存储系统不再通过 I/O 总线附属于某个特定的服务器或客户机，而是直接通过网络接口与网络直接相连，由用户通过网络来访问。NAS 的结构如图 7-10 所示。

NAS 实际上是一个带有瘦服务的存储设备，它类似于一个专用的文件服务器，不过省去了显示器、键盘、鼠标等设备。NAS 用于存储服务时可以大大降低存储设备的成本，而且 NAS 中的存储信息都是采用 RAID 方式进行管理的，可以有效地保护数据。

用户访问 NAS 与访问一台普通计算机的硬盘资源一样简单，甚至可以将 NAS 设备设置为一台 FTP 服务器，这样其他用户就可以通过 FTP 访问 NAS 中的资源了。NAS 在管理方面也较简单，用户可以通过 Web 方式对其进行管理。

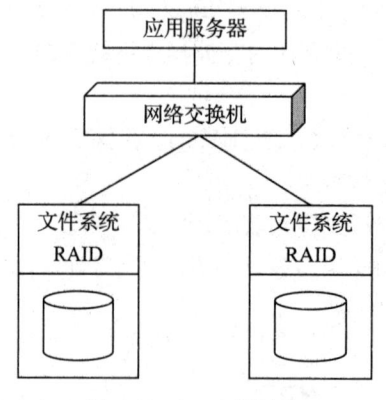

图 7-10　NAS 的结构

3. SAN 技术

SAN（Storage Area Network）是通过专用高速网将一个或多个网络存储设备和服务器连接起来的专用存储系统。SAN 主要采取数据块的方式进行数据存储，目前主要用于以太网和光纤通道。SAN 的结构如图 7-11 所示。

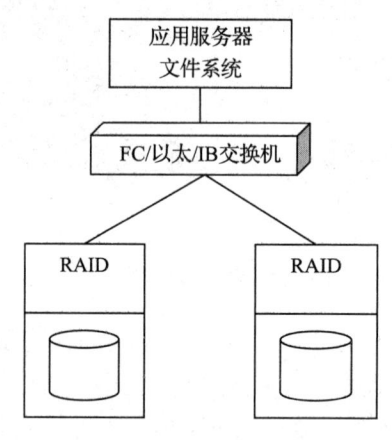

图 7-11　SAN 的结构

光纤通道利用光纤通道交换机进行连接，目前已被以太网交换方式所取代。基于廉价、高速的以太网进行连接能实现低成本、低风险的 SAN 存储。SAN 可通过 IP 协议进行数据存储，IP 方式使 SAN 技术应用更广泛。

另外，InfiniBand（IB）因其高带宽、低延迟的特性成为实现 IB SAN 的一种可选方案。表 7-1 列出了 NAS 与 SAN 主要特性的比较。

表 7-1　NAS 与 SAN 主要特性的比较

比较项	NAS	SAN
体系结构	表现为文件服务器，可看作分布在 LAN 中的多个分开的存储系统	表现为磁盘并作为用户单独的存储设备网络，可看作一个单独的存储系统
文件系统	基于文件系统	基于 LUN（Logical Unit Number，逻辑单元号），逻辑设备映射到物理设备

(续)

比较项	NAS	SAN
连接方式	连接在 LAN 中的存储服务器	由交换机组成的一个存储网络
操作系统	与集群无关，NAS 设备有自己的 OS	与集群密切相关的，SAN 设备没有 OS
存储数据结构	数据是不排外的，同一个逻辑区域可以被多个服务器读取和修改	数据放在 LUN 上，同一个区域需要锁管理器来控制，不允许同时读写
协议集	廉价的，利用 TCP/IP	昂贵的，利用 FC 相关协议
总拥有成本（TCO）	性价比高，适合用于中小企业的中央存储	性能优秀，但价格昂贵，适合用于大型企业和关键应用的核心存储系统

（1）FC SAN 技术

光纤通道技术是 SAN 互连的精髓，可以为存储网络用户提供高速、高可靠以及稳定安全的传输。光纤通道技术是根据 ANSI 的 X3.230—1994 标准（ISO 14165—1）而创建的基于块的网络存储方式。

光纤通道采用的光纤以 1Gbit/s、2Gbit/s、4Gbit/s、8Gbit/s、16Gbit/s、32Gbit/s 等速率传输 SAN 数据，延迟时间短。例如，典型的光纤通道转换所产生的延时仅有数微秒。正是由于光纤通道结合了高速度与低延迟的特点，在时间敏感的应用中，光纤通道成为理想的选择。同时，光纤通道具有良好的扩展能力，允许更多的存储系统和服务器互连。光纤通道同样支持多种拓扑结构，既可以在简单的点对点模式下实现两个设备之间的运行，也可以在经济型的仲裁环下连接 126 台设备，或者（最常见的情况）在强大的交换式结构下为数千台设备提供同步全速连接。

（2）IP SAN 技术

IP SAN 存储技术是通过在 IP 以太网上架构一个 SAN 存储网络把服务器与存储设备连接起来的存储技术。IP SAN 把 SCSI 协议完全封装在 IP 协议之中。简单来说，IP SAN 就是把 FC SAN 中光纤通道解决的问题通过以太网实现了，从逻辑上讲，它是彻底的 SAN 架构，即为服务器提供块级服务。

IP SAN 技术有其独特的优点：能够节约成本、加快实施速度、优化可靠性以及增强扩展能力等。采用 iSCSI 技术组成的 IP SAN 可以提供和传统 FC SAN 相媲美的存储解决方案，而且普通服务器或 PC 只需要具备网卡，即可共享和使用大容量的存储空间。与传统的分散式直连存储方式不同，它采用集中的存储方式，极大地提高了存储空间的利用率，方便了用户的维护管理。

iSCSI 是实现 IP SAN 最重要的技术。在 iSCSI 出现之前，IP 网络与块模式（主要是光纤通道）是两种完全不兼容的技术。由于 iSCSI 是运行在 TCP/IP 之上的块模式协议，它将 IP 网络与块模式的优势很好地结合起来，且 IP SAN 的成本低于 FC SAN。

图 7-12 所示为简单的 IP SAN 结构。图中使用千兆以太网交换机构建网络环境，由工作站、文件服务器和磁盘阵列及磁带库组成。图中使用 iSCSI HBA（Host Bus Adapter，主机总线适配卡）连接服务器和交换机。iSCSI HBA 包括网卡的功能，还支持 OSI 网络协议堆栈以实现协议转换的功能。

（3）IB SAN 技术

InfiniBand 是一种不同于以太网的交换式网络技术。InfiniBand 的设计主要是围绕着点对点以及交换结构 I/O 技术，这样，从简单的 I/O 设备到复杂的主机设备都能被堆叠的交换机连接起来。

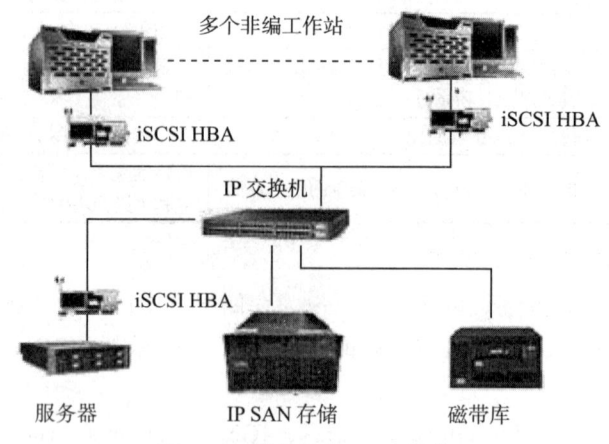

图 7-12 简单的 IP SAN 结构

InfiniBand 支持的带宽比常规的 I/O 载体（如 SCSI、以太网、光纤通道）高，另外，由于使用 IPv6 报头，InfiniBand 支持与传统 Internet 设施的有效连接。用 InfiniBand 技术替代总线结构能方便地建立一个灵活、高效的数据中心，省去了服务器复杂的 I/O 部分。

InfiniBand SAN 采用层次结构，将系统的构成与接入设备的功能定义分开，不同的主机可通过 HCA（Host Channel Adapter）、RAID 等网络存储设备利用 TCA（Target Channel Adapter）接入 InfiniBand SAN。

InfiniBand SAN 主要具有如下特性。
- 可伸缩的 Switched Fabric 互连结构。
- 由硬件实现的传输层互连高效、可靠。
- 支持多个虚信道。
- 硬件实现自动的路径变换。
- 高带宽，总带宽随 IB Switch 规模成倍增长。
- 支持 SCSI 远程 DMA 协议。
- 具有较高的容错性和抗毁性，支持热拔插。

7.5.4 磁带库

物联网数据中心需要保存海量数据，有些数据还需要长期保存，构建基于磁盘系统的海量存储系统不仅价格昂贵，而且可扩展性较差。磁带存储系统价格低廉，而且不受存储容量的限制，在数据存满之后，只需更换新的磁带。磁带可以长期保存（30～50 年）。

目前，一盘磁带的容量达 48TB，价格大约为 1000 元，适合对需要长期保存的数据作为档案保存。磁带的存取速度相对较慢，现在典型的磁带速写速度大约为 1GB/s。

7.6 数据中心网络选型

数据中心网络主要包括两部分：一是连接各种服务器、存储器、监控设备、电气设备、空调设备等组成的局域网并与外部网络连接的网络，二是连接集群计算机内部节点或MPP计算机内部节点组成的计算机系统的网络。

1. 集群内部网络

目前，连接集群节点的网络主要有以太网和InfiniBand网络。可采用100Ge、200Ge以太网，以及100G、200G的InfiniBand网络。

集群内部通常由3个网络组成，即计算网络、I/O网络和管理网络。

计算网络由计算节点构成，I/O网络由I/O节点、计算节点构成，管理网络由管理节点、计算机节点、I/O节点构成。所以，每个节点通常安装3块网卡，分别加入不同的网络中。

计算网络通常采用胖树结构，使用InfiniBand或以太网技术。胖树结构如图7-13所示，汇聚层的每个交换机的一半端口上联、一半端口下联，层数不限。

I/O网络通常采用星形结构，使用InfiniBand或以太网技术。

管理网络采用星形结构，使用千兆以太网技术。

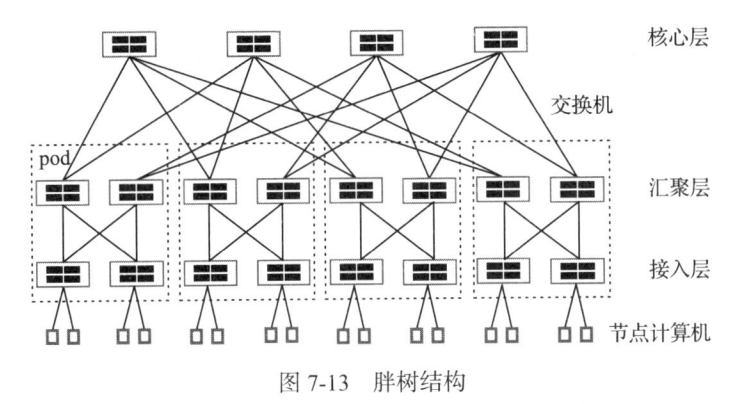

图 7-13 胖树结构

2. MPP 内部网络

MPP内部互联都采用专用网络，比较典型的有6D-Torus网络、Dragonfly网络等。

3. 系统之间的网络

数据中心各系统之间通常采用高速以太网（10Ge、40Ge等）相互连接，并与外部网络相连。必要时，可通过增加路由器连接外部网络。

7.7 数据中心基础软件选型

数据中心需要多种类型的基础软件来支撑数据中心的功能，主要包括以下几种。

- 操作系统。除非特殊情况，否则都使用Linux，可选择SUSE。
- 集中式数据库管理系统。大型数据库可选用Oracle、openGauss、达梦等，中小型数据库可选用MySQL。分布式数据库管理系统可选用OceanBase，列存储分布式数据库可选用Redis，非结构化数据库可选用MongoDB，数据仓库系统可选用Hive。
- 大数据管理平台。可选用Hadoop系列，包括HDFS文件系统、Spark内存处理系统、HBase数据管理系统。

- 共享存储文件系统。可选用 Lustre。
- 作业管理与调度系统。可选用 SLURM。
- 机器学习系统。根据人工智能计算服务器的不同，可选用 PyTorch、MindSpore。
- 并行计算库。可选用 OpenMPI。
- 编程平台与编译。可选用 C++、OpenACC、GCC 等。
- Web 服务器。可选用 Apache 工具包。

7.8 云计算服务设计

7.8.1 云计算的类型

云计算的思想是将前端桌面上的计算移到基于服务器集群的面向服务的数据中心平台上，使得用户不需要购买或建设昂贵的系统，转而按需租用所需要的计算、存储等服务。云计算的核心是服务与租用。

按照服务类型的不同，云计算可分为基础设施即服务（IaaS）、平台即服务（PaaS）、软件即服务（SaaS）三种基本形式。按照使用范围的不同，云计算可以分为公有云和私有云。

云计算的核心技术之一是虚拟化，即按用户的需求组成虚拟的机器，映射（部署或调度）到物理集群上，使得用户感觉拥有物理的机器。实际的物理机器是被众多用户共享的。

1. IaaS

IaaS 具有以下特点。
- 用户在选定的环境中部署、运行应用。
- 用户不管理、控制基础设施，但可控制 OS、存储和部署的应用。
- IaaS 中的资源主要包括网络、计算机、存储等。

目前，流行的 IaaS 是腾讯云、阿里云、百度云等，用户可以按自己的需求（CPU 数量、内存数量、外存数量、网络带宽等）定制虚拟机。

2. PaaS

PaaS 具有以下特点。
- 平台包括 OS、运行时库等，是一个包括软硬件的集成计算机系统。
- 用户自己开发、部署应用。
- 用户不管理平台。

3. SaaS

SaaS 具有以下特点。
- 软件、应用作为服务被租用。
- 通常基于 Web。

典型的 SaaS 有 Microsoft 365、财务软件、云端收费系统等。

7.8.2 云存储系统

将存储系统以云的形式提供服务就构成了云存储系统。

用户可以按需租用存储容量，自己实施数据访问控制，对用户进行访问授权。现在普遍使用的各类云盘就是云存储的例子。

构建云存储系统的典型工具有 OpenStack 等。

7.8.3 云计算服务系统的设计

物联网工程大多属于专用的系统，并非都需要建设成云计算系统。如果某些特定的物联网工程需要按云计算的方式为用户提供服务，则可以选择 IaaS、PaaS、SaaS 之一或组合的形式，同时选用相应的软件系统，将系统设计成虚拟化的服务系统，按服务的方式出租给用户使用。

配置云计算服务器需要相关的软硬件，主要包括以下组件。
- 集群服务器（安装 Linux 操作系统）。
- Docker 容器系统。
- Kubernetes（K8s）编排管理系统。
- OpenStack IaaS 管理系统。

7.8.4 第三方云中心

用户可以不自建数据中心，而是选择第三方云中心托管应用系统，这也是一种高性价比的选择。

选择第三方云中心时应考虑下述因素。
- 应选择信誉好、规模大、技术先进、能提供长期服务的云服务提供商。
- 应选择租用主机的规模可根据系统负载自动伸缩的云计算系统。
- 应充分测试虚拟主机（服务器）的网络带宽。通常，主机性能可根据负载自动增加规模而得到满足，但网络带宽通常并不一定很充足（带宽价格较高）。
- 应具有多种方式进行数据备份的功能，且可把数据备份到用户的机器上。
- 提供完善的管理工具。
- 具有完善的安全机制和系统。

目前可供选择的第三方云计算系统较多，较典型的有华为云、阿里云、腾讯云、百度云、中国电信云、中国移动云等。

7.9 机房工程设计

7.9.1 UPS

考虑到市电存在停电的可能性，采用 UPS（不间断电源系统）尤为关键。在停电时，UPS 能够通过电池为设备供电，确保设备的持续运行。

1. UPS 设计要求

设计 UPS 有如下要求。
- 功率应不小于现有全部设备的最大用电负荷，最好留有一定的冗余，以增加设备。

- 电池的最小供电时间应保证管理人员能从容进行关机等操作，通常不小于 2 小时。如果数据中心必须提供不间断的服务，则按供电部门的常规停电规律，电池容量应不小于 24 小时。
- 主机应采用模块化结构，且应留有可扩展空间。
- 最好具备在停电时自动对服务器发布关机命令的功能，并能设置关机条件，即在市电掉电时，可根据设置的条件向计算机设备发出关机命令，自动关闭计算机。
- 具备 220V 和 380V 交流输出方式。
- 三相输出时，三相负载之间的差异应允许尽可能大。
- 功率因数高，功率损耗小。
- 电池寿命应尽量长（不少于 3 年）。
- 切换时间短（从市电切换为电池）。

2. EPS 设计要求

UPS 负责在市电停电时为设备供电，但 UPS 通常不为空调供电。一旦市电停电，空调就停止工作，机房的温度会快速升高（大型机房的温度通常在几分钟内就能升到 40℃ 以上），给设备带来烧毁的风险。如果所设计的数据中心需提供不间断的服务，则需要为空调设计不间断电源，这类电源称为 EPS。因为空调启停时电流变化区间大，所以 EPS 能承受很大的冲击电流。EPS 同样需要依靠电池供电，其供电时间的设计与 UPS 一致。

7.9.2 制冷系统设计

1. 热源

机房的热源主要有计算机设备、存储设备、网络设备、电源设备，其中最主要的是计算机设备。计算机设备都安装在机柜中，其热量依靠空调冷风或冷却水进行降温。

机房制冷系统通常包含精密风冷空调和水冷系统。

精密风冷空调从顶部吸收热气，从底部输出冷气（下送风）。因此需要有地板，机柜安装在地板之上，机柜前方安装带孔的地板，便于将冷气输送到机柜中。机柜中产生的热气从机柜背面上升到房顶，回流到精密风冷空调中，如图 7-14 所示。精密风冷空调通常体积较大，噪声也较大。

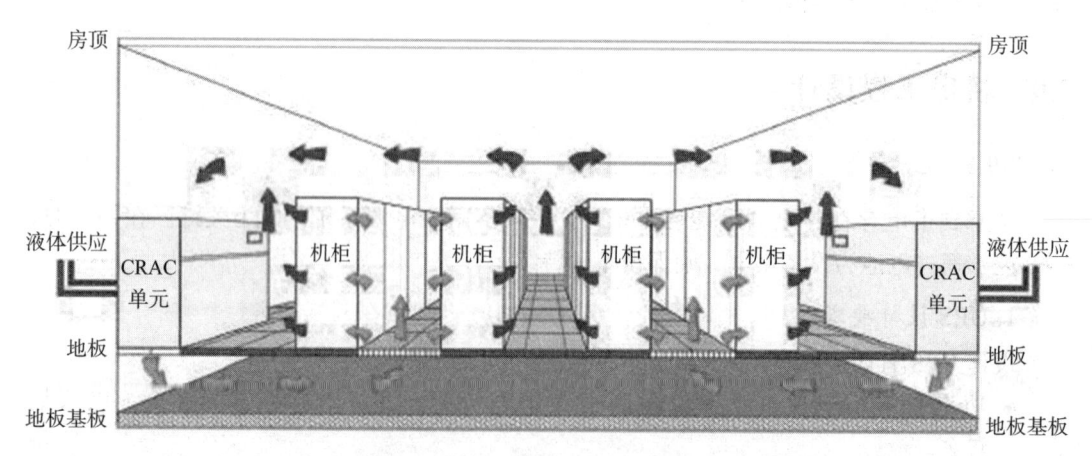

图 7-14　机房热源、热量及风冷空调冷风传播通道

水冷系统需要特殊的冷却机柜，冷却机柜内部有冷却水循环，将设备安装在冷却柜内，依靠冷却水带走热量。水冷系统初始安装成本较高，但占地面积小，其外观如图 7-15 所示。

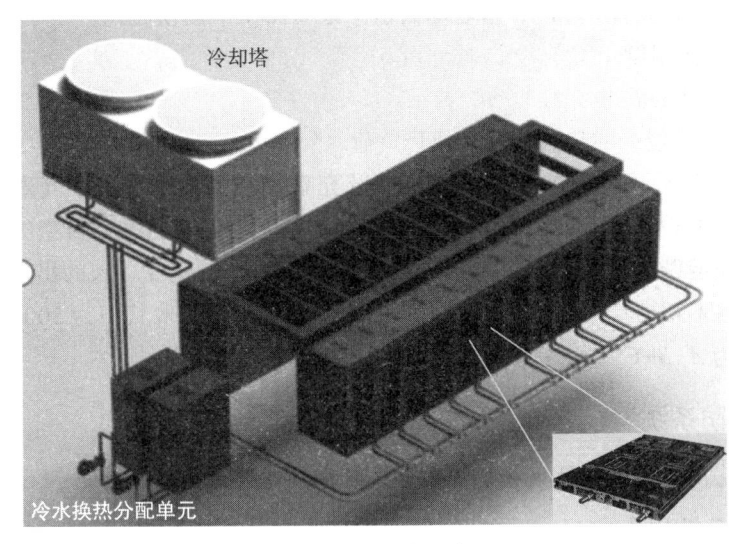

图 7-15 水冷系统

2. 热量计算及空调制冷量的确定

机房内热源较多，一般包括 6 个部分，其发热量计算如下。

1）外部设备发热量计算。

$A = 860N\mathcal{C}$（kcal/h）

N：用电量（kW）。

$\mathcal{C}$：同时使用系数，在不知道具体数值时取值为 0.2。

860：功的热当量，即 1kW 电能全部转化为热能所产生的热量。

2）主机发热量计算。

$B = 860P \times h1 \times h2 \times h3$（kcal/h）

P：总功率（kW）。

$h1$：同时使用系数，不知道具体数值时取值为 0.95。

$h2$：利用系数，一般取值为 0.9。

$h3$：负荷工作均匀系数，一般取值为 0.85。

3）照明设备热负荷计算。

$C = jP$（kcal/h）

P：照明设备的标称额定输出功率（W）。

j：每输出 1W 的热量 [kcal/(h·W)]，日光灯为 1.0。

4）人体发热量计算。

$D = n \times q$（kcal/h）

n：人数。

q：每人发热量，取值为 0.102kcal。

5）围护结构的传导热（房间的墙、天花板、地面）计算。

$E = KW(t1-t2)(\text{kcal/h})$

K：围护结构的导热系数（kcal/m²h℃），普通混凝土取 1.4。

W：围护结构面积（m²），指墙体面积 + 地面面积 + 楼顶面积。

$t1$：机房内温度（℃）。

$t2$：机房外的温度（℃）。

6）换气及室外侵入的热负荷及其他热负荷。

为了给在计算机机房内的工作人员不断补充新鲜空气，以及用换气来维持机房的正压，需要通过空调设备的新风口向机房送入室外的新鲜空气，这些新鲜空气也将成为热负荷，通过门、窗缝隙和开关侵入的室外空气量随机房的密封程度、人的出入次数和室外的风速而改变。当不知道具体数值时，每 100m² 面积的机房，可取其值为 5000kcal。

总的热量为 $A+B+C+D+E+F$，空调的制冷量应不小于该值。

7.9.3 消防系统设计

基本的机房消防系统包括火灾自动报警系统和气体灭火器系统。

1. 火灾自动报警系统

火灾自动报警系统一般由报警控制器、气体灭火驱动器、探头、模块、线路组成。该系统具有自动报警、人工报警、自动释放气体灭火等功能。该系统具有备用电池，可在市电断电的情况下工作。

火灾自动报警系统的设计应遵循以下原则。

- 基本报警系统至少有 3 层火灾报警探头，即顶板上 / 下各一层、地板下一层。设计感烟探测器及感温探测器。
- 采用消防联动系统。在发生火警时，火灾报警控制器可自动切断火警区的非消防电源及空调系统。
- 采用气体灭火驱动系统。应使用气体灭火驱动系统，最常用的是七氟丙烷气体。在气体灭火区，设计有感温、感烟两种类型探测器。当同一分区两种类型的探测器同时报警时，气体钢瓶驱动器动作，发出声光报警信号，在延迟 30s 后，释放气体，进行灭火。气体灭火驱动系统具有紧急启动、紧急停止的功能。
- 火灾自动报警系统穿线管应采用 JDG 管（套接紧定式镀锌钢导管）。JDG 管外涂防火涂料，耐火性能好，易于施工。
- 报警控制器应设置在值班室，同时给大楼保安值班室一路信号。
- 感烟探测器安装间距应不大于 11m，感温探测器安装间距应不大于 8m。
- 火灾报警系统采用大楼弱电系统联合接地，接地电阻小于 1Ω。
- 给门禁系统一个标准信号，火警时自动开门疏散。

在选用火灾报警系统时，必须选用经应急消防部门认定的合格产品。

2. 气体灭火器

机房内应采用气体灭火器，目前常用的是七氟丙烷气体。七氟丙烷气体装在钢瓶内，如图 7-16 所示，钢瓶典型容积为 120L。

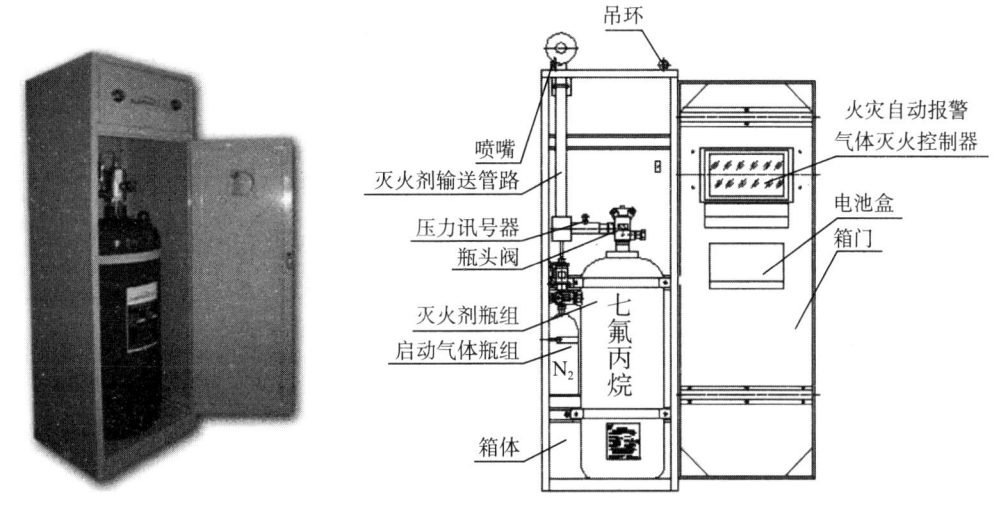

图 7-16 气体灭火器

（1）灭火及控制方式

全淹没灭火方式即在规定时间内向防护区喷射一定浓度的七氟丙烷灭火剂，并使其均匀地充满整个防护区，此时能将区域内任何位置的火扑灭。

灭火系统的控制方式有自动控制、手动控制两种方式。

- 自动控制：正常状态下，气体灭火控制器的控制方式选择在"自动"位置，灭火系统处于自动控制状态。当保护区发生火情时，火灾探测器发出火警信号，火灾报警控制器（或气体灭火控制器）即发出声、光报警信号，同时发出联动命令，关闭空调、风机、防火卷帘等通风设备，经过30s延时（此时防护区内人员必须迅速撤离），输出DC24V/1.5A灭火电源信号驱动启动瓶电磁阀，释放出的控制气体打开对应区域的选择阀，继而打开灭火剂贮瓶上的瓶头阀，释放七氟丙烷实施灭火。
- 手动控制：在防护区有人工作或值班时，控制方式选择"手动"位置，灭火系统处于手动控制状态。若某保护区发生火情，按下火灾报警灭火控制器（或气体灭火控制器）面板上的"启动"按钮，即可按"自动"程序启动灭火装置，实施灭火。也可在确认人员已经全部撤离的情况下，按下该区门口设置的"紧急启动"按钮，即可立即按"自动"程序启动，释放七氟丙烷实施灭火。

在发生火灾报警，在延时时间内发现不需要启动灭火系统进行灭火的情况下，可按下气体灭火控制器或防护区门外的"紧急停止"按钮，即可终止灭火程序。

（2）防护区要求

防护区具体要求包括：

- 防护区的环境温度应为 $-10℃ \sim 50℃$。
- 防护区围护结构及门窗的耐火极限均不应低于0.5h，吊顶的耐火极限不应低于0.25h。
- 防护区围护结构承受内压的允许压强，不宜低于1.2 KPa。
- 防护区灭火时应保持封闭条件，除泄压口以外的开口，以及用于该防护区的通风机和通风管道中的防火阀,在喷放七氟丙烷前应关闭。
- 防护区的泄压口宜设在外墙上,应位于防护区净高的 2/3 以上。
- 防护区的门应设弹性闭门器,当设有外开门弹性闭门器或弹簧门的防护区,其开口面积不小于泄压口计算面积的,不需要另设泄压口。
- 灭火后的防护区应通风换气,地下防护区和无窗或设固定窗扇的地上防护区,应设机械排风装置,排风口宜设在防护区的下部并应直通室外。在保护对象附近,应设置警告牌,警告牌上包括以下内容:在报警延时时间(0~30s)内,应立即撤离该区域,在释放灭火剂或未彻底通风前,请不要进入该地区。
- 设有七氟丙烷灭火系统的建筑物,宜配置空气或氧气呼吸器。

7.9.4 监控与报警系统设计

1. 主要需求

在进行监控报警系统建设时,采用系统工程的观点对机房的现场环境、服务需求、设备内容和管理模式四个基本要素以及它们的内在联系进行优化组合,从而提供一套稳定可靠、价格合理、高效先进、易于扩充的安防联网监控平台。

(1)主要监控内容

应能对机房进行安全防范和集中监控,主要对机房内的配电、配电开关、UPS、漏水、视频(防盗)、消防等系统实现现场监控,保障机房现场安全,提高基础设施的可用性。

(2)具有扩展性

监控与报警系统必须能够满足日后联网、整体升级的需要,在升级过程中要节省投资、避免重复建设,因此其方案设计必须预留足够的接口以方便今后的扩容,从而形成一套综合联网管理平台。

(3)使用要求

建立的综合联网监控系统充分满足数据资源共享、行政管理、统一调度的需求,并充分考量安保部门对系统使用的特殊要求。为加强管理,该系统提供有效、直接、快速的管理工具,方便管理人员全面了解数据中心现场设备和环境状况,从容应对突发情况,提升管理强度。

该系统同时支持 C/S、B/S 方式,管理人员可方便地通过服务器查看数据中心现场情况,各个部门的管理人员在经过授权许可后,也可通过网络远程查看数据中心现场安全防范情况。系统还为加强管理提供有效、直接、快速的管理工具,如短信报警、声光报警、日志查询等工具,方便管理人员全面掌控机房现场情况。

(4)典型功能
- 机房动力监控
  - UPS 设备监控:监控 UPS 的输入是否掉电,输出是否正常。
  - 供配电设备监控:监控电量仪、配电开关、防雷器。
- 机房环境监控
  - 环境监控:温湿度(监测机房内多个点的温湿度),漏水(监测空调四周漏水情况)。

- 机房场地安全监控：视频监控（根据机房大小确定有多少路视频），消防监控（连接消防控制箱的干接点信号）。

2. 典型方案

图 7-17 所示是一个典型的机房监控系统。

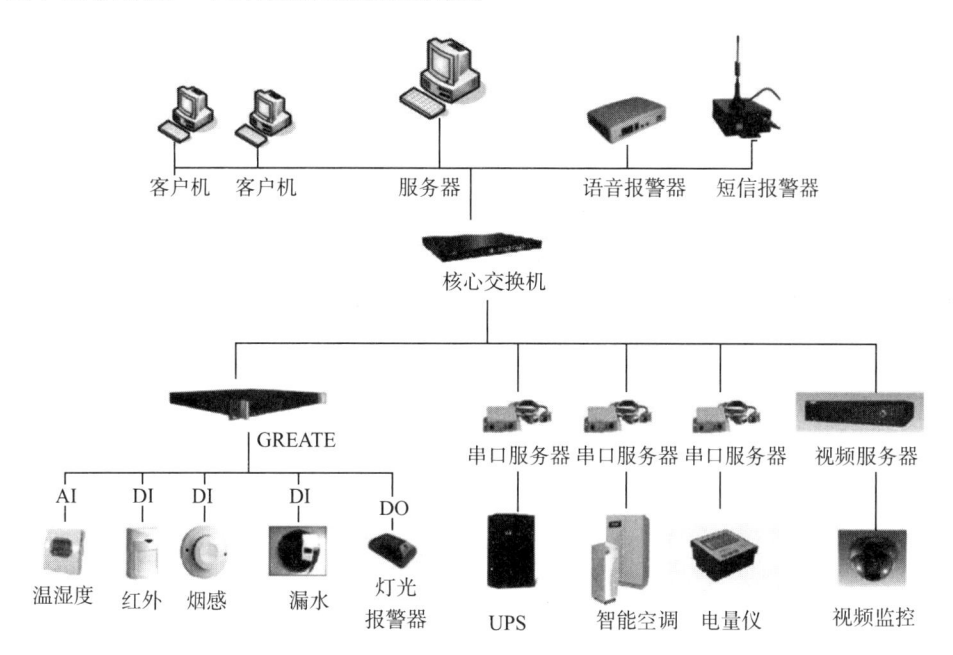

图 7-17　典型的机房监控系统

3. 设备选型

目前，机房监控系统有很多，其中某机房监控系统的界面如图 7-18 所示。

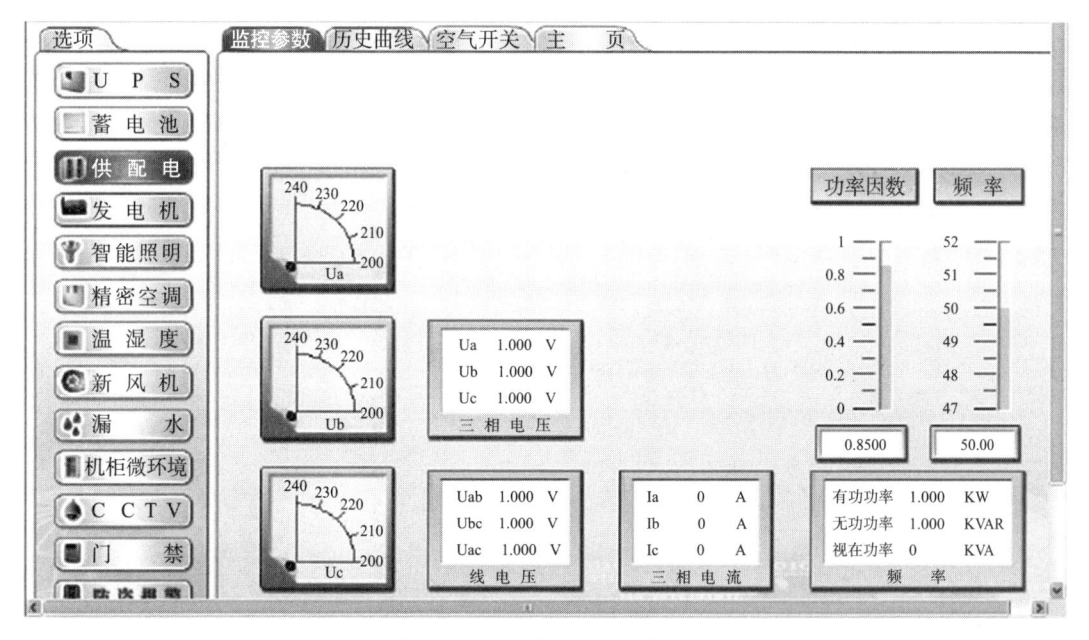

图 7-18　某机房监控系统的界面

7.9.5 机房装修设计

机房装修与机房设备系统是完全不同的工程，但对后者有很大的影响，例如网络布线、空间布局、隔音隔热等。应由具有资质的公司提供装修方案。需要设计的内容包括：
- 顶地墙的材料、颜色。
- 照明方案。
- 操作区（办公区）分隔方案与布局。
- UPS 区域地面加固方案。
- 新风系统方案。
- 若系统涉密，要对房间设计防辐射措施。

7.10 数据中心设计文档的编制

数据中心设计的内容非常多，一般统一规划、分项撰写各自的设计文档，将各部分的设计文档汇总成为完整的设计文档，或者分成多册。

第8章 物联网安全设计

物联网安全设计是物联网工程的基础性任务，是物联网具备可用性的保障。本章从不同层面分别介绍感知系统安全设计、网络系统安全设计、物联网安全管理，以及安全设计文档的编制。

8.1 感知系统安全设计

8.1.1 身份标识设计

1. 身份标识设计原则

每个物联网对象都拥有自己的唯一标识，该标识可用于唯一表示具体的物体、终端、系统或人，从而便于对其进行区分。它作为对象独一无二的身份象征，是连接现实物理世界与虚拟信息世界的钥匙。同时，此唯一标识与物联网业务系统的管理机制结合后，能够增强信息处理、事件管理以及行为溯源的效率。

2. 物联网终端标识的设计

随着现代物联网的发展，各机构组织对于标识管理自主性的需求日益凸显，在此背景下，OID（Object Identifier，对象标识符）逐渐取代传统编码技术，成为物联网首选的对象标识技术。

物联网终端标识采用基于 OID 机制的统一编码规则。大多物联网终端基于嵌入式芯片的唯一标识或 PUF（物理不可克隆）技术进行扩展，得到终端标识。

芯片唯一标识，简称为 CID，是指任何一款安全芯片或安全模组均在生产时通过某种方式预置了一个唯一的标识号，用于区分芯片。该标识一般由安全芯片或安全模组厂商负责预置，同时保证 CID 的唯一性。符合条件的拥有唯一 CID 的安全芯片才能够接入物联网平台进行初始发行。

终端初始标识，简称为 TIID，是指安全芯片或安全模组进行安全平台的初始发行后写入的一个唯一标识。该标识由平台产生，并具有唯一性。同时，由物联网平台记录 TIID 与 CID 的绑定关系。

终端管理标识，简称为 TMID，是指终端经过设备注册后写

入的一个唯一标识。该标识由平台产生，并具备唯一性。在分发该标识时，需由终端内的安全芯片或安全模组提供设备注册信息，附带 TIID 对信息的签名值，信息验证通过后，根据注册信息生成相应的 TMID。为保障终端管理的安全性，一个终端在一段时间内只能够拥有一个终端管理标识。

终端应用标识，简称为 TAID，是指终端经过远程管理后，物联网平台给它分配的用于应用交互的唯一标识。标识生产者负责确保标识的唯一性。TAID 的具体分发机制可由用户配置。

设备特征标识是指一类标识，该类标识包含设备的硬件标识、物理特征等。在安全平台引入设备特征标识是为了实现设备各大关键器件以及物理特征绑定，进一步强化标识管理功能。下面是常用的设备特征标识。

（1）设备编号

设备编号（TID）是指设备生产商为区分设备而赋予设备的编号标签，例如机器号、水表号、电表号等。

（2）国际移动设备标识

国际移动设备标识（International Mobile Equipment Identity，IMEI）是由 15 位数字组成的"电子串号"，它与每台设备一一对应，而且该码是全世界唯一的。一般来说，IMEI 可以代表终端的通信模组。

（3）国际移动用户标识

国际移动用户标识（International Mobile Subscriber Identification Number，IMSI）是区别移动用户的标志，存储在 SIM 卡中，可用于区别移动用户的有效信息。其总长度不超过 15 位，同样使用 0~9 的数字。在物联网卡中也拥有 IMSI。

3. 身份标识的安全存储

标识通过两种方式生成。第一种方式是通过语义指定，并通过 RFID、安全芯片或者其他方式隐式附着、存储或打印在物联网终端上；第二种方式是通过关联与相关物联网终端生成的随机因子的方式表示。

在第一种方式中，标识用于唯一表示物联网中的某个实体，并作为密码算法的一部分提供身份认证、数据认证与数据加密，因此其存储必须是安全的。

物联网系统应根据业务场景需求，提供对标识的安全存储，包括：
- 采用安全的存储区域进行存储，提供对存储区域的保护。
- 采用硬件中的安全区域进行存储，提供对该区域的保护。
- 采用独立硬件进行存储，不可擦除。

在第二种方式中，可通过如下方法生成随机因子。
- 使用满足密码安全要求并符合相关法规规范的真随机数发生源，生成真随机数，为终端和平台提供唯一的身份标识。
- 使用物理不可克隆技术为芯片生成唯一的身份标识。此种方式下，没有任何两颗芯片是完全相同的，即便采用相同的原料、设计、技术、制造工艺，也无法生产出两颗一样的芯片。芯片的随机、不可预知、不可控制的差异奠定了芯片安全和不可克隆的基础。采用 PUF 生成提取技术，为芯片生成独一无二的身份标识，是 CID 的构成方式。

终端安全元为感知层终端用于存放所有或者大部分敏感信息与关键计算的安全芯片或安全区域，应根据应用场景抵抗不同强度的软硬件攻击。

安全元的核心是密钥存储与密码运算，在应用阶段应确保密钥不可明文传输。根据国家密码管理机构的要求安全元的安全性，分为如下三个级别。

- 国密一级：实现正确的密码功能和安全功能，安全元本身有基本的安全防护，可应用于环境受控的设备中。
- 国密二级：实现正确的密码功能和安全功能，安全元本身具有较高的安全防护措施，具有防侧信道攻击和实验室攻击的能力，可应用于对安全性要求较高的环境不受控设备中。
- 国密三级：实现正确的密码功能和安全功能，安全元本身具有很高的安全防护措施，具有防高阶侧信道攻击和高水平实验室攻击的能力，可应用于对安全性要求很高的环境不受控设备中。

安全元的具体形式大致分为基于硬件的安全模块和基于软件的安全模块两大类。基于硬件的安全模块包括：

- SIM 卡；
- eSE，这是基于硬件芯片的模块，安全级别较高；
- 遵循 GSMA（全球移动通信系统协会）相关规范的 eSIM/eUICC；
- iSIM 技术，通过与硬件安全性更强的片上安全区域架构相结合，将 MCU、蜂窝调制解调器和 SIM 身份认证集成至单个物联网系统级芯片（SoC）中。

基于软件的安全模块有 TEE SIM，其本质上是基于 ARM TrustZone 等相关 TEE 技术、运行在可信执行环境中的一个应用。

8.1.2 RFID 系统安全设计

1. RFID 安全特征与选型

射频识别（Radio Frequency Identification，RFID）技术是一种利用无线电波与电子标签进行数据传输和交换的技术。其中，电子标签可以附着在物品上，识别电子标签的读写器可以通过与电子标签的无线电数据交换实现对物品的识别与跟踪。读写器可以识别不在视野范围内的电子标签。同时，RFID 数据通信还支持多标签同时读写，即在很短的时间内批量读取标签数据。

RFID 在使用过程中通常经历四个阶段，即感应（induction）阶段、选中（identification, anti-collision）阶段、认证（authentication）阶段和应用（application，R&W）阶段，每个阶段都存在相应的安全问题，在进行 RFID 系统安全设计时应统筹考虑。一个广义上安全的 RFID 系统应具备以下三个特征。

- 正确性特征，它要求协议保证真实的标签被认可。
- 安全性特征，它要求协议保证伪造的标签不被认可。
- 隐私性特征，它要求协议保证未授权条件下标签不可被识别或跟踪。

RFID 系统的隐私性特征相较于正确性特征和安全性特征而言更难保证，需要结合多个层次的协议来实现。在诸多情况下，隐私性特征建立在正确性特征和安全性特征的基础上。从硬件对安全性特征和隐私性特征支持程度的角度来看，RFID 可分为以下四类。

- 超轻量级（ultralight weight）RFID。此类 RFID 成本最低，每片只需要几毛钱，具有非常简单的逻辑门电路，实现小数据量的读（和写），主要用于对安全无特别要求领域的识别，如使用范围受控的物流等。它的安全性能几乎可以忽略不计，在此类 RFID 上构建的系统通常会用一定的方法来增强安全性。
- 轻量级（lightweight）RFID，它们在内部实现了循环冗余校验（CRC），因此可以在一定程度上实现对数据的完整性检查。它们可用于开放环境、安全要求较低的应用领域。
- 简单（simple）RFID，它们在内部实现了随机数或哈希函数，通过随机成分，可能与终端进行交互质询，使安全性大大提高，可支持较复杂的协议。这类 RFID 也是目前市场占有量最大的。
- 全功能（full-fledged）RFID，此类 RFID 的硬件支持公钥算法的可应用实现，如 RSA 和 ECC。此类 RFID 的安全强度最高，可应用于公钥基础架构（Public Key Infrastructure，PKI）体系，也可应用于基于身份的加密或基于属性的加密。同时其成本也较高，每片为 10 元左右。此类 RFID 可用于对安全要求较高的领域，如金融领域。

2. RFID 的物理攻击防护

针对标签和阅读器的攻击方法众多：有破坏性的，也有非破坏性的；有针对物理芯片或系统结构的，也有针对逻辑和通信协议的；有针对密码和 ID 的，也有针对应用的。攻击手段主要包括软件攻击技术、窃听技术和故障产生技术。软件攻击技术使用 RFID 的通信接口，寻求安全协议、加密算法及其物理实现的弱点；窃听技术采用高时域精度的方法，分析电源接口在微处理器正常工作过程中产生的各种电磁辐射的模拟特征；故障产生技术通过产生异常的应用环境条件，使处理器产生故障，从而获得额外的访问途径。

RFID 的通信内容可能会被窃听。从攻击距离和相应技术上，攻击者能够窃听到的阅读器和标签交换的信息的范围可分为以下几类。

- 前向通道窃听范围：即阅读器到标签的信道，因为阅读器广播一个很强的信号，可以在较远的距离监听到。
- 后向通道窃听范围：从标签到阅读器传递的信号相对较弱，只有在标签附近才可以监听到。
- 操作范围：在该范围内，通用阅读器可以对标签进行读取操作。
- 恶意扫描范围：攻击者建立能够读取的一个较大范围，阅读器和标签之间的信息交换内容可以在比直接通信距离相关标准更远的距离被窃听到，如图 8-1 所示。

无线通信中的窃听行为较难被侦测到。因为窃听本质上属于被动接收信息的过程，不发出信号。例如，RFID 用于信用卡时，信用卡与阅读器之间的无线电信号能被捕获并被解码，攻击者可以得到持卡人姓名、信用卡卡号、信用卡到期时间、信用卡类型、支持的通信协议等信息，可能造成持卡人的经济损失或隐私泄露。

略读攻击是指通过非法的阅读器在标签所有者不知情和没有得到合法持有者同意的情

况下读取存储在 RFID 上的数据，因为大多数标签都会在无认证的情况下广播存储的内容。

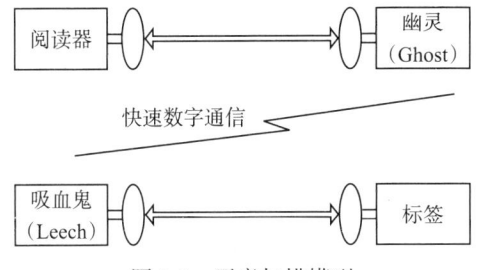

图 8-1 恶意扫描模型

略读攻击的典型应用是针对电子护照。对电子护照中信息的读取采用强制被动认证机制，要求使用数字签名。阅读器能够证实来自正确的护照发放机关的数据。然而，阅读器不被认证，数字签名也未与护照的特定数据相关联，如果只支持被动认证，标签会不加选择地进行回答，那么配有阅读器的攻击者就能够得到护照持有者的名字、生日和照片等敏感信息。

基于物理的反向工程攻击是一种破坏性攻击，它的目标不仅仅是克隆，也可能是版图重构。通过研究连接模式和跟踪金属连线穿越可见模块（如 ROM、RAM、EEPROM、ALU、指令译码器等）的边界，可以迅速识别标签芯片上的一些基本结构，如数据线和地址线。芯片表面的照片只能完整显示顶层金属的连线，借助于高性能的成像系统，可以通过顶部的高低不平识别出较低层的信息，但是对于采用提供氧化层平坦化的 CMOS 工艺的芯片，则需要逐层去除金属才能进一步了解其下方的各种结构。因此，提供氧化层平坦化的 CMOS 工艺更适用于包括 RFID 在内的智能卡加工。

对于 RFID 设计来说，射频模拟前端需要采用全定制方式实现，但是常采用 HDL 语言描述来实现包括认证算法在内的复杂控制逻辑，显然这种采用标准单元库综合的实现方法会加快设计过程，但是也给以反向工程为基础的破坏性攻击提供了极大的便利，这种以标准单元库为基础的设计可以使用计算机自动实现版图重构。因此，采用全定制的方法实现 RFID 的芯片版图会在一定程度上增加版图重构的难度。

3. RFID 系统安全识别与认证

RFID 系统的核心安全在于识别与认证，其安全性取决于认证协议。在进行 RFID 系统设计时，需要考虑采用合适的认证协议，常用的认证协议有 Hash 锁协议、随机 Hash 锁协议、EHJ 协议等。对于有多 RFID 并发认证需求的系统，还需考虑组认证协议。

Hash 锁协议的认证过程如图 8-2 所示。在初始化阶段，每个标签都有一个 ID 值，并指定一个随机的 Key 值，计算 metaID = Hash（Key），把 ID 和 metaID 存储在标签中。后端数据中心存储每个标签的 Key、metaID、ID。

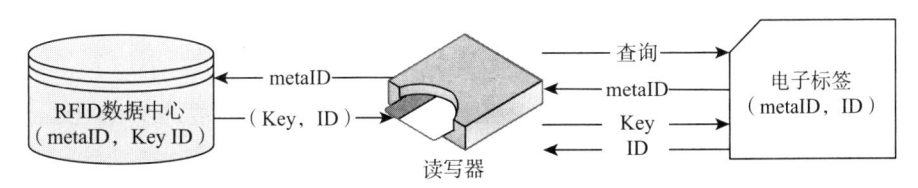

图 8-2 Hash 锁协议认证过程

该协议中，电子标签的运算量很小，主要是一次哈希运算，即通过对读写器发过来的 Key 进行哈希运算，将结果与所存储的 metaID 进行比较，同时也完成了对读写器的认证（前提是 RFID 数据中心对读写器进行了认证）。

该协议也有明显的缺点，如传输的数据不变并以明文传输，标签可被跟踪、窃听和复制，另外，该协议也不能防范重放攻击、中间人攻击。

Hash 锁协议的安全问题主要来源于在整个协议中无随机因子。

随机 Hash 锁协议采用了基于随机数的查询应答机制。标签中除哈希函数外，还嵌入了伪随机数据发生器，RFID 数据中心仍然存储所有标签的 ID。随机 Hash 锁协议的认证过程如图 8-3 所示。

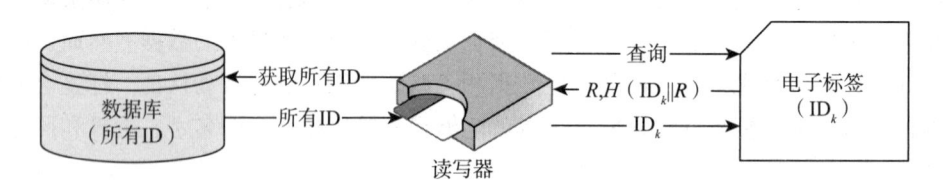

图 8-3　随机 Hash 锁协议的认证过程

由于加入了随机数，标签每次的响应都有变化，在一定程度上解决了标签的隐私保护问题，此外，随机 Hash 锁协议也实现了阅读器对标签的认证，同时避免了密钥管理的麻烦。

随机 Hash 锁协议的缺点是：第一，标签需要增加随机数产生模块，而一个好的随机数发生器成本较高，也会增加功耗；第二，它需要读写器针对所有标签计算哈希，对于标签数据较多的应用，计算量太大，甚至不可应用；第三，该协议不能防范重放攻击；第四，在认证协议的最后一步，读写器把 ID_k 传给标签以实现标签对读写器的认证，同时也泄露了标签的信息。

LCAP 也是询问应答协议，但是与前面的同类其他协议不同，它每次执行之后都要动态刷新标签的 ID，标签在接收到消息且验证通过之后才更新其 ID，而在此之前，后端数据库已经成功完成相关 ID 的更新。标签需要实现哈希函数，并且支持写操作。LCAP 的工作过程如图 8-4 所示。

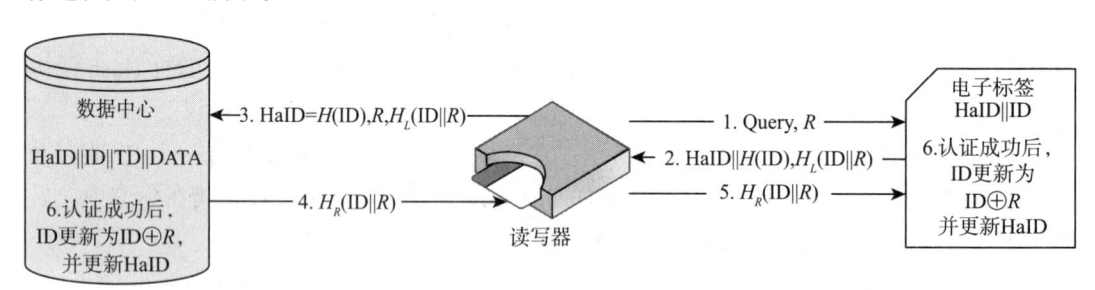

图 8-4　LCAP 的工作过程

EHJ 是一种基于零知识设备认证的 RFID 隐私保护协议，已经被丹麦 RFIDSec 公司实现商业应用。EHJ 协议的工作过程如图 8-5 所示。

读写器 ←→ 电子标签 ID$_k$

[DT, RSK ⊕ H(DT ⊕ SSDK), H(RSK ⊕ SSDK)] →
← H(RSK ⊕ SSDK ⊕ DT)

图 8-5　EHJ 协议的工作过程

Hash 链协议是基于共享密钥的询问应答协议。在 Hash 链协议中，当使用两个不同 Hash 函数的标签读写器发起认证时，标签总是发送不同的应答，成为一个具有自主 ID 更新能力的主动式标签。Hash 链协议也是一个单向认证协议，它只能对标签身份进行认证。Hash 链协议非常容易受到重传和假冒攻击。认证发生时，后端数据库的计算载荷也很大。同时，该协议需要两个不同的 Hash 函数，也增加了标签的制造成本。

基于 Hash 的 ID 变化协议是指每一次会话中的 ID 交换信息都不相同。该协议可以抗重传攻击，标签是在接收到消息且验证通过之后才更新其信息的，而在此之前，后端数据库已经成功地完成相关信息的更新。采用这种协议，可能会在后端数据库和标签之间出现严重的数据不同步问题。该协议不适合于使用分布式数据库的普适计算环境，同时存在数据库同步的潜在安全隐患。

为了完善 RFID 技术，保证其不仅在数字层面难于复制，而且在物理层面难于复制。因此，除用逻辑方法进行 RFID 鉴别和认证之外，无线电真实性证书（Certificate Of Authenticity，COA）是一种新的鉴别 RFID 通信的技术，它收集 RFID 设备通信时使用的无线电信号并提取特征，作为 RFID 设备通信的"指纹"。

COA 是一种经过数字签名的具有固定维数的物理对象。它具有随机的唯一结构，并满足以下条件。

- 创建并签署 COA 的开销很小。
- 制造一个 COA 实例的开销比几乎准确地复制这个唯一随机结构的开销小好几个数量级。
- 验证已签署 COA 真实性的开销很小。
- 在计算上难以构造"指纹"为 y 的具有固定维数的对象，使得 $\|x - y\| < \delta$，其中，x 是一个给定的未知 COA 实例的"指纹"，δ 限定了 x 与 y 间的距离。
- 为了保证可用性，COA 还必须足够健壮，以应对自然损耗。

实现了 COA 功能的 RFID 电子标签的例子是 RF-DNA。标签上的物品信息可以在相对远的范围内读取，而标签的真实性可以在近距离被有效验证。RF-DNA 读写器的左边是一个天线阵列，右边是一个网络分析仪。天线阵列中的每根天线都可以在一定频率范围用作电磁波的发射器或接收器，并且发送到后端进行计算。通过收集每个读写器上的发射/接收耦合 5~6GHz 频率范围内的传输反应，测量 RF-DNA 实例的"指纹"的唯一反应。RF-DNA 实例放在距离天线矩阵 0.5 毫米的近场位置。创建 RF-DNA 实例时，发行人使用传统公钥密码体制对实例的电磁反应进行数字签名。首先，"指纹"被扫描、数字化并压缩进一个固定比特长度的字符串 f 中。f 与标签信息 t（如产品号、到期日期、分配的值）连接成比特串 $w = f \| t$。发行人对 w 进行签名得到 s，并将 s 和 w 编码到 COA 实例中。每个 COA 实例就可以视为物理上的"数字证书"，与某个对象绑定，用以保证对象的真实性。

发行后，任何人都可以使用带有发行人公钥的读写器对 RF-DNA 实例进行离线验证。一旦完整性校验通过，原始的反应"指纹" f 和相应的数据 g 就可以从 w 中提取。

验证者进行现场扫描与实例相关的实际射频"指纹" f'，即读取一份新的实例电磁场属性，并与 f 做比较。如果 f 与 f' 的相似程度超过预定的统计验证的阈值 δ，验证者声明此实例是真实的并显示 t。否则，验证不通过。

廉价的验证开销使得各类卡片、许可证和产品标签、票据、收据、担保、所有权文件、购买/返还证明、修理证明、优惠券、门票、身份证、签证、密封物品、防篡改硬件都可以使用 COA 生产。必须注意的是，RF-DNA 电子标签必须牢固地连接到相关的物品，因为对手可能会随意拆除、替换或附加上有效的 RF-DNA 电子标签。但可以通过销售时降低 RF-DNA 电子标签的价值，或在其本身上记录交易内容来解决此问题。

4. RFID 系统安全设计原则

RFID 系统安全设计应遵循如下基本原则。

- 根据 RFID 系统的应用环境、安全性需求，选择相应功能和性能的 RFID 标签与读写器，设计相应的安全协议。
- 在不能确知安全风险时，尽量选择安全性高的标签、读写器及安全协议。
- 对安全性敏感的应用，应优先考虑安全性需求，在此条件下进行相匹配的经费预算。

8.1.3 传感器网络安全设计

目前，有关无线传感器网络的通用安全工具比较少，大多数情况下应根据具体应用的需求，设计安全方案。

1. 传感器网络安全设计需求评估

传感器网络通信的基本特征是不可靠的、无连接的、广播的，存在大量冲突和延迟。此外，感知网经常部署在远程的无人值守环境，传感器节点的存储资源、计算资源、通信带宽和能量受限，因此，感知网面临的安全威胁问题更为突出。传感器网络面临的攻击有分布式被动攻击、主动攻击、拒绝服务攻击、虫孔攻击、洪泛攻击、伪装攻击、重放攻击、信息操纵攻击、延迟攻击、Sybil 攻击、能耗攻击等。对非正常节点的识别有拜占庭将军问题、基于可信节点的方案、基于信号强度的方案、基于加权信任评估的方案、基于加权信任过滤的方案、恶意信标节点的发现、选择性转发攻击的发现等。不同应用的传感器网络的安全需求不同，其安全目标一般可以通过可用性、机密性、完整性、抗抵赖性和数据新鲜度 5 个方面进行评价。

传感器网络安全体系结构包括 4 个部分，即加密算法及密码分析、密钥管理及访问控制、认证及安全路由、安全数据融合及安全定位。在设计安全机制时，应设计具备上述 4 类安全机制的一体化安全体系。

2. 传感器网络节点安全设计

在进行传感器网络节点安全设计时需要着重考虑入侵检测，设计面向物联网的入侵检测系统体系结构，结合基于看门狗的包监控技术，以抵抗发现攻击和发现污水池攻击等。

一般而言，安全无线传感器网络节点主要由数据采集单元、数据处理单元及数据传输单元三部分组成，工作时，每个节点通过数据采集单元将周围环境的特定信号转换成电信号，然后将得到的电信号传输到整形滤波电路和模数转换电路，进入数据处理单元进行数据处理，最后由数据传输单元将从数据处理单元中得到的有用信号以无线方式传输出去。

传感器网络节点的电路和天线部分是传感器网络物理层的主要部分。安全无线传感器网络节点通常采用电池对节点提供能量，然而电池能量有限，可能造成节点在电能耗尽时退出网络。如果大量节点退出网络，网络将失去作用。应在已有节点基本功能的基础上分析其他电路组成，测试节点的功耗及各个器件的功耗比例。综合各种节点的优点，以设计低功耗、多传感器的稳定工作节点，并分析各种传感器节点的天线架构，测试其性能并进行性价比分析，以设计可抗干扰且通信质量好的天线。

为保证节点的物理层安全，需要解决节点的身份认证和通信安全问题，目的是保证合法的各个节点之间以及基站和节点之间可以有效地互相通信，不被干扰或窃听。

传感器网络节点，如 mica2、mote 等，一般由 8 位 CPU、传感器、低功率的无线收发器、片外存储器、LED、I/O 接口、编程接口等组成。其中 CPU 内部含有 Flash 程序存储器、EEPROM 数据存储器、SRAM、寄存器、定时器、计数器、算术逻辑单元、模数转换器等。由于传感器网络节点应用非常广泛，针对不同的应用，其应用程序各不相同，因此为了提高传感器网络节点的灵活性，各传感器网络节点都有一个编程接口（JTAG 接口），以便对其重新编程。这为传感器网络节点埋下了安全隐患，攻击者可利用简单的工具（ISP 软件，如 UISP）在不到一分钟的时间内把 EEPROM、Flash 和 SRAM 中的所有信息传输到计算机中，通过汇编软件，可很方便地把获取的信息转换成汇编文件格式，从而分析出传感器网络节点所存储的程序代码、路由协议及密钥等机密信息，同时还可以修改程序代码，并加载到传感器网络节点中。

解决传感器网络节点安全漏洞的一种可行方法是在传感器网络节点上引入一个安全存储模块（Security Storage Module，SSM），用于安全地存储进行安全通信的机密信息，并且对传感器网络节点上关键应用代码的合法性进行验证，SSM 可通过智能卡芯片来实现。智能卡具有简单的安全存储及验证功能，结构简单，价格低廉，因而不会为传感器网络节点的设计增加太多成本，同时它基本上不对现有传感器网络节点的系统结构做任何改动，设计比较方便。SSM 本身是一个高度安全的存储产品，可很好地保证信息的机密性、完整性，从而增强相关安全协议的可靠性与有效性。若攻击者可修改传感器网络节点的启动代码，企图旁路 SSM 模块，可考虑在 SSM 中加入自锁功能，使得传感器网络节点无法在传感器网络中进行正常的通信。同时，验证程序以密文的形式存储在节点的 EEPROM 中，攻击者无法获取或修改其对应的内容，否则验证程序将无法运行，因而也就无法调用 SSM。此外，由于攻击者无法知道 SSM 将验证应用程序的哪部分代码，因此无法有效地进行代码修改攻击。

3. 传感器网络安全算法与密钥管理

传感器网络节点的通信加密、认证和密钥交换应使用安全算法。

受环境限制，传感器网络节点的安全算法大多是 ECC 算法，而不是 RSA 算法。

TinyECC 是北卡罗来纳州立大学开发的一个基于 TinyOS、由 nesC 编写的椭圆曲线密码体制的基本运算库，它提供在域 F_p 上的椭圆曲线的所有运算，包括点群的加法、倍乘和标量乘等。

TinyECC 密码库提供的接口包括：NN 模块，它实现了基本的大数运算，同时也为 ECC 提供了经过优化的基本模数运算；ECC 模块，它提供了基本的椭圆曲线运算，如初始化一条椭圆曲线、点加、标量乘和基于滑动窗口优化的椭圆曲线运算等；ECDSA 模块，它提供了签名产生和验证，实现了 ECDSA 签名协议。椭圆曲线密码库的工作过程分为初始化和基本操作两部分。TinyECC 系统提供了初始化椭圆曲线参数的接口 CurveParam，该接口定义了 128 位、160 位和 192 位的椭圆曲线，我们可根据传感器节点的环境资源和安全要求选择。操作中可调用 ECC.win_mul() 方法实现滑动窗口标量乘，它是 ECC 各类算法的主要运算部分。

TinyTate 是巴西坎皮纳斯州立大学五位学者针对传感器上的 Tate 对运算的一个实现。它基于 TinyECC 提供的椭圆曲线的基本运算，利用优化的 Miller 算法，在传感器网络上实现了 Tate 双线性对的运算，可用于属性加密算法中。

密钥管理是传感器网络安全的基础。所有节点共享同一个主密钥的方式不能满足传感器网络的安全需求。在工程应用中可以考虑如下传感器网络密钥管理方式。

- 每对节点共享同一对密钥。其优点是不依赖于基站，计算复杂度低，引导成功率为 100%，被俘获节点不会威胁到其他链路。由于每个传感器节点都必须存储与其他所有节点共享的密钥，因此消耗的存储资源大、扩展性差，只能支持小规模网络。
- 每个节点分别与基站共享一对密钥。这种方式下，计算和存储压力都集中在基站。其优点是计算复杂度低，对普通节点的资源和计算能力要求不高，引导成功率高，可以支持大规模的传感器网络，基站能够识别异常节点并及时将其剔除出网络。缺点是过分依赖基站，传感器节点间无法直接建立安全链接。
- 随机密钥预分配模型。所有节点均从一个大的密钥池中随机选取若干个密钥组成密钥链，密钥链之间拥有相同密钥的相邻节点能够建立安全通道。随机密钥预分配模型由三个阶段组成：密钥预分配、密钥共享发现和路径密钥建立。随机密钥预分配模型可以保证任何两个节点之间均以一定的概率共享密钥。密钥池中密钥的数量越小，传感器节点存储的密钥链越长，共享密钥的概率就越大，但消耗的存储资源就越多，并且网络的安全性也越脆弱。
- 基于位置的密钥管理。在传感器节点被部署之前，预先知道哪些节点是相邻的，对密钥预分配具有重要意义，能够避免密钥预分配的盲目性，增加节点之间共享密钥的概率。例如，对一个节点认为部署后位置最近的 N 个节点（N 的大小由节点的内存大小决定）进行预分配对密钥。如果部署后，两个相邻节点 u 和 v 没有对密钥，就通过各自的邻居节点 i 建立会话密钥（假设 u、i 和 v、i 有对密钥），然后用会话密钥加密建立 u 和 v 的对密钥。

4. 传感器节点认证

认证是物联网安全的核心，分为实体认证和信息认证。实体认证又称身份认证，是网络中的一方根据某种协议确认另一方身份的过程，为网络用户提供安全准入机制。信息认证则主要确认信息源的合法身份以及保证信息的完整性，防止非法节点发送、伪造和篡改信息。

实体认证过程包括如下两个步骤。

1）给实体赋予身份。身份的赋予必须由更高优先权的实体进行，方法包括为实体分配账号口令、对称密钥、非对称公/私钥、证书等。

2）通信和验证。实体之间通信前，必须认证实体的身份。

物联网工程中常见的实体认证主要分为两类：一类是基于对称密钥密码体制认证方案，一类是基于公钥的认证体制。

Kerberos 是基于对称密钥的认证协议。它是由 MIT 开发的一种基于可信赖第三方公证的认证方案，密钥管理采用 KDC 方式，包括用户初始认证服务器 AS 和许可证认证服务器 TGS。Kerberos 可以提供三种安全级别：仅在连接初始化时进行认证，每条信息都认证，每条消息既加密又认证。Kerberos 在传感器网络感知层不容易实现。

基于公钥的认证体制要求认证双方持有第三方认证机构（CA）为客户签发的身份证明。通信时首先交换身份证明，然后用对方的公钥验证对方的签名、加密信息等。两种常见的公钥身份认证方式是基于证书的公钥认证系统和基于身份的公钥认证系统。基于身份的公钥认证系统应用流程简单，比较适合物联网工程应用，但是它面临私钥分发问题，即认证中心掌握主密钥，负责计算使用者的私钥并进行分发，必须通过一个安全的秘密通道将密钥传送给用户，要实现这个过程并不容易。

目前，WSN 的实体认证方案有 TinyPK 认证方案、强用户认证协议和基于密钥共享的认证方案等。

WSN TinyPK 认证方案基于低指数级 RSA。它需要一个认证机构（CA），一般由基站充当该角色。任何想要与传感器节点建立联系的外部组织（EP）必须有公/私密钥对，同时它的公钥用 CA 的私钥签名，以此来建立合法身份。TinyPK 认证协议采用请求应答机制。TinyPK 存在一定的缺点，即一旦某个节点被捕获，整个网络都将变得不安全。强用户认证协议可以在一定程度上解决该问题。它采用密钥长度更短的 ECC，认证方式不是传统的单一认证，而是 n 认证。传统单一认证是指 EP 只通过任意一个节点上的认证，它就可以获得合法身份进入网络。n 认证则要求 EP 至少通过其通信范围内 n 个节点中若干个节点的认证，才能获得合法身份。

基于秘密共享的认证方案是一种分布式认证协议。网络由多个子群组成，每个子群配备一个基站，子群间的通信通过基站进行。该认证方案的主要思想是：目标节点 t 想通过认证获得合法身份，首先和它的基站共享一个秘密，然后基站将该秘密分割成 $n-1$ 份共享秘密并分发给除节点 t 之外的 $n-1$ 个节点，收到共享秘密的节点 u 选取其后续节点 v 作为验证节点，然后所有共享了节点 t 秘密的节点都向节点 v 发送其共享秘密，同时 t 也向其发送原秘密 s，v 收到所有共享秘密后恢复出原秘密并与 s 进行比较，若两者相同则广播一个确认判定包，否则广播拒绝判定包；每一个收到共享秘密的节点都执行这一过程，任意一个节点在收到 $n-2$ 个这样的判定包后，若超过一半的包为确认判定包，则该节点就通过了对节点 t 的认证。该方案的优点是在认证过程中没有采用任何高消耗的加密和解密方案，而是采用秘密共享和组群同意的方式，容错性好，认证强度和计算效率高；缺点是认证时子群内所有节点均要协同通信，在发送判定包时容易导致信息碰撞。

总之，传感器网络中实体认证应着重考虑如下问题。首先是 CA 或 KAC 中心的设置。通常，基站无论在计算能力、存储能力还是在能源方面均具有比普通节点更为强大的装置，所以 CA 或 KAC 中心通常设置在基站或是网关节点；其次是预分布机制的选择，因为无线传感器网络节点一般都在一个固定的区域，为简化整个流程，可以适时考虑使用密钥的预分配机制；最后由于无线传感器网络节点资源有限制，认证方案的计算量不宜过大，通信次数不宜过多，对于椭圆曲线点乘、双线性映射等的次数，要根据应用需求和实际条件计算出控制参数。

5. 传感器网络路由安全设计

从网络结构的角度来看，现有的无线传感器网络路由协议可分为平面路由协议、层次路由协议和基于位置的路由协议。根据应用的性质和安全特征，应选择合适的路由方案。

传感器网络最常采用的整体安全解决方案是 SPINS，主要由传感器网络加密协议（SNEP）和广播认证协议 μTESLA 两部分组成。SNEP 主要考虑加密、双向认证和新鲜数据。μTESLA 主要在传感器网络中实现流认证安全广播。SPINS 提供点到点的加密和报文的完整性保护。通过报文鉴别码实现双方认证并保证报文的完整性。消息验证码由密钥、计数器值和加密数据混合计算得到。SPINS 提供两种防止 DoS 攻击的方法，一是对节点间的计数器进行同步，二是为报文添加一个不依赖于计数器的报文鉴别码。SNEP 的特点是保证了语义安全、数据认证、回放攻击保护和数据的弱新鲜性，并且通信量较小。

μTESLA 克服了 TESLA 计算量大、占用包的数据量大和耗费太多内存的缺点，继承了中间节点可相互认证的优点（可以提高路由效率）。μTESLA 通过延迟对称密钥的公开，实现广播认证机制。密钥链中的报文鉴别码密钥采用一个公开的单向函数 F 计算得到当前密钥，在节点知道当前密钥之后，就能对下一个密钥进行认证鉴别。

由于资源受限以及大量节点被部署在无人照看的区域，传感器网络容易受到 DoS 攻击。采用网络协作监测方法来监测物理层的 DoS 攻击是一种可行的方法。邻居节点之间相互监测，如果在监测时间 t_d 内没有收到邻居节点的心跳信息，则产生报警信号。假设攻击者非法获取节点上的密钥等信息，使用该密钥制造一个替代者至少需要花费的时间为 t_a。监测这类 DoS 攻击的前提是 $t_d < t_a$。有人提出应用单向哈希链来防御路径 DoS（PDoS）攻击的方法。在 PDoS 攻击中，攻击者在长距离的多跳通信链路上重放数据包或者注入虚假数据包来淹没链路上的传感器节点。在防御 PDoS 中，每个源节点 S 都维护唯一的单向哈希链 HS:< HS_n, HS_{n-1}, ⋯, HS_1, HS_0>。S 每发送一个数据包均使用哈希链中的一个值，被预先分配 HS_0 的路径上的中间节点，能够利用单向哈希函数来验证 S 发送的数据包。

8.1.4 感知层隐私保护

在物联网工程中，智能感知层是信息泄露的主要发生地。相关的信息可能是用户的隐私或者是其他需要关注的安全信息，可能是一次信息，即直接读取的用户隐私信息，也可能是二次信息，即读取的 ID 等信息；可进一步结合其他攻击方法从后台数据库或检索系统中获取用户或系统对应的其他信息。防止隐私泄露的方法主要有物理防护、逻辑防护和社会学防护三种。社会学防护是指通过法律、管理、审计等手段进行隐私保护，这里主要讨论前两种方法。

1. 隐私的物理防护方法

由于物联网感知层具有普遍性和终端性，隐私泄露渠道非常丰富，因此在这一层上的隐私保护问题广泛存在。最早用来处理终端隐私泄露的方法是由 EPCglobal 公司提出的，EPCglobal 监督条形码到 RFID 的转换。方法是"杀死"标签，即在标签受到恶意威胁的时候，使其无法继续工作，从而使标签不被恶意的阅读器扫描。在这个过程中，通过阅读器发送一个特殊的 Kill 命令给标签来完成，该命令中包含一个 8 位的密码。超市智能购物系统是这种方法的应用实例：当消费者推着购物车通过结算通道并付完款后，系统可以向购物车内的所有标签发送该命令，从而使得这些标签完全失效。在这一实例中，虽然销毁标签可以解决用户的隐私问题，但也取消了用户可享有的售后服务。显然，销毁标签不是一个好方法。

许多尝试建议通过外部设备来对感知终端进行保护，这也是主要的物理防护方法，例如法拉第笼、有源干扰设备和拦截器标签等。

法拉第笼是一个用金属网或金属箔片制作的容器，用来阻止一定频率的无线电波。这种方法有明显的缺点，即法拉第笼不方便对体积较大的传感终端进行屏蔽，特别是将传感终端嵌入大型设备的时候，法拉第笼难以得到应用。这个缺点限制了供应链市场这样的商用投资或者智能安防等物联网工程中的应用。

另一种保护隐私的方法是进行有源干扰。它允许个人携带某个设备阻止附近的某些传感器节点或阅读器发送或者广播信号。但是，如果干扰信号的能量过高，这种方法可能不合法，它会导致干扰机干扰周围合法的传感器节点或者阅读器，可能扰乱系统的正常运行。

在 RFID 系统中，如果希望加入一些干扰但是又不希望这种干扰过大，那么可以采用拦截器标签。RFID 标签的识别协议通常采用二进制树的方法进行防碰撞，可以在一个尽量小的时间段内扫描并区别多个标签。这个过程是通过重复查询区域范围内出现的所有标签来实现的，通过保存阅读器接收的一定数量的碰撞来区分每一个标签。拦截器标签加入实际应用场景后，在恶意阅读器进行标签的防碰撞识别时，它总是处于检测碰撞状态，从而保护其他用户的标签。这种方法的前提是拦截器标签可以进行阅读器的识别，因此它的功能比普通标签更加强大，成本更高。

合法阅读器在相当接近标签的情形下，可以采用天线能量分析来识别恶意阅读器，从而保护标签隐私。例如，收款台上的合法阅读器相对恶意阅读器距离标签可能较近，由于信号的信噪比随距离的增加而迅速降低，所以阅读器距离标签越远，标签接收到的噪声信号越强。通过增加一些附加电路，RFID 标签可以粗略估计出阅读器的距离，并以此为依据改变自己的行为。例如，标签只会给远处的阅读器较少的信息，而给近处的阅读器自己唯一的 ID 信息。该机制的缺点是：第一，攻击者的距离虽然可能比较远，但其发射的功率不一定小，其天线的增益也不一定小；第二，无线电波对环境的敏感性可能使得标签收到合法阅读器的功率产生巨大的变化；第三，标签需要增加检测和控制电路，增加了成本。

2. 隐私的逻辑防护方法

逻辑防护主要通过密码学手段对隐私信息进行加密，从而保证隐私信息在非授权情形下不可被访问。除了安全识别认证之外，工程设计中经常采用的方法还包括混合网络、重加密机制、盲签名、零知识证明、基于随机数机制等方法。

混合网络的方案是使得通信参与方实现外部匿名，并隐藏可用于流量分析的信息。

重加密技术是一种 RFID 安全机制，它可重命名标签，使得攻击者无法跟踪和识别标签，保护用户隐私。重加密顾名思义就是反复对标签名进行加密，重加密时，读写器读取标签名，对其进行加密，然后写回标签中。RFID 每经过一次合法的读写器（如经过一次银行、交易一次或消费一次），其信息就会被加密一次。重加密机制有如下优点。

- 对标签要求低。加密和解密操作都由读写器执行，标签只是密文的载体。
- 保护隐私能力强。重加密不受算法运算量的限制，一般采用公钥加密，抗破解能力强。
- 兼容现有标签。只要求标签具有一定的可读写单元，现有标签已可实现。
- 读写器可离线工作，无须在线连接数据库。

盲签名方案允许消息拥有方先将消息盲化，然后让签名方对盲化的消息进行签名，最后消息拥有方对签名除去盲因子，得到签名方关于原消息的签名。它是接收方在不让签名方获取所签署消息具体内容的情况下所采用的一种特殊的数字签名技术，除了满足一般的数字签名条件外，它还必须满足下面的两条性质。

- 签名方对其所签署的信息是不可见的，即签名方不知道它所签署消息的具体内容。
- 签名消息不可跟踪，即当签名信息被公布后，签名方无法知道这是它哪次签署的，因此盲签名技术是在需要进行消息认证的场合保护用户隐私的有效方法。

在实体认证中保护用户隐私的有效方法是零知识证明。零知识证明要求证明者几乎不可能欺骗验证者。若证明者知道证明，则可使验证者几乎确信证明者知道证明；若证明者不知道证明，则他使验证者相信他知道证明的概率接近于零。此外，验证者几乎不可能得到证明的相关信息，特别是他不可能向其他人出示此证明过程。证明者试图向验证者证明某个论断是正确的，或者证明者拥有某个知识，却不向验证者透露任何有用的消息。

3. 隐私保护系统的设计

隐私保护通常没有现成的第三方通用系统可用，要对感知系统进行隐私保护，设计者应根据应用需求、保护强度、硬件支持能力等条件，结合前面介绍的技术，设计可行的保护方案并加以实现。

8.1.5 物联网感知终端安全设计

1. 物联网感知终端的安全技术要求

感知终端安全贯穿物联网信息系统设计、建设、运维和废止的各个环节。在设计阶段，应对感知终端进行合理选型，选择满足安全功能要求的感知终端产品；在建设阶段，应保证感知终端安装、部署和配置安全；在运维阶段，应保证感知终端的安全使用和维护；在废弃阶段，应安全处理感知终端中存储的数据。

感知终端通常集成或外接一个或多个传感器、执行器、定位设备、音视频采集播放终端、条码扫描器或 RFID 读写器、智能化设备等信息采集和/或指令执行模块，并集成有中央处理功能模块和网络通信模块。

感知终端通过网络通信模块接入物联网，按照约定协议连接物、人、系统和信息资源，使它们彼此相互通信。

感知终端按照是否安装操作系统，可以分为具有操作系统的感知终端和不具有操作系统的感知终端。具有操作系统的感知终端，如一些 RFID 读写器、摄像头、具有读卡功能的智能手机等，通常具有较强的安全功能，但也为攻击者提供了较多的攻击途径；不具有操作系统的感知终端集成有采集和/或执行功能模块、中央处理功能模块和网络通信功能模块，这类感知终端通常安全功能有限，但为攻击者提供的攻击途径也有限。在物联网信息系统中，感知终端处于特定的物理环境中，与该环境中的物交换数据或对物进行控制；感知终端接入信息通信网络，并通过网络进行通信。感知终端的安全包括物理安全、接入安全、通信安全、系统安全和数据安全。这里"系统安全"中的"系统"指的是由硬件、固件和软件构成的感知终端整体。

应用在物联网信息系统中的感知终端安全涵盖选型、部署、运行、维护各个环节。相关安全技术要求分为基础级和增强级两类。感知终端至少应满足基础级安全技术要求；处理敏感数据或遭到破坏以至于对人身安全、环境安全带来严重影响的感知终端，或者 GB/T 22240—2008 规定的三级以上物联网信息系统中的感知终端应满足增强级要求。

下面以基础级安全技术要求为例，列出选择感知终端产品的基本条件。
- 应取得质量认证证书。
- 应满足物联网应用根据 GB 4208—2008 确定的外壳防护等级（IP 代码）要求。
- 应通过依据 GB/T 17799.1—1999、GB/T 17799.2—2003 或有关的专用产品或产品类电磁兼容抗扰度标准进行的电磁兼容抗扰度试验且性能满足需求。

物联网信息系统中进行感知终端选址时，感知终端应满足如下要求。
- 应选择能满足供电、防盗窃防破坏、防水防潮、防极端温度等要求的环境部署。
- 应选择能满足信号防干扰、防屏蔽、防阻挡等要求的环境部署。

在接入网络时，感知终端应满足如下要求。
- 应在接入网络中具有唯一网络身份标识。
- 应能向接入网络证明其网络身份，如基于网络身份标识、MAC 地址、基础通信协议、通信端口、对称密码机制、非对称密码机制等实现鉴别。
- 应在采用插卡方式进行网络身份鉴别时采取措施防止卡片被拔除或替换。
- 应保证密钥存储和交换安全。

感知终端应满足如下传输完整性要求。
- 应具有并启用通信完整性校验机制，实现鉴别信息、隐私数据和重要业务数据等数据传输的完整性保护。
- 应具有通信延时和中断的处理机制。

对于具有操作系统的感知终端，应满足如下标识与鉴别要求。
- 感知终端的操作系统用户应有唯一标识。
- 应对感知终端的操作系统用户进行身份鉴别。使用用户名和口令鉴别时，口令应由字母、数字及特殊字符组成，长度不小于 8 位。

感知终端应满足如下访问控制要求。

- 具有操作系统的感知终端应能控制操作系统用户的访问权限。
- 对于具有操作系统的感知终端，操作系统用户应仅被授予完成任务所需的最小权限。
- 感知终端应能控制数据的本地或远程访问。
- 感知终端应提供安全措施控制对其远程配置。

具有操作系统的感知终端，应满足如下日志审计和软件安全要求。

- 应能为操作系统事件生成审计记录，审计记录应包括日期、时间、操作用户、操作类型等信息。
- 应能由安全审计员开启和关闭操作系统的审计功能。
- 应能提供操作系统的审计记录查阅功能。
- 应仅安装经授权的软件。
- 应按照策略进行软件补丁更新和升级，且保证所更新的数据是来源合法的和完整的。

此外，感知终端应能自检出已定义的设备故障并进行告警，确保设备未受故障影响部分的功能正常。在传输其采集到的数据时，应对数据的新鲜性做出标识，且为其采集的数据生成完整性证据（如校验码、消息摘要、数字签名等）。

增强级感知终端在基础级安全技术要求的基础上，有以下更严格的安全要求。

- 应经过信息安全检测。
- 关键感知终端应具有备用电力供应，至少满足关键感知终端正常运行的供电时长要求。
- 应提供技术和管理手段监测感知终端的供电情况，并能在电力不足时及时报警。
- 户外部署的重要感知终端宜设置在视频监控范围内，关键感知终端应具有定位装置。
- 感知终端与其接入网络间应进行双向认证，双方支持基于对称或非对称密码机制的鉴别，且可进行鉴别失败处理。
- 具有执行控制功能的感知终端应能鉴别下达执行指令者的身份。
- 感知终端系统访问控制范围应覆盖所有主体、客体以及它们之间的操作。
- 具有操作系统的感知终端具有恶意代码防范能力，应保护已存储的操作系统审计记录，以避免未授权的修改、删除、覆盖等，且能在操作系统崩溃时重启。
- 具有执行能力的感知终端应具有本地手动控制功能，并且手动控制功能优先级高于自动控制功能。
- 应禁用感知终端的外接存储设备自启动功能。
- 感知终端应支持通过冗余部署方式采集重要数据；应对存储的鉴别信息、隐私数据和重要业务数据等进行完整性检测，并在检测到完整性错误时采取必要的恢复措施；对鉴别信息、隐私数据和重要业务数据等敏感信息采用密码算法进行加密保护。加密算法应符合国家密码相关规定。

2. 物联网终端的安全操作系统

物联网终端安全操作系统通常是芯片操作系统（Chip Operating System，COS），它基于物联网终端的芯片资源为多个不同应用提供安全的可执行的环境，且能够对运行的应用提供有效的管理，同时针对安全芯片的生命周期实施管理功能。

物联网安全 COS 应具备安全存储、安全算法等安全能力，支持多应用的高安全运行环境，可结合 CC EAL 的认证要求，并且根据应用场景所对应的保护框架（Protect Profile，PP），制定合理的安全目标（Security Target，ST），在国内应用时应支持国密算法 SM9、SM2、SM4、SM3，同时兼容 3DES、AES、ECC 等国际通用的安全加密算法。

物联网安全 COS 通常支持的功能包括数据的加解密、签名验证、真随机数生成、敏感数据的安全存储、访问控制，符合 Global Platform 相关规范的安全逻辑通道，通过灵活的服务接口提供应用基于加密算法的二次开发能力。较为常见的安全通道协议有 SCP02、SCP03 等，在使用基于 GSMA 的广域物联网络时，通常采用 SCP80 和 SCP81 协议。较为高端的物联网终端设备上的安全 COS 可提供动态加载应用的二次开发的能力。此外，物联网安全 COS 能够支持应用的动态管理，应用之间采用防火墙机制将其安全隔离。

8.2 网络安全设计

8.2.1 接入认证协议

对网络接入进行认证，接入认证可使用的协议有 Web Portal 认证、AAA 认证和 802.1x 认证等。

1. Web Portal 认证

Web Portal 认证是基于业务类型的认证，不需要安装其他客户端软件，只需要浏览器就能完成，对用户来说较为方便。但是由于 Web Portal 认证使用应用层协议，从逻辑上来说为了达到网络链路层的连接而到应用层做认证，这首先不符合网络逻辑。其次，由于认证使用应用层协议，对设备必然提出更高要求，增加了建网成本。分配 IP 地址的 DHCP 对用户而言是完全透明的，容易被恶意攻击，一旦受攻击瘫痪，整个网络就无法认证；为了解决易受攻击问题，就必须加装一个防火墙，这样一来又大大增加了建网成本。Web Portal 认证用户连接性差，不容易检测用户离线，基于时间的计费较难实现；用户在访问网络前，不管是 Telnet、FTP 还是其他业务，必须使用浏览器进行 Web 认证，易用性不够好。

Web Portal 认证需要有一个认证服务器，其工作方式是接入路由器弹出一个 Web 认证页面，用户输入用户名、密码等信息，或者用户输入手机号并等待服务器通过短信发送认证码、用户收到短信后输入认证码进行合法性认证。在机场、宾馆等场合一般采用这样的认证方式。

2. AAA 认证

AAA 是认证（Authentication）、授权（Authorization）和计费（Accounting）的简称。对于商业系统来说，认证是至关重要的，只有确认了用户的身份，才能知道所提供的服务应该向谁收费，同时也能防止非法用户（黑客）对网络进行破坏。在确认用户身份后，根据用户开户时所申请的服务类别，系统可以授予用户相应的权限。最后，在用户使用系资源时，需要有相应的设备来统计用户对资源的占用情况，据此向客户收取相应的费用。后来又加入了审计（Audit）的需求，AAA 扩展为 AAAA。

认证、授权和计费三个功能紧密结合实现了网络系统对特定用户的网络资源使用情况的准确记录。这样既在一定程度上有效地保障了合法用户的权益，又能有效地保证网络系统安全可靠地运行。考虑到不同网络融合以及物联网本身的发展需要新一代的基于 IP 的 AAA 技术，还可以使用 Diameter 协议。

随着物联网应用中大量新的接入技术（如无线接入、移动 IP 和以太网等）的引入和接入网络的快速扩容，以及越来越复杂的路由器和接入服务器的大量投入使用，传统的 RADIUS 协议的缺点日益明显。支持移动 IP 的终端可以在注册的家乡网络中移动或漫游到其他运营商的网络，当终端要接入网络，并使用运营商提供的各项业务时，就需要严格的 AAA 认证过程。AAA 服务器要对移动终端进行认证，授权允许用户使用的业务，并收集用户使用资源的情况，以产生计费信息。这就需要采用 IETF 为下一代 AAA 服务器提供一套新的协议体系——Diameter。此外，在 IEEE 的无线网协议 802.16e 的建议草案中，网络参考模型中也包含了认证和授权服务器 ASA Server，以支持移动台在不同基站之间的切换。Diameter（直径，意即 Diameter 协议是 RADIUS 协议的升级版本）协议包括基本协议、NAS（网络接入服务）协议、EAP（可扩展鉴别协议）、MIP（移动 IP）协议、CMS（密码消息语法）协议等。Diameter 协议支持移动 IP、NAS 请求和移动代理的认证、授权和计费工作，其实现和 RADIUS 协议类似，也是采用 AVP、属性值对（采用 Attribute-Length-Value 三元组形式）来实现，但其中详细规定了错误处理、failover 机制，采用 TCP 协议，支持分布式计费，克服了 RADIUS 协议的许多缺点，是适合物联网的移动通信特征的 AAA 协议。Diameter 与 RADIUS 相比，有如下改进。

- 拥有良好的失败机制，支持失败替代（failover）和失败回溯（failback）。
- 拥有更好的包丢弃处理机制，Diameter 协议要求对每个消息进行确认。
- 可以保证数据体的完整性和机密性。
- 支持端到端安全，支持 TLS 和 IPSec。
- 引入了"能力协商"功能。

3. 802.1x 认证

IEEE 802 LAN/WAN 委员会为解决无线局域网网络安全问题，提出了 802.1x 协议。后来，802.1x 协议作为局域网端口的普通接入控制机制应用于以太网中，主要解决以太网内认证和安全方面的问题。IEEE 802.1x 是一种为受保护网络提供认证、控制用户通信以及动态密钥分配等服务的有效机制。802.1x 将可扩展身份认证协议（EAP）捆绑到有线和无线局域网介质上，以支持多种认证方法，如令牌、Kerberos、一次性口令、证书以及公开密钥认证等。

802.1x 协议是一种基于端口的网络接入控制（port based network access control）协议，即它在局域网接入设备的端口这一级对所接入的设备进行认证和控制。连接在端口上的用户设备如果能通过认证，就可以访问局域网中的资源；如果不能通过认证，则无法访问局域网中的资源。

使用 802.1x 的系统为典型的客户机/服务器体系结构，包括三个实体：恳求者系统

（supplicant system）、认证系统（authentication system）以及认证服务器系统（authentication server system），如图 8-6 所示。

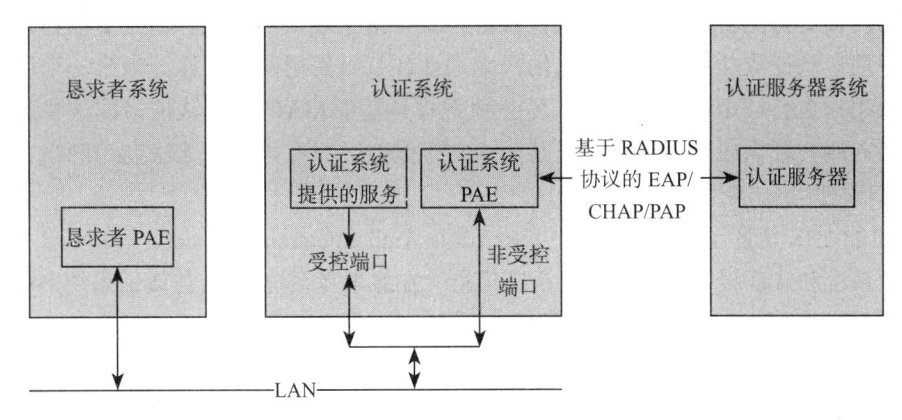

图 8-6 使 802.1x 认证的系统

恳求者系统是位于局域网段一端的一个实体，由该链路另一端的认证系统对其进行认证。恳求者系统一般为用户终端设备，用户通过启动恳求者系统软件发起 802.1x 认证。恳求者系统软件必须支持 EAPOL（Extensible Authentication Protocol over LAN，局域网上的可扩展认证协议）。

认证系统是位于局域网段一端的另一个实体，用于对所连接的恳求者系统进行认证。认证系统通常为支持 802.1x 协议的网络设备（如交换机），它为恳求者系统提供接入局域网的端口，该端口可以是物理端口，也可以是逻辑端口。

认证服务器系统是为认证系统提供认证服务的实体。认证服务器用于实现用户的认证、授权和计费，通常为 RADIUS 服务器。该服务器可以存储用户的相关信息，例如用户的账号、密码以及用户所属的 VLAN、优先级、用户的访问控制列表等。三个实体涉及如下四个基本概念：PAE、受控端口、受控方向和端口受控方式。

（1）PAE

PAE（Port Access Entity，端口访问实体）是认证机制中负责执行算法和协议操作的实体。认证系统 PAE 利用认证服务器对需要接入局域网的恳求者系统执行认证，并根据认证结果相应地对受控端口的授权/非授权状态进行相应的控制。恳求者系统 PAE 负责响应认证系统的认证请求，向认证系统提交用户的认证信息。恳求者系统 PAE 也可以主动向认证系统发送认证请求和下线请求。

（2）受控端口

认证系统为恳求者系统提供接入局域网的端口，这个端口被划分为两个虚端口：受控端口和非受控端口。非受控端口始终处于双向连通状态，主要用来传递 EAPOL 协议帧，保证恳求者系统始终能够发出或接收认证。受控端口在授权状态下处于连通状态，用于传递业务报文；在非授权状态下处于断开状态，禁止传递任何报文。受控端口和非受控端口是同一端口的两个部分，任何到达该端口的帧，在受控端口与非受控端口上均可见。

（3）受控方向

在非授权状态下，受控端口可以被设置成单向受控：实行单向受控时，禁止从恳求者系统接收帧，但允许向恳求者系统发送帧。默认情况下，受控端口实行单向受控。

（4）端口受控方式

一般厂商支持两种端口受控方式：一种方式是基于端口的认证，即只要该物理端口下的第一个用户认证成功后，其他接入用户无须认证就可使用网络资源，当第一个用户下线后，其他用户也会被拒绝使用网络；另一种方式是基于 MAC 地址认证，即该物理端口下的所有接入用户都需要单独认证，当某个用户下线时，只有该用户无法使用网络，不会影响其他用户使用网络资源。

IEEE 802.1x 认证系统利用 EAP（Extensible Authentication Protocol，可扩展认证协议），在恳求者系统和认证服务器之间交换认证信息。在恳求者系统 PAE 与认证系统 PAE 之间，EAP 报文使用 EAPOL 封装格式，直接承载于 LAN 环境中。

在进行无线接入安全设计时，应选用支持 802.1x 认证协议的接入设备（AP、认证服务器等）。

4. 基于 PKI 的 EAP

在无线通信环境下，为了保证安全，不仅需要对接入用户进行认证，用户也需要通过认证 AP，保证接入的 AP 不是假冒的。因此，需要采用类似于传输层安全（Transport Layer Security，TLS）协议这种具有双向认证能力的认证机制。Wi-Fi 联盟在 WPA2 企业版的认证计划里增加了 EAP，以确保通过 WPA2 企业版认证的产品之间可以互通。包含在认证计划内的 EAP 如 EAP-TLS、EAP-TTLS/MSCHAPv2、PEAPv0/EAP-MSCHAPv2、PEAPv1/EAP-GTC、EAP-SIM 等。其中，基于 PKI 的 EAP 身份鉴别方法有许多种，如 EAP-TLS、PEAP、EAP-TTLS 等。

EAP-TLS 是一个 IETF 标准。TLS 在完成身份鉴别的同时，还交换密钥信息，通过密钥信息可导出会话密钥，用于信息加密。在 EAP-TLS 中，TLS 并不作为一个安全传输层协议运行在 TCP/IP 层之上，其握手记录被直接嵌套在 EAP 数据包中，作为 EAP 请求/响应的数据来传送，以完成单向或双向的身份鉴别。EAP-TLS 只利用了 TLS 的身份鉴别功能，并没有利用 TLS 建立的加密通道。

为了能够进一步利用 TLS 建立的安全通道交换 EAP 身份鉴别信息，IETF 出台了 PEAP（Protected EAP Protocol）标准。PEAP 不但通过 EAP 请求/响应数据包传送 TLS 的握手记录完成身份鉴别，并且完成身份鉴别后进一步通过 TLS 的数据记录传送 EAP 身份鉴别协议。PEAP 可以使用客户端证书，也可以不使用客户端证书，它可在建立的 TLS 加密通道的基础上，进一步采用其他的身份鉴别协议，如口令身份验证、动态口令身份验证等。这样既利用了 PKI 的安全特点，又兼顾了目前口令鉴别简单、应用广泛的优点。各种 EAP 的比较如表 8-1 所示。

表 8-1 各种 EAP 的比较

	EAP-MD5	LEAP	EAP-TTLS	PEAP	EAP-TLS
服务器认证	否	哈希密码	公钥（证书）	公钥（证书）	公钥（证书）
客户端认证	哈希密码	哈希密码	质询握手身份验证协议，密码认证协议，微软质询握手身份验证协议 V2，EAP	任何 EAP，比如微软质询握手身份验证协议 V2，公钥	公钥（证书或智能卡）

(续)

	EAP-MD5	LEAP	EAP-TTLS	PEAP	EAP-TLS
认证属性	单向认证	双向认证	双向认证	双向认证	双向认证
支持动态密钥传输	否	是	是	是	是
部署难度	简单	中等	中等	中等	难
安全风险	身份暴露，字典攻击，中间人攻击，会话劫持	身份暴露，字典攻击	中间人攻击	中间人攻击，第一阶段潜在身份暴露	身份暴露

通常，在客户端与 AP 之间，EAP 承载在无线局域网上，在 AP 与认证服务器之间，EAP 承载在 RADIUS 协议之上，因而，AP 对 EAP 报文只是透传，需完成 EAPOW（EAP over Wireless LAN）和 EAPOR（EAP over RADIUS）两种不同协议的转换。RADIUS 为支持 EAP 认证增加了两个属性：EAP-Message 和 Message-Authenticator。在包含 EAP-Message 属性的数据包中，必须同时包含 Message-Authenticator。

采用 EAP-TLS 认证方式，所有的无线客户端以及服务器都需要事先申请一个标准的 X.509 证书并安装，在认证的时候，客户端和服务器要相互交换证书。在交换证书的同时，客户端和服务器要协商出一个基于会话的密钥，一旦认证通过，服务器就将会话密钥传送给无线接入点并通知无线接入点允许该客户端使用网络服务。首先，EAP-TLS 在认证前需要生成恳求者和认证服务器的证书，EAP-TLS 认证协议中采用的证书是 X.509 v3 证书。其次，便是客户端和服务器端 EAP-TLS 认证机制的实现。

EAP-TLS 的安全性表现在客户端和服务器之间能相互认证，并协商加密算法和密钥，它有如下特点。

- 身份验证：对等方实体可以使用非对称密码算法（例如 RSA、DSS）进行认证。
- 共享密钥的协商是保密的，即使攻击者能发起中间人攻击，协商的密钥也不可能被窃听者获得。
- 协商是可靠的，攻击者不能在不被发现的情况下篡改协商通信消息。

在对安全性要求较高、需要进行双向认证的物联网系统中，应选用具有双向认证能力、支持 PKI 的设备。

8.2.2 基于 DTLS+ 的安全传输

在 NB-IoT 应用中，NB-IoT 终端在大部分时间处于休眠状态。采用传统的 DTLS 对通信进行加密需要在每次终端结束休眠发包时执行一系列握手动作，以重新建立安全信道，其功耗大，无法适应 NB-IoT 一般应用场景。DTLS+ 规范基于标准 DTLS 引入了一个 Resume-ID 与五元组解耦，DTLS 握手成功后由 IoT 平台生成，用于标识 DTLS 上下文。服务器在处理应用报文、重新建链等过程时根据 Resume-ID 查找对应 DTLS 上下文，大大降低了功耗。如图 8-7 所示，在 NAT 场景下，源端口号变化［从 src(x) 变成 src(y)］，Resume-ID 不变，服务器根据 ID 找到上下文并对收到的数据进行解密 / 校验。

由于在 DTLS Record Header 增加 Resume-ID 字段，因此所有 DTLS 报文均受到影响。对 DTLS 协议的整体影响如图 8-8 所示。

```
                                  00
                                  /\
    IP              UDP          :   DTLS Record Header
  ┌───┬───┬─────┐ ┌──────┬───┐ : ┌──────┬───────────┐
  │src│dst│proto│ │src(x)│dst│ : │ Seq#i│ Resume-ID │ .
  └───┴───┴─────┘ └──────┴───┘ : └──────┴───────────┘

                          ⬇

                                  00
                                  /\
    IP              UDP          :   DTLS Record Header
  ┌───┬───┬─────┐ ┌──────┬───┐ : ┌────────┬───────────┐
  │src│dst│proto│ │src(y)│dst│ : │ Seq#i+1│ Resume-ID │ .
  └───┴───┴─────┘ └──────┴───┘ : └────────┴───────────┘
```

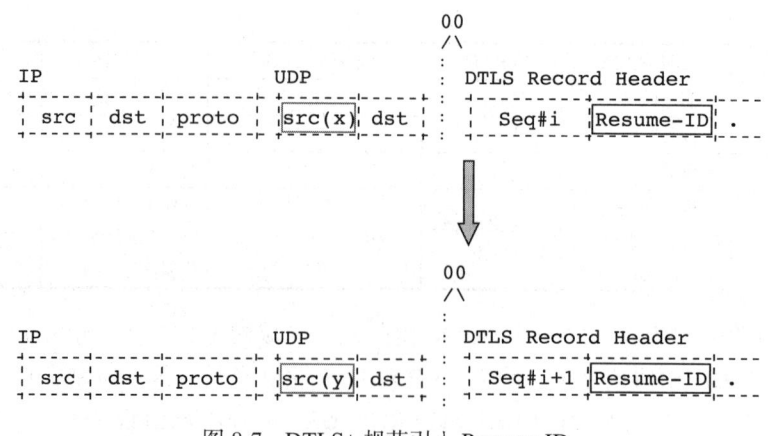

图 8-7 DTLS+ 规范引入 Resume-ID

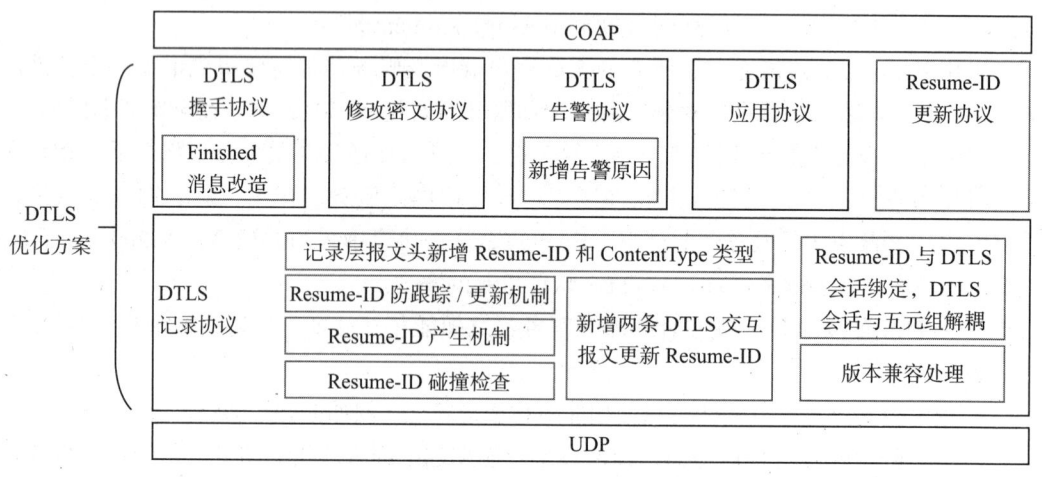

图 8-8 为物联网安全增强引入的 DTLS 优化

在 LPWAN 场景中，特别是在 NB-IoT 业务中，数据上报频次较低，大部分时间处于休眠状态，传统的网络通信加密协议 DTLS 功耗较高，影响电池寿命，上述方案适用于该场景下的数据安全传输，在保证 NB-IoT 终端与 IoT 平台安全通信的同时极大地降低了终端功耗开销。该方案广泛应用于典型的 NB-IoT 场景，如共享单车、智慧燃气表、智能水表和智能路灯等场景。

此时，要求终端和 IoT 平台都支持 DTLS 协议通信，且 NB-IoT 设备在出厂时预置 PSK。DTLS+ 安全性低于 DTLS，具有传输层数据加密、身份认证、消息完整性保护以及防重放攻击等特点。DTLS+ 在 NB-IoT 业务中可作为一种基础安全通信协议，在低级别以上的安全等级要求实现该安全通信机制，以保证数据传输安全。

8.2.3　6LoWPAN 安全

IETF 6LoWPAN 草案标准基于 IEEE 802.15.4 实现 IPv6 通信。6LoWPAN 的优点之一是低功率支持，几乎可用于所有设备，包括手持设备和高端通信设备。它内植有 AES-128 加密标准，支持增强的认证和安全机制。6LoWPAN 最大物理层报文的大小为 127 字节，MAC 层的最大报文长度是 102 字节。链路层安全也会增加报文开销，最多会占用 21 字节。针对当前定义的 2.4GHz、915MHz 和 868MHz 的物理层，其数据率分别是 250kbit/s、40kbit/s、20kbit/s。

6LoWPAN 的 LoWPAN 适配层实现了 IPv6 与 IEEE 802.15.4 MAC 层的无缝联结，使得基于 IEEE 802.15.4 的 IPv6 网络成为可能。

IPv6 的地址长度为 128 位，包括 64 位的前缀部分和 64 位的接口 ID（nD）。无状态的地址配置（SAA）可以根据无线接口的链路地址生成 IPv6 的接口 ID。为了简化和压缩，6LoWPAN 网络认为 nD 与链路地址是一一对应的，这也就避免了地址解析的必要。IPv6 前缀可以通过邻居发现的路由通告消息来获得，6LoWPAN 中 IPv6 地址的构成通过已知的前缀信息和已知的链路地址获得，这就保证了可以有较高的头部压缩比例。

6LoWPAN 的安全设计目标如下。
- 完整性：大多数 LoWPAN 都需要对传输的数据进行某种形式的完整性保护。
- 机密性：并非所有的 LoWPAN 都需要机密性保护，只有那些收集敏感信息的 LoWPAN 才需要机密性保护。
- 保护网络：特别地，对靠电池提供能量的设备进行拒绝服务攻击，如发送大量的垃圾报文，会浪费设备有限的资源，对网络造成比较大的危害。

6LoWPAN 工作组在初始阶段就认为强制的 IPSec 实现对 IEEE 802.5.4 环境并不可行。6LoWPAN 网络安全需求的不同之处也不清晰，但是有两种解决安全问题的基本方法。
- 将安全局限在 LoWPAN 内部，通常称为 L2 安全。这种方法导致安全服务终止在子网边界，作为应用到应用路径构成部分的以太网链路就不能保证安全。这实际上是 802.15.4 提供的安全，将这部分集成到 6LoWPAN 相对比较简单。未解决的问题是怎样使链路层获得密钥资料。
- 实现端到端的安全，例如，使用 IPSec、TLS 或与特定应用相关的安全协议。

无论使用何种协议用于加密/认证，对于代码量和 RAM 使用，开销较大的部分就是密钥管理。以上两种方法在密钥管理方面并没有实质性的区别。

从工程实现的角度，6LoWPAN 系统的安全设计应主要解决如下问题。

1. 现有特定协议实现的障碍

IEEE 802.15.4 MAC 提供了基于 AES 的链路层安全，但是它忽略了关于启动过程、密钥管理和 MAC 层以上层次的安全。从应用的角度来看，6LoWPAN 应用通常要求私密性和完整性保护，这样的功能可以在应用层、传输层、网络层和域链路层提供。在所有的情况下，节点本身功率以及计算能力的限制都会影响特定协议的选择。另外，代码量大小、低功耗、低复杂度以及小带宽的要求也是实现这些已有的安全协议的障碍。

2. 安全强度与开销的折中

考虑到上述限制，首先必须对 6LoWPAN 的安全威胁进行分析，在风险与开销之间进行仔细的权衡。可能的威胁来自中间人攻击和拒绝服务攻击，而当前 6LoWPAN 协议栈本身尚处于研究阶段，其应用对象的不确定使得对其安全威胁模型的分析难以入手。

3. 6LoWPAN 设备启动时的安全考虑

由于 6LoWPAN 网络本身具有低功耗、低带宽的特点，必须严格控制外部非法节点对网络的拒绝服务攻击，此类攻击即使不能窃取到 6LoWPAN 网络内部传输的私密信息，也会严重破坏网络的可用性。所以必须考虑 6LoWPAN 设备组网时的安全，即启动时的安全，比如初始密钥的建立，这通常需要应用层的交换或者外部通信手段。具体方法并不属于 6LoWPAN 研究的范围，与具体网络的部署有关。

4. 密钥管理问题

在初始密钥建立之后，为了对数据流进行加密，需要有特定协议进行后续的密钥管理。必须对现有的安全协议，如 LS、IKE/IPSec 使用的密钥管理协议，在 6LoWPAN 的一系列限制条件下展开可行性评估。

5. 使用链路层安全的考虑

IEEE 802.15.4 MAC 层安全的部分功能有安全缺陷，IEEE 也在积极推进 15.4 规范的改进与更新。在 MAC 层提供安全服务有着独特的优势，在 MAC 层处理非法报文可以大大减少此类攻击对网络资源的消耗，这也是与传统网络的重要区别。

6. 网络层安全实施的困难

网络层安全有两种可应用的模式：端到端的安全，如使用 IPSec 传输模式；局限于网络的无线部分的安全，如使用安全网关和 IPSec 隧道模式。后者会明显增加报文长度，6LoWPAN 帧 MTU 限制不允许这样的操作。IPSec 本身包含的密码算法开销很大，难以被 6LoWPAN 接受，也给实现带来重重困难。

8.2.4　RPL 协议安全

IETF RoLL（Routing over Lossy and Low-power Networks）工作组致力于制定低功耗网络中 IPv6 路由协议的规范。RoLL 工作组从各个应用场景的路由需求开始，目前已经制定了 4 个应用场景的路由需求，包括家庭自动化应用（Home Automation，RFC 5826）、工业控制应用（Industrial Control，RFC 5673）、城市应用（Urban Environment，RFC 5548）和楼宇自动化应用（Building Automation）。

低功耗和有损网络（LLN）是一种网络，其中路由器和它们的互连都要受到约束；LLN 路由器在处理能力（processing power）、内存和能源（电池）受限的情况下运作，它们之间的互连具有高损失率、低数据速率和不稳定的特点。

LLN 是由几十个甚至多达数千个路由器组成的，支持点对点的通信（LLN 的内部设备）、点对多点通信（由一个中央控制点，对一个 LLN 内部的子集内的设备）、多点对点通信（从 LLN 内的设备对中央控制点）。IPv6 在 LLN 中的路由协议（RPL）提供了一种机制实现以上三种通信。

RPL 支持三种安全模式：不安全模式、预置安装模式、授权模式。同时，RPL 支持 3 种类型的数据通信模型，即低功耗节点到主控设备的多点到点的通信、主控设备到多个低功耗节点的点到多点通信，以及低功耗节点之间点到点的通信。RPL 是一个距离向量路由协议，节点通过交换距离向量构造一个有向无环图（Directed Acyclic Graph，DAG）。DAG 可以有效避免路由环路问题，DAG 的根节点通过广播路由限制条件来过滤掉网络中一些不满足条件的节点，然后节点通过路由度量来选择最优的路径。

8.2.5 EPCglobal 网络安全

EPCglobal 协会为在供应链中使用 RFID 技术制定了行业标准。EPCglobal 网络架构描述了用于在服务器之间交换 EPC 相关信息（即用 EPC 号码标识的物品的相关信息）的组件和接口。这些服务器提供的组件之一为 EPCIS。

EPCIS 提供了访问包含事件数据和管理数据的存储库的方法。事件数据（event data）是在业务过程中产生的，通过用于消息队列的 EPCIS 捕捉接口捕捉这些数据。在捕捉应用程序或中间件（比如 IBM WebSphere RFID Premises Server）产生的 XML 中记录这些事件，然后读取程序就可以读取 XML。可以通过 EPCIS 查询接口查询 EPCIS 中收集的事件。

管理数据（master data）描述事件数据的上下文。可以通过 EPCIS 查询控制接口查询这些数据，但是当前的 EPCIS 1.0 标准中没有指定将管理数据输入系统的方法。另一个查询接口是用于 HTTP、HTTPS 和 Applicability Statement 2（AS2）协议的查询回调接口。它由预订结果的接收者实现。AS2 是一个用于互联网的传输协议规范，通常用来发送电子数据交换（Electronic Data Interchange，EDI）消息。

许多系统都可以查询 EPCIS，比如其他 EPCIS 系统、提取 – 转换 – 装载（ETL）系统（它们从 EPCIS 中批量提取数据，并将数据导入业务智能应用程序所用的数据仓库）或者连续监视事件的定制应用程序。EPCIS 为执行特殊查询提供了接口，还允许提交"持续的"查询，从而定期提供新结果。

EPCglobal 标准实际上并不强制要求使用 EPCIS Query Control API 进行查询的授权。但是，标准推荐了 EPCIS 用来实现授权的几种反应方式。在标准文档中，对这些反应方式有如下描述。

- 服务可能完全拒绝请求，这要用 SecurityException 来响应请求。RFIDIC 的公开控制方法为实现该建议提供了特殊的授权策略规则，这些规则将执行某些类型的查询的权限授予某些用户组。
- 服务可能用比较少的数据进行响应。RFIDIC 用来实现该建议的方法是在公开控制规则中指定一些条件，从而过滤掉不希望公开的结果对象，尤其是可以使用管理数据表示条件。
- 服务可能隐藏信息。RFIDIC 用来实现该建议的方法也是在公开控制规则中指定条件，在条件中定义（事件数据或管理数据的）哪些属性可以显示在查询结果中。

通过使用这些方法，可以实现当前 EPCIS 标准对"查询授权"的所有建议。

EPCglobal 网络的三个关键要素是信息服务、发现服务和对象名服务。当一个 RFID 标签被制造成带有 EPC 时，该 EPC 随即被注册在 ONS 中。一旦 RFID 附着于产品上，EPC 就成为该产品的一部分而进入供应链。特定的产品信息被添加到制造商的 EPC-IS 中，并被传送给 EPC 发现服务。

对象名服务是一种分布式的目录服务，为请求关于 EPC 的信息提供路由，这种路由主要基于因特网，ONS 本身在技术与功能上与 DNS 非常相似。当一个查询被传送给包括 EPC 编码的 ONS 时，一个或多个统一资源定位器被返回，提供项目相关的信息链接。ONS 服务同样也分为两层：第一层为根 ONS，包括权威的制造商目录，这些制造商的产品也许有关于 EPC 网络的信息；第二层为本地 ONS，它是特定制造商的产品目录。

正是因为ONS与DNS在技术上相似，它在被认为是DNS的一个子集的同时，也面临着与DNS同样的安全风险。DNS可能面临的几乎所有攻击和威胁，ONS都需要去面对和解决。

主要域名厂商组建了一个行业联盟，宣布共同采用DNS安全扩展机制DNSSEC。DNSSEC被认为是解决Kaminsky缺陷等DNS漏洞的较好方法，它可以阻止黑客劫持Web数据流或将其重定向至仿冒网站。该Internet标准可以允许网站使用数字签名和公用密钥加密来验证其域名和对应的IP地址，从而防止欺骗性的攻击。

在EPCglobal网络设计中，制定安全访问控制策略是非常重要的，它对于用户的访问控制主要有如下几个方面。

- 规定用户定义、获取、取消ECSpec的权限，以及控制检验ECSpec内容的合法性。在ECSpec的合法性中主要包含四种访问控制细则：控制可以访问的读写器、规定有权限读取某种模式的标签、规定设置ECBoundarySpec的权限、规定设置ECReportSpec的权限。
- 规定用户订阅、取消订阅基于某个ECSpec的ECReport的权限。
- 获得ECSpec或订阅者名字的权限。

EPCglobal应用层事件（Application Level Event，ALE）规范介于应用业务逻辑层和原始标签读取层之间，它定义RFID中间件对上层应用系统提供的一组标准接口，以及RFID中间件最基本的功能：收集和过滤。ALE规范的主要目的是从大量的业务中提炼出有效的业务逻辑。

ALE规范定义的是一组接口，它不涉及具体实现。支持ALE规范是RFID中间件的最基本功能之一。所以，用户或应用系统对EPC中间件访问的标准方式主要是通过ALE层。因此，访问控制策略主要针对中间件ALE的访问请求内容进行基于权限的控制。这样，可以使中间件系统既具有对用户进行访问控制的安全性，又符合通用标准。

8.2.6 物联网安全专网

物联终端网络安全问题的根源主要来自两个方面。

- 暴露在公网：终端暴露在互联网中，系统一旦存在安全缺陷，就极易遭受威胁。
- "离散型"部署：物联终端的线下安装、无人值守、所有权分散等特性，导致终端与平台间紧密程度降低。

所以，解决网络安全有两种思路。

- 隔绝公网威胁：提供终端与平台间的专网传输，尽可能地隔离来自公网的威胁。
- 多层级身份确认：提供端管云至应用多层次联动的身份认证，降低仿冒身份的威胁。

在网络环境允许的条件下，物联网安全承载专网是一种较好的设计思路。

1. 物联网安全承载专网架构

构建一个强大的物联网安全承载专网，可实现从物联网终端至物联网业务平台间的全部网络环境尽量与公网安全隔离，同时安全承载专网还具备态势感知能力、加密传输能力、采集能力，可基于安全专网实现多等级差异化安全接入业务。

物联网安全承载专网包括客户终端安全服务网关，通过专线等方式连接核心网元形成物联安全专网，专门承载物联网终端接入，同时通过专网网关向物联网应用平台、客户私有云/平台、客户企业网等提供安全业务连接。

由物联网核心网、终端安全服务网关、客户侧专线接入网关和连接它们的网络构成的物联网安全承载专网的架构如图 8-9 所示。

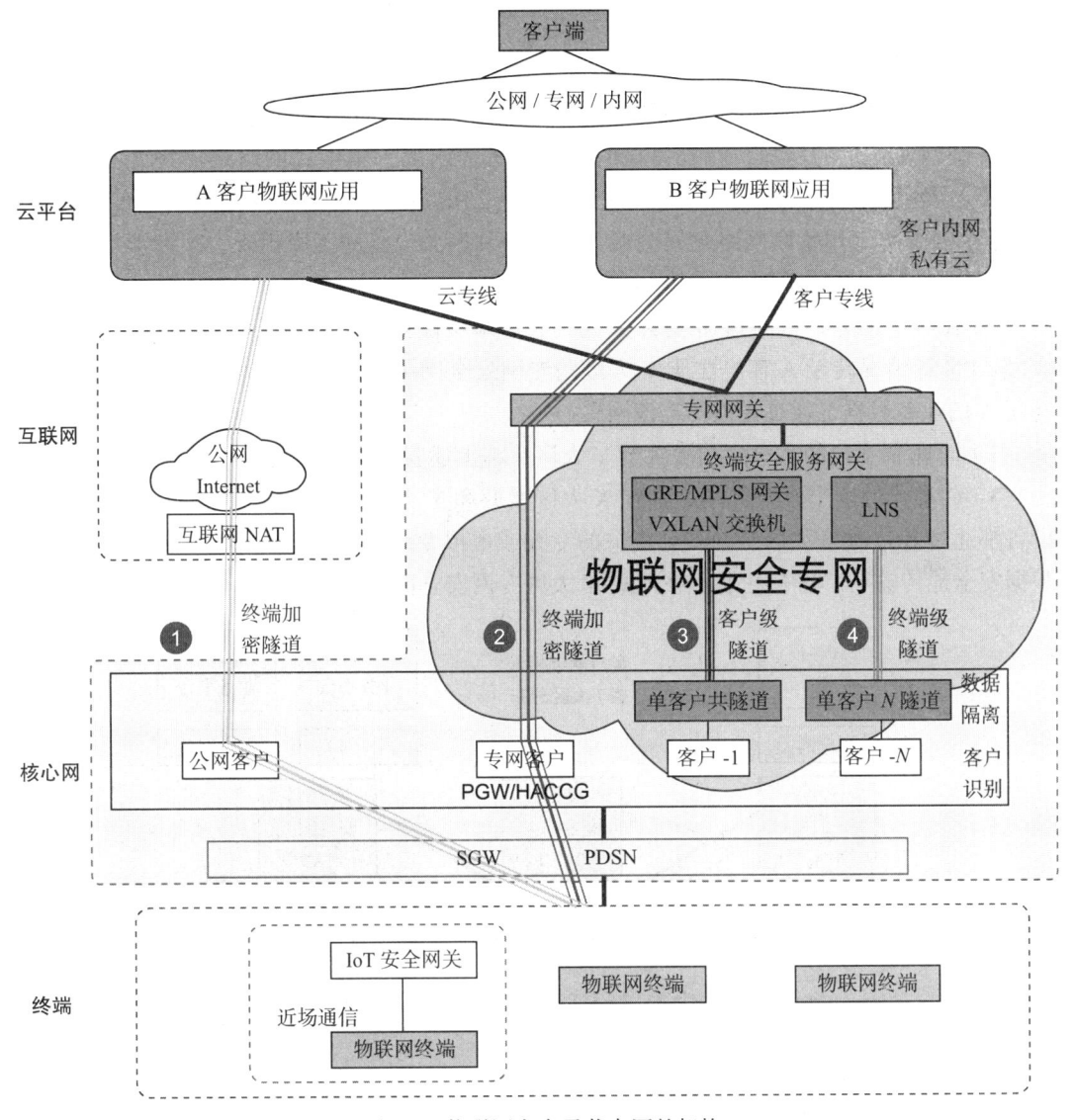

图 8-9 物联网安全承载专网的架构

- PGW（Packet Data Network Gateway，分组数据网络网关）/HACCG（Home Agent Content Charging Gateway，归属代理呼叫控制网关）实现物联终端按大区集中或属地化接入与汇聚。
- 终端安全服务网关在物联网安全专网中实现区分客户、终端等不同级别安全终端接入服务，终端安全服务网关可以是独立功能的硬件设备，也可以是提供多种逻辑功能的多业务接入设备。根据具体业务的不同，其承担不同的逻辑角色。对于 L2TP-VPND、GRE-VPDN、VXLAN 业务，根据安全隧道技术实现方式的不同，对应的终端安全服务网关设备分别是 GRE/MPLS 网关、VXLAN 交换机、LNS。对于定向流量 APN，机卡捆绑业务的安全接入需要核心网中 AAA、PGW/SGW（Serving Gateway，服务网关）等网元共同组成逻辑上的基础型终端安全服务网关。

- 客户侧专线接入网关、VPN 网关等，承接客户侧系统网络的就近接入，形成物联网安全承载专网的边界。

2. 物联网安全承载专网从集中式部署向分布式部署的演进

物联网专网设备为专网集中部署，用户数据流经过集中网关设备后转接至客户平台。伴随着全网业务量的增加，特别是低时延的业务需求等，集中式网络结构将无法满足用户需要。承担客户安全接入的业务网关类设备（LNS 等）将逐步实现按大区分布式部署，PGW 与 LNS 等专用物联网终端安全服务网关间和网关设备间互联出现，逐渐形成物联网安全承载专网或虚拟专网，如图 8-10 所示。

1）A 客户的客户终端漫游至 X 大区，其终端级隧道认证数据会根据用户接入号码、拨号 APN 等情况转至 A 客户注册 Y 大区的专网安全网关来进行认证，认证通过后，客户终端 A 的业务数据也通过隧道传至该网关。

2）同理 B 客户的客户终端漫游至 Y 大区，与上述安全机制类似。

3）C 客户的两个客户终端分别在 X 大区漫游和 Y 大区本地使用，X、Y 大区的 PGW 设备都通过各自与 Y 大区专网安全网关的专线或虚拟专线，将终端发起的认证请求和业务数据安全地传输至 C 客户注册所在地的 Y 大区专网安全网关处。

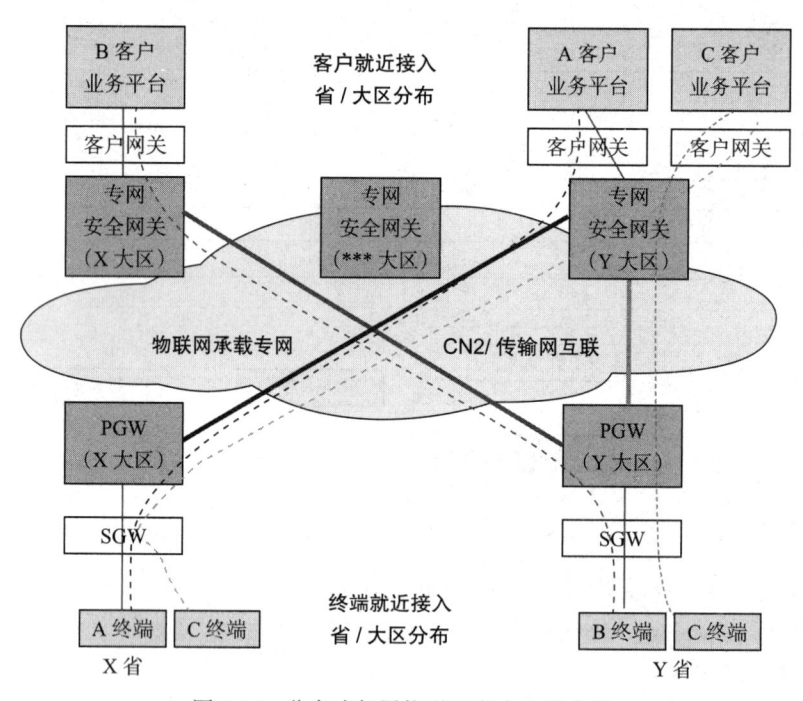

图 8-10 分布式部署物联网安全承载专网

3. 物联网安全承载专网的安全增强

采用物联网安全专网接入可叠加应用层安全接入技术，实现终端连接隧道隔离和业务加密双重加固。

通过安全专网接入时，网络连接与公网实现完全隔离，可彻底隔绝来自互联网的对终端的安全威胁；但终端设备在专网内共享，因此无法彻底隔绝在来自专网内攻击者对终端的安全威胁，如恶意用户利用其他合法终端身份进入专网，可选择叠加应用层安全接入技术。

如图 8-11 所示，物联网 PGW/HACCG 与专网客户网关间利用专属承载网连接形成物联网安全专网，客户终端数据在 PGW/HACCG 上实现与公网数据隔离，经由专网接入连接应用平台，由应用层安全套件（如终端侧 SDK、应用平台侧安全模块等）对终端至客户应用平台间的数据进行加密防护，实现专网内不同终端间的隔离防护。

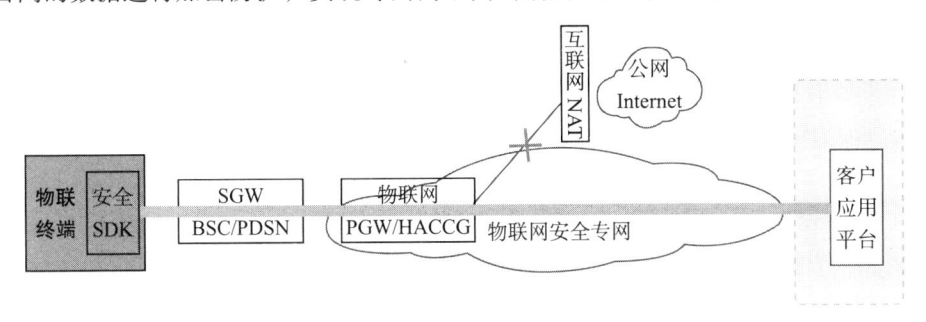

图 8-11 物联网安全专网示意图

安全接入套件可基于 IPSec、TLS/DTLS 等技术，对终端至客户物联网应用平台间，实现安全的身份认证和业务数据端到端加密以确保连接安全。

但同时，安全套件（基于 IPSec、TLS/DTLS 技术）对于物联网终端的处理能力提出了较大的挑战，物联网终端侧往往没有足够的硬软件资源支撑各种安全机制。为了应对物联网终端的资源不足问题，可以采用用户侧 IoT 安全网关，如图 8-12 所示。终端侧 IoT 安全网关物理分布在终端侧，通过有线或者无线近场通信的方式（蓝牙、Wi-Fi、ZigBee、红外等）连接各种前端传感器或 IoT 终端，实现协议转换、数据转接、网络代理等功能。

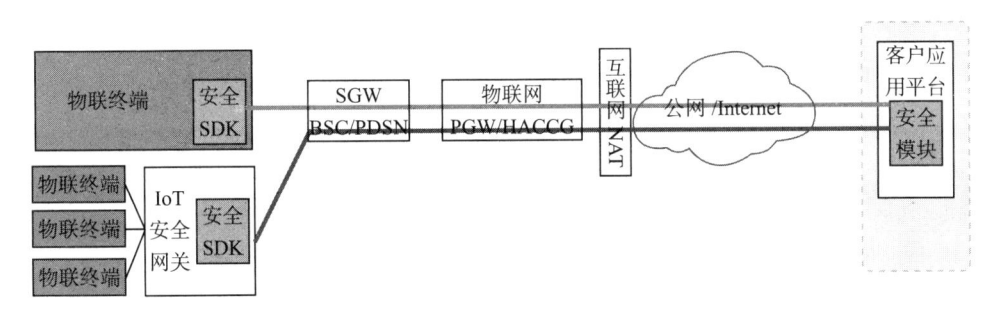

图 8-12 物联网安全专网与应用层安全网关叠加

IoT 安全网关除网关的通用功能外，更重要的是为用户侧弱终端实现网络安全代理服务，如辅助近场接入的所有传感器和 IoT 终端实现安全认证、安全存储、加密传输等功能，安全网关还可根据不同终端类型的要求、不同安全级别的要求采用针对性的安全处理机制。

4. 物联网安全承载专网的隧道技术

根据物联网应用的不同需求，物联网安全承载专网可同时加载客户级应用专用承载隧道，应用终端共享承载隧道，通过隧道与其他应用实现业务隔离，并叠加应用层安全接入方式以增加身份认证及应用安全性。

此种方式下，网络连接与公网实现完全隔离，可彻底隔绝来自互联网的对终端的安全威胁；同时，基于承载隧道，在网络层（三层）/数据链路层（二层）形成应用层业务专线，与其他应用层业务隔离。但客户的不同终端设备共享专用承载隧道，因此无法彻底隔绝来自隧道内部（恶意用户利用合法终端身份进入专用隧道）对终端的安全威胁。可通过叠加应用层安全接入技术对业务数据实现加密防护，确保在企业隧道内不同终端的数据传输安全。

如图 8-13 所示，在安全专网内，物联网专网 PGW/HACCG 与专网应用网关间建立业务专用隧道以隔离其他用户，隧道可采用 GRE、MPLS、VXLAN 方式建立。

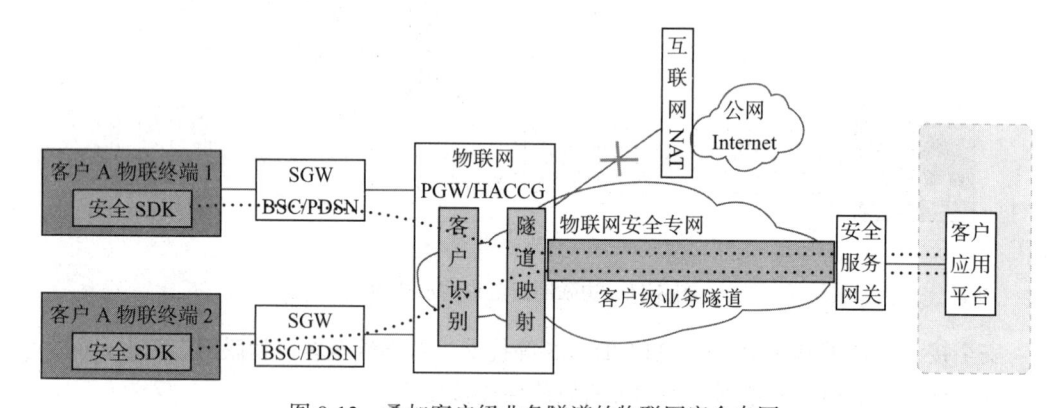

图 8-13 叠加客户级业务隧道的物联网安全专网

另一种方式是在物联网专网内提供终端专用承载隧道（L2TP），通过隧道与其他专网终端实现业务隔离。也就是说，网络连接与公网实现完全隔离，可彻底隔绝来自互联网的对终端的安全威胁；基于 L2TP 承载隧道，在数据链路层（二层）形成客户业务专线，与其他所有终端业务隔离。可选叠加应用层安全接入技术对业务数据实现端到端加密，确保企业隧道内不同终端的数据传输安全，如图 8-14 所示。

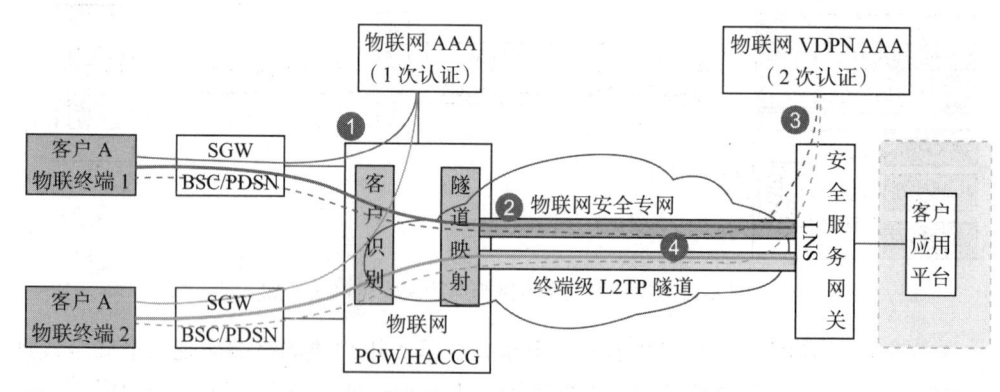

图 8-14 叠加终端级隧道的物联网安全专网

流程如下：

1）终端发起接入请求，物联网 AAA 对终端用户进行 1 次认证鉴权；

2）PGW/HACCG 向 LNS 发起建立 L2TP 隧道；

3）终端通过 LNS 向 VPDN AAA 进行 2 次认证；

4）终端建立至专网安全网关 LNS 的通信。

8.3 物联网平台安全

8.3.1 物联网平台安全基础

1. 物联网平台安全层次

物联网平台安全包括基础设施安全、物联网平台运行安全和数据备份与容灾等。如图 8-15 所示，需要在不同维度上对物联网平台进行保护。

高速带宽、服务器负载平衡、防火墙	硬件安全防护层
入侵检测、安全审计	数据安全检测层
隔离隐患数据、自动修复数据	数据隔离恢复层
数据实时同步、数据库备份	数据安全备份层

图 8-15　物联网平台安全的内容

基于云计算的物联网大数据中心方案是物联网平台的主流技术。物联网平台主要安全问题的层次如图 8-16 所示。

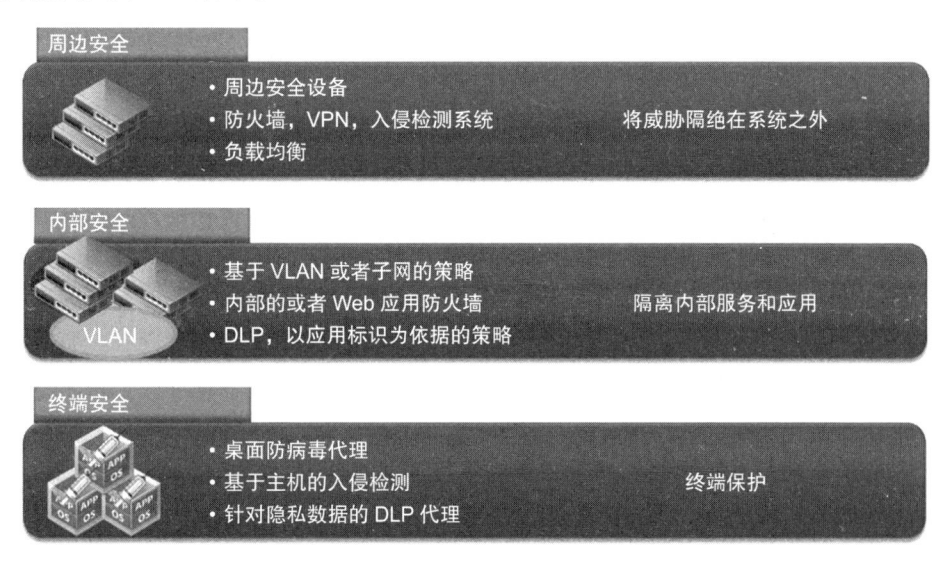

周边安全
- 周边安全设备
- 防火墙，VPN，入侵检测系统　　将威胁隔绝在系统之外
- 负载均衡

内部安全
- 基于 VLAN 或者子网的策略
- 内部的或者 Web 应用防火墙　　隔离内部服务和应用
- DLP，以应用标识为依据的策略

终端安全
- 桌面防病毒代理
- 基于主机的入侵检测　　终端保护
- 针对隐私数据的 DLP 代理

图 8-16　物联网平台主要安全问题的层次

周边安全问题主要有：

- 保护私有云和公有云：迁移到私有云或者公有云中的企业需要扩展与物理数据中心相似的安全分层使用。
- VLAN 实现隔离：使用交换机或者防火墙建立虚拟系统周边环境十分复杂和昂贵。混合信任主机会引起一些依从性问题。

- 视图桌面用户：外部的负载均衡和防火墙需要与视图同时部署，增加了解决方案的成本。

内部安全问题主要有：

- 虚拟机之间的数据流缺乏可见性：从系统安全管理员角度看，ESX 集群对于虚拟机之间的流量只有很少的可见性和有限的控制。
- 大量 VLAN 和网络复杂性：客户需要分割集群来创建不同的管辖范围或者应用集合。通过创建 VLAN 来组织相似的应用非常复杂。大多数客户都有混合信任的主机，可能存在依从性问题。

物联网平台的终端安全并非指物联网业务终端的安全，而是指物联网平台的管理终端以及人机交互界面的安全。

2. CSA 云安全指南

云安全联盟（Cloud Security Alliance，CSA）把云安全相关问题分为两大类：治理域和运行域。治理域范畴很宽，用于解决云计算环境的战略和策略，而运行域则关注更具战术性的安全考虑以及在架构内的实现。即使有些运行责任落在某个或某些第三方伙伴的身上，云计算的特性在于能够在适度地失去控制的同时保持可纠责性。在不同的云服务模型中，提供商和用户的安全职责有很大的不同。

治理域主要解决以下问题。

- 治理和企业风险管理域：机构治理和评测云计算带来的企业风险的能力。例如，违约的司法惯例、用户机构充分评估云提供商风险的能力、当用户和提供商都有可能出现故障时保护敏感数据的责任、国际边界对这些问题有何影响等都是要讨论的一些问题。
- 法律和电子证据发现域：使用云计算时可能的法律问题，包括信息和计算机系统的保护要求、安全性被破坏时的披露法律、监管要求、隐私要求和国际法等。
- 合规性和审计域：考虑保持和证实使用云计算时的合规性，包括评估云计算如何影响内部安全策略的合规性以及不同的合规性要求（规章、法规等）。该域还包括通过审计证明合规性的一些指导。
- 信息生命周期管理域：管理云中的数据，包括与身份和云中的数据控制相关的项；可用于处理将数据搬移到云中时失去物理控制这一问题；其他项，如谁负责数据机密性、完整性和可用性等。
- 可移植性和互操作性域：将数据或服务从一个提供商搬移到另一个提供商，或将它全部搬移到本地的能力，以及提供商之间的互操作性。

运行域主要解决如下问题。

- 传统安全、业务连续性和灾难恢复域：云计算如何影响当前用于实现安全性、业务连续性和灾难恢复的操作处理和规程，主要关注点是讨论和检查云计算的潜在风险，希望增加对话和讨论以满足企业风险管理模型的提升需求。帮助人们识别云计算在哪些方面有助于减少安全风险，以及在哪些其他领域增加风险。
- 数据中心运行域：评估提供商的数据中心架构和运行状况。主要关注于帮助用户识别对后续服务存在不利影响的数据中心特征，以及那些有助于长期稳定性的基础特征。

- 事件响应、通告和补救域：实现充分的事件检测、响应、通告和补救。为了启动适当的事件处理和事后分析机制，用户和提供商都需要做好准备。
- 应用安全域：保障在云中运行或即将开发的应用安全，包括将某个应用迁移到或设计进云中运行是否适当，如果适当，进一步确定哪种类型的云平台最适当（如 SaaS、PaaS、IaaS）。该域还讨论一些与云有关的具体安全问题。
- 加密和密钥管理域：识别恰当使用加密以及可扩展规模的密钥管理的方法。并不进行强制性规定，而侧重提供信息，阐述为什么需要这些方法，同时识别使用过程中出现的问题，包括保护对资源的访问以及保护数据。
- 身份和访问管理域：利用目录服务来管理身份，提供访问控制能力。关注点是组织将身份管理扩展至云中时遇到的问题，该域提供了关于评估组织实施身份访问管理（IAM）就绪性的相关见解。
- 虚拟化域：研究虚拟化在云计算中的应用。本域关系到与多租户、VM 隔离、VM 共居、hypervisor 脆弱性等相关的项。特别关注于系统和硬件虚拟化相关的安全问题，而不是对各种形式的虚拟化的综述。

云安全联盟发布的《云安全指南》3.0 版相对于 2009 年年底发布的 2.1 版，对云安全的论述更全面、更精确，而且增加了一个域：安全即服务域。

3. 云存储的数据保密性

为了保证数据的保密性，同时由于对云存储服务器的不信任，云存储端通常存储的都是加密过的数据。因此只能将密文数据发给客户端，由客户端解密后才能对这些数据进行操作，然后再将它们送回云服务器。数据必须在云和客户端之间来回传送，通信开销很大。

使用同态加密（homomorphic encryption）可以较好地解决针对密文数据进行操作的问题，在云服务器端就可以实现数据操作，大大减小了开销，同时又不失安全性。

同态加密是指对两个密文进行的某个操作，解密后得到的明文等同于两个原始明文完成的操作的结果。全同态加密能够在没有解密密钥的条件下，对加密数据进行任意复杂的操作，以实现相应的明文操作。

8.3.2 物联网密码基础设施

1. 密码基础设施的内容

密码基础设施是物联网安全的基础，其建设应符合国家密码管理局相关标准和规范，并参考国家相关职能部门的指导意见，整体地规划和设计密钥管理和密码应用类产品。密码基础设施利用密码技术保障密钥全生命周期的安全，满足以对称密钥体系和非对称密钥体系为主的物联网安全密钥管理服务需求。

密码基础设施包括以下内容。
- 加密机或加密机集群，实现云端的密钥存储与密码运算功能。
- 密钥管理与发行系统，实现系统的密钥管理与密钥初始化，以及对终端的密钥管理与发行功能。
- 终端安全元，实现终端的密钥存储与密码运算功能。

- 密码服务云以及密码模块接口 API 和 SDK，其中密码服务云为物联网应用系统提供数据加解密服务，为传输安全提供加解密及认证相关的密码服务，为物联网安全网关及跨域安全提供密码服务；密码模块接口 API 和 SDK 为物联网终端设备提供访问终端安全元的方法与接口。

密码基础设施设计应遵循平台化、组件化、对象化、模板化于一体的原则，实现多元化的密钥管理模式和需求，并提供物联网第三方系统和设备接入规范，便于第三方系统能够顺利接入，接受统一管理和监控。

2. 物联网平台的密钥管理

在物联网安全与认证体系中，密钥按安全域进行安全存储和密文存储。根据安全级别，平台端存储于加密机或专用安全区，终端存储于安全芯片或可信存储区。除此之外，密钥存储载体还需具备访问控制、可销毁等特性，以保证使用中和使用后的密钥安全。

物联网平台的密钥类型如图 8-17 所示。

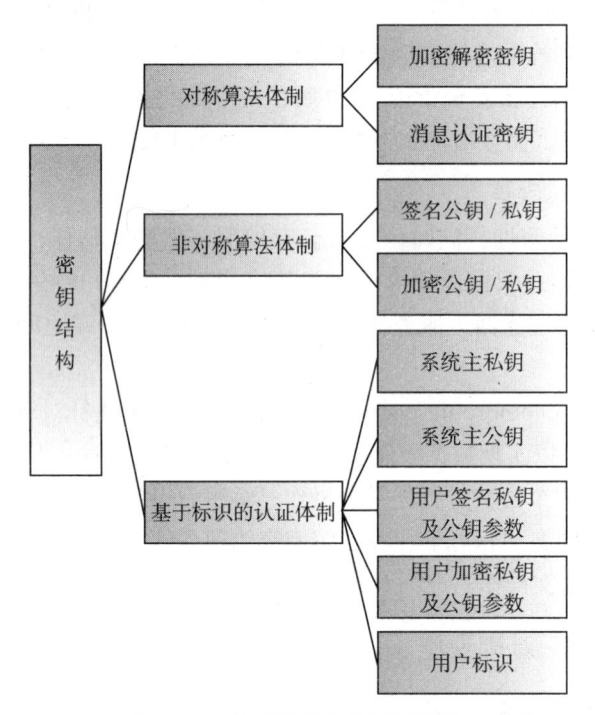

```
                                    ┌─ 加密解密密钥
                   ┌─ 对称算法体制 ──┤
                   │                └─ 消息认证密钥
                   │
                   │                ┌─ 签名公钥/私钥
密钥结构 ──────────┼─ 非对称算法体制┤
                   │                └─ 加密公钥/私钥
                   │
                   │                ┌─ 系统主私钥
                   │                ├─ 系统主公钥
                   └─ 基于标识的认证体制┤─ 用户签名私钥及公钥参数
                                    ├─ 用户加密私钥及公钥参数
                                    └─ 用户标识
```

图 8-17 物联网平台的密钥类型

密钥管理系统根据密钥用途将系统所管理的密钥分为两类：管理密钥和业务密钥。

- 管理密钥。管理密钥用于保护物联网终端的发行安全和远程管理安全，由物联网平台生成，保证密钥随机性和所需的关联性，例如与用户标识绑定等。在安全环境中进行初始化时，初始的管理密钥由密钥管理系统统一生成，并被灌装至可信区或安全芯片中。更新的管理密钥在分发过程中，由之前生成的管理密钥进行安全保护。物联网终端侧的管理密钥存储在可信区或安全芯片中，平台侧的管理根密钥或主密钥由平台通过多因子安全保护等机制或加密机安全存储。
- 业务密钥。业务密钥用于保护业务应用的安全，即提供 SP 与 SE 间的数据安全。业务密钥包括签名密钥和加密密钥。签名密钥在密钥管理系统的控制下，由终端的安全芯片本地生成，私钥保存在安全芯片中；加密密钥可由密钥管理系统生成，私钥安装至安全芯片中。业务密钥基于管理密钥建立的安全管理通道传输，能够实现远程安全分发，并保证机密性和完整性。终端侧的业务密钥存储在安全芯片中，平台侧的业务密钥存储在业务平台 SP 中或由安全平台托管。

8.3.3 物联网平台身份认证机制

1. 基于特征串的认证

口令认证方式主要借助设备 ID 和密码来实现对设备的身份验证。

口令认证主要适用于较弱的物联网终端类型，该方法的优点是简单、易于操作；但其缺点也显而易见：传统、单一的静态口令认证方式中，口令文件一般都存储在终端内存中，如果系统存在漏洞，那么攻击者可以轻松地获取口令文件，当口令文件被盗取之后，认证方系统很可能会遭受离线字典式的攻击。

除此之外，因为每次都以明文的形式输入口令作为系统访问的主要方式，数据在传输过程中很可能被盗用和窃取，泄露风险极高。口令认证方式在类别上属于单因素认证方式，系统安全性和口令之间的关系有着高度的关联性；同样，系统可以认证设备，但是设备却不能对系统进行认证，攻击者很有可能伪装成系统骗取设备口令，导致身份认证风险增大。

2. 基于对称加密算法的认证

对称加密算法中加密和解密的密钥相同，常用算法包括 AES、3DES 和 SM4。

要采用基于对称加密算法的认证，需要首先为认证双方预置相同的对称密钥，之后即可通过以下认证流程进行双向身份认证，如图 8-18 所示。

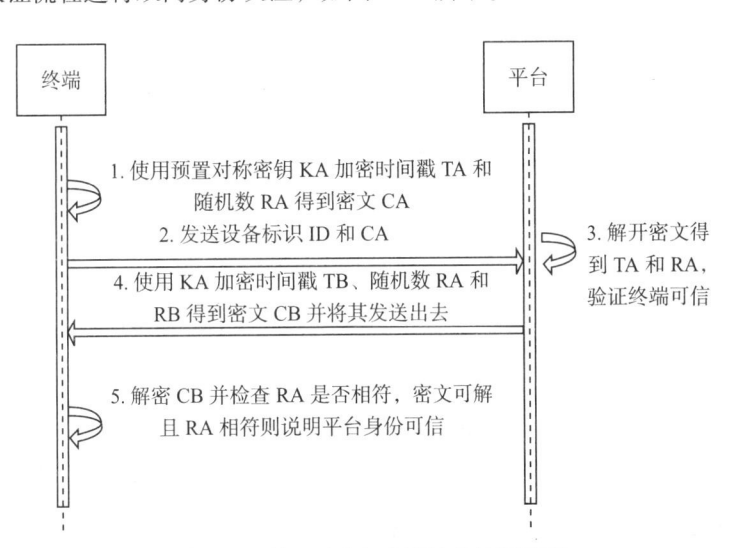

图 8-18 基于对称加密算法的认证流程

1）A 使用预置对称密钥 KA 加密时间戳 TA 和随机数 RA 得到密文 CA。

2）A 向 B 发送设备标识 ID 和 CA。

3）B 接收到数据后，使用对应 ID 的密钥解开密文得到 TA 和 RA，可以解密则说明 A

身份可信。

4)之后使用同样的密钥 KA 加密时间戳 TB、随机数 RB 和 RA 得到密文 CB，向 A 发送 CB。

5)A 接收到 CB 后进行解密并检查 RA 是否相符，密文可解且 RA 相符则说明 B 身份可信，之后可将随机数 RB 和 RA 进行异或等处理后作为本次会话密钥使用。

采用以上方式可以实现身份的认证，并且运算量较小，设备负担不大，但是需要预置对称密钥且需要时时提防密钥的泄露。

3. 基于 PKI 的非对称加密算法认证

数字证书（digital certificate）和现实生活中人们持有的身份证具有类似的属性，是一种身份证明标志，是一种囊括了身份特征数据的证书。

PKI 即公开密钥基础建设（Public Key Infrastructure），其目的在于创造、管理、分配、使用、存储以及撤销数字证书，通过数字证书协助参与者对话以达成机密性、消息完整性及用户认证，而不用预先交换任何秘密信息。PKI 一般使用 RSA 算法或者 ECC 算法。在物联网环境下，椭圆曲线加密技术在同样位数下具备更高的加密强度，因此更为适合，我国主要使用基于 ECC 的 SM2 算法。

在物联网应用 PKI，将各个设备作为主体，在工作之前需要申请设备自身的设备证书，在与外界交互过程中使用证书来进行身份认证。

在采用公钥算法的情况下，通信双方通过数字签名即可完成身份认证，认证流程如图 8-19 所示。

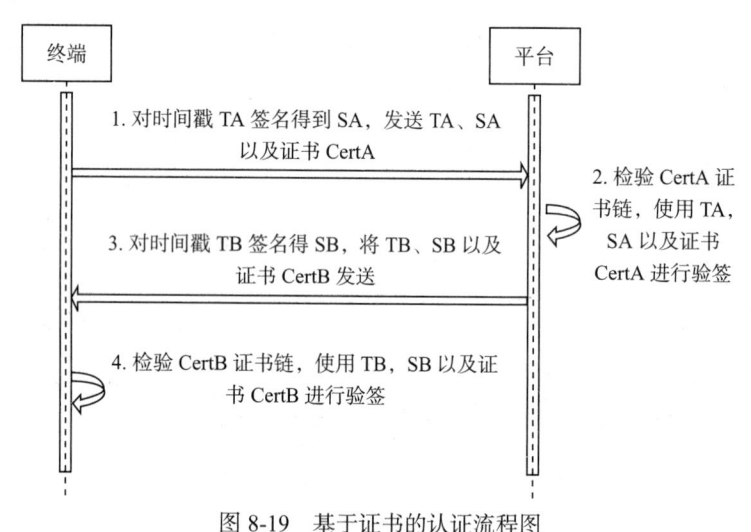

图 8-19 基于证书的认证流程图

在使用 PKI 的情况下，系统可以较好地保证通信双方身份可信，但由于公钥密码算法运算较多，所以相对耗时。与此同时，由于各设备的证书都需要同一个 CA 系统进行审核发放和查询，且证书存储会占用设备的空间，如果设备的数量达到千万级甚至上亿，系统性能会受到很大影响，因此 PKI 较为适合设备数量不多且多为端到云通信的物联网系统。

4. 基于 SM2 的无证书认证

基于 SM2 的无证书认证采用标准的 SM2 签名和验签算法。

在系统初始化时，安全平台产生整个认证系统所需的参数，包括椭圆曲线相关参数、安全哈希函数等，然后由密钥生成中心执行生成系统主密钥，包括系统主公钥和主私钥。

系统根据每个设备、子系统和应用的唯一身份标识（ID），在 KGC 和系统主密钥的控制下，生成和提取设备、子系统和应用的密钥，包括私钥和公钥。在生成过程中，发起方将与 KGC 共享公钥恢复因子 L，以及发起方的部分或全部私钥。

在进行身份认证时，签名方将公钥恢复因子 L 作为签名结果的一部分来传输，接收方通过公钥恢复因子 L 和系统公钥进行公钥还原操作，其他按标准的 SM2 算法流程进行数字签名和验签。可根据场景采用两种身份认证方式。一是通过消息认证合并完成，在消息中进行数字签名，接收后按上述流程进行验签；二是通过专门的身份认证指令完成，身份认证指令来自请求方，请求内容中应包含随机数及请求相关的信息。

5. IBC 认证

IBC 即基于标识的密码体系（Identity Based Cryptograph），在该体系中，每个端点的公钥即其身份标识。比如常见的 E-mail 地址，不再需要向 CA 申请证书，使用对方的身份标识即可进行加密与验签运算。在我国，商用密码标准推荐使用的标识密码算法是 SM9 算法。

在物联网中应用 IBC，即将各个设备作为主体，在工作之前将设备唯一的标识号或者序列号作为公钥申请密钥，在与外界交互过程中使用标识来进行身份认证。

IBC 中的身份验证流程与 PKI 中相似，都使用数字签名，其认证流程如图 8-20 所示。

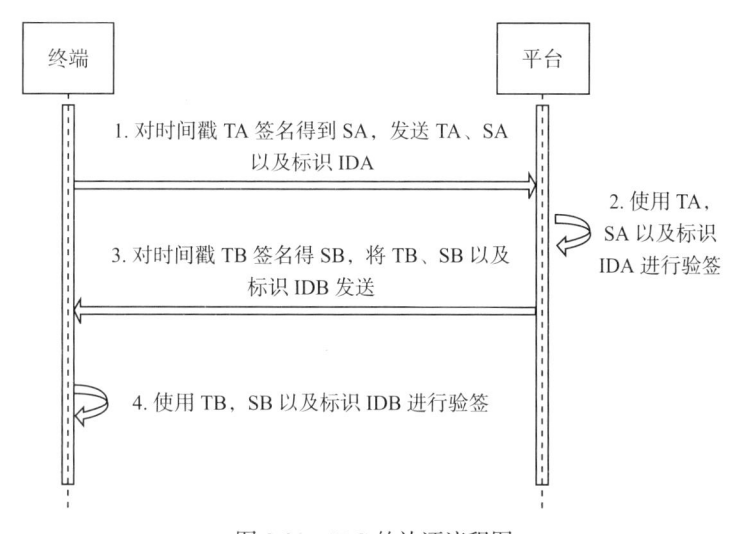

图 8-20 IBC 的认证流程图

使用 IBC 系统同样可以保证通信双方的身份可信和通信安全。虽然 IBC 的签名运算时间较普通 ECC（如 SM2）算法更长，但是由于 IBC 省去了复杂的公钥管理体系且没有 PKI 中烦琐的证书链验证过程，在应用中也可以通过标识体系建立起与业务的绑定关系，因此在实际使用中耗时基本和 PKI 相当。同时 IBC 中使用标识作为公钥，大大方便了端点之间的认证与通信，因此 IBC 适合在设备数量巨大的物联网系统中使用。

基于标识的认证体系同时可用于安全通道，系统构成如图 8-21 所示。

（1）密钥管理系统

采用分布式层级密钥管理模式，构建多层分级的密钥管理体系；每个密钥管理中心（KGC）是密钥管理系统的一个信任域节点，拥有系统唯一的信任域标识，并由上级信任域授权或控制产生本信任域的系统主私钥和系统主公钥。

（2）标识发布系统

采用分布式标识发布技术，支持分布式注册和数据备份；标识发布系统为每一个信任域建立一个标识域，可根据策略调整该域内的标识唯一性范畴：域内唯一和全网唯一。

- 域内唯一是指仅在该标识域内审核标识唯一性，避免标识复用，比较适用于一个标识在不同标识域申请不同的私有密钥的场景。
- 全网唯一是指在整个标识发布系统内审核标识唯一性，避免标识复用，可兼容无证书体制下的单标识多密钥场景。

（3）认证用户群

认证用户群是所有使用基于标识认证体系的对象的统称，每个用户可拥有多个标识，每个标识可对应多个密钥。

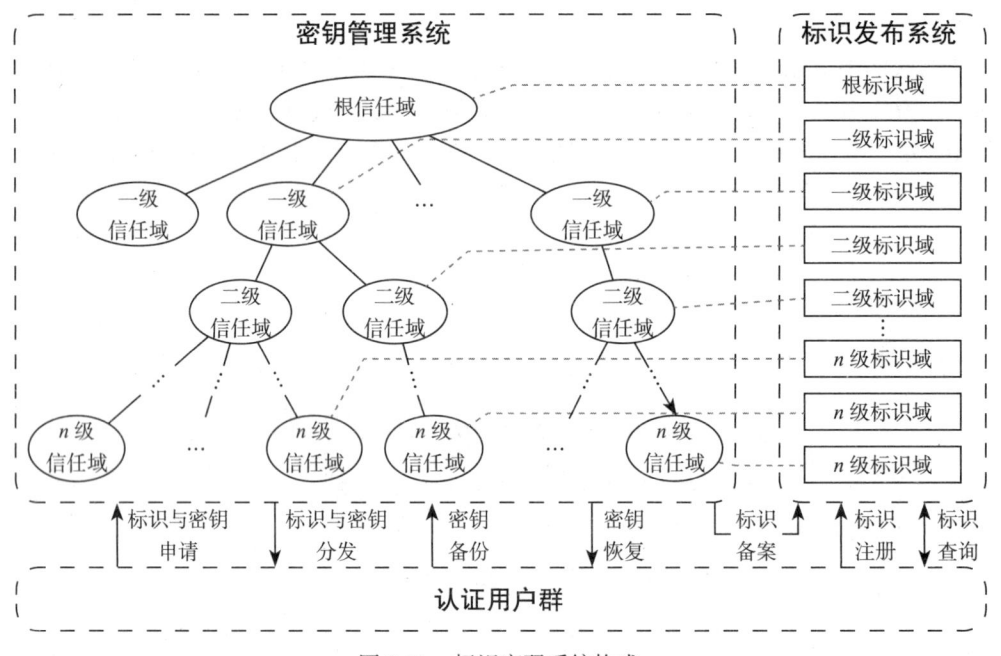

图 8-21　标识密码系统构成

8.3.4　物联网平台运行安全

1. 防火墙

防火墙是外部网络与物联网系统之间的安全隔离设施，用于过滤对物联网系统级内部网络的非法访问。防火墙能在一定程度上防止外部用户对内网、物联网系统的攻击，因此，如果物联网需要与 Internet 连通，则配置防火墙是必要的。

应选用经相关专业机构认证或用户反馈效果良好的、具备强大性能的防火墙系统。

2. 入侵检测

数据的入侵检测是一种积极的安全防护技术，是继防火墙之后的第二道安全闸门。它把物联网平台的关口前移，对入侵行为进行安全检测，让存在安全隐患的数据无法进入物联网平台；主要通过收集和分析用户的网络行为，安全日志、审计规则和数据，网络中计算机系统中的若干关键点的信息，检查进入物联网平台以及物联网平台内部的操作、数据是否违反安全策略以及是否存在被攻击的风险，可采用模式匹配、统计分析和完整性分析等分析策略。入侵检测系统可以根据对数据和操作的分析，检测出物联网平台是否受到外部或内部的入侵和攻击。

入侵检测系统（IDS）一般部署在防火墙之后靠近内网的位置。

应选用经相关专业机构认证或用户反馈效果良好的 IDS。

3. 物联网平台安全审计

数据安全审计的作用是审计和检查出危害物联网平台的操作和数据。数据安全审计系统是物联网平台中一个独立的应用系统，主要针对物联网平台内部的各种安全隐患和业务风险，根据既定的审计规则（数据审计字典）对物联网平台系统运行的各种操作和各种数据进行跟踪记录，采用误用检测技术、异常检测技术以及数据挖掘技术审计和检测物联网平台存在的安全漏洞及安全漏洞被利用的方式。

随着数据入侵检测技术的不断成熟，以及安全审计系统知识库、规则库以及审计数据库的不断完善，物联网安全审计系统的目标是对物联网平台各种操作和数据实时与准实时的审计和处理，实现物联网平台安全防范。

4. 数据隔离与恢复

数据隔离与恢复的主要目的是将隐患或者不安全数据和操作赶出物联网平台，以保证物联网平台的运行安全。

为了避免隐患或者不安全数据和操作扩大数据受损范围，当发现物联网平台存在隐患或者不安全数据和操作时，必须进行数据隔离，禁止所有用户对相关数据的请求，并在数据修复之后解除隔离，从而有效地避免在数据恢复阶段由于数据共享导致的物联网平台受损范围的扩大。数据隔离技术包括物理隔离技术和软件隔离技术两个层面，主要策略包括以下方面。

- 隔离的完整性。数据隔离仅对受损数据有效，而不影响用户合法的数据请求，同时，数据隔离的粒度要尽可能小，数据项级别要达到元组级或者元素级。
- 隔离的有效性。除了受损数据恢复进程外，任何用户请求都不能直接访问受损数据，即使是请求中的子查询操作也应该被隔离。
- 隔离的效率。隔离数据不需占用太多的系统空间资源，同时，受损数据的隔离应具有较高的执行效率，且不会对物联网平台的系统性能造成较大的影响。

数据隔离恢复层应该具有较强的自愈性，能够及时自动修复受损的数据，以保证物联网平台系统的稳定性和数据的完整性。

5. 物联网平台的运行安全

针对客户方 IT 资产在物联网云数据中心的安全运行，建议采取如下措施。

- 获得云服务提供商承诺或授权进行客户方或外部第三方审计的权利。
- 了解云服务提供商如何实现云计算的关键特征，以及技术架构和基础设施如何影响他们满足服务水平协议（SLA）的能力。要确保SLA被清晰定义、可衡量、可强制执行。
- 为了符合安全要求，云服务提供商在技术架构和基础设施层面必须开展系统、数据、网络、管理、部署和人员的全方位相互"隔离"。
- 客户应该清楚自己的云服务提供商的补丁管理政策和程序，以及这些可能对他们系统环境产生的影响。
- 由于针对某个客户进行的任何政策、流程、程序或工具的改进都可能会导致所有客户服务的改善，所以在云服务环境中持续改进显得尤为重要。应寻找那些具备标准持续改进流程的云服务提供商。
- 用IT视角去审视业务连续性和灾难恢复计划如何与人力和流程关联。例如，云服务提供商的技术架构在故障切换上是否采用了未经验证的方法。

8.3.5 数据备份与容灾

1. 数据备份

数据的安全备份是物联网平台容灾的基础，是指为防止物联网平台的数据由于操作失误、系统故障或者恶意攻击而导致丢失，将数据全部或部分复制的过程。为了保证数据的安全，物联网平台通常使用两个或者多个主用和备用数据库，包括数据库的实时同步和数据库的备份两个方面。

数据库的实时同步主要是指根据需求使数据库操作保持部分或者完全一致，有两种实现方式。一种实现方式是根据数据库中的访问日志，采用镜像技术使主用数据库与备用数据库中的数据保持绝对一致，当主用数据库发生故障或损坏时，备用数据库可以自动代替其功能，并作为恢复主用数据库的数据源。这种方式比较适合同一种类型的数据库并且数据库的数据结构完全一致的情况，如果把这种数据库的同步方式应用于不同类型的数据库或不同的数据结构时都会遇到困难。另一种实现方式是通过分析主用、备用数据库中的内容，找出两者之间的差异，并将差异部分的记录写入对方数据库中，达到数据同步的目的。这种方式对数据库的类型以及数据库的数据结构没有严格要求，这是因为当数据从一个数据库中调出之后，在写入另一数据库中之前，可以对该数据做适当的数据类型转换，从而实现数据库中的数据一致。还可以使用ODBC接口来访问数据库，因而，这种数据库同步的实现方式适用于各种类型数据库以及各种数据结构的数据库之间的数据同步。

常用的数据备份方式有定期磁盘（光盘）备份数据、远程数据库备份、网络数据镜像和远程镜像磁盘。物联网平台建设主要采用网络备份方式，网络备份主要通过专业的数据存储管理软件结合相应的硬件和存储设备来实现，通常采用如下策略和手段。

- 完全备份。每天对物联网平台的数据进行完全备份，保证数据库的实时同步，主要优点是数据恢复及时、完整，缺点是备份烦琐、费时，且占用大量的空间资源。
- 增量备份。指定每周的一天进行一次完全备份，其余时间只进行新增或者修改数据的备份，主要优点是节省备份时间和空间资源，缺点是数据恢复比较麻烦。

- 差分备份。指定每周的一天进行一次完全备份，其余时间只进行所有与这天不同数据的备份，差分备份可以较好地避免完全备份和增量备份带来的缺陷。

物联网平台的建设可综合使用以上 3 种策略，比如每周一至周六进行差分备份或者增量备份，每周日进行完全备份，每月、每季度或每年进行一次数据库的完全备份。

2. 数据容灾

物联网拥有海量数据，为了防范由于各种灾难造成物联网系统数据遭受损失，经常会考虑数据容灾。在数据灾难发生后，数据容灾可以有效地恢复数据，挽救 IT 资产。恢复过程有两个关键的衡量指标：RTO（Recovery Time Objective）和 RPO（Recovery Point Objective）。灾难发生后，从 IT 系统宕机导致业务停止开始到 IT 系统恢复至可以支持各部门运作、恢复运营之间的时间称为 RTO。RPO 是指对系统和应用数据而言，要实现能够恢复至可以支持各部门业务运作，系统及生产数据应至少回溯到哪种更新状态，例如是上一周的备份数据还是上一次交易的实时数据。

数据容灾技术总体上可以分为离线式容灾（冷容灾）和在线式容灾（热容灾）两种类型。离线式容灾主要依靠备份技术来实现，将数据通过备份系统备份到存储介质上，再将存储介质运送到异地保存管理。离线式容灾的部署和管理比较简单，相应的投资也较少，但数据恢复较慢，实时性较差。资金受限、对数据恢复的 RTO 和 RPO 要求较宽泛的用户可以选择这种方式。在线式容灾要求生产中心和灾备中心同时工作，生产中心和灾备中心之间由传输链路连接，数据自生产中心实时复制并传送到灾备中心。在此基础上，可以在应用层进行集群管理，当生产中心遭受灾难、出现故障时，可由灾备中心自动接管并继续提供服务。应用层的管理一般由专门的软件来实现，可以代替管理员实现自动管理。在线式容灾可以实现数据的实时复制，因此，数据恢复的 RTO 和 RPO 都可以满足较高的用户要求，其投入相对也较高。数据极为重要的用户应选择这种方式，例如金融行业的用户。

根据国际标准 SHARE 78 的定义，灾难备份解决方案可根据以下列出的主要指标所达到的程度分为七级，从低到高对应七种不同层次的灾难备份解决方案，即 Tier 0~Tier 6。在分层存储的方案中，也有针对数据的访问频率高低而配置不同的存储媒体，以节省工程造价并提高存储性能，分别称为 Tier 0 存储、Tier 1 存储、Tier 2 存储和 Tier 3 存储等，它们与这里的灾难备份解决方案的含义是不同的。

Tier 0 是无异地数据备份（No off-site Data），被定义为没有信息存储，无须建立备份硬件平台，也没有发展应急计划的需求，数据仅在本地进行备份恢复，无数据送往异地。这是最为低成本的灾难备份解决方案，但事实上这种方案并没有真正的灾难备份的能力，因为数据并没有被传送至远离本地的地方，数据的恢复也仅依靠本地的记录。

Tier 1 是车辆转送方式（Pickup Truck Access Method，PTAM），该灾难备份方案需要设计一个应急方案，能够备份所需要的信息并将它存储在异地，然后根据灾难备份的具体需求有选择地建立备份平台，但事先并不提供数据处理的硬件平台。PTAM 是一种用于许多中心备份的标准方式，数据在完成写操作之后，将会被送到远离本地的地方，同时具备数据恢复程序。在灾难发生后，一整套系统和应用安装动作需要在一台未启动的计算机上重新完成。系统和数据将被恢复并重新与网络相连。这种灾难备份方案相对来说成本较低（仅需消耗传输工具和存储设备），但同时也有难于管理的问题，即难以知道何种数据存储于何处。一旦系统可运行,标准的做法是先恢复关键应用,其余的应用根据需要恢复。这样的情况下,恢复虽可能,但需要一定时间,且取决于硬件平台何时能够准备就绪。

Tier 2 是车辆转送方式＋热备份中心(PTAM+Hot Site),相当于 Tier 1 再加上具有热备份能力中心的灾难备份。热备份中心拥有足够多的硬件和网络设备支持关键应用的安装需求。对于十分关键的应用,在灾难发生的同时,必须在异地有正运行着的硬件平台提供支持。这种灾难备份的方式依赖于用 PTAM 的方法将日常数据放在异地存储,当灾难发生的时候,数据再被移动到一个热备份的中心。虽然将数据移动到热备份中心增加了成本,却也明显降低了灾难备份的时间。

Tier 3 是电子传送(electronic vaulting),它是在 Tier 2 的基础上用电子链路取代车辆进行数据传送的灾难备份。接收方的硬件平台必须与生产中心物理分离,在灾难发生后,存储的数据用于灾难备份。由于热备份中心要保持持续运行,因此增加了成本,但同时也不需要运送工具,提高了灾难备份的速度。

Tier 4 是活动状态的备份中心(active secondary site),它要求两个中心同时处于活动状态并管理彼此的备份数据,允许备份行动在任何一个方向发生。接收方硬件平台必须保证与另一方平台物理分离,在这种情况下,工作负载可以在两个中心之间分担,两个中心互相备份。在两个中心之间,彼此在线关键数据的副本持续相互传输。在灾难发生时,需要的关键数据可通过网络迅速恢复,借助网络切换,关键应用的恢复时间也可缩短至小时级。

Tier 5 是两中心两阶段确认(two-site two-phase commit),是在 Tier 4 的基础上在镜像状态下管理被选择的数据(根据单一提交范围,在本地和远程数据库中同时更新数据),即在更新请求被认可之前,Tier 5 要求生产中心与备份中心的数据都被更新。可以想象这样一种情景,数据在两个中心之间相互映射,由远程两阶段确认来同步,因为关键应用使用双重在线存储,所以在灾难发生时,仅传送中的数据会丢失,恢复的时间被缩短至小时级。

Tier 6 代表零数据丢失(zero data loss),可以实现零数据丢失率,同时保证数据立即自动被传输到备份中心。Tier 6 被认为是灾难备份的最高级别,在本地和远程的所有数据被更新的同时,利用双重在线存储和完备的网络切换能力。Tier 6 是灾难备份中成本最高的方式,也是速度最快的恢复方式,恢复的时间被缩短至分钟级。

应根据数据重要性、业务连续性、可支付价格等因素设计具体的灾备等级和方案。

3. 云数据中心的业务连续性和灾难恢复

传统的物理安全、业务连续性计划(BCP)和灾难恢复(DR)所积累的专业知识与云计算仍然存在紧密关系。由于云计算发展迅速且缺乏透明度,这就要求在传统的安全、业务连续性规划和灾难恢复领域的专业人员不断审查和监测选择的云服务供应商。

云数据中心和配套的基础设施有助于减少某些安全问题,但也可能会增加某些安全问题。随着业务和技术领域重要变革的深入,传统安全原则依然存在。

这里对物联网云数据中心的业务连续性和灾难恢复给出如下建议。

- 数据的集中化意味着云服务提供商内部人员的"滥用"是一个重大问题。
- 云服务提供商应考虑将大多数客户提出的最严格的需求设定为安全基准。在一定程度上,这些安全实践不会对客户体验产生负面影响;从长远的角度来看,在降低风险以及应对客户所关注的安全领域方面，严格的安全实践应彰显出很好的成本效率。
- 云服务提供商应建立强健的工作职责隔离制度，并且对员工进行背景调查，要求并强制非雇员签订保密协议，同时严格按照"履行职责的绝对需要"来限定员工对客户信息的知悉范围。
- 客户应尽可能对云服务提供商的设施进行现场检查，应该检查云服务提供商的灾难恢复和业务连续性计划；客户应辨识提供商基础设施在实际物理层面的相互依存关系。
- 确保在合同中对安全、恢复以及数据访问明确规定权威性的分类标准，并清晰阐明有关安全、恢复以及对数据的访问的具体内容。
- 客户应该要求提供商提供其内部和外部的安全控制文件，并确保其遵守特定的行业标准。
- 确保恢复时间目标（RTO）已经被客户充分理解并已经订立契约关系，并且已经纳入技术规划过程。确保技术路线图、政策和运作能力能够满足这些要求。
- 客户需要确认提供商提供的现有 BCP 政策已经被董事会批准。
- 确保云服务提供商已经通过该公司销售商安全过程（VSP）的审核，以便清楚地了解共享了哪些数据以及采用何种控制手段。VSP 决定应该将风险是否可以接受反馈给决策过程和决策评估。

8.4 物联网安全管理

8.4.1 物联网安全管理范围

物联网安全管理的范围十分广泛，如标准的制定和技术的进步，同时系统工程方法和组织结构理论在管理实践中也经常使用。这里，我们主要讨论信息安全管理。所谓信息安全管理是指整个信息安全体系中，除了纯粹的技术手段以外，由人进行管理进而解决一些安全隐患的手段。这包括三个方面的内容：一是针对信息安全技术的管理，如对防火墙、入侵检测系统等技术手段的应用规则的制定等；二是需要对人进行约束和规范的管理，如各种规章制度、权限控制等；三是涉及技术和人员的综合性管理，如信息安全解决方案的总体规划的制订，信息安全策略的制订等。

物联网信息安全管理包括风险管理、安全策略和安全教育。风险管理识别企业的资产，评估威胁物联网资产的风险，评估这些风险成为现实时工程项目所承受的灾难和损失。通过降低风险（如安装防护措施）、避免风险、转嫁风险（如买保险）、接受风险（基于投入产出比考虑）等多种风险管理方式得到的结果来协助管理部门根据业务目标和业务发展特点来制订物联网安全策略。

根据工程规模、业务发展、安全需求的不同，安全策略有所不同。但是所有安全策略都应该简单明了、通俗易懂并直接反应主体，避免出现含糊不清的情况。

安全管理通过适当地识别物联网信息资产，评估信息资产的价值，制订、实施安全策略、安全标准、安全方针、安全措施来保证企业信息资产的完整性、机密性、可用性。

国际上有许多信息管理标准，如 ITSEC、ISO17799/BS7799 和 IATF 等，其中信息安全部分的标准可被物联网借鉴使用。

ITSEC 指出信息技术安全意味着机密、完整和有效。该标准主要涉及在硬件、软件和固件上实现的技术安全措施，而不包括硬件安全的物理方面，例如电磁辐射的控制。该标准主要从安全的功能、安全的保证和安全的效果几个方面进行定义，旨在证明评估对象（Target of Evaluation，TOE）和安全目标（Security Target，ST）的一致性。

ISO17799/BS7799 安全问题范畴全面，包含大量实质性的控制要求，有些是极其复杂的。ISO/IEC17799 信息安全管理标准要求建立一个完整的信息安全管理体系。ISO17799/BS7799 PART 1 包含 36 个控制目标和 127 个安全控制措施来帮助组织识别在运行过程中对信息安全有影响的因素。这些控制措施被分成 10 个方面，成为组织实施信息安全管理的实用指南，这 10 个方面分别是：信息安全方针、组织安全、资产归类和控制、人员安全、实物和环境安全、通信和操作管理、访问控制、系统开发和维护、商业连续性管理、遵守性。这 127 个控制措施中有 8 个关键控制措施：知识产权保护、保护组织的记录、数据保护和个人信息隐私、与公认实践有关的控制措施、信息安全方针文件、落实信息安全责任、信息安全教育与培训、安全事故汇报以及业务连续性管理。BS7799 PART 2 是一个规范，用于对组织的信息安全管理体系进行审核与认证。借助该规范，组织能够建立信息安全管理体系，具体包括以下 3 个步骤。

1）建立信息管理框架。

2）评审组织的信息安全风险。

3）选择和实施控制措施，使确定的安全风险减少到可接受的程度。

1998 年，美国国家安全局制定了《信息保障技术框架》(Information Assurance Technical Framework，IATF)，提出了"深度防御策略"并确定了包括网络与基础设施防御、区域边界防御、计算机环境防御和支撑性基础设施的深度防御目标。

8.4.2　物联网安全标准

物联网工程在实施及运营之前，应进行安全评估。业内已经存在旨在帮助制造商保护其 IoT 产品和设备免受网络威胁的国际公认标准。

由 ETSI（前身为欧洲电信标准协会）发布的 EN 303 645 标准详细介绍了被广泛接受的有关物联网消费设备安全性的"最佳实践"。EN 303 645 标准没有采用规定的方式满足其要求，而是以结果为中心，在实施特定于给定产品的安全解决方案时提供最大的灵活性。满足 ETSI/EN 303 645 标准要求的产品即满足《通用数据保护条例》（General Data Protection Regulation，GDPR）的相关要求。风筝标志（Kitemark）是 BSI 拥有并颁发的产品和服务认证标志。获得物联网 Kitemark 认证，证明产品符合消费级物联网信息安全欧洲标准 ETSI/EN 303 645 的要求，且产品以及相关系统也将定期进行独立测试和审核，确保其始终保持符合性状态，同时也为消费者提供了一种快速简便的方法识别可信任的、安全的物联网设备。

ETSI/EN 303 645 标准涵盖了产品生命周期、安全漏洞管理、安全更新、软硬件安全、隐私保护等安全要求，同时认证也结合 OWASP MASVS 等相关标准要求，完成设备和应用端的整体评估。

ANSI 发布的 UL 2900 系列标准为测试向其他连接设备发送、存储和传输数据的网络设备提供了可验证的标准。该系列的第 1 部分规定了评估系统软件的体系结构和设计中的安全风险的要求，而该系列中的其他标准则针对特定行业的产品要求。

IEC 62443 系列标准是"工业通信网络–网络和系统安全性"规范，其重点在于工业通信网络各个方面的网络安全性，包括工业自动化和控制系统及组件，以及 IACS 服务提供商的要求。该标准的第 4 部分还详细介绍了工业控制系统的安全产品开发生命周期要求。

此外，CTIA（美国无线通信和互联网协会）的网络安全工作组已开发出许多最佳实践，以解决无线通信技术范围内无线特定的网络风险，包括 LTE、CDMA、UMTS、GSM 融合 Wi-Fi 和空中接口技术。相关规范不仅为设计提供参考，也为物联网工程的安全评估提供了重要借鉴。

8.4.3　物联网安全工程实施

物联网工程面临的问题较复杂，在实施过程中进行安全问题的综合性考虑是比较困难的，可以使用一些方法来提高安全性。

一种常用的方法是采用特定安全因素枚举法。根据各类安全评估指南，针对具体工程需求，进行安全因素的权重排列，分析每种安全因素的实施方式和技术路线，最终实现安全因素的全面覆盖。

另一种方法是评估与审计结合法。这种方法在系统中提供实时或定时安全评估接口，在实施时一并考虑予以实现。很多安全问题是逐渐积累，从而导致安全事故的，在安全评估接口中对评估项进行评分或二次处理，提供在系统运行时的实时报警功能。这种方法是一种有效的安全实施方法。

8.4.4　物联网安全评估方法

物联网安全评估应结合上述主流的安全标准和安全评估工具进行。国内很多研究机构与厂商推出信息安全风险评估服务主要由安全工程师凭借经验、借助已有漏洞扫描工具并结合人工调查得出评估结论。目前，国外在信息系统安全性评估方面已经有了一些评估工具，如 Asset-1、CC 评估工具、COBRA 评估工具、RiskPAC 评估工具、RiskWatch 评估工具、XACTA 工具等。

CC 评估工具由 NIAP 发布，共由两部分组成：CC PKB（CC 知识库）和 CC ToolBox（CC 评估工具集）。CC PKB 是进行 CC 评估的支持数据库，基于 Access 构建。它使用 Access VBA 开发了针对所有库表的管理程序，在管理主窗体中，可以完成对所有表记录的修改、增加、删除。管理主窗体以基本表为主，并呈现了所有库表之间的主要连接关系，通过连接关系可以对其他非基本表的记录进行增删改操作。CC ToolBox 是进行 CC 评估的主要工具，主要采用页面调查形式开展工作。用户通过依次填充每个页面的调查项来完成评估，最后生成关于评估的详细调查结果和最终评估报告。CC 评估系统依据 CC 标准进行评估，重点评估被测信息系统达到 CC 标准的程度。评估过程中主要包括 PP 评估、TOE 评估等。

COBRA 是 Consultive Objective Bi-Functional Risk Analysis 的缩写。1991 年，C&A Systems Security Ltd 推出了自动化风险管理工具 COBRA 1 版本，用于风险管理评估。随

着 COBRA 的发展，目前的产品不仅仅具有风险管理功能，还可以用于评估是否符合 BS7799 标准、是否符合组织自身制订的安全策略。COBRA 系列工具包括风险咨询工具、ISO17799/BS7799 咨询工具、策略一致性分析工具、数据安全性咨询工具。COBRA 采用调查表的形式，在 PC 上使用，基于知识库，类似专家系统的模式。它评估威胁、脆弱性的相关重要性，并生成合适的改进建议，最后针对每类风险形成文字评估报告、风险等级（得分），所指出的风险自动与给系统造成的影响相联系。COBRA 风险评估过程比较灵活，通常包括问题表构建、风险评估（回答问题表）、产生报告（根据问题的回答进行风险分析评估）。

8.4.5 物联网安全文档管理

在物联网安全工程项目中，安全文档管理非常重要。对于信息安全项目管理文档系统而言，它既隶属于信息安全项目管理本身，贯穿于整个项目管理始终，是其中的有机组成部分，也是项目管理中最零乱、最复杂的部分。同时，它又处于信息安全项目管理之上，不仅是信息安全项目管理成功与否的见证，而且对后续此类项目的管理具有很重要的参考价值。它应该具备以下几个特点。

- 安全可靠性：安全性本身包括实体安全（计算机、通信设备、项目实施场所等物理设备的安全性）、数据安全（主要是指文件和重要信息的安全性、保密性）以及管理安全（管理制度、保密措施、操作规程等的安全性）三个方面。因此工程信息安全文档应尽量覆盖以上内容。除了具有信息安全项目管理的安全性要求以外，还要具有身份验证、病毒防范、信息加密等一般的信息安全防范措施，以保证数据和程序安全可靠，防止项目信息被不法者盗取。它具有其自身的安全性和规范性特征。
- 规范性：参照国际相关信息安全管理标准中关于信息安全管理的操作规则和信息安全管理体系规范的叙述，文档应能体现信息安全项目的管理规程，使信息安全项目管理达到规范化、标准化。
- 完备性：内容涵盖整个项目管理过程的所有相关资料，包括文字、数字、表格、图像等，并且尽量保持数据的原有格式；功能上实现一般文档操作以及数据库操作所要求的浏览、打印、修改、查询、统计、报表生成及图表化输出等。
- 易操作性：应具备图形化操作界面，菜单、工具栏、功能按钮等设计合理且美观，对常用操作定制相应的快捷键，状态栏、按钮功能提示信息要及时准确，提供在线帮助。
- 易扩展性：信息安全管理本身是一个动态的过程，那么信息安全项目管理文档系统也不会一成不变，这就要求管理文档系统要具有较强的扩展性和灵活性。

8.5 安全设计文档编制

应将物联网安全设计方案撰写成规范的文档，供实施、运维与管理人员阅读。文档的主要内容应包括：

- 封面。
- 目录。

- 物联网项目概述。
- 物联网安全设计要求。
- 感知系统安全设计。
- 网络系统安全设计。
- 物联网平台安全设计。
- 物联网安全管理方案设计。
- 附录　本方案用到的主要安全设备与软件。

第 9 章 物联网应用软件设计

本章介绍软件工程基本方法、物联网应用软件的设计方法，详细阐述物联网中普遍使用的嵌入式软件和分布式软件的一般设计方法、智能终端的 App 开发工具，同时介绍应用软件的部署方案。

9.1 物联网应用软件的特点

物联网应用软件除具有一般软件的特点之外，还具备以下自身独有的特点。

- 交互广泛性。传统的互联网软件通常是一对一的交互，而物联网软件更多地表现为一对多、多对多的交互。因此，物联网软件的设计应充分考虑和处理由交互性引起的操作并发性、数据相关性、资源冲突性所导致的错误或效率低下问题。
- 测试困难性。大量物联网软件都运行在智慧化物品或微型电子设备中，没有 PC 那样直观的人机交互界面，不能直观地观察程序运行结果。软件的运行与客观世界相关联，有时还要控制客观对象的行为，不能轻易测试运行。
- 能效敏感性。物联网系统中的大量设备依靠电池供电，对能效非常敏感，因此，相关的软件应该设法降低能耗，在不工作时应尽可能保持休眠状态。
- 传输实时性。物联网系统的信息获取、反馈控制等操作大多具有非常严格的时间限制，实时性要求很高，相关软件应具有较高的运行速度、准确的时间控制，满足时限要求。
- 批量微型性。大量的应用系统要求每次传输的数据量很小，比如只有几个字节，但传输频率可能很高，要求这类应用的协议及软件具有针对性和高效率。
- 数据海量性。随着时间的推移，整个系统的数据呈现海量特性，要求软件具有处理海量数据的能力和健壮性。
- 施控忠实性。物联网系统对客观世界的施控要忠实体现设计意图，不能出现偏差或错误，对应的软件应保证具备正确性、鲁棒性。

- 隐私暴露性。物联网中的大量物品和设备都暴露在公共场合，其隐私性、安全性受到极大挑战，软件系统需充分处理隐私保护问题。
- 时间关联性。物联网中的数据大多具有时间相关性，因此，物联网应用软件应具备时间相关特性数据的处理方式和能力。
- 功能智能性。现在的物联网大多是智能物联网（AIoT），越来越呈现出强智能特性，因此，物联网应用软件应充分结合人工智能技术，具备在小微设备上部署、运行人工智能软件的能力。

这些特点使得物联网应用软件与传统的基于主机的应用软件在设计与实现过程方面存在不同的关注点并需要使用不同的方法。

9.2 软件工程方法

软件工程研究大型软件开发、维护的技术、方法、工具、环境和管理。本节按照软件生命周期定义的各个阶段，介绍大型软件开发和维护过程中涉及的基本原理、方法和技术，包括软件生产过程中的问题定义、需求分析、软件设计、编码实现、软件测试及软件维护等活动的相关知识。同时，从软件开发过程管理的角度，介绍制订软件开发计划必需的软件成本、规模估算与进度安排方法，软件开发过程中人员组织管理、软件质量保证措施以及软件配置管理的相关知识。最后，介绍软件敏捷开发方法和开源软件实践。

9.2.1 软件工程概述

软件工程的宗旨是用工程化方法开发和维护软件，其中心课题是控制由于问题分解出现大量细节而导致的复杂性。软件经常变化，开发软件的效率非常重要，和谐地合作是开发软件的关键。

通常把在软件开发、维护全过程中使用的技术方法的集合称为软件工程方法学。软件工程方法学包含三个要素：方法、工具和过程。方法是完成软件开发的各项任务的技术方法，回答"怎样做"的问题。工具是为运用方法提供的自动或半自动的软件工程支撑环境。过程是为了获得高质量的软件所需完成的一系列任务的框架，规定了完成各项任务的工作步骤、方法、标准、要求、规定、角色、设备以及工具等。

最常见的软件工程方法学包括传统结构化方法学和面向对象方法学。

传统结构化方法学按照人们处理复杂任务的思维模式，从最高的抽象层次开始，把一个复杂问题的求解过程分成各个阶段，使得每个阶段处理的问题都控制在人们容易理解的范围内，通过自顶向下逐层分解，逐步求精，进行模块化设计。开发过程中采用结构化分析、结构化设计、结构化实现技术完成软件开发，每个阶段结束前都必须进行严格的技术和管理审查，每个阶段都应该提交高质量的文档。采用这种方法，软件开发成功率高、生产率高，但是由于数据和操作人为地分离，因此维护困难，难以适用于大规模软件开发。

面向对象方法学尽量模拟人类的思维方式，使开发软件的方法与过程尽可能接近人类认识世界、解决问题的方法与过程。现实中大规模复杂任务是由多个个体合作完成的，面向对象方法按照类似的方式来构建软件，即多个对象协作完成软件功能。面向对象方法学认为：对象是融合了数据及在数据上操作的统一的软件构件，所有对象都划分成类，相关的类按继承关系组织成一个层次结构系统，对象间仅通过发送消息互相联系。面向对象方法学使描述问题的问题空间（称为问题域）与实现解法的解空间（称为求解域）在结构上尽可能一致，提高软件的可理解性，提升开发过程各阶段的沟通效率，简化软件的开发和维护工作，促进软件的重用。

9.2.2 软件生命周期

通常把一个软件从定义开始，到开发、运行和维护，直到最终被废弃的整个过程称为软件生命周期（software life cycle）。软件生命周期经历了 3 个时期，每个时期又根据具体任务的不同而被分成若干阶段与活动。

1. 软件定义时期
- 问题定义。确定该软件的开发目标和总的要求，理解工作范围和所花代价，并进行可行性分析，对后续的需求分析等活动做出初步的计划安排。
- 需求分析。深入而具体地了解用户的要求，就待开发系统必须"做什么"的问题与用户取得完全一致的看法，包括功能需求、性能需求、环境要求与限制等内容，并用规格说明书表达出来。同时根据详细需求制订具体的软件开发计划。
- 软件计划。这里是指制订详细的开发计划，根据需求分析的结果，估算项目的成本和工作量，确定人员分工，制订具体进度安排，并据此制订各种详细的专题子计划，如分合同计划、开发人员培训计划、测试计划、安全保密计划、质量保证计划、配置管理计划、用户培训计划、系统安装计划等。

2. 软件开发时期
- 软件设计。软件设计分为总体设计（也称为概要设计、初步设计）和详细设计。在总体设计阶段确定系统的实现方案，设计出软件系统结构，确定软件各部分之间的关系，给出模块间传送的数据结构及每个模块的功能说明，以及数据库设计等。在详细设计阶段设计出每个模块的内部实现细节，如主要的算法、数据结构等。
- 软件编码。根据软件项目的特点、开发团队的条件等因素，选择合适的语言与相应的支持环境，按软件设计说明书的要求为每一部分编写程序代码。
- 软件测试。测试的任务是发现和排除软件中存在的错误和缺陷，软件测试包括阶段文档的评审和对程序执行检查。经过测试和排错，得到可运行的软件。

3. 软件运行和维护时期
软件维护是指对已交付运行的软件继续进行排错、修改、完善和扩充。

软件生命周期是"分而治之"思想在软件开发中的具体实现。由于软件的非实物性、软件开发过程的不可见性，导致软件的生产过程难以检查、度量。软件生命周期的思想是将软件的生产过程分成若干个阶段和不同的活动，每个阶段或活动都要得出最终产品的一个或几个组成部分，并且以文档形式体现。这有利于在软件生命周期的早期发现问题，及时修改，可以有效地避免软件定义、开发时期的错误所造成的危害在后续阶段被放大，从而保证软件质量。

9.2.3 问题定义与可行性研究

1. 问题定义

承接软件项目前首先进行问题定义，即弄清问题性质、工程目标、软件规模，并编写问题定义报告（项目任务说明书），在此基础上，给出对项目的初步设想、对可行性研究的建议等。

示例 9-1 社区文化资源管理系统问题定义

某社区希望开发一个社区文化资源的管理系统，为社区居民共享社区内的文化资源提供方便。经过初步了解，可以得到该系统的问题定义，如图 9-1 所示。

```
                         问题定义报告
    用户单位：××社区
    负责人：×××
    分析员单位：××软件公司
    分析员：×××
    项目名称：××社区文化资源管理系统
    问题概述：××社区中有着各类文化资源，供社区工作人员、社区居民浏览和借阅。希望通过
    社区文化资源管理软件帮助社区文化站管理社区各类文化资源的存放和使用问题。
    项目目标：开发一个有效的社区文化资源管理系统
    项目规模：开发成本约××万元
    可行性研究建议：进行一周，费用不超过××××元
                                         ××××年××月××日  签字：×××
```

图 9-1 问题定义报告示例

2. 可行性研究

可行性研究的目标是以最小的代价，在最短的时间内，确定所定义的问题是否值得解决，在预定的规模内是否有可行解。可行性研究的主要任务是了解客户的要求及现实环境，从技术、经济和社会因素等方面研究并论证本软件项目的可行性，编写可行性研究报告，制订初步项目开发计划。如果项目可行，还需要评述为合理地达到开发目标可能选择的各种方案。

如果软件开发与整个物联网工程一同进行，其可行性研究应与第 2 章的可行性研究合并进行。如果软件开发独立进行，不与物联网工程一同进行，则应依据遵循第 2 章的方法单独进行可行性研究。

3. 项目初始计划

软件项目初始计划主要包括：项目概述，初步任务的分解与人员分工、接口人员、进度、预算、影响整个项目成败的关键问题及其影响，项目实施所需要的各种条件和设施，除整个项目计划外的各个专题计划（如分合同计划、开发人员培训计划、测试计划、安全保密计划、质量保证计划、配置管理计划、用户培训计划、系统安装计划等）的要点。

可参照国标 GB/T 8567—2006 或 IEEE 软件工程标准等制订适合项目的初始计划文档内容。

需要说明的是，项目初始阶段还不了解系统详细的需求，只能制订一个粗略的计划，

等到需求分析完成之后，才能制订详细的开发计划。

9.2.4 需求分析

进入软件生产过程后，首先应进行需求分析，即明确软件具体要实现什么功能。

1. 需求分析概述

需求分析的目标是确定待开发的软件系统必须完成哪些功能，最终结果是构建一个完整、准确、清晰、具体的目标系统。

在该阶段，需求分析人员通过与用户的沟通，完成以下工作。

1）确定对系统的综合要求，包括：

- 系统的所有功能，即系统必须向用户提供的所有服务。
- 性能需求，系统须满足的技术性指标，如存储容量限制、执行速度、响应时间、吞吐量、安全性等。
- 可靠性和可用性。
- 出错处理需求，即系统如何对环境错误（并非该应用系统本身造成的）进行响应。
- 接口需求，即应用系统与其环境通信的格式。常见的接口需求有用户接口需求、硬件接口需求、软件接口需求、通信接口需求。
- 环境，如系统的硬件设备、支撑软件（所需要的操作系统、数据库及网络环境）等。
- 用户特点，包括用户的类型、理解和使用系统的难度等。
- 约束，常见的用户或环境强加给项目的限制条件，包括精度、工具和语言约束、设计约束、应该使用的标准、应该使用的硬件平台等。
- 逆向需求，针对可能发生误解的情况，说明软件系统不应该做什么。
- 将来可能的需求，明确列出不属于当前系统开发范畴但将来可能会提出的要求。

2）分析系统的数据要求：主要分析和描述系统所涉及的数据对象及其关系。

3）导出系统的逻辑模型：包括系统的功能模型、数据模型和控制模型。

4）修正系统开发计划：需求分析阶段对系统的认识更清晰、准确，可以在此基础上比较准确地估计系统的成本和进度，并据此修改得到更切实可行的软件开发详细计划。

5）书写软件需求分析文档，提交评审。

2. 需求分析过程

（1）获取初步需求

软件需求分析人员通过与用户的沟通获取系统初步需求。沟通形式有正式小组会议与非正式访谈、调查表、情景分析、观察用户工作流程、阅读与行业相关的标准或规则，以及阅读同类产品的用户手册、操作说明、演示版本等。

初步需求可以是用户关于系统需求的陈述，或者系统需求分析人员与用户沟通后撰写的需求描述，也可以是用户的招标文件。需求分析人员可以从需求陈述中获得系统的基本需求，如系统的用户类型、系统为每一类用户提供的功能等，这些需求信息可以用用例模型表达，并配以用例的文字介绍。用例描述了参与者如何使用系统来实现其目标。

示例 9-2 社区文化资源管理系统的需求陈述。

根据与用户的初步沟通，可得到社区文化资源管理系统的初步需求，如图 9-2 所示。

> 社区中有着各类文化资源，包括图书、杂志、报纸、电影（光盘、录像带）、音乐（磁带、光盘、唱片）等，供社区工作人员、社区居民浏览和借阅。
> 　　社区文化资源有一部分是存放在社区文化站的，这些资源是社区购买或者社区居民和各界人士捐赠的，由管理员登记在册，方便使用者查询。某些居民也愿意将私有的一些文化资源提供给社区其他居民或工作人员使用，但这部分资源只在文化站登记，而存放在拥有者家中，其他居民或社区工作人员可通过文化站向拥有者借用。
> 　　社区居民或者工作人员凭本人身份证在文化站阅览资源，不需办任何手续；如需借出，须先在管理员处登记借用者信息（姓名、身份证号码、联系电话）、资源信息、借出日期、归还日期等借阅信息，然后才能借出资源；若欲借资源为私藏，则由管理员按借阅流程办理借阅手续后，将资源拥有者的联系方式给借阅者，再由借阅者联系资源拥有者获取资源。
> 　　资源借用到期前，管理员会联系借用者催还资源。借用者归还资源后，管理员收回资源，并注销借用登记；如资源是私有的，管理员将联系资源拥有者到文化站取回资源。

图 9-2　社区文化资源管理系统的需求陈述

根据该需求陈述，整理出系统的用例模型，如图 9-3 所示。

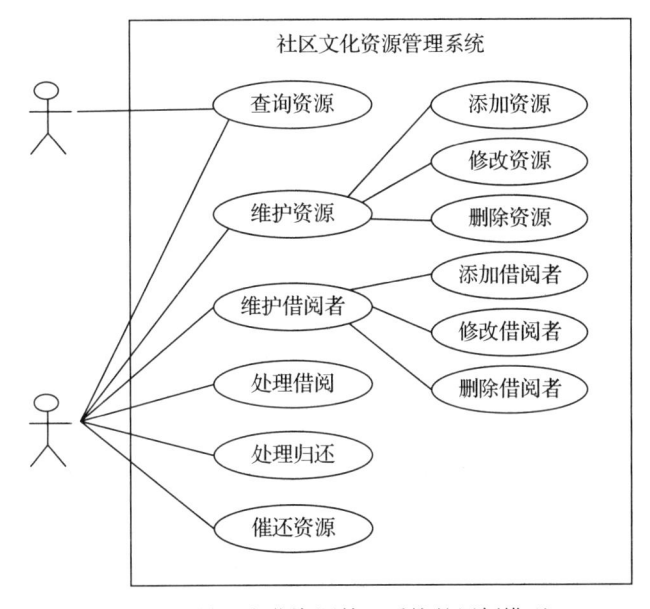

图 9-3　社区文化资源管理系统的用例模型

每个用例的功能可以用文字描述，比如"处理借阅"是根据借阅者的借阅需求，为其办理借出资源的相关手续，并在系统中做好相应记录。

初步需求是对系统需求的基本描述，缺乏细节，无法为软件开发提供足够的信息。

（2）获取详细需求

为获得详细需求，一般采用需求分析建模技术，从功能、数据、行为三个角度构建不同层次的模型。

（3）需求分析文档

建立需求分析模型后，可以完成需求分析文档（也叫需求规格说明），即完整、准确、具体地描述系统的功能需求、数据要求、控制规格说明、性能需求、可靠性和可用性要求、出错处理需求、接口需求、约束、逆向需求及将来可能提出的要求。

3. 传统需求分析方法

传统软件需求分析需要构建的模型有功能模型、数据模型和行为模型，如图 9-4 所示。

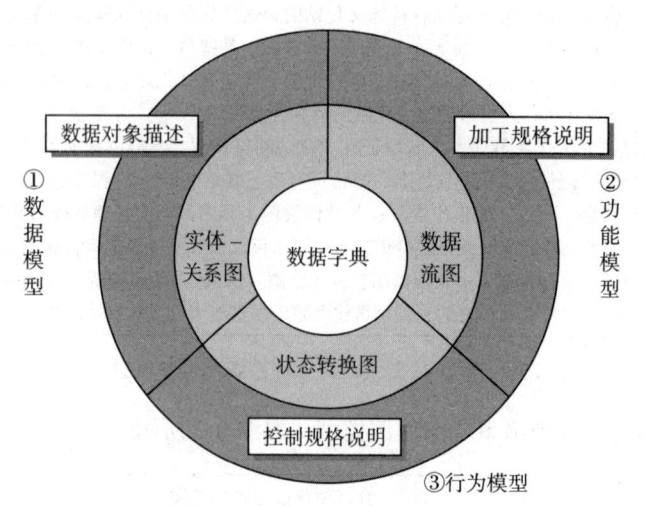

图 9-4　传统需求分析模型

（1）数据流图和数据字典

数据流图（Data Flow Diagram，DFD）采用的符号如图 9-5 所示。数据存储可以采用其中两种方式中的任何一种表示。

图 9-5　数据流图采用的符号

数据流图描述数据的加工处理过程。通常构建层次化的数据流图，如图 9-6 所示。

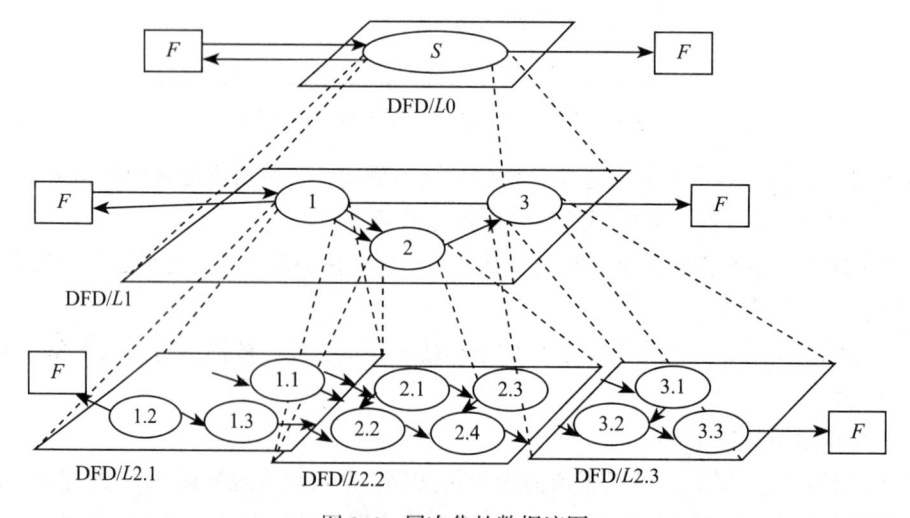

图 9-6　层次化的数据流图

最初整个系统被看作一个加工处理，如图 9-6 中顶层的椭圆 S 所示。根据系统功能，将 S 进一步分解成 3 个具体的加工处理，如图 9-6 中的椭圆 1、2、3 所示。椭圆 1 所代表的功能可以继续被分解成更具体的加工处理，如图 9-6 中的椭圆 1.1、1.2、1.3 所示。在这样自顶向下、逐层细化的过程中，系统对数据的加工处理过程越来越具体、清晰，分析人员对系统的需求也越来越明确。

抽象的图包含的信息有限，每一个数据流图需要给出相应的文字描述，以反映需求的细节。

示例 9-3 社区文化资源管理系统的数据流图。

首先画出顶层数据流图，如图 9-7 所示。

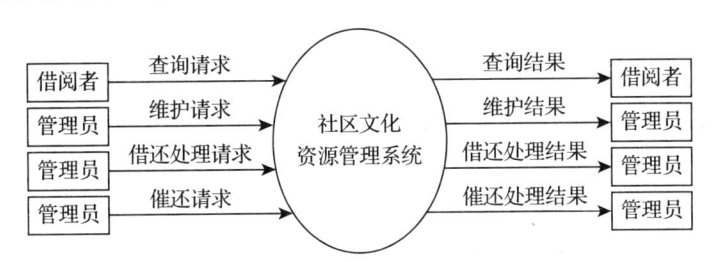

图 9-7 社区文化资源管理系统的顶层数据流图

如图 9-7 所示，借阅者可以通过系统查询自己感兴趣的资源。管理员通过系统维护资源信息和借阅者信息、处理借阅者借阅、处理归还资源，以及向借阅者催还资源。

该顶层数据流图被进一步分解成功能级的数据流图，如图 9-8 所示。

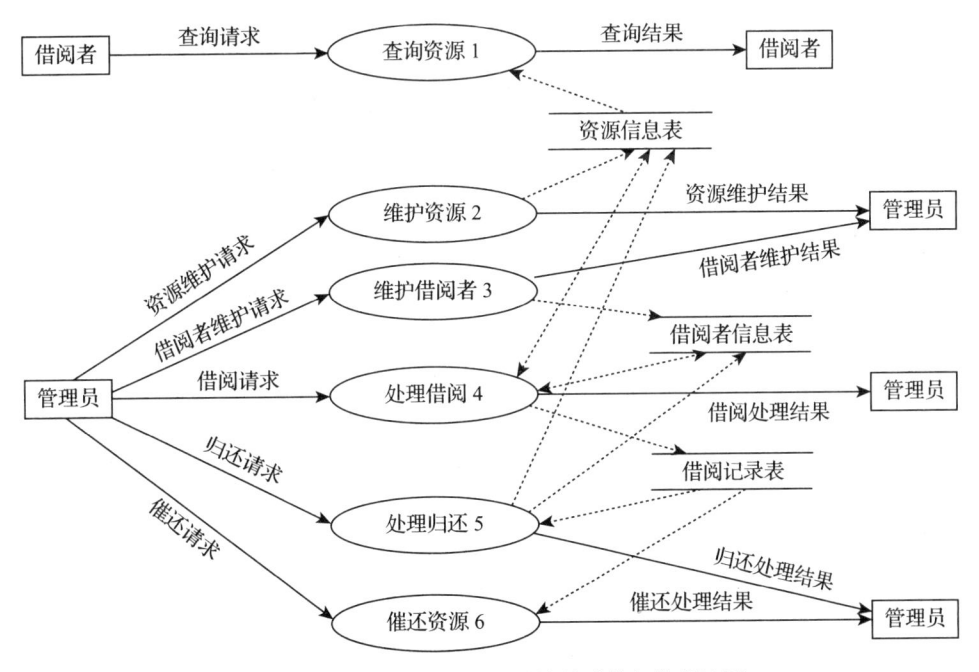

图 9-8 社区文化资源管理系统的功能级数据流图

其中每个加工处理还可进一步细化。比如加工处理 4 "处理借阅"还可细化成图 9-9 所示的数据流图。管理员根据借阅者的信息检查其借阅资格；如果借阅者有不良记录（如超期未还资源、损坏资源等），将限制其再次借阅；对符合借阅资格的借阅者，用其待借资源的信息查询资源信息表,将获取资源 ID、借阅者 ID 和借阅日期写入借阅记录,修改资源信息表中的资源"状态"为"借出",修改借阅者信息表中的"可借册数";如果资源是公有资源,则从资源信息表中获取资源位置信息,取出资源给借阅者;如果资源是私有资源,则用资源 ID 查询资源拥有关系表,获取资源拥有者 ID,再根据资源拥有者 ID 查询资源拥有者信息表获取拥有者的联系方式,将该联系方式给借阅者,由借阅者与资源拥有者商定取得资源的时间和方式。

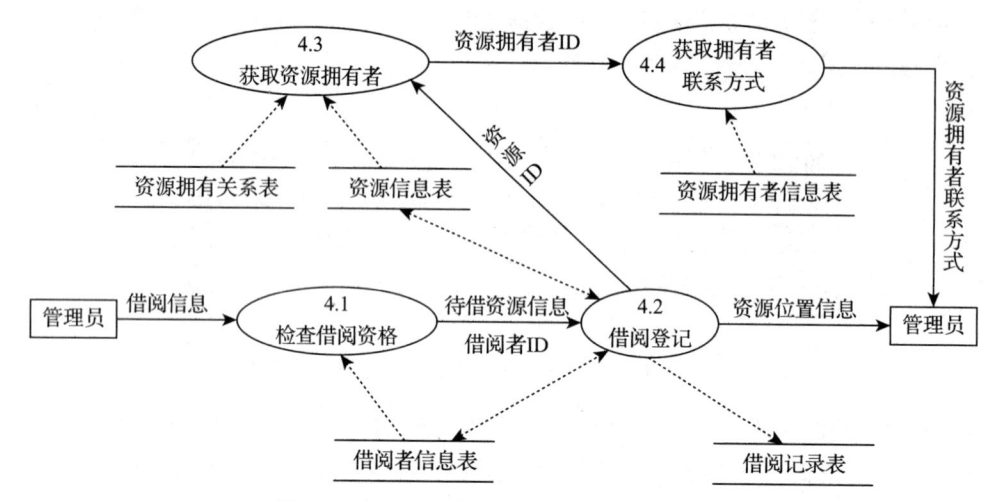

图 9-9 加工处理 4 "处理借阅"的数据流图

数据流图中的所有内容都需要用数据字典加以定义。数据字典常用符号如表 9-1 所示。

表 9-1 数据字典常用符号

符号	含义	举例	符号	含义	举例
=	被定义为		(…)	可选	x=(a)
+	与	x=a+b	"…"	基本数据元素	x="a"
[…,…] 或 […|…]	或	x=[a, b], x=[a|b]	..	连接符	x=1..9
{…} 或 小 m{…}	重复	x={a}, x=3{a}8	—	—	—

例如,图 9-9 中,"处理借阅"功能中的"资源位置信息"可以定义为:

资源位置信息 =4{ 汉字 | 英文字母 | 数字 }15

即,资源位置信息可由 15 个汉字、英文字母和数字构成。

对系统中需要长久保存的内容,即数据存储,应描述其流入和流出的数据流、组成、组织方式。

示例 9-4 社区文化资源管理系统的数据存储定义。

图 9-9 中"借阅记录表"的数据字典定义如图 9-10 所示。

```
数据存储名称:借阅记录表
流入数据流:借阅者 ID、资源 ID
流出数据流:无
```

图 9-10 数据存储"借阅记录表"的定义

对于系统中的每一个加工处理,除了给出简要的描述外,还需要定义触发条件、优先级、输入数据流、输出数据流、处理逻辑等。

示例 9-5 社区文化资源管理系统的加工处理"借阅登记"的定义。

图 9-9 所示"借阅处理"的数据流图中,加工处理 4.2"借阅登记"的定义如图 9-11 所示。

```
处理名:借阅登记
处理编号:4.2
输入数据流:待借资源
输出数据流:资源位置信息
访问的数据存储:借阅者信息表、资源信息表
处理逻辑:从借阅者信息表中获取借阅者 ID,从资源信息表中获取资源 ID,并将这些信息登记到借阅记录表中,填写借阅记录中的借阅日期为当前日期,根据借阅期限规定填写应还日期;修改资源信息表中的资源状态为"借出",修改借阅者信息表中的借阅册数。获取资源信息表中的资源位置信息。
```

图 9-11 加工处理 4.2"借阅登记"的定义

(2)实体-关系图

实体–关系图(Entity-Relationship Diagram,ERD)描述系统所涉及的数据对象及其关系。实体–关系图用矩形框描述实体对象,用椭圆框描述实体对象的属性,用菱形表示实体间的关系。

示例 9-6 社区文化资源管理系统的实体–关系图。

社区文化资源管理系统的实体–关系图如图 9-12 所示。其中,"资源拥有者"与"资源"间是"一对多"关系,而"资源"和"借阅者"间是"多对多"关系。关系也可能有属性,例如,图 9-12 中"借阅日期"是关系"借阅"的属性。

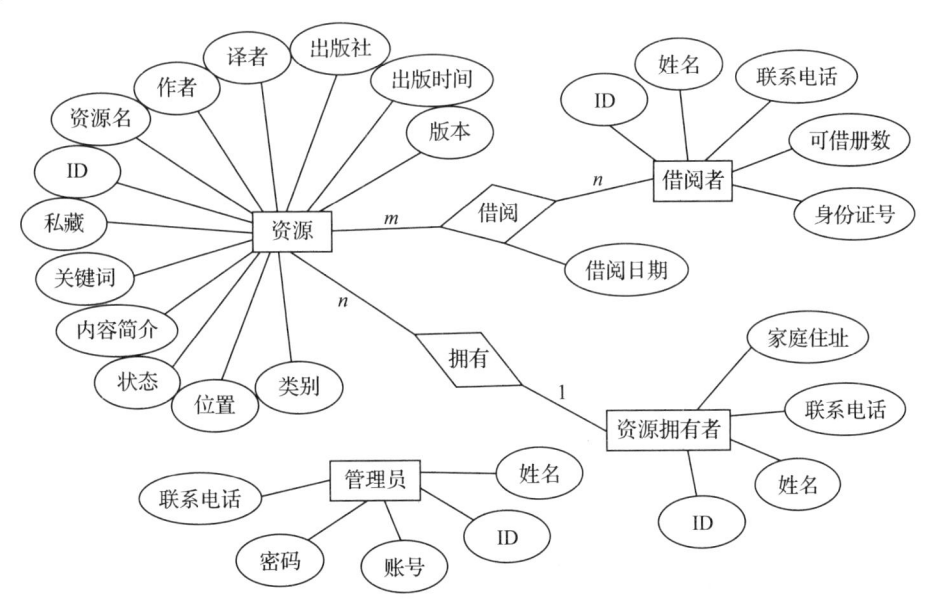

图 9-12 社区文化资源管理系统的实体–关系图

(3)状态转换图

状态转换图(State Transition Diagram,STD)通过描绘系统、子系统或者实体对象的

状态及引起状态转换的事件来表示系统的行为，并指明作为特定事件的结果系统将做哪些动作。

示例 9-7 社区文化资源管理系统中"资源"的状态转换图。

构建"资源"的状态转换图，如图 9-13 所示。新资源分类编号后等待入库，分配到合适的资源架位置后，将资源编号、类别、上架位置等信息登记到资源信息表，完成资源入库。架上的资源可被借出。资源借出有时间期限，从借出之日开始计算借出时间，到达时间期限前规定的时间时，系统会发提醒给管理员，管理员看到提醒后会联系借阅者催还资源。如果资源被借阅者遗失，则资源的生命周期结束。如果借阅者归还了资源，需要按照资源信息表中的位置信息重新上架。文化站会定期淘汰没有存在价值的资源。

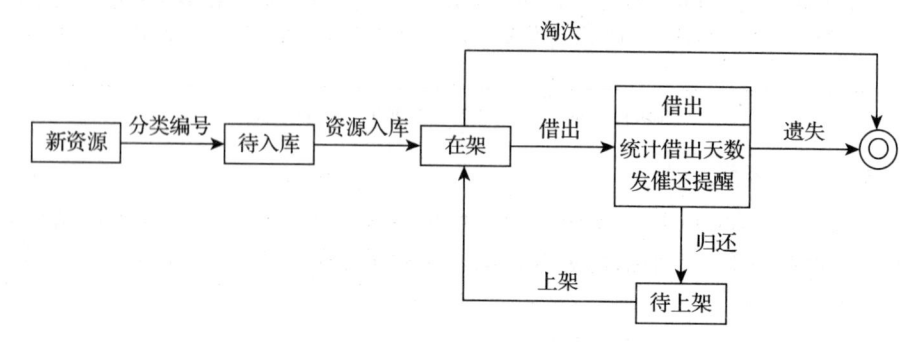

图 9-13 "资源"的状态转换图

通过逐层细化数据流图（功能模型）、实体–关系图（数据模型）、状态转换图（行为模型），分析人员可逐步获得待开发系统在功能、数据和行为等方面的详细需求。

4. 面向对象的需求分析

面向对象的需求分析需要建立 3 种形式的模型：功能模型（Function Model，FM）、对象模型（Object Model，OM）和动态模型（Dynamic Model，DM）。这 3 种模型从不同侧面描述系统的特性，共同反映了目标系统的需求。

- 功能模型：指明了用户通过该系统可以"做什么"，即达到的目的，通常以用例的场景描述来体现。场景是用例的一个实例，若干个场景反映了用例的功能。
- 对象模型：定义参与系统功能的实体对象及其之间的关系，通常用类图表示。
- 动态模型：描述对象和系统的行为，通常用状态转换图表示。

对于比较复杂的用例交互，面向对象方法还会构建一些辅助模型，比如通信图、顺序图等描述交互过程的细节。

示例 9-8 社区文化资源管理系统的面向对象分析建模。

1）构建功能模型。选取图 9-3 中的用例"处理借阅"，给出图 9-14 所示的正常场景和图 9-15 所示的异常场景。还可以为该用例写出更多的正常场景、异常场景，足够多的场景能够全面体现该用例的功能。

2）构建静态模型。根据该系统涉及的静态对象，可构建问题域类图，如图 9-16 所示。

3）构建动态模型。"资源"的状态转换图如图 9-13 所示。

4）构建辅助模型。用例"处理借阅"的一个正常场景的顺序图如图 9-17 所示。

```
1. 借阅者张先生希望借阅一张音乐 CD：2024 年维也纳新年音乐会。
2. 管理员小王登录进系统。
3. 小王选择"借阅"功能。
4. 系统提示要检查借阅权限。
5. 小王询问张先生的身份证号，并输入系统。
6. 系统返回检查结果：该借阅者还可以借阅资源 2 件。
7. 小王询问张先生要借阅的 CD 标题，并将"2024 年维也纳新年音乐会"输入系统。
8. 系统显示该 CD 在文化站库房 A 架第 4 层第 13 号。
9. 小王去库房取出 CD。
10. 小王在系统界面上单击"借出"。
11. 小王将 CD 交给张先生，并告诉张先生最长借期为一个月，如果到时候还想继续欣赏，
    可以来文化站办理续借手续。
```

图 9-14 用例"处理借阅"的一个正常场景

```
1. 借阅者李先生希望借阅一本书：莫言的《晚熟的人》。
2. 管理员小王登录进系统。
3. 小王选择"借阅"功能。
4. 系统提示要检查借阅权限。
5. 小王询问李先生的身份证号，并输入系统。
6. 系统返回检查结果：该借阅者已借阅资源 3 件，均未归还，目前暂不能继续借阅资源。
7. 小王告诉李先生，他需要至少还 1 件资源才能继续借阅。
```

图 9-15 用例"处理借阅"的一个异常场景

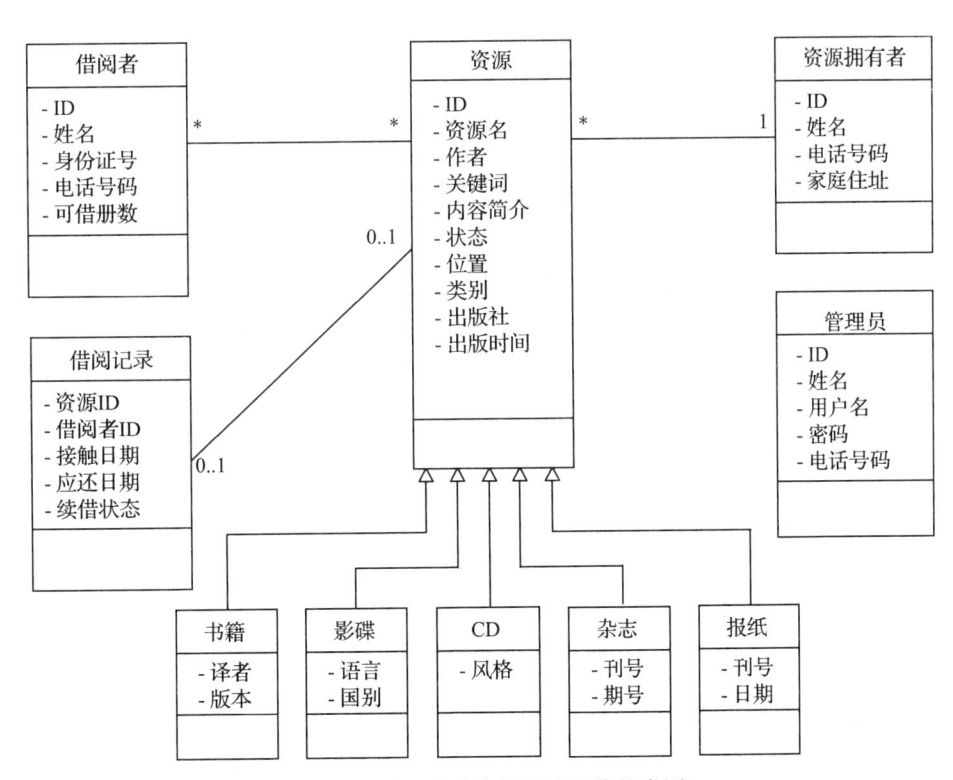

图 9-16 社区文化资源管理系统的类图

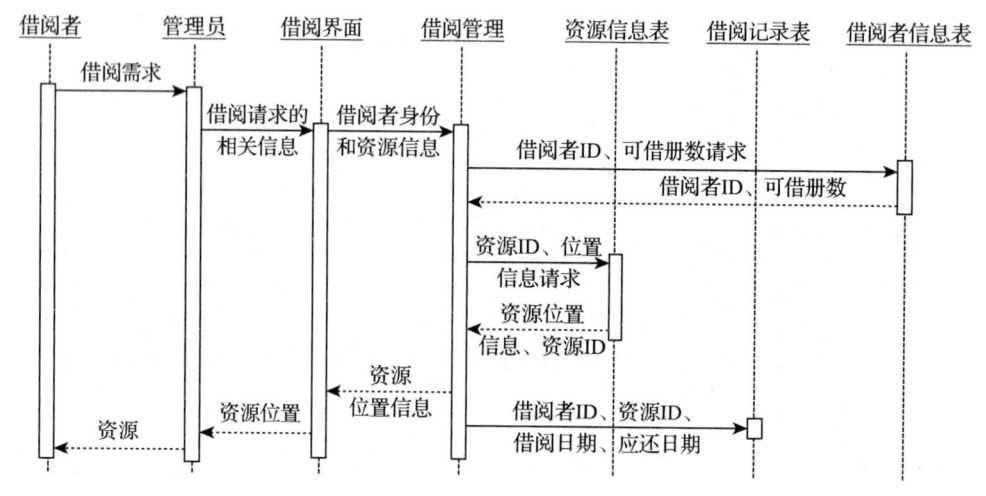

图 9-17 用例"处理借阅"一个正常场景的顺序图 1

"借阅者"向"管理员"表达借阅需求,"管理员"在"借阅界面"输入借阅者身份信息和待借资源信息,"借阅界面"将借阅者身份信息和资源信息提交给"借阅管理"类,"借阅管理"类向"借阅者信息表"请求借阅者 ID 及其可借阅册数,如返回的可借册数大于 0,则"借阅管理"类根据待借资源信息向"资源信息表"请求资源的存放位置和资源 ID,并将资源 ID、借阅者 ID、借阅日期及应还日期一起写入"借阅记录表",然后"借阅管理"类把资源位置信息通过"借阅界面"显示给"管理员",管理员根据此位置信息找到资源交给借阅者。

通过用例场景的描述、类图和状态转换图的不断细化,以及辅助的通信图或者顺序图,分析人员可逐步获得待开发系统在功能、数据和行为等方面的详细需求。

5. 需求分析文档

需求分析文档描述了系统的详细需求,是用户验收的标准,可作为项目开发合同的附件。

需求分析文档主要包括待开发软件介绍、最终用户特点、软件功能、软件性能、输入/输出要求、数据管理能力要求、故障处理要求、运行环境规定、控制该软件运行的方法和控制信号等。

可参照国标 GB/T 8567—2006 或 IEEE 软件工程标准等确定适合项目的需求分析文档内容。

6. 需求阶段的质量保证工作

(1) 需求评审

需求分析的结果必须通过评审才能进入开发环节。大量数据表明,软件系统 50% 以上的错误源于不正确的需求。需求评审工作需要最终用户的密切合作。自然语言书写的需求分析结果主要靠人工技术审查予以验证,必要的时候可以进行仿真或性能模拟。

需求评审主要从以下四个方面审查需求分析文档。

- 一致性:所有需求必须一致,不能前后矛盾或相互矛盾。
- 完整性:需求规格说明书应包括用户需求的各个方面。

- 现实性：所有需求在现有基础上都是可实现的。
- 有效性：必须证明需求有效，能解决用户提出的问题。

（2）测试准备

在需求工作基本完成后，可以为验收测试和系统测试做相关准备工作。

1）制订测试计划。

需求分析工作结束后，对软件系统有了详尽、准确的认识，可以制订更准确的切实可行的验收测试和系统测试计划。

验收测试的目的是向最终用户证明软件可以完成既定的功能和任务，主要验证软件的有效性。验收测试的依据是需求分析文档，即验证软件系统是否满足了需求分析文档中的要求。

系统测试是将已经确认的软件、计算机硬件、外设、网络等其他元素结合在一起进行的测试，在实际使用环境中进行。

测试计划的内容包括测试标准、测试环境、测试人员、测试内容及测试策略等。

2）设计测试用例。

根据需求分析文档，整理出足够的需求，并依此设计测试用例。

验收测试面向客户，从客户使用系统的角度出发，使用客户习惯的业务语言，根据业务场景来组织测试用例和流程。验收测试采用黑盒测试技术，以客户关心的主要功能点和性能点作为测试的重点。通常由客户代表完成或参与完成验收测试用例的设计。

系统测试可以从性能测试、恢复测试、安全测试、压力测试等角度设计系统的测试用例。

9.2.5 软件开发计划

需求分析阶段明确了具体的软件需求，可以在此基础上制订详细的软件开发计划。

1. 软件规模估算

进度、成本和质量是制订软件开发计划的三要素，进度和成本估算依赖于软件规模的估算。

常用的软件规模度量技术有代码行（Line of Code，LOC）技术和功能点（Function Point，FP）技术。

（1）代码行技术

代码行技术的主要思想是将软件系统划分成若干个可独立估算的子系统，由专家与有经验的开发人员组成估算小组，依各自开发类似产品的经验及历史数据，估计实现每个子系统所需源代码行数，把每个子系统所需的源代码行数累加起来，就可得到实现整个软件所需源代码行数。

具体做法是由专家或软件开发人员分别估计程序的最小（乐观）的行数（a）、最大（悲观）的行数（b）和最可能的行数（m），采用式（9.1）计算程序的最佳期望行数：

$$L = \frac{a + 4m + b}{6} \tag{9.1}$$

另外，还有一个行数误差公式：

$$L_d = \sqrt{\sum_{i=1}^{m}\left(\frac{b-a}{6}\right)^2} \qquad (9.2)$$

其中，m 为块数。当程序规模较小时，常用的单位是代码行数（LOC），当程序规模较大时，常用的单位是代码千行数（Kilo Line Of Code，KLOC）。

式（9.1）和式（9.2）不仅可用来估算软件的规模，也可用于软件成本估算。

示例 9-9 计算机辅助设计（CAD）应用系统规模估算。

为计算机辅助设计应用开发一个软件包，该软件包是一个以微型计算机为基础的与各种计算机图形、外部设备（如显示终端、数字仪、绘图仪等）相连接的软件系统。表 9-2 列出了软件包各部分的规模估算。

表 9-2 某 CAD 应用软件包各部分的规模估算

软件成分	最小值 (a)	最可能值 (m)	最大值 (b)	期望值 (L)	误差 (L_d)
用户接口控制	1800	2400	2650	2340	140
二维几何图形分析	4100	5200	7400	5380	550
三维几何图形分析	4600	6900	8600	6800	670
数据结构管理	2950	3400	3600	3350	110
计算机图形显示	4050	4900	6200	4950	360
外部设备控制	2000	2100	2450	2140	7
设计分析	6600	8500	9800	8400	540
总计	26 100	33 400	40 700	33 360	2445

软件产品最终以代码形式体现，代码行技术简单可行，由多位专家估算，避免了单独一位专家的偏见。但是，软件开发过程中为得到源代码，必须事先做许多工作，如需求分析、系统设计、详细设计等，这些工作量无法在源代码行数中体现出来。使用不同语言开发同一系统所得到的代码行数也不相同，特别是非过程性语言，用代码行数更难如实反映实际的工作量。

为弥补代码行技术的不足，可以使用功能点技术。

（2）功能点技术

功能点技术用功能点作为软件规模的度量单位，依据对软件信息域特性和软件复杂性的评估结果估算软件规模。

软件具有五个信息域特性。

- 输入项数（Inp）：用户向软件输入的项数，用于查询的输入单独计数。
- 输出项数（Out）：软件向用户输出的项数，报表内的数据项不单独计数。
- 查询数（Inq）：查询是一次联机输入，它使得软件以联机输出方式产生某种即时响应。
- 主文件数（Maf）：逻辑主文件的数目。逻辑主文件是数据的一个逻辑组合，表现为大型数据库的一部分或一个独立的文件。
- 外部接口数（Inf）：机器可读全部接口的数量，用这些接口可把信息传送给另一个系统。

按如下步骤可估算出一个软件的功能点数，从而估算出软件规模。

1）计算未调整的功能点数（UFP）。根据软件产品信息域特性等级（分为简单级、平均级或复杂级）分配功能点数，例如，简单级输入项分配 3 个功能点，平均级输入项分配

4个功能点，复杂级输入项分配6个功能点。

用式（9.3）计算未调整的功能点数：

$$\text{UFP}=a_1\times\text{Inp}+a_2\times\text{Out}+a_3\times\text{Inq}+a_4\times\text{Maf}+a_5\times\text{Inf} \tag{9.3}$$

其中，$a_i(1\leq i\leq 5)$是信息域特性系数，其值由相应特性的复杂级别决定，如表9-3所示。

表 9-3 信息域特性系数

特性系数	复杂级别		
	简单	平均	复杂
输入系数 a_1	3	4	6
输出系数 a_2	4	5	7
查询系数 a_3	3	4	6
文件系数 a_4	7	10	15
接口系数 a_5	5	7	10

2）计算技术复杂性因子（TCF）。有14种技术因素可能影响到软件的规模，如表9-4所示。

表 9-4 影响软件规模的技术因素

标识	名称	标识	名称
F_1	数据通信	F_8	联机更新
F_2	分布式数据处理	F_9	复杂的计算
F_3	性能标准	F_{10}	可重用性
F_4	高负荷的硬件	F_{11}	安装方便
F_5	高处理率	F_{12}	操作方便
F_6	联机数据输入	F_{13}	可移植性
F_7	终端用户效率	F_{14}	可维护性

根据软件的特点，为每个技术因素分配一个对软件规模的影响值（0表示不存在或对软件规模无影响，5表示影响很大），用式（9.4）计算技术因素对软件规模的综合影响程度DI：

$$\text{DI}=\sum_{i=1}^{14}F_i \tag{9.4}$$

用式（9.5）计算技术复杂性因子：

$$\text{TCF}=0.65+0.01\times\text{DI} \tag{9.5}$$

3）计算功能点数（FP）。用式（9.6）计算功能点数：

$$\text{FP}=\text{UFP}\times\text{TCF} \tag{9.6}$$

采用功能点技术估算软件规模比代码行技术更合理，因为功能点数与所用编程语言无关。但是，在采用功能点技术时应注意，信息域特性复杂级别和技术因素对软件规模的影响程度均为主观给定的度量值，会在一定程度上影响软件规模的估算结果。

当项目复杂性发生变化，或增加了新的开发人员，或出现其他影响软件开发的因素时，需要修正或重新估算软件规模。

2. 软件成本和工作量估算

工作量是对完成一项任务所需劳动量的计算，计算单位是人月或人日。软件规模直接影响软件开发的工作量，可根据软件规模来推算工作量。

不同类型的软件或者在不同条件下开发软件,所遇到问题的难易程度与所花费的工作量是不一样的。软件开发方式主要有以下3种。

- 有机(organic)方式:开发人员较少,开发组织内部自用的软件,大部分人员具有类似项目的经验,能够比较彻底地理解产品需求,对产品性能容易做到重新修改。
- 嵌入(embedded)方式:在软硬件环境、运行规程等方面都已施加十分严格规定的条件下,开发出一个具有预定功能的软件,嵌入这个条件苛刻的大系统中去。这种方式接口有严格的限制,软件内容常常是不熟悉的领域,软件需求的修改影响重大,一般而言项目比较大,如空中交通管制系统。相比之下,软件是整个系统中最难且是最后加入的部分,如果其他部分要修改,费用则十分昂贵,因此一切难点都希望通过软件来弥补,开发人员很少有讨价还价的余地。
- 半分离(semidetached)方式:介于有机方式和嵌入方式之间的一种情况。开发人员对该项目具有中等的经验,对接口有一定的限制。

这3种软件开发方式的对比如表9-5所示。经验表明,程序的大小和所需的人月数不成比例,而是呈指数关系。

表9-5 3种软件开发方式的对比

对比项	软件开发方式		
	有机	半分离	嵌入
开发部门对产品目标的理解程度	彻底	有相当的程度	一般
对有关软件系统的已有工作经验	有广泛的经验	相当程度的经验	中等
软件遵循预定需求的必要性	基本上	相当程度	全面地
软件遵循外部接口规格的必要性	基本上	相当程度	全面地
有关新型硬件与操作过程是否应同时开发	有一些	中等	广泛
是否要开发新的数据处理算法与体系结构	很少	有一些	相当多
提前完成可获得的奖励	不多	有一些	相当多
产品规模	< 50KDSI	≥ 300KDSI	无上限
典型示例	批处理数据浓缩 科学、商务模型 熟悉的 OS 与编译程序 简单的库存管理、生产控制	大多数事务处理系统 新 OS、DBMS 简单的指挥控制系统 大型库存管理生产控制系统	大型复杂事务 大型 OS 大型指挥系统
工作量计算公式 MM/人月	$2.4 \times (KDSI)^{1.05}$	$3.0 \times (KDSI)^{1.12}$	$3.6 \times (KDSI)^{1.28}$
开发时间计算公式 TDEV/月	$2.5 \times (MM)^{0.38}$	$2.5 \times (MM)^{0.35}$	$2.5 \times (MM)^{0.32}$

根据 Boehm 的统计,对于最常见的软件,可按式(9.7)计算工作量:

$$MM = 2.4 \times (KDSI)^{1.05} \tag{9.7}$$

其中,KDSI 表示源程序的大小,即机器指令的多少,以千行源指令为单位(注释行除外),且不包含借用别人开发好的部分程序;MM 是开发该软件所需的人月数。

由于参与开发的人员数目与软件规模有内在关系,需要 300 人月的项目一般不会只让一人去连续干 25 年(300/12),也不可能一次投入 300 人要求在一个月内完成,所以开发进度（或者工期）也与软件规模有一定的关系。其关系如式（9.8）所示。
$$TDEV=2.5\times(MM)^{0.38} \tag{9.8}$$
其中，TDEV 是以月为单位的开发时间，是指从产品设计阶段开始（需求说明完成之后）直到测试工作完成为止。

由式（9.7）和式（9.8）便可估算出项目大致需要投入的人数，如式（9.9）所示。
$$FSP=\frac{MM}{TDEV} \tag{9.9}$$
其中，FSP（Full-time Software People）是指直接参与项目的工作人员数，包括项目管理员、程序员和资料员。一位全时投入的软件工作人员应每天工作 8 小时，每月有效工作天数为 19 天，每人月为 152 小时（19 天 × 8 小时 / 天）。

示例 9-10 软件工作量估算。

例如，为了开发一个估算规模约有 3.2 万行（32KDSI）源程序的软件，需要

工作量：$MM=2.4\times(32)^{1.05}=91$（人月）

生产率：$\frac{32\,000}{91}=352$（行 / 人月）

工期：$TDEV=2.5\times(91)^{0.38}=14$（月）

平均投入人数：$\frac{91}{14}=6.5$ 人（全时软件开发人员）

下面采用功能点技术来估算软件的工作量。假设某项目计算出总的 FP 估算值是 310，已有项目的平均 FP 生产率是 5.5FP/ 人月，则项目的总工作量为

$$工作量=310/5.5=56（人月）$$

软件的开发要经历多个不同阶段，上述公式计算出来的工期是指由产品设计、编码到测试所需花费的时间和工作量。可进一步估算每一阶段所需时间和工作量，以及同一阶段所需的各类人员。

需要说明的是：

- 大多数估算模型的经验数据都是从有限个项目样本集中总结出来的，没有一个估算模型可以适用于所有类型的软件和开发环境。
- 影响软件开发工作量和工期的因素很多，上述方法计算的结果只能供管理人员决策参考。

3. 软件开发进度安排

进度安排是给软件项目管理者提供如何组织、安排开发所需人力资源和设备，对软件开发进度实施控制的依据，是软件管理不可缺少的文档资料。

在软件开发进度表中，必须明确每项任务的起始时间、每项任务的工作量，还可给出每个任务完成的标志、每个任务与工作的人数、工作量和各个任务之间的衔接情况。

（1）软件进度安排的工具

常见的软件进度安排的工具有甘特图和 PERT 图。

甘特图（Gantt chart）是应用广泛的制订进度计划的工具。在甘特图中，水平的矩形条表示每个任务的工作时间段，矩形条的左端对应任务的开始时间点，矩形条的右端对应任务结束的时间点，矩形条的长度表示完成任务需要的时间。

某项目 2023 年 6 月 25 日的甘特图如图 9-18 所示。此图表示截至 2023 年 6 月 25 日，子任务 1 已完成，子任务 2 已经开始尚未完成，任务完成时间比计划延迟，子任务 3 进度正常，子任务 4、5 根据计划安排尚未启动。

任务	开始时间	完成时间	持续时间	2023 年 1 2 3 4 5 6 7 8 9 10 11 12	2024 年 1 2
子任务 1	2023-01	2023-04	4		
子任务 2	2023-02	2023-06	5		
子任务 3	2023-05	2023-08	4		
子任务 4	2023-07	2023-11	5		
子任务 5	2023-11	2024-02	4		

图 9-18　某项目 2023 年 6 月 25 日的甘特图

需要说明的是，每个任务完成的标准是提交相关文档并通过评审，即每一阶段文档的提交与通过评审的日期是软件开发进度的里程碑。里程碑为管理人员提供了指示项目进度的可靠依据。一旦一个任务成功地通过了评审并产生了合格的文档，就达到了一个里程碑，从甘特图中看，就是每个矩形条结尾处的三角形由空心变成了实心。

较大规模的软件项目需要团队的共同努力才能完成。在项目参加者不止一人的情况下，开发工作往往会由多人并行执行。为了显式地描绘各项任务之间的相互依赖关系，可以采用 PERT（Project Evaluation and Review Technique，项目评估与评审技术）图来描述项目的进度安排。PERT 图是一种图形化的网络模型，描述一个项目中任务之间的关系。

采用 PERT 图安排进度的做法是：把项目从开始到结束应当完成的任务用图的形式表示出来，图中用节点表示子任务和完成该任务所需的时间，用箭头表示各子任务在时间上的依赖关系。

图 9-19 是一个有 8 个任务的 PERT 图，节点中的数字标明的是完成该子任务需要的时间，例如，完成 *A* 任务需要 4 个时间单位。

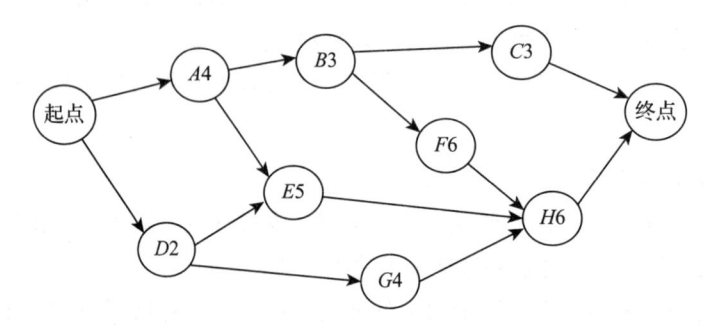

图 9-19　有 8 个任务的 PERT 图

（2）软件进度安排的步骤

通常联合使用甘特图和 PERT 图制订进度计划并监督项目进展状况，其步骤如下。

1）制订子任务关系时间表。根据已有信息确定软件项目各子任务之间的依赖关系和工作时间，可用表格予以描述。

2）建立 PERT 图。从项目的终点开始，按照从后往前的方向，依次画出代表每个任务的节点，直到项目的起点，并用箭头标出任务间的依赖关系（箭头从前导任务指向后续任务）。

3）在 PERT 图中标出最早起止时间。在 PERT 图中，从起点开始，从前往后依次在每个子任务上方标出该子任务的最早开始时间和最早结束时间。若某个任务有若干个前导任务，则取那些前导任务中的最早结束时间作为该任务的最早开始时间。

4）在 PERT 图中标出最迟起止时间。从终点开始，从后往前依次在每个子任务的下方标出该子任务的最迟开始时间和最迟结束时间。若某个任务有若干个后续任务，则取那些后续任务中的最迟开始时间中最早的那个作为该任务的最迟结束时间。

5）找出 PERT 图中的关键路径。关键路径（Critical Path，CP）是从起点到终点之间消耗时间最长的路径，它决定完成整个项目所需要的时间。最早起止时间和最迟起止时间相同的子任务构成的路径就是关键路径，这条路径上的子任务是不能延误的。

6）利用 PERT 图优化开发活动安排。
- 合理分配项目组所拥有的各种资源，以确保关键路径上的各项子任务按时完成。
- 根据实际情况，充分利用优质资源（如安排技术骨干等），科学地缩短关键路径上子任务所需要的时间，从而缩短整个项目的开发时间。
- 利用机动时间调整任务安排。一个子任务的机动时间等于它的最迟开始时间减去它的最早开始时间。不处于关键路径上的子任务都是有机动时间的。可以根据需要调整其起止时间，只要保证该任务在其最迟开始时间前启动即可。

7）用甘特图描述进度安排。在甘特图中用不同颜色标记每个子任务的实际进度和计划进度，以合适的方式实时展示甘特图，使项目组中的每个成员都能时刻清楚整个项目的进展和自己所承担任务对整个项目进度的影响。

示例 9-11 某项目的软件进度计划。

1）假设某项目各子任务间的依赖关系和工作时间如表 9-6 所示。

表 9-6 某项目各子任务间的依赖关系和工作时间

子任务	前导任务	所需时间/月	子任务	前导任务	所需时间/月
A	—	4	E	A、D	5
B	A	3	F	B	6
C	B	3	G	D	4
D	—	2	H	E、F、G	6

2）根据表 9-6 建立 PERT 图，如图 9-20 所示。

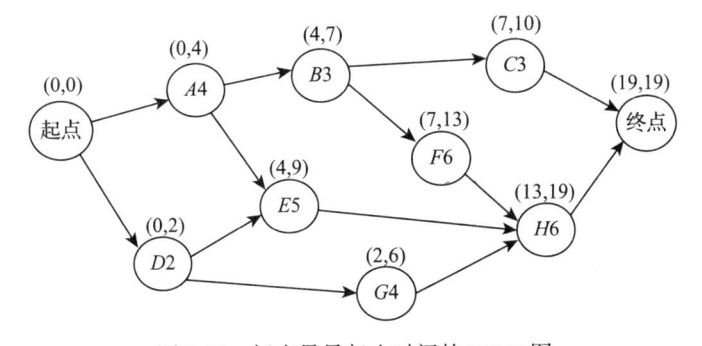

图 9-20 标出最早起止时间的 PERT 图

3）在图9-20所示的PERT图中标出各子任务的最早起止时间，如图中节点上方的数字序偶所示。其中A任务的最早开始时间是从整个项目的起始时间（时间单位0）开始，最早是到时间单位4之前结束。

4）在图9-20所示的PERT图中标出各子任务的最晚起止时间，如图9-21中节点下方的数字序偶所示。其中A任务的最晚开始时间是从整个项目的起始时间（时间单位0）开始，最晚是到时间单位4之前结束。

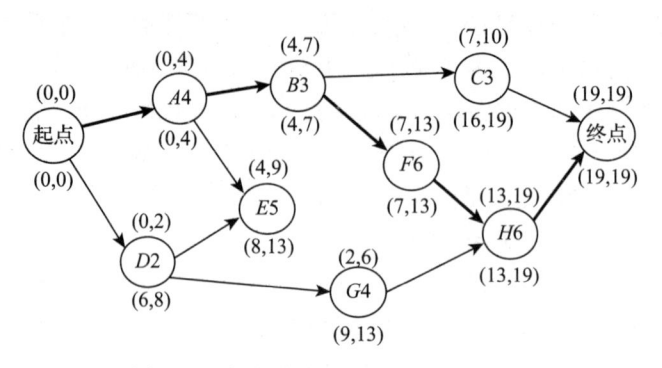

图 9-21　标出最晚起止时间的 PERT 图

5）找出PERT图中的关键路径。

从图9-21可以看出，子任务A、B、F、H的最早起止时间和最晚起止时间是一样的，因此，关键路径为"起点→A→B→F→H→终点"，如图9-21中的粗线箭头所示。

6）利用PERT图优化开发活动安排。

- 将项目组优质技术人员安排到任务A、B、F、H中，以确保这些任务按时保质完成。
- 研究任务A、B、F、H，寻找适当的方法尽可能地缩短这些任务所需要的开发时间。
- 适当延迟任务D的开始时间，但保证D在A启动后的第6个时间单位前开始。

7）利用甘特图动态显示项目的进展。

项目开发开始后，用图9-18所示的甘特图标出每个子任务（A、B、C、D、E、F、G、H）的启动时间、计划完成的时间。实时将每个进度符合计划的子任务的已完成部分的棒条标以不同颜色，以展示每个子任务的开发进度。

4.软件计划文档

软件计划文档主要包括交付的产品（如程序、文档、服务、非移交产品、验收标准、交付期限）、开发团队的组织方式、所需工作概述、项目估算、项目组织资源、实施详细软件开发活动的计划、进度计划（如进度表和活动网络图）、风险管理、支持计划（如配置管理计划、测试计划、质量保障计划等专题计划）等。

可参照国标GB/T 8567—2006或IEEE软件工程标准等制订适合项目的开发计划文档内容。

9.2.6　软件设计

1.软件设计概述

软件设计包括总体设计和详细设计。

(1) 总体设计

总体设计阶段给出系统的实现方法，确定软件结构，即模块间的关系。

从用户的角度来说，界面友好、易学易用的软件是好软件；从开发、测试、维护人员的角度来说，好的软件是内部结构清晰、方便修改和维护的软件。通常具备层次结构、无回路模块调用的软件结构被称为良结构。

(2) 详细设计

在详细设计阶段，需要为每个模块确定实现的算法，确定模块使用的数据结构和模块接口的细节（包括内部接口、外部接口、输入、输出及局部数据等），设计一组测试用例，以便在编码阶段对模块代码进行预定的测试。

(3) 软件设计的原理

1) 模块化。模块是数据说明、可执行语句等程序对象的集合。模块化就是把程序划分成独立命名且可独立访问的模块，每个模块完成一个子功能，把这些模块集成起来构成一个整体，可以完成指定的功能以满足用户需求。

软件模块化的好处在于：软件结构清晰，易于阅读和理解；软件错误通常局限在相关模块及它们之间的接口处，易于测试和调试；变动往往只涉及少数模块，提高了软件的可修改性；有助于组织管理，分工编写不同的模块。

2) 抽象。抽象是指抽出事物的本质特性而暂时不考虑它们的细节。

3) 逐步求精。软件设计采用忽略细节的方法分层理解问题，自顶向下，层层细化，从最高抽象层次的问题环境语言概述问题的解法，到较低抽象层次的结合面向问题和实现的术语来叙述问题的解法，最后得到最低抽象层次的可直接实现的描述方式，即详细叙述问题的解法。

4) 信息隐藏和局部化。一个模块内包含的信息（过程和数据）对于不需要这些信息的模块来说，是不能访问的。采用信息隐藏和局部化，使得修改软件时偶然引入的错误所造成的影响只局限在一个或少量模块内部，可维护性、可修改性得到提升，易于测试、维护。

5) 模块独立性。模块独立性是指每个模块只完成系统要求的独立子功能，与其他模块的联系少且接口简单。模块独立性用模块间的耦合度和模块的内聚度予以度量。

2. 结构化设计

(1) 总体设计的工具

在软件设计过程中，可以用软件结构图来检查设计的正确性和模块独立性。软件结构图中用带注释的箭头表示模块调用过程中传递的信息，如图9-22所示。其中空心圆表示传递的是数据，实心圆表示传递的是控制信息。

结构图中需要描述传递的信息，软件规模较大时，信息太多会影响可读性。在文档中表达设计结果时，通常使用层次图描述软件结构。图9-23所示为某正文加工系统的层次图，图中的矩形框表示一个模块，连线表示调用关系。

层次图描述了软件系统各模块之间的关系。在得到层次图后，为每个模块提供一张IPO图，描述模块的具体信息。每张IPO图内都应明显地标出它所描绘的模块在层次图中的编号，以便追踪该模块在软件结构中的位置。图9-24是IPO图的形式，图9-25是IPO表的形式。

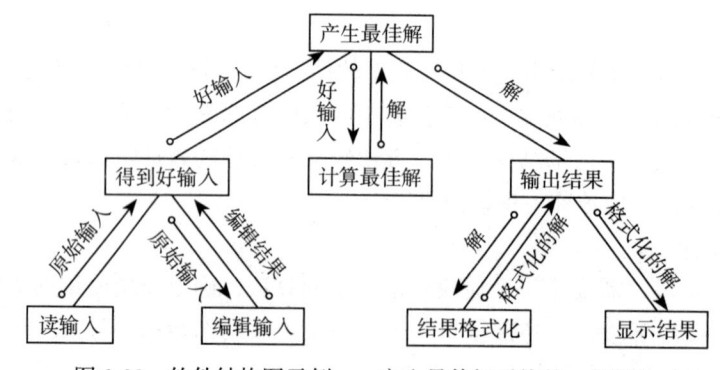

图 9-22 软件结构图示例——产生最佳解系统的一般结构

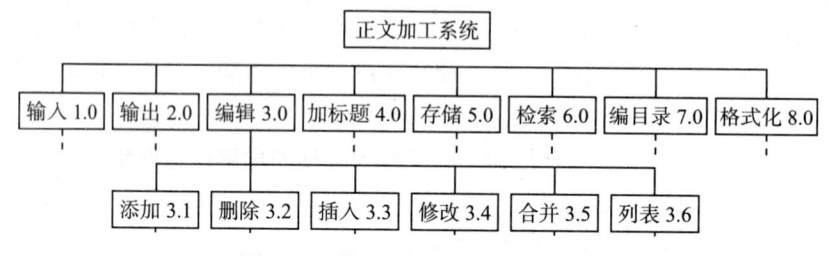

图 9-23 某正文加工系统的层次图

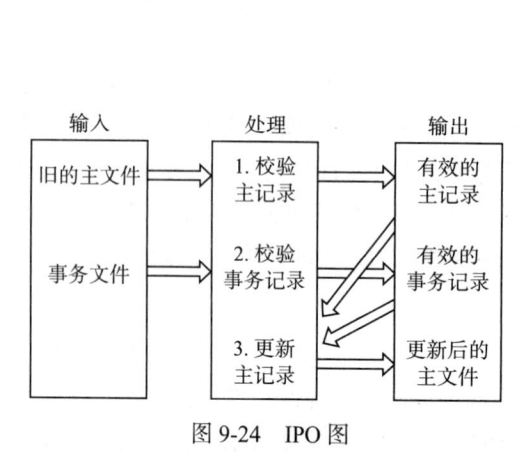

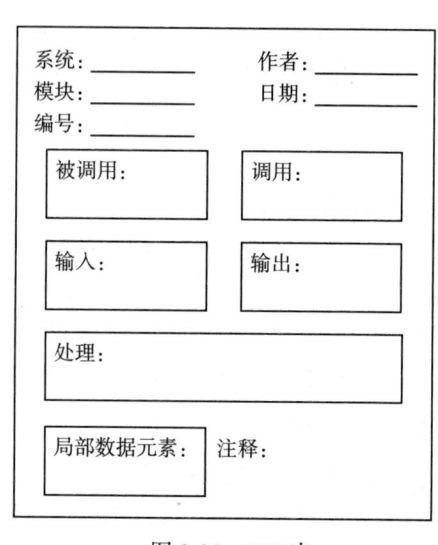

图 9-24 IPO 图

图 9-25 IPO 表

（2）面向数据流分析的软件结构设计方法

首先需要从实现的角度进一步细化数据流图，分解复杂功能，使每个功能对于大多数程序员而言都是清晰易懂的，然后根据数据流图的类型从精炼后的数据流图导出软件结构。

如果数据流图描述的进入系统的信息通过变换中心，经加工处理后再沿输出通路变换成外部形式离开软件系统，这种信息流称为变换流。如果数据沿输入通路到达某处理（如图 9-26 中的节点 A），该处理根据输入数据的类型在若干个动作序列中选择一个执行，这类数据流称为事务流。

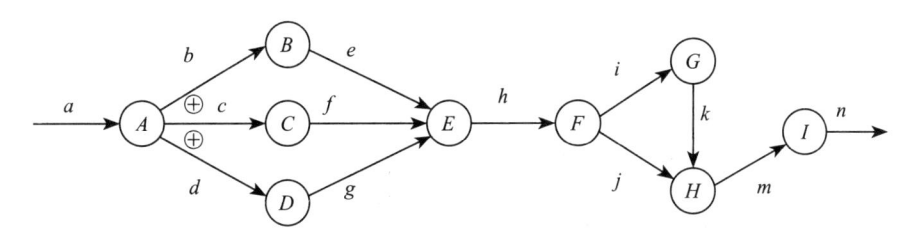

图 9-26 混合型数据流图

从数据流图导出软件结构的过程如图 9-27 所示。如果是事务型数据流，则要区分出事务中心和数据接收通路；如果是变换型数据流，则要区分出输入分支和输出分支。然后映射成对应的软件结构，再精化软件结构。对于每一个模块，需要描述模块的接口和全程数据结构。通过复查的软件结构可用于下一步的详细设计。如果一个数据流图中既有变换型数据流，又有事务型数据流，则在转换得到软件结构时，遵循"变换为主、事务为辅"的原则。

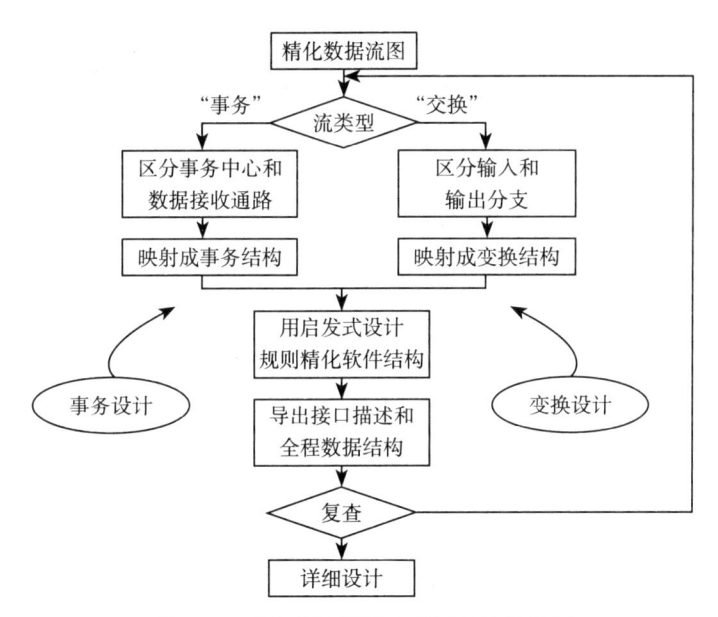

图 9-27 从数据流图导出软件结构的过程

示例 9-12 面向数据流图的软件结构设计。

由图 9-26 所示的数据流图可以变换得到图 9-28 所示的软件结构图。

（3）详细设计的工具

在详细设计模块的内部处理逻辑时，应注意采用结构化程序设计方法。

如果一个程序的代码仅仅通过顺序、选择和循环这 3 种控制结构进行连接，并且每个代码块只有一个入口和一个出口，则称这个程序是结构化的。结构化程序设计尽可能少地使用 GOTO 语句，最好仅在检测出错误时才使用 GOTO 语句，而且总是使用前向 GOTO 语句。为了实际使用方便，常常还允许使用 DO_UNTIL 和 DO_CASE 两种控制结构。

处理逻辑描述工具有程序流程图、程序盒图、PAD 图、判定表、判定树、过程设计语言 / 伪码等。

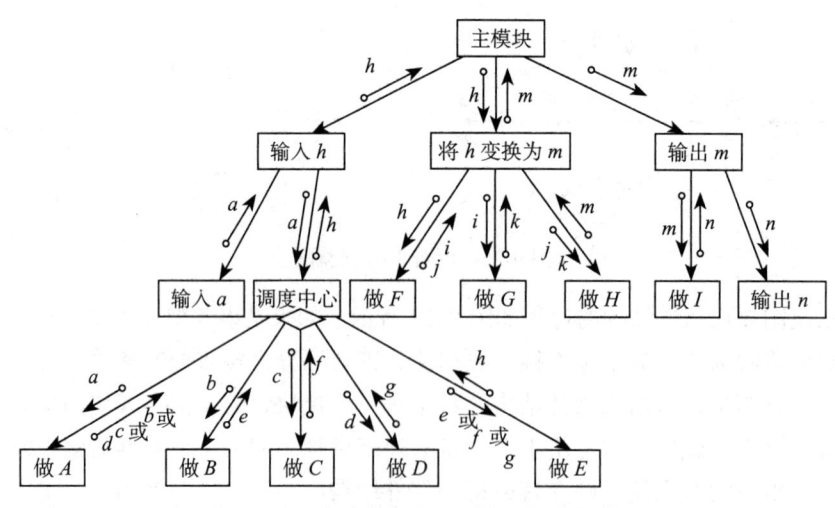

图 9-28 混合型数据流图对应的软件结构图

示例 9-13 模块处理逻辑的详细设计。

假设程序功能是求 N 个元素中的最大值,则程序的盒图、流程图如图 9-29 所示。

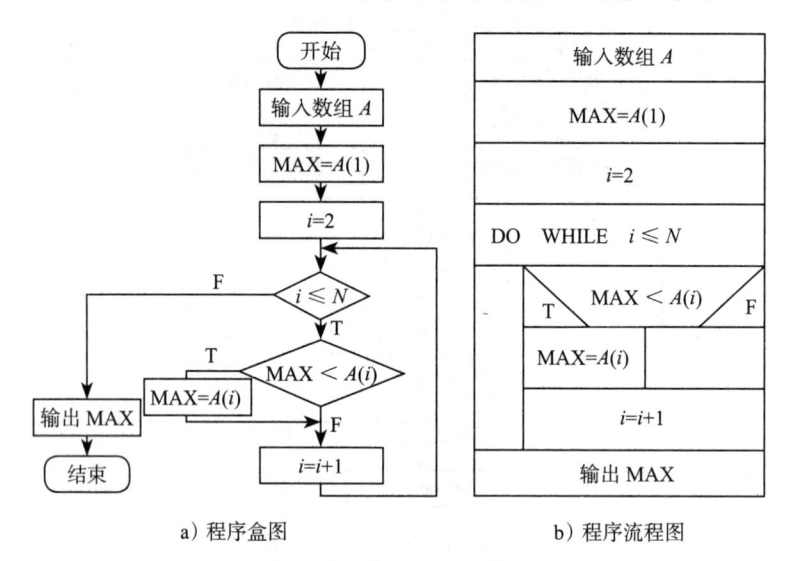

a) 程序盒图　　　　　　b) 程序流程图

图 9-29 求 N 个元素中的最大值的处理逻辑

3. 面向对象的设计

面向对象设计(Object Oriented Design,OOD)定义能最终用面向对象程序设计语言实现的软件对象。OOD 将 OOA 创建的分析模型转换为设计模型,解决"如何做"的问题,二者没有明显的分界,采用相同符号,通过不断迭代的分析与设计使系统中的事务与关系在文档中清晰而准确地体现。

OOD 分为高层设计(系统设计/概要设计)和类设计(详细设计)两个阶段。高层设计阶段标识在计算机环境中解决问题所需要的概念,增加一批需要的类,构造软件的总体模型,并把任务分配给系统的各个子系统。类设计阶段描述一些与具体实现条件密切相关的对象,如与图形用户界面、数据管理、硬件及操作系统有关的对象。在进行对象设计的同时也要进行消息设计。

高层设计和类设计界线模糊，不严格区分，具体分为以下四个任务。

- 子系统层设计：将分析模型划分为若干子系统，注意要使子系统具有良好接口，子系统内的类相互协作，同时要标识问题本身的并发性。
- 类及对象层设计：设计并描述系统的类层次和每个对象及其关系。
- 消息层设计：定义每个对象与其协作者通信的细节。
- 责任层设计：设计并描述针对每个对象的所有属性和操作的数据结构和算法。

示例 9-14 社区文化资源管理系统的面向对象设计。

图 9-16 中的类将从实现的角度被进一步细化，主要是具体化类的属性和方法，或增加一些类、分解某些类。如细化其中"借阅者"类属性的类型和长度，并添加方法，如图 9-30 所示。

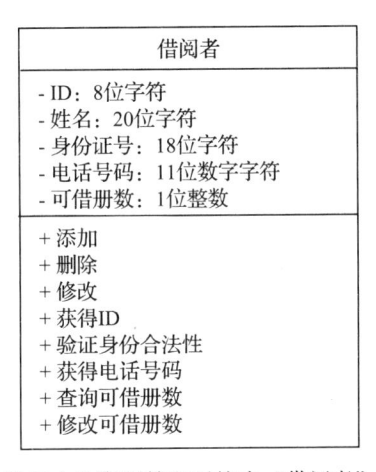

```
借阅者
─────────────
- ID：8位字符
- 姓名：20位字符
- 身份证号：18位字符
- 电话号码：11位数字字符
- 可借册数：1位整数
─────────────
+ 添加
+ 删除
+ 修改
+ 获得ID
+ 验证身份合法性
+ 获得电话号码
+ 查询可借册数
+ 修改可借册数
```

图 9-30 社区文化资源管理系统中"借阅者"类的设计

对于图 9-17 所示的用例"处理借阅"的一个正常场景的顺序图，在 OOD 阶段从实现的角度进行修改和细化，增加了实现时需要考虑的数据库服务部分，得到图 9-31 所示的顺序图。

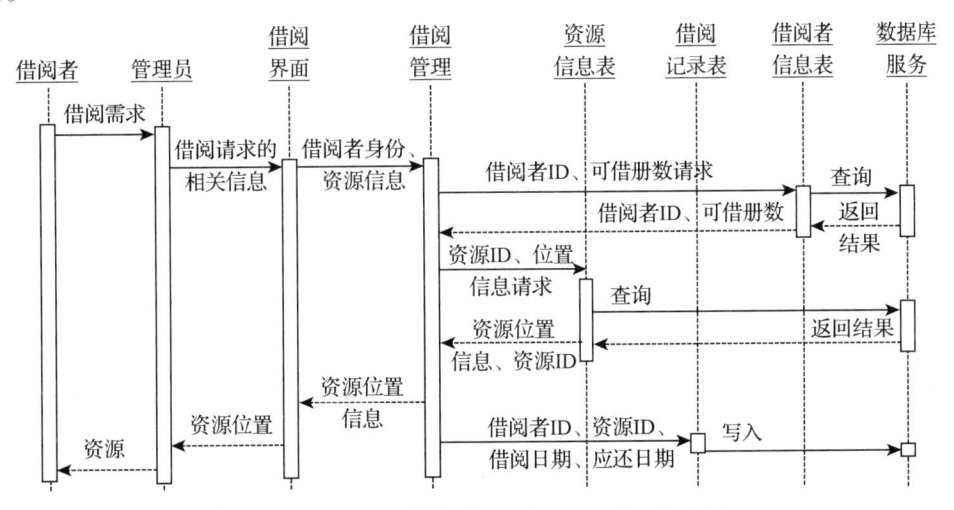

图 9-31 用例"处理借阅"一个正常场景的顺序图 2

面向对象方法的整个软件开发过程所做的工作都是对三种模型（功能模型、类模型、行为模型）以及辅助模型的不断细化和完善：面向对象的分析，构造出完全独立于实现的问题域模型；面向对象的设计，把求解域的结构逐渐加入模型中；面向对象的实现，选择合适的语言实现问题域和求解域的结构，并进行严格的测试验证。

4. 用户界面设计

绝大部分软件都需要与用户交互，以方便用户操作和使用软件。用户能感受到的软件就是用户界面，用户界面的质量直接影响软件系统的可用性和用户对系统的满意度。

（1）用户界面的交互方式

用户界面提供人操作和使用软件的途径，通常有以下几种方式。

- 文本交互方式（文本形式的输入/输出）。
- 图形化界面交互方式（通过窗口、按钮、对话框、菜单等输入信息或者操纵软件）。
- 语音交互方式（语音发布指令、反馈结果）。
- 姿势交互方式（通过手势、身体姿势、面部表情等发布指令）。

（2）用户界面设计的原则

用户界面设计的关键是保证用户界面美观、友好，便于操作，应遵循以下原则。

- 直观。为确保界面的可理解性，界面上呈现的信息要尽可能用业务领域术语和符号。
- 易操作。为保证用户界面的可操作性，界面应该简洁，尽量减少不必要的操作和跳转。
- 一致性。所有用户界面的风格和操作方式尽量保持一致，并符合业务规范。
- 反应性。用户的输入或操作都在合理时间内给出处理结果，对于耗时较长的操作应该提供处理进度信息，让用户了解进展。
- 容错性。用户界面应该有对用户可能的误操作的容忍或预防措施设计。
- 人性化。用户界面应该有适当的帮助或提示信息，使得用户随时清楚当前的状态和下一步的操作，界面的布局和色彩应该自然、舒适。

用户设计要以用户为中心，需要考虑以下方面。

- 功能。用户界面应该呈现软件的功能，主要通过按钮和菜单的形式展示。
- 交互信息。用户界面要能支撑交互的信息特点，根据不同的信息形式可以提供文字、表格、图表等方式和手段。
- 运行环境。用户界面的表现形式应当与用户工作机器环境的软件风格（Windows 风格、Macintosh 风格等）保持一致。
- 社会因素。用户界面应符合用户当地的文化、风俗要求。

（3）用户界面的组成及表示方法

图形化用户界面主要包括以下元素。

- 静态元素。这类元素负责向用户展示在软件运行过程中不变化的信息。例如，查看航班动态时，"航班号""航空公司"这样的字眼是不会发生改变的，可以用静态元素呈现，比如静态文本、图形图像等。
- 动态元素。这类元素负责向用户展示在软件运行过程中随软件运行状况的变化而不同的内容，并且这些内容是用户不能修改的。比如查看航班动态时，航班状态可以是"等待""起飞""延误""降落"等，可以用不可编辑的文本、图形图像等呈现。
- 用户输入元素。这类元素接收用户与系统交互时提供的信息，比如查询航班动态时用户输入的"航班号"，可以采用可编辑的文本框、单选按钮、多选框、下拉选择列表等形式接收用户输入。
- 用户命令元素。这类元素负责接收用户的操作命令。比如查询航班时，用户要输入航班号，单击"查询"以触发软件系统完成查询功能，可以用单击按钮、菜单项或者超链接等方式接收用户命令。

设计用户界面时，可以采用用户界面原型来向用户展示用户界面的设计及其运行效果，很多工具都提供了用户界面设计的功能。

示例 9-15 用户界面设计。

图 9-32 所示为使用 Visio 设计的用户界面原型。将界面原型展示给用户，可以获得用户对界面布局合理性、色彩舒适度、信息正确与否等的评价，用户的反馈可以帮助开发人员不断改进和优化用户界面的设计。

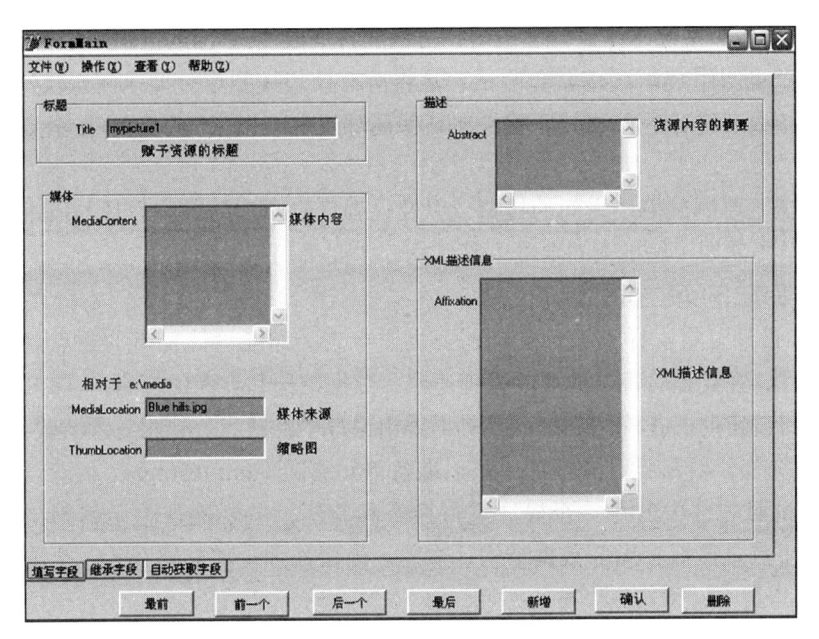

图 9-32 使用 Visio 设计的用户界面原型

用户界面实现细节的设计可以用类图表示。用户界面的窗口、对话框等设计为对象类，窗口、对话框中的静态元素、动态元素、输入元素等设计为类的属性，用户命令元素则设计为类的方法。

5. 软件设计阶段的文档

总体设计阶段需要提交的文档是软件概要设计说明书和数据库/数据结构设计说明书。

软件概要设计说明书主要描述：系统功能需求和性能要求的规定、运行环境、基本设计概念和处理流程、软件结构、功能需求与程序模块的对应关系、软件系统工作过程中的人工处理过程、尚未解决但在系统完成之前必须解决的问题、系统的各种接口设计、运行设计、系统数据结构设计、系统出错处理设计、系统维护设计等。

详细设计阶段需要提交详细设计说明书和初步的用户手册。

详细设计说明书又叫程序设计说明书，描述系统各个层次中每个程序（模块或子程序）的设计考虑。对于每个模块，需要描述目的和特点、功能、性能、输入项、输出项、算法、流程逻辑、接口、存储分配、注释设计、限制条件、测试计划、尚未解决但在软件完成之前应解决的问题。

可参照国标 GB/T 8567—2006 或 IEEE 软件工程标准等制订适合项目的软件设计文档内容。

6. 软件设计阶段的质量保证工作

（1）总体设计阶段的质量保证工作

1）总体设计复审。对总体设计的复审集中在两方面：一是软件结构；二是需求设计的可追溯性，即所有的设计都可以追溯到软件的需求。主要参加人员有结构设计负责人和设计文档的作者、项目负责人和行政负责人、负责技术监督的软件工程师、技术专家以及其他方面的代表。

2）测试准备。系统总体设计完成后，可以准备集成测试（integrated testing）。

集成测试也叫组装测试或联合测试，是将所有模块按照设计要求（如软件结构）逐步组装成子系统或系统，进行测试。软件在某些局部反映不出来的问题，在全局上很可能暴露出来。

集成测试主要测试模块之间的接口，以及检查代码实现的系统设计与需求定义是否吻合。测试人员不需要了解被测对象的内部结构，主要采用黑盒测试方法。

（2）详细设计阶段的质量保证工作

1）详细设计复审。详细设计文档需要提交审查。详细设计复审的重点是设计的正确性和可维护性，主要是对每个模块的处理逻辑、数据结构和界面的复审。

详细设计复审时，正确的态度应该是揭露出设计中的缺点、错误，不为设计做辩护。

2）测试准备。详细设计完成后，可以准备单元测试（unit testing）。

单元测试对软件中的每一个模块进行检查和验证，主要检查单元编码与设计是否吻合，测试的重点是接口、局部数据结构、边界、出错处理、独立路径等。主要采用白盒测试方法。

9.2.7 软件编码

完成软件设计之后，通过编码实现软件功能。软件设计质量是影响程序质量的重要因素，但是程序设计语言自身的特点和程序设计风格也是程序质量的决定性因素。

1. 程序设计语言及其选择

语言的选择应考虑应用领域特点、系统性能需求、数据结构复杂性、算法和计算复杂性、软件开发人员知识水平、软件运行环境等因素。在选择编程语言时，首要考虑因素是语言是否能最好地表达问题域语义。

通常选择高级程序设计语言，因为高级语言编写的程序易读、易修改、易维护。除了在特殊的应用领域，或者大型系统中执行时间非常关键的（或直接依赖于硬件的）一小部分代码可能需要用汇编语言之外，一般情况下都选用高级语言。

从软件开发和维护的角度考虑，为了使程序易于测试和维护，应选用具备可读性好的控制结构、数据结构及模块化机制的高级语言。如果分析、设计阶段采用的是面向对象方法，则软件开发尽量选用面向对象的程序设计语言来实现，这样有利于开发过程各阶段的沟通和问题的追踪，便于维护人员理解软件。

在实际选用语言时，还必须同时考虑实际使用方面的各种限制，如是否需要使用网络等。

2. 编码风格

在大型软件的开发过程中，源代码是开发人员沟通的重要工具之一。编码风格在一定程度上决定了沟通效率。好的编码风格强调节俭、模块化、简单化、结构化、文档化、格式化。

在编码过程中，主要注意以下几个方面。

- 标识符的命名。标识符的命名应直观、易于理解和记忆，包括模块名、变量名、常量名、函数名等。
- 程序的书写格式。程序的书写格式应有助于阅读，语句力求简单直接，不能为了提高效率而使程序过于复杂。
- 注释。在模块的首部应有序言性注释，重要程序段应该有功能性注释。
- 输入/输出。输入信息和输出信息应与用户的使用直接相关，输入和输出的方式、格式应方便用户使用。

对于一个开发团队来说，应该建立团队共同遵守的代码规范，如标识符命名规则、注释规范、程序格式规范、代码修改规范等。

示例 9-16 程序的注释。

例如，模块序言性注释一般包括如下内容：

```
/***********************************************
// 版权说明
// 文件名
// 文件编号
// 项目名称
// 对应设计文档
// 主要算法
// 接口
// 子程序
// 开发简历
// 设计者
// 设计日期
// 复审者
// 复审日期
// 修改记录
    *修改人：〈修改人〉
    *修改时间：YYYY-MM-DD
    *跟踪单号：〈跟踪单号〉
    *修改单号：〈修改单号〉
```

```
* 修改内容:〈修改内容〉
// 摘要
// 版本
// 作者
// 更新日期
```

函数的序言性注释应包括函数的目的/功能、输入参数、输出参数、返回值、调用者、被调用者等内容。例如,序言性注释模板可包含如下内容:

```
/*****************************************
// 函数名
// 函数功能、性能等的描述
// 被本函数调用的函数
// 调用本函数的函数
// 被访问的表(此项仅对于牵扯到数据库操作的程序)
// 被修改的表(此项仅对于牵扯到数据库操作的程序)
// 输入参数说明,包括每个参数的作用、取值说明及参数间关系
// 输出参数的说明
// 函数返回值的说明
// 影响全局或局部的静态变量
// 测试建议
// 修改记录
// 其他说明
*****************************************/
```

需要说明的是,对于简单的函数,注释可以从简,重点描述输入参数及其说明、输出参数及其说明、影响全局或局部的静态变量等。

全局变量要有较详细的注释,包括对其功能、取值范围、哪些函数或过程存取该变量及存取时注意事项等的说明。例如:

```
// 变量的作用、含义
// 取值范围
// 可以读该变量的函数
// 可能修改该变量的函数
// 其他说明
```

3. 编码阶段的质量保证工作

编码完成后,需要对源代码进行评审,包括源代码是否正确理解了设计文档的要求、是否正确地实现了设计思路,以及代码是否符合代码规范等。

编码完成后,就可以进入动态测试阶段了。因此,在编码的同时,需要设计针对结构和功能的测试用例。

9.2.8 软件测试

1. 软件测试概述

测试工作量约占软件开发总工作量的40%以上,大型软件项目的测试会占用软件开发

一半以上的时间。

（1）测试的目的

Myers 在《软件测试的艺术》一书中给出了软件测试的目的：程序测试是为了发现错误而执行程序的过程。好的测试方案是极可能发现迄今为止尚未发现的错误的方案。成功的测试是能够发现以前尚未发现的错误的测试。

软件测试应遵循以下原则。

- 预先确定测试结果。测试方案必须包含测试的目的、输入数据及预期产生的结果。
- 软件的开发者（或部门）不应测试自己的程序。目标影响行为，人们潜意识中会期望看到有利于自己工作的结果，从而会不自觉地选择有利于证明自己工作成果的行为。设计者盲目的自信心，或者设计者对问题理解的深度和广度不够甚至对需求的误解，都有可能降低软件错误和缺陷被发现的可能性。
- 制订严格的测试计划，防止测试的随意性。程序执行路径不确定，不可能对全部路径进行测试，只能选择部分测试数据实施测试，这些都要求应该设计有利于发现缺陷的测试用例。实践证明，没有计划的测试会遗漏很多问题。
- 设计和选择测试方案要有利于发现错误。为发现错误，测试时应选择不合法的、异常的、临界的、可能引起问题的输入或操作。
- 集中力量测试容易出现错误的程序段。错误有群集现象，程序存在错误的概率与这段程序中发现的错误数成比例。
- 保存测试文档。测试文档可为维护工作提供方便，为可靠性分析提供数据说明，要保存所有测试相关文档，包括测试计划、测试方案、错误数据统计和分类、最终的分析报告等。

（2）测试的对象

软件测试并不等同于程序测试。软件开发过程各阶段的工作对软件产品的质量都有直接或间接影响，因此，软件测试应贯穿于软件定义与开发的整个过程。

如图 9-33 所示，软件开发各阶段需要做评审与测试工作。在需求分析完成后，要评审需求规格说明书的描述是否正确理解了用户要求，表达是否正确。在概要设计完成后，要检查设计说明书中描述的内容是否是对需求规格说明书的正确理解，设计是否正确，表达是否正确。在详细设计完成后，要检查每一个模块的实现设计是否符合概要设计的要求，设计是否正确，表达是否正确。在编码完成后，要检查源代码是否正确理解了设计文档的内容，编码是否正确。在模块集成后，要测试集成的模块组件是否存在接口问题。在软件系统构建完成后，要测试软件运行的正确性和输入正确性。当系统在用户环境安装后，要检测运行的软件系统是否满足用户的要求。

所以，软件测试的对象包括各阶段所得到的文档，如需求规格说明书、概要设计规格说明书、详细设计规格说明书、源程序等。

（3）测试的步骤

测试阶段的信息流向如图 9-34 所示。

软件配置包括需求规格说明书、设计规格说明书、源程序代码。测试配置包括测试计划、测试方案、测试程序。执行测试时，需要将实际测试结果与预期结果进行比较，如果二者存在差异，则说明软件有错误或缺陷，需要纠错和修改。根据错误率可以预测软件的可靠性。

软件系统的测试步骤如图 9-35 所示。

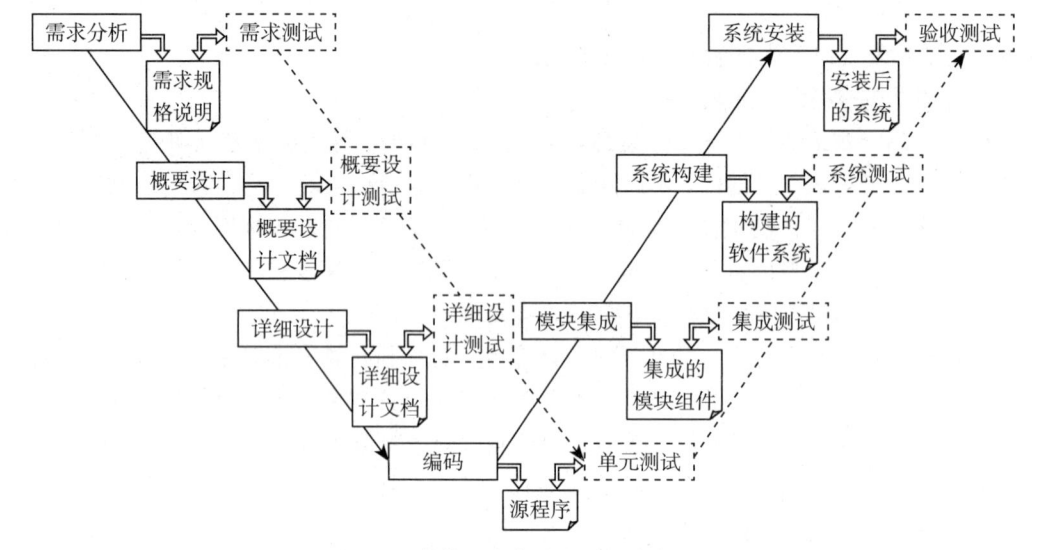

图 9-33　软件开发各阶段的评审与测试

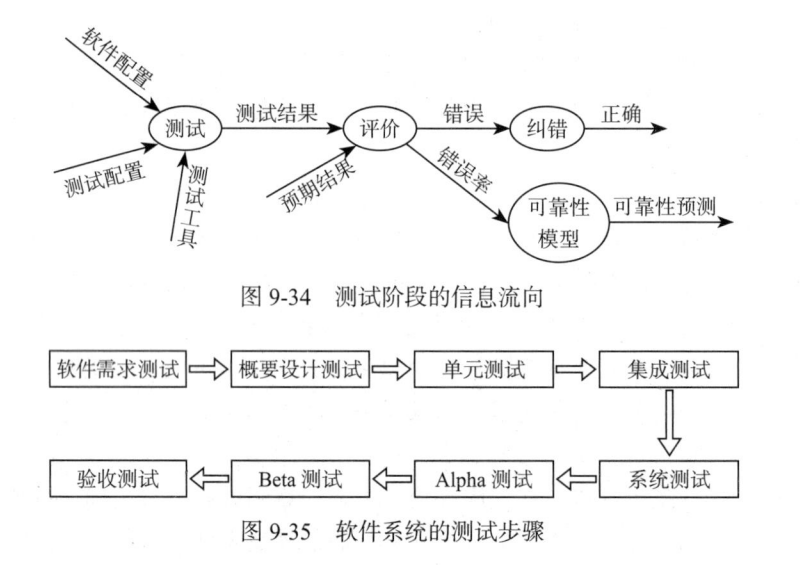

图 9-34　测试阶段的信息流向

图 9-35　软件系统的测试步骤

1）软件需求测试是对软件需求文档的评审，包括文档内容和文档规范，主要从一致性、完整性、现实性和有效性四个方面评审文档。

2）概要设计测试是对系统的总体设计进行评审，集中在两个方面：一是软件的顶层结构设计，二是需求设计的可追溯性。

3）单元测试对软件中的每一个模块进行检查和验证，主要检查单元编码与设计是否吻合，测试的重点是接口、局部数据结构、边界、出错处理、独立路径等。

4）集成测试是在单元测试的基础上，将所有模块按照设计要求逐步组装成子系统或系统，进行集成测试。

5）系统测试是将已经确认的软件、计算机硬件、外设、网络等其他元素结合在一起进行的测试，在实际使用环境下进行。

6）Alpha 测试在开发环境中进行，由用户在开发者的指导下进行，开发者负责记录发现的错误和使用中遇到的问题。

7）Beta 测试由最终用户在软件实际运行环境进行，不需要开发者参与，用户记录测试过程中遇到的问题并定期报告给开发者。

8）验收测试是向最终用户证明软件可以完成既定功能和任务，主要验证软件的有效性和软件配置审查。

任何一种测试都必须经过由测试计划到实施的完整过程，如图 9-36 所示。

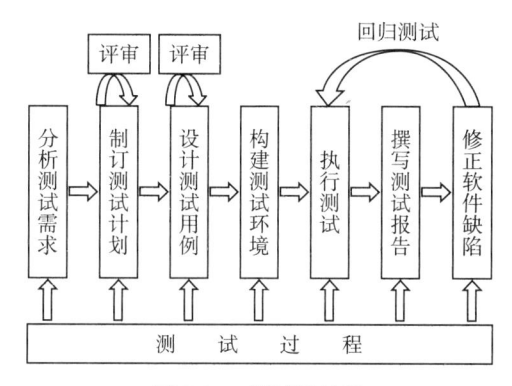

图 9-36 测试的过程

每一种测试，都需要根据测试的目的分析该项测试的需求；制订该项测试的计划，包括测试时间、人员、环境、内容的安排；设计测试用例并通过评审；按照测试计划构建测试环境，准备或制作测试工具；然后才能执行测试；根据实际测试记录撰写测试报告，提供修改建议。开发人员根据测试中发现的问题修改软件，并交由测试人员重新测试，即回归测试。

（4）测试的方法

软件质量一般主要靠软件测试来保证。软件测试主要有静态测试方法和动态测试方法。

静态测试是指不执行被测试程序而发现软件的错误，主要以人工的、非形式化的方法分析和测试各阶段的文档，不依赖于计算机。执行时间为每个阶段的末尾、实施动态测试之前。静态测试可发现 30%～70% 的逻辑设计错误和编码错误。静态测试方法主要有三种。

- 功能检查（自我测试）：通过阅读模块功能、流程图、编码，检查语法、逻辑错误，模拟单步执行，由程序员之间交换进行检查。
- 群体检查：一组人听取设计者对功能说明、流程图、程序编码的自我测试等情况的汇报后，对程序进行静态分析的过程。许多错误会在讲述过程中被讲述者自己发现。
- 人工运行检查：由人扮演计算机执行程序，将测试方案按程序逻辑执行，找出程序的错误供测试者分析，着重于借助程序处理逻辑设计（比如程序流程图）对数据流和控制进行分析。

动态测试则通过执行程序来发现软件的错误与缺陷，又分为功能性测试和逻辑性测试。前者通过输入数据或相关操作来检查程序的功能及应满足的性能，后者通过一系列逻辑覆盖（语句覆盖、判定覆盖、条件覆盖、条件组合覆盖、独立路径分析等）测试程序的实现是否正确。

2. 黑盒测试

利用黑盒测试方法测试软件的功能，着眼点是模块的接口。主要的黑盒测试用例设计方法有划分等价类方法、边界值方法、错误推测法和因果图法。

（1）划分等价类方法

使用划分等价类方法设计测试方案，首先需要划分输入数据等价类，即从软件的功能说明中（通常是一句话或一个短语）划分出输入数据的合理等价类和不合理等价类，也可以划分输出数据的等价类，以便根据输出数据的等价类导出对应的输入数据的等价类。

等价类的划分在很大程度上是试探性的，与设计者的经验有关，下述规则可供参考。

- 值的范围。如果规定了输入数据的范围（如"年级"是 1～12），则可划分出一个合理等价类（1≤"年级"≤12），由此可导出两个不合理等价类（"年级"＞12 和"年级"＜1）。
- 值的个数。如果规定了输入数据的个数（如规定每个学生可选 1～3 门课程），则可划分出一个合理等价类（选修 1～3 门课程）、两个不合理等价类（未选修课程和选修超过 3 门课程）。
- 值约束。如果系统规定了输入数据的一组值（如职工性别的输入值可以是"男性""女性"），对不同的输入执行不同的处理，则每一个允许的输入值（"男性""女性"）就是一个合理等价类，这两类之外的任意值就构成了一个不合理等价类。
- 值的规则。如果规定了输入数据必须遵循的规则（如文件名的首字符必须是英文字母），则可划分出一个合理等价类（文件名的首字符是字母）和一个不合理等价类（首字符不是字母）。
- 等价类的进一步细化。由规定的输入数据导出某个合理等价类后，在处理这个等价类中的各种例子时，如有可能，可将这个等价类再划分成若干个更小的等价类。例如，如果规定的输入数据为"整数"，则可将"整数"再划分为三个子类：正整数、零、负整数。

划分等价类以后，可根据等价类设计测试方案，其主要步骤如下。

1）为每个等价类规定一个唯一的编号。

2）包含合理等价类。设计一个新的测试方案时，应尽可能多地覆盖尚未被覆盖的合理等价类。重复这一步骤，直至测试方案覆盖了所有的合理等价类为止。

3）包含一个不合理等价类。设计一个新的测试方案，使它仅覆盖一个尚未被覆盖的不合理等价类，重复此步骤，直至测试方案已包含了所有的不合理等价类时为止。

示例 9-17 用划分等价类方法设计黑盒测试用例。

假设某程序的功能是用海伦公式计算三角形面积，现需要对该程序的功能予以测试。

1）分析测试需求。海伦公式计算三角形面积，输入为三个非负数（代表三个边长），且任两个数之和大于第三个数。因此有三个测试点：输入数据个数、输入数据类型、输入数据间的关系。

2）划分等价类，如表 9-7 所示。

表 9-7　划分等价类

测试点	合理等价类	不合理等价类
输入数据个数	（1）3个输入数据	（2）没有 （3）1个 （4）4个
输入数据类型	（5）输入数据为非负数	（6）有0 （7）有负数
输入数据间的关系	（8）输入数据任两个数之和大于第三个数	（9）两边之和等于第三边 （10）两边之和小于第三边

3）为每个等价类规定一个唯一的编号，如表9-7中的编号（1）～（10）。

4）为合理等价类设计测试用例，得到如表9-8中编号为"1"的测试用例。

表 9-8　设计测试用例

测试用例编号	覆盖的等价类	输入数据	预期结果
1	（1）、（5）、（8）	3，4，5	输出：面积 =6
2	（2）	—	出错提示：无输入
3	（3）	3	出错提示：输入数据不够
4	（4）	3，4，5，6	输出：面积 =6。提示：有输入数据未使用
5	（6）	3，0，5	出错提示：输入数据不能为 0
6	（7）	3，−4，5	出错提示：输入数据不能有负数
7	（9）	3，4，7	出错提示：不满足"三角形两边之和大于第三边"
8	（10）	3，3，7	出错提示：不满足"三角形两边之和大于第三边"

5）为不合理等价类设计测试用例，得到如表9-8中编号为"2"～"8"的测试用例。

6）还可以进行适当的等价类细化。

（2）边界值方法

实践经验表明，大量错误常常会出现在边界位置，如数组下标、循环控制变量取值越界等。设计测试方案时选取一些边界值，将有助于暴露程序的错误。这里所说的边界值是指相对于输入等价类和输出等价类而言的，边界值方法就是针对等价类的边界值设计测试方案的方法。

使用边界值方法设计测试方案时，首先确定边界条件，然后选取刚好"等于""稍小于"和"稍大于"等价类边界值的数据作为测试数据。

采用边界值方法需要一定的经验和创造性，以下几点可供参考。

- 如果输入条件规定了取值范围，首先选取这个范围的边界设计测试用例，然后选取一些刚好超过此范围的值设计测试用例。例如，若整数 x 的取值范围为 $a < x < b$，则合理等价类的边界值为 a+1 和 b−1，而不合理等价类的边界为 a 和 b。
- 如果输入条件规定了输入数据的个数，则应分别为最小个数、最大个数、比最小个数少1、比最大个数多1设计测试用例。例如，计算职工加班工资时，每个人在一个月内的加班天数最多为13，则应分别设计加班天数为 −1、0、13、14 的测试用例。
- 除考虑输入等价类之外，还可以从输出等价类的角度设计测试用例，例如，计算sin函数的边界值为1、0 和 −1，其相应的角度值也应该成为测试用例的输入数据。
- 如果程序的输入和输出是有序集，例如，对于一个顺序文件或线性表，应把注意力集中在集合的第一个元素和最后一个元素上。又如，录入职工工资计算表时，应特别考虑职工中第一个编号和最后一个编号录入是否正确，否则就会"错位"。

示例 9-18 用边界值方法设计黑盒测试用例。

在表9-8的基础上，考虑边界值方法设计测试用例，可以选取机器字长范围内最大正数附近、最小正数附近的取值作为三角形边长的值，测试程序运行结果的有效性，并据此检查程序是否有预防性设计。

（3）错误推测法

错误推测法就是根据人们的经验，推测程序中可能存在的错误和容易发生的特殊情况，并依此设计测试方案。错误推测法主要凭借测试者在实践中积累的经验。

例如，变量使用前可能未赋初值，开平方根的数可能为负数，栈的下溢和上溢等都是容易出现错误的情况。此外，还应该仔细阅读程序规格说明书，针对其中遗漏或者省略的部分设计测试方案，以检测开发人员对这些部分的处理是否正确。

（4）因果图法

因果图法即因果分析图，用于描述质量问题与原因之间的关系。根据输入条件的组合、约束关系和输出条件的因果关系，分析输入条件的各种组合情况，从而设计测试用例，适合于检查程序输入条件涉及的各种组合情况。

3. 白盒测试

白盒测试法（又称为逻辑覆盖法或结构测试法）是从软件内部逻辑结构的分析导出测试用例，以检查模块的实现细节。

（1）基于逻辑覆盖的白盒测试

使用白盒测试法时，测试方案对程序逻辑覆盖的程度决定了测试完全性的程度。

1）语句覆盖。语句覆盖就是选择足够多的测试数据，使程序中每个可执行的语句至少执行一次。

示例 9-19 白盒测试用例设计——语句覆盖。

如图9-37所示的程序流程图，为使程序中每个语句都能执行一次，程序执行的路径应为SabcdE，因此可以设计通过此路径的测试数据为 $A=2$、$B=0$、$X=3$，使得每个语句都能执行一次。

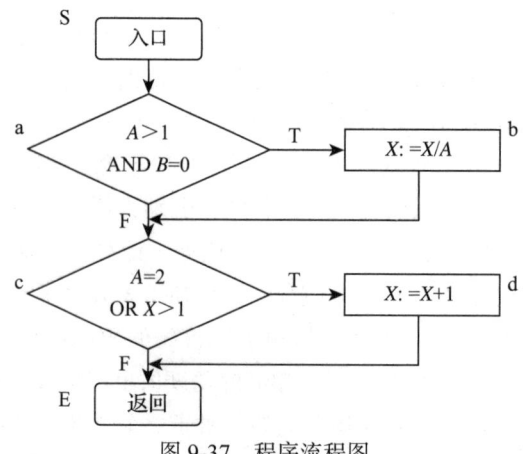

图 9-37 程序流程图

语句覆盖对程序中的逻辑覆盖是很少的。如上例,两个判断条件都只测试了条件为"真"的情况,而不能发现条件为"假"时可能存在的错误。此外,如果沿着路径 SacE 执行,X 的值应该保持不变,如果这方面有错误的话,上述测试数据也不能发现该错误。

另外,如果第一个条件语句中的 AND 被错误地写成 OR,给定的测试数据不能发现这个错误。又如,把第二个条件语句中的"$X>1$"误写成"$X<1$",使用上面的测试数据也不能检查出此错误。由此可见,语句覆盖实际上是很弱的逻辑覆盖,它不容易发现判断中逻辑运算的错误。

2)判定覆盖。判定覆盖也称为分支覆盖,通过设计出足够多的测试数据,使得程序中每个判断的取"真"分支和取"假"分支至少执行一次。

示例 9-20 白盒测试用例设计——判定覆盖。

对图 9-37 所示的程序,编写出两组测试数据分别覆盖路径 SabcdE 和 SacE,或者分别覆盖路径 SabcE 和 SacdE,都可以满足判定覆盖的要求。例如测试数据:

① $A=4$,$B=0$,$X=4$(覆盖路径 SabcE)

② $A=2$,$B=1$,$X=3$(覆盖路径 SacdE)

判定覆盖比语句覆盖严谨,但也只检查了程序的一半路径,不能判断内部条件存在的错误。例如,上面两组测试数据未能检查执行路径 SacE,因而 X 的值是否保持不变还是不知道。又假如 c 判定框有错(即错写成"$X<1$"),覆盖路径 SabcE 和 SacdE 也无法查出。

3)条件覆盖。条件覆盖即用足够多的测试数据,使得判定中每个条件的所有可能结果至少出现一次。一个判定表达式中常常有若干个条件。

示例 9-21 白盒测试用例设计——条件覆盖。

在图 9-37 中,每个判定表达式都有两个条件,共有四个条件:$A>1$、$B=0$、$A=2$ 和 $X>1$。

为了实现条件覆盖,应该在判定框 a 中给出足够多的测试数据满足 $A>1$、$A\leqslant 1$、$B=0$、$B\neq 0$ 的要求,在判定框 c 中给出满足 $A=2$、$A\neq 2$、$X>1$、$X\leqslant 1$ 的测试数据。为此,设计出下面两组测试数据以满足上述覆盖标准:

① $A=2$,$B=0$,$X=4$(执行路径 SabcdE)

② $A=1$,$B=1$,$X=1$(执行路径 SacE)

条件覆盖使判定表达式中的每一个条件都可获得两个不同的结果,一般情况下比判定覆盖严格,因为判定覆盖只关心整个表达式的值而不关心表达式中某个条件的值。上面两组测试数据恰好同时满足判定覆盖,但并非所有条件覆盖都满足判定覆盖,例如下述测试数据:

① $A=1$,$B=1$,$X=3$(执行路径 SacE)

② $A=2$,$B=0$,$X=1$(执行路径 SabcdE)

虽然满足判定 a 条件为"真"和为"假"的情况,但未能满足判定 c 条件为"假"的情况。

4)判定-条件覆盖。由于条件覆盖不一定包含判定覆盖,判定覆盖也不一定包含条件覆盖,若将两者结合,要求既满足判定覆盖也满足条件覆盖,就是判定-条件覆盖。判定-条件覆盖即设计足够的测试数据,使判断表达式中每个条件取到所有可能的值,并使每个判断表达式也获得各种可能的结果。

示例 9-22 白盒测试用例设计——判定 – 条件覆盖。

对图 9-37 所示的程序，给出下述两组测试数据，满足了判定 – 条件覆盖。

① $A=2$，$B=0$，$X=4$（执行路径 SabcdE）

② $A=1$，$B=1$，$X=1$（执行路径 SacE）

判定 – 条件覆盖看起来比较合理，但大多数计算机不具有一条指令对多个条件做出判定的功能，因此必须把源程序中多个条件的判定分解为对多个简单条件的判定，所以更加完善的测试覆盖就应该检查每一个简单判定的所有可能的结果。

5）条件组合覆盖。为了解决上述问题，提出了一种更严格的逻辑覆盖标准——条件组合覆盖，它要求选取足够多的测试数据，使得每个判定表达式中条件的各种可能组合至少被执行一次。显然，满足"条件组合覆盖"的测试数据一定能满足判定覆盖、条件覆盖和判定 – 条件覆盖。

示例 9-23 白盒测试用例设计——条件组合覆盖。

仍以图 9-37 所示程序为例，根据各判定表达式中的条件可得到如下 8 种条件组合：

① $A>1$，$B=0$　　② $A>1$，$B\neq 0$　　③ $A\leq 1$，$B=0$　　④ $A\leq 1$，$B\neq 0$

⑤ $A=2$，$X>1$　　⑥ $A=2$，$X\leq 1$　　⑦ $A\neq 2$，$X>1$　　⑧ $A\neq 2$，$X\leq 1$

与其他逻辑覆盖标准中的测试数据一样，条件组合⑤~⑧中 X 的值是表示第二个判定表达式的 X 值，因为 X 的值在第二个判定表达式之前可能发生变化，所以必须在此之前把所需要的 X 的值，通过逻辑回溯的办法找到相应的输入值。要测试这 8 种组合的结果并不意味着需要测试这 8 种情况，只要如下 4 组测试数据就可以覆盖它们：

① $A=2$，$B=0$，$X=4$（执行路径 SabcdE，是①、⑤的组合）

② $A=2$，$B=1$，$X=1$（执行路径 SacdE，是②、⑥的组合）

③ $A=1$，$B=0$，$X=2$（执行路径 SacdE，是③、⑦的组合）

④ $A=1$，$B=1$，$X=1$（执行路径 SacE，是④、⑧的组合）

仔细分析上述 4 组测试数据，虽然能满足条件组合覆盖，但未能覆盖程序的每一条路径，如没有测试到路径 SabcE。由这个极其简单的实例可看出，要想充分测试一个程序是很难的。同时，测试的条件越强，测试的代价越高。测试时应分主次，在测试的代价和充分性之间做出权衡。

（2）基本路径测试

基本路径测试法是在程序控制流图的基础上，通过分析控制构造的环路复杂性，导出基本可执行路径集合，从而设计测试用例的方法。从该基本路径集导出的测试用例能保证程序中的每一个可执行语句至少执行一次。基本路径集不是唯一的。

程序控制流图是描述程序控制流的一种图示方法。图中以节点表示一个或多个无分支的语句、一个处理框序列加一个条件判定框（假设不包含复合条件），以带箭头的边表示控制流。程序控制流图中由边和点圈定的部分叫作区域。当对区域计数时，图形外的一个部分也应记为一个区域。常见的程序控制流图如图 9-38 所示。

如果条件表达式是由一个或多个逻辑运算符连接的逻辑表达式（a AND b），则需要改变复合条件的判断为一系列只有单个条件的嵌套的判断。

完成路径测试的理想情况是达到路径覆盖，对于复杂性高的程序，要做到所有路径覆盖是不可能的。基本路径测试方法的思想是：如果某一程序的每一个独立路径都被测试过，那么可以认为该程序中的每个语句都已经检验过，即达到语句覆盖。

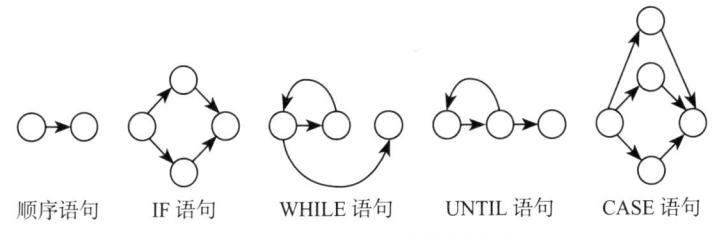

图 9-38　常见的程序控制流图

基本路径测试方法的步骤如下。

1）从详细设计或源代码中导出程序控制流图。
2）计算控制流图 G 的环形复杂度 $V(G)$（也叫 McCabe 复杂度）。
3）导出基本路径集，确定程序的独立路径。
4）生成测试用例，确保基本路径集中每条路径的执行。

程序控制流图的环形复杂度用于计算程序中基本的独立路径数目。独立路径必须包含一条在其定义之前不曾用到的边。

程序控制流图的环形复杂度 $V(G)$ 有以下三种计算方法。

- 控制流图中区域的数量对应于环形复杂度。
- $K(G)=E-N+2$。其中，E 是控制流图中的边的数量，N 是控制流图中的节点的数量。
- 流图 G 的环形复杂度 $V(G)=P+1$，其中，F 是流图中判定节点的数量。

示例 9-24　白盒测试用例设计——基本路径测试。

例如，由图 9-39 所示的程序流程图可以得到图 9-40 所示的程序控制流图。

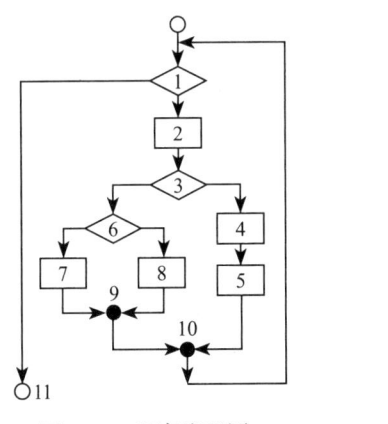

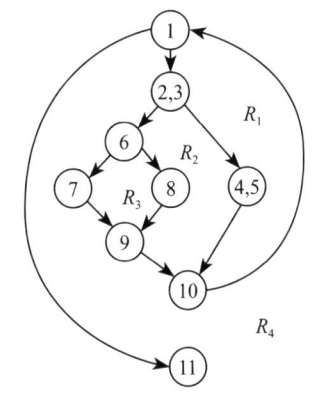

图 9-39　程序流程图　　　图 9-40　程序控制流图

根据图 9-40 所示的程序控制流图计算程序的环形复杂度为 4，说明基本路径集最多只需要包含 4 条独立路径即可完成路径覆盖。为此，可确定只包含独立路径的基本路径集如下。

- 路径 1：1-11。
- 路径 2：1-2，3-4，5-10-1-11。

- 路径3：1-2，3-6-7-9-10-1-11。
- 路径4：1-2，3-6-8-9-10-1-1l。

根据这个基本路径集，选择合适的输入数据，使得程序的执行路径按照该基本路径集中路径执行，就可以设计出相应的测试用例，以保证测试时实现路径覆盖。

（3）循环测试

结构化程序中通常只有三种循环即简单循环、串接循环和嵌套循环，如图9-41所示。

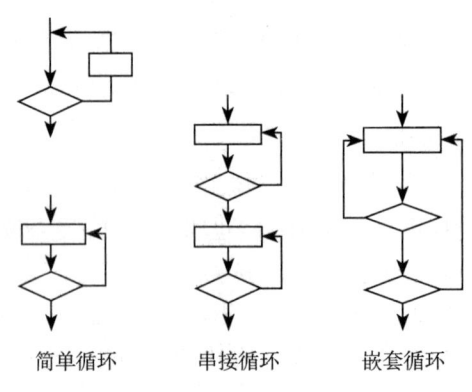

图 9-41　循环结构

1）简单循环测试策略：使用下列测试集测试简单循环，其中 n 是允许通过循环的最大次数。
- 跳过循环。
- 只通过循环一次。
- 通过循环两次。
- 通过循环 m 次，其中 $m < n-1$。
- 通过循环 $n-1$、n、$n+1$ 次。

2）串接循环测试策略：如果串接循环的各个循环都彼此独立，则可以使用测试简单循环的方法来分别测试每个独立的循环。但是，如果两个循环串接，而且第一个循环的循环计数器值是第二个循环的初始值，则这两个循环并不是独立的。当循环不独立时，建议使用测试嵌套循环的方法来测试串接循环。

3）嵌套循环测试策略：Beizer 提出了一种能减少测试数的方法。
- 从最内层循环开始测试，把所有其他循环都设置为最小值。
- 对最内层循环使用简单循环测试方法，而使外层循环的迭代参数（如循环计数器）取最小值，并为越界值或非法值增加一些额外的测试。
- 由内向外，对下一个循环进行测试，但保持所有其他外层循环为最小值，其他嵌套循环为"典型"值。
- 继续进行，直到测试完所有循环。

对于非结构循环，按照结构化程序设计的要求重新设计，然后再测试。

4. 面向对象的软件测试

面向对象的软件测试仍然需要使用许多传统的、成熟的软件测试方法和技术，只是测试的对象和内容有所不同。
- 面向对象的单元测试。测试单元为封装的类和对象,但不能孤立地测试单个操作,应把单个操作作为类的一部分来测试。
- 面向对象的集成测试。集成测试的策略包括基于线程的测试和基于使用的测试。
- 面向对象的确认测试。类似传统的确认测试和系统测试,根据动态模型和描述系统行为的脚本来设计测试用例,采用黑盒法。

5. 测试文档

测试工作有很多的成果,均以不同形式的文档体现。

(1) 测试计划

每一种测试都需要制订相应的测试计划,不同测试的测试计划各有不同,但都应该包括软件说明、每一项测试的内容、每一项测试的具体计划安排、每一项测试的设计、评价准则等。

(2) 测试用例

设计测试方案是测试阶段的关键。测试方案包括具体测试目的、应该输入的测试数据或执行的操作及预期结果。通常把测试数据或操作及预期结果称为测试用例。

一个测试用例应该包括测试用例编号 ID、测试用例标题、测试用例的优先级别、要测试的模块、操作步骤、测试输入条件、期望输出结果、其他说明。测试用例编号一般会包含项目的特征,如按"项目名－测试阶段－编号"的方式编号,这样便于测试用例的查找、跟踪和管理。测试用例标题应该清楚表达测试用例的测试目的,如"测试软件对错误输入的反应"。测试用例的优先级别与需求文档中需求的优先级别一致。对于复杂的测试用例,需要提供操作步骤,以描述测试执行的过程,即测试用例的输入需要分为几个步骤完成。测试的预期输出结果应该根据软件需求中的输出得出。如果在实际测试过程中得到的实际测试结果与预期结果不符,那么测试不通过,反之则测试通过。

软件项目按一定的特征划分为若干类,如按业务类型可分为通信软件、管理信息系统、编译程序等。每一类软件都有若干必须进行的测试,其测试用例也有一些共性。如果新系统与原系统同类型,可以重用原系统的测试用例,或做适当修改,这样可提高测试用例的使用效率。

需要注意的是,测试用例需要及时更新、补充。在测试执行过程中,应该及时补充遗漏的测试用例,剔除无法操作的测试用例,删除冗余的测试用例。

(3) 测试报告

测试过程中要填写测试记录。发现的软件问题应填写进软件问题报告单。测试记录包括测试的时间、地点、操作人、参加人、测试输入数据、预期测试结果、实际测试结果及测试规程等。

测试报告主要包括测试概要、测试结果及发现、对软件功能的结论、分析摘要、测试资源消耗等。

6. 测试阶段的质量保证工作

测试是保证软件质量的重要措施。测试工作对软件质量的影响重大,因此,测试的各项工作都需要经过评审。

测试阶段包括以下评审工作。

- 评审测试计划。
- 评审与跟踪测试用例。评审测试用例是否符合规范，确定是否设计了足够的测试用例，参与者包括项目经理、系统分析员、测试设计员、测试员，主要审查测试用例是否覆盖了需求。在测试实施过程中，还需要跟踪测试用例，分析测试用例的执行率、通过率等。
- 检查测试相关关键资源是否到位。
- 确认被测试对象是否已开发完毕并等待测试。
- 检查测试分析报告是否符合规范。

9.2.9 软件维护

1. 软件维护概述

按照现代的维护观点，任何时间对软件的任何改动都是维护，本节所述的维护特指"交付后维护"。软件维护是软件生命周期中的最后一个阶段，其基本任务是保证软件在相当长的时期内仍能够正常运行。

（1）软件维护的意义

软件维护是指当软件产品交付使用之后，维护所使用的软件产品到一个可能的新状态，或者为纠正软件产品的错误和满足新的需要而修改软件的活动。对于有价值的软件系统，软件维护是历时最长、耗费人力和资源最多的一个阶段，但它也是增强软件生命力的最重要的途径。

软件维护的工作量很大，平均说来，大型软件的维护成本高达开发成本的 4 倍以上。对于在定义阶段或开发阶段存在缺陷的软件，或者在软件开发过程中没有严格而科学地管理和规划的软件，维护阶段的工作更加繁重。国外的许多软件开发组织把 60% 以上的人力用于维护现有的软件。因此，做好软件维护工作，对用户和开发方都是一件非常有意义的事情。

软件工程的目的之一是提高软件的可维护性，减少维护的工作量，降低软件系统总成本。

（2）软件维护的类型

软件维护主要有以下四种类型。

- 校正性维护。测试阶段隐藏的软件错误和设计缺陷，在软件产品投入实际运行之后，随着时间的推移，逐渐被用户发现并报告给维护人员。对这类错误的测试、诊断、定位、纠正及验证、修改的过程称为校正性维护（corrective maintenance）。
- 适应性维护。为使软件系统适应不断变化的运行环境、数据或文件而修改软件的过程称为适应性维护（adaptive maintenance）。
- 完善性维护。软件系统投入运行后，用户往往可能提出对软件进行一定的修改，以增强软件的功能，提高软件的性能，使之更加完善，这种情况下对软件的修改或补充称为完善性维护（perfective maintenance）。
- 预防性维护。预防性维护（preventive maintenance）是为了改善软件将来的可靠性或可维护性,或为将来的改进奠定良好的基础,而对软件进行的修改或补充。

上述四类维护活动都必须应用于整个软件配置。维护软件的文档和维护软件的可执行代码是同等重要的。

(3)软件的可维护性

软件的可维护性是指能够理解、校正、修改和完善该软件,以适应新的要求、环境和条件的难易程度。提高软件的可维护性应该是软件开发各阶段不断追求和关注的目标。

影响软件可维护性的因素有很多,主要体现在以下几个方面。

- 可理解性:软件内部的结构、接口、功能和过程影响着人们理解和阅读时的难易程度。模块化的详细的设计文档、结构化设计、完备的源代码文档说明与注释,以及合适的高级程序设计语言等,都对改进软件的可理解性起着重要作用。
- 可测试性:测试软件以确保其能够执行预定功能所需工作量的大小。
- 可修改性:软件容易修改的程度,对此有影响的因素包括:模块界面是否清晰,是否便于扩充,信息、运算功能、数据存储区域或执行时间上的物理变更是否方便。
- 可靠性:软件按照设计要求,在规定时间和条件下不出故障、持续运行的程度。
- 可移植性:将软件系统从一个计算机系统或环境移植到另一个计算机系统或环境中所需工作量的大小。
- 可使用性:用户学习、使用软件及为程序准备输入和解释输出所需工作量的大小。
- 效率:为了完成预定功能,软件系统所需的计算机资源的多少。

这些因素渗透在软件开发的各个步骤中,可以在软件开发的各个阶段着重审核可维护性。例如,建立明确、规范的需求定义,采用有益于软件维护的方法设计软件,注意编码风格,进行尽可能充分的测试,提高文档质量,建立明确的质量保证机制。

2. 软件维护过程

软件维护是一件复杂而困难的事,必须在相应的技术指导下,按照一定的步骤进行。首先要建立必要的维护机构,建立维护活动的登记、申请制度,以及对维护方案的审批制度,规定复审的评价标准。实际上,在维护活动之前需要做许多与维护有关的准备工作。

图 9-42 给出了响应一项维护请求的事件流。接到维护请求后,需要确认维护类型。对于校正性维护,要评价错误的严重程度。如果是严重的错误,如错误使系统不能正常运行,这时要在系统管理员的指导下,立即组织人员分析问题,实施维护;如果错误不严重,该校正性维护可与其他的软件开发任务一起统筹安排。适应性维护和完善性维护的处理流程与校正性维护相同。修改后的软件要通过复审才能交付使用。

为了更好地做好软件维护,应该在维护的过程中记录好维护全过程,建立维护档案。这对以后的维护活动具有十分有益的指导作用。

3. 软件再工程

软件再工程是指重新处理、调整旧的软件,以提高其可维护性。软件再工程是提高软件可维护性的一项重要技术。

典型的软件再工程过程如图 9-43 所示。

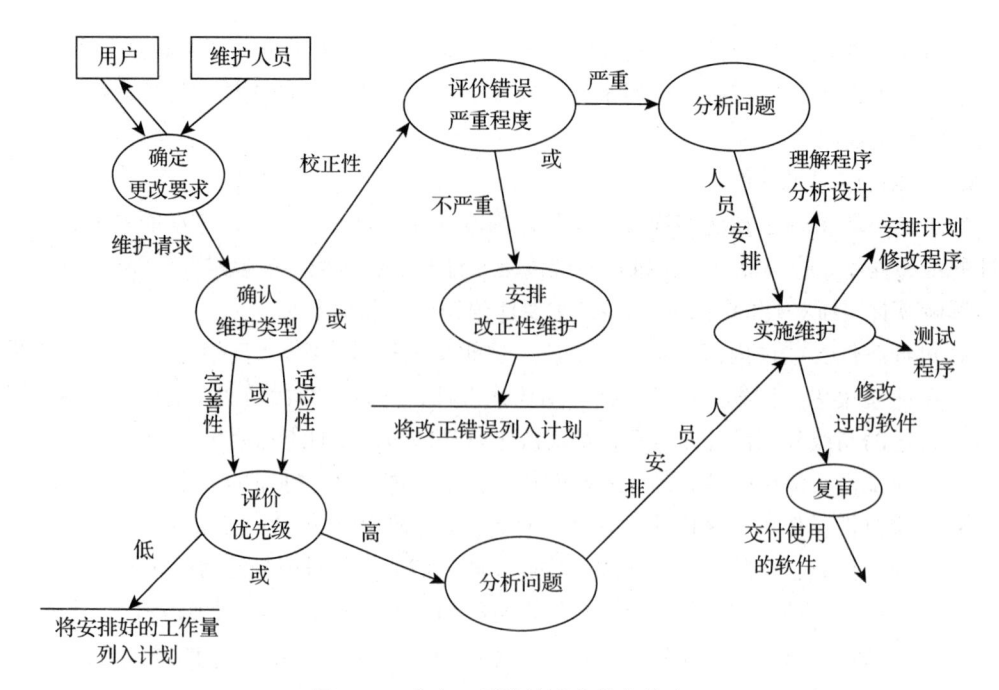

图 9-42 响应一项维护请求的事件流

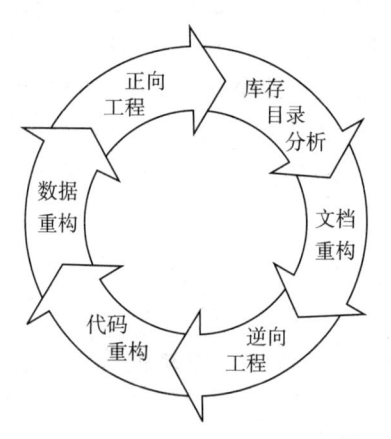

图 9-43 典型的软件再工程过程

1）库存目录分析。仔细分析库存目录，按照业务重要程度、寿命、当前可维护性、预期的修改次数等因素，选出库中拟准备再工程的软件，合理分配需要的资源并实施再工程。

2）文档重构。采用"使用时建文档"的原则，只对系统当前正被修改的部分建立完整文档。对于完成业务关键工作的子系统，必须重构全部文档，但要尽量把文档重构工作量减少到最小。

3）逆向工程。分析源程序，从中提取数据结构、体系结构和程序设计结构等信息，用于软件维护或重构原系统，以改善系统的综合质量。

4）代码重构。修改源代码的控制结构，使其易于修改和维护，以适应将来的变更。

5）数据重构。分析、理解现有的数据结构，必要时重新设计数据，包括数据标准化、数据命名合理性、文件格式转换、数据库格式转换等。数据重构必然会导致软件体系结构或代码的改变。

6）正向工程。从现有程序中恢复系统的设计信息，并运用这些信息，按照软件工程的原理、概念、技术和方法改变或重构现有系统，以提高其综合质量。

图 9-43 中的六类活动在某些情况下以线性顺序发生，有时并非如此。例如，为了理解某个程序的内部工作原理，可能在文档重构开始之前先进行逆向工程。循环模型中每个活动都有可能被重复，而且对于任意一个特定的循环来说，过程可以在完成任意一个活动之后终止。

需要指出的是：软件再工程的目的是改善软件的静态质量，以提高软件的可维护性或帮助人们更好地理解软件，那种纯粹出于改善性能的代码优化或重构都不能算作软件再工程。软件再工程改变的是系统的实现机制（系统结构或数据结构），而不改变系统的功能。

9.2.10 软件项目管理

1. 软件项目管理概述

软件工程主要包括软件生产和软件管理两大方面。管理是指通过计划、组织和控制等一系列活动，合理地配置和使用各种资源，以达到预期目标的过程。

（1）软件项目管理的特点与原则

软件项目管理除了具有一般工业产品的管理性质之外，还有其特殊性，主要源于软件产品的特殊性：知识密集、非实物性、单品生产、开发过程不确定，开发周期长，内容复杂、正确性难保证，生产过程劳动力密集、自动化程度低，用法烦琐、维护困难、费用高。

软件产品的特殊性导致了软件项目管理的特殊性，必须采取一定的措施保证软件项目的正常生产和保障软件产品的质量。软件项目开发的先行者总结出了一些软件项目管理的原则，可以在一定程度上保证软件项目开发的正常实施，这些原则有：采用软件生命周期法，逐阶段确认，坚持严格的产品质量检查，使用自顶向下的结构化设计方法或面向对象的设计方法，坚持职责分明，人员少而精，坚持不断改进完善。如果在软件生产和使用的全过程中都能坚决遵守上述原则，那么软件的质量一定会得到相当程度的保证。

（2）软件项目管理的内容

软件项目管理的工作覆盖整个软件生命周期，从接手软件项目开发任务开始，直到软件退役的各个阶段，都需要管理人员的精心组织和严格管理。

软件项目管理过程中的工作主要有：制订项目计划，实施与监督计划，评审每个阶段的工作结果，编写管理文档。

根据具体内容，软件项目管理又分为成本管理、进度管理、质量管理、人员管理、配制管理等。这里仅介绍质量管理、人员管理和配制管理。

2. 软件质量管理

软件质量是指软件与明确确定的功能和性能需求、明确成文的开发标准及任何专业开发的软件都应该具有的隐含特征相一致的程度。

要正确度量软件，必须注意：软件需求是度量软件质量的基础；高质量软件的开发过程必须遵守软件开发标准；高质量的软件应该既满足显式描述的需求，又满足隐含需求。

软件质量是软件内在属性的表现，难于定量度量。可以定义一些影响软件质量的因素，这些因素从产品运行、产品修改和产品转移 3 个方向评价软件的质量，如图 9-44 所示。

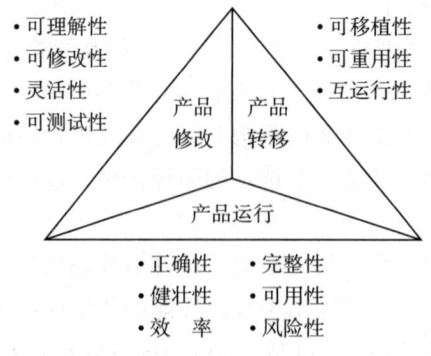

图 9-44 影响软件质量的因素

产品运行是指产品的使用，可以用正确性、完整性、健壮性、可用性、效率、风险性等因素度量其质量；产品修改是指产品的变更，可以用可理解性、可修改性、灵活性、可测试性等予以度量；产品转移是指为了让产品在不同的环境中运行而修改软件，其质量度量因素包括可移植性、可重用性、互运行性。

要提高软件产品的质量，就应该抓好质量管理工作，其要点如下。

- 科学地、分阶段地实施软件设计和生产。每个阶段都要确立其工作目标，阶段结束时必须进行设计评审，只有通过评审之后才能转入下一阶段。避免前一阶段将隐患留给后面阶段或交付使用后隐患才被发现，造成极大的修改和维护代价。
- 软件设计及生产过程一定要规范化。软件工程规范面向软件开发和维护过程，规定了各种主要的开发过程和管理行为，按照这些规范要求管理，是软件质量管理的基本方法。
- 软件的设计、生产、测试要分工。合理的分工可使每个人职责分明，增强员工责任感，提高生产效率。
- 尽可能选择合适的开发工具。并不是所有的人都具有科学的软件工程开发思想，也不可能让所有的人在短期时间内完全掌握软件工程的思想。使用根据软件工程思想建立的软件开发工具，可以引导开发人员按照软件工程化开发的过程一步一步完成软件的生产，保证软件的开发过程符合工程化的思想，从而保证软件产品的质量。

为使软件产品尽可能达到用户需求，可以从软件开发角度和软件过程检查角度同时采取相应的措施保证软件产品的质量。从软件开发角度来看，可以采用结构化的软件开发方法学，应用具有高可靠性的可重用软件，采用容错技术，增强软件健壮性，提高模块设计质量，在条件允许的情况下采用程序正确性证明等。从软件过程检查角度来看，应尽早建立质量标准，确定质量活动，严格执行每个阶段结束之前的审查，重视每个阶段开始前对阶段输入的复查，尽可能充分地测试软件，并建立独立的质量保证（Quality Assurance，QA）部门。

3. 软件人员管理

软件产业是知识密集型的产业，人是软件生产过程中的第一要素。大规模的软件无法由单个或少数软件开发人员在给定期限内完成，必须借助团队的力量。因此，软件项目成功的关键是合理地组织软件开发人员，有效地分工，使他们能够友好协作，共同完成开发任务。

软件开发人员一般具有高技术、知识更新快、个人作用突出、多层次、流动性大等特点。针对这些特点，在管理中应注意以下几点。

- 合理配备各类人员。大型软件项目开发的不同阶段对不同层次的人员要求是不一样的，应依据各阶段时间与人员的关系按需确定人员分配，使初、中、高级技术人员各尽其能。软件开发各阶段的人员安排可参照图 9-45 所示的 Putnam-Nordan 曲线。
- 不要轻易向延误的项目增加人员。Brooks 从大量软件开发实践中得出结论：向一个已延误的项目增加开发人员，可能使它完成得更晚。因为人员的增加，增加了成员间通信的复杂性，必然会带来通信代价和可能的培训成本，从而降低软件的生产率。
- 保持人员相对稳定，重要岗位要有技术后备人员。

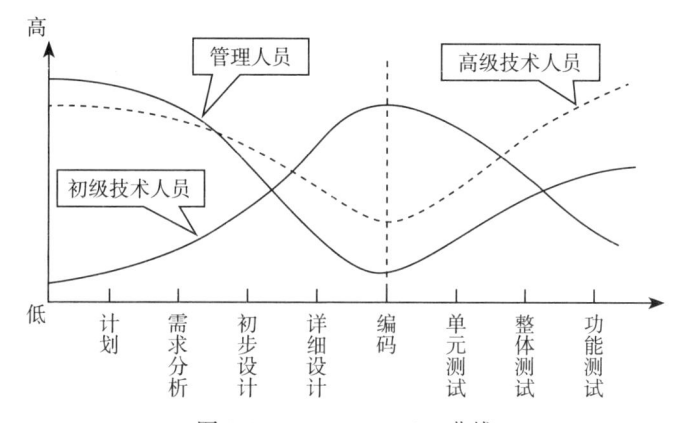

图 9-45　Putnam-Nordan 曲线

软件开发人员的组织对软件产品的质量有直接影响。常见的人员组织方式有以下几种。

（1）民主制程序员组

民主制程序员组中，每个成员具有同等地位，大家共同编制程序，互相检查、测试。小组成员按需轮流担任领导，全体讨论协商决定应该完成的工作，并根据个人能力和经验分配适当任务。

该方式的特点是小组成员完全平等，享有充分民主，通过协商做出技术决策。因此，小组成员间的通信是平行的，如果小组有 n 个成员，则可能的通信信道有 $n(n-1)/2$ 条。

采用这种组织方式，小组人数以 2～8 名为宜，否则将产生大量组员间通信的时间成本；不能把系统划分成大量独立的单元，否则将产生大量接口，增加接口错误的可能性和测试难度。

这种民主方式容易确定被大家遵守的小组质量标准，组员间关系密切，程序较少依赖于个人，增强了程序的可读性和可靠性，但是每个人职责不明确、难考核，意见不统一时无法决断，对外联系也不方便。如果小组内多数成员是经验丰富、技术熟练的程序员，采用民主制程序员组有助于解决高难度的技术难题；如果组内多数成员技术水平不高，或缺乏足够经验，则可能由于缺乏权威指导而导致任务难以如期完成。

（2）主程序员组

这是 IBM 公司在 20 世纪 70 年代初开始采用的组织方式。主程序员组有比较严密的组织结构，由主程序员、副组长和编程秘书组成核心，成员数一般为 7～10 人，如图 9-46 所示。

图 9-46　主程序员组

主程序员是项目的技术领导和负责人，一般由技术好、能力强、具有丰富软件工作经验的人员担任，负责小组全部技术活动的计划、协调与审查工作，还负责设计和实现项目中的关键部分。副组长协助主程序员工作，具有技术熟练和丰富的实践经验，全面了解项目的情况，参与一切重要技术决策，随时可以接替主程序员，承担部分分析、设计和实现的工作。编程秘书负责管理程序库、全部项目文档、测试数据和测试结果，当文档需要变更时，由他负责保持文档的一致性。

在必要的时候，该组还需要其他领域的专家（如法律专家、财务专家等）协助。

这种组织形式的优点是集中统一领导，有利于加强工作纪律，更加规范化，也有利于文档的管理和版本的管理。但这种组织方式过于强调主程序员的作用，不利于发挥其他人的积极性，项目组的工作能否成功很大程度上取决于主程序员的技术水平和管理才能。

（3）改进的主程序员组

主程序员组方式中，主程序员既是高级程序员又是优秀管理者，这样的高要求使得很少有人能胜任主程序员，要找到既优秀又甘于做副手的副组长也不容易。于是产生了一种更合理、更现实的组织方法，即将主程序员的职责分为两个人完成：一个技术负责人，即组长，负责小组技术活动，而不是主要的编码者，他负责全面的技术决策、指挥、监督和检查；一个行政负责人，负责所有非技术性事务，是上级领导与小组间联系的桥梁。改进的主程序员组如图 9-47 所示。

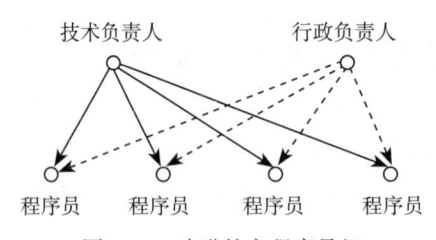

图 9-47　改进的主程序员组

技术负责人要对所有技术问题、软件各方面的质量负责，因此负责所有阶段的技术审查；行政负责人则负责对所有人的业绩进行评价。在通信方面，增加了用户联络者，负责与用户联络。

这样的机制需要特别明确技术负责人与行政负责人的管理权限，如实际工作中不可避免遇到冲突（例如对人员的调度与安排）时，可由更高级别的管理人员予以协调处置。

（4）层次型组织结构

开发大型软件需要很多人，可以根据项目需要分成若干个小组，各组有组长，在项目经理的指导下进行整个项目的开发工作。如图 9-48 所示，每个成员向组长负责，组长向项目经理负责。当软件规模更大时，还可在图 9-48 所示的组织结构基础上适当增加中间层次。

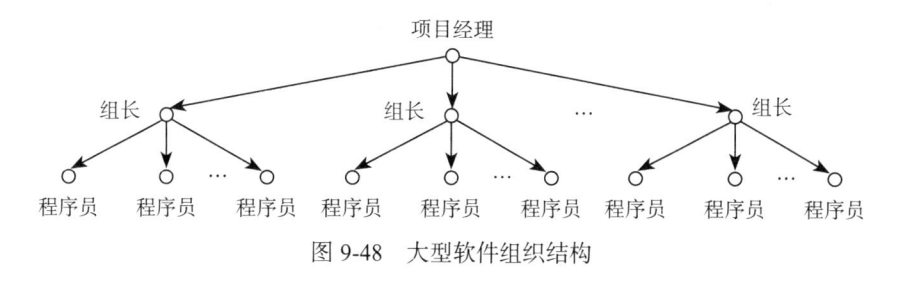

图 9-48 大型软件组织结构

4. 软件配置管理

软件配置管理（Software Configuration Management，SCM）通过一系列技术、方法和手段来维护产品的历史和版本，并在产品的开发阶段和发布阶段控制变化，目标是使产品在必须变化时减少所需花费的工作量。

（1）软件配置项

软件生命周期内需进行配置管理的各种产品（如文档、程序、数据、标准和规约等）统称为软件配置项（Software Configuration Item，SCI）。每个项目的配置项不一定完全相同。

软件配置项有以下形式。

- 技术文档，如需求规格说明书、概要设计规格说明书、测试计划、用户手册等。
- 管理文档，如开发计划、配置管理计划、质量保证计划等。
- 程序代码，如源代码和可执行文件。
- 数据，如程序内包含的或软件开发、运行和维护过程所需要的所有数据。

（2）基线

IEEE 把基线（baseline）定义为：已经通过了正式复审的规格说明或中间产品，它可以作为进一步开发的基础，并且只有通过正式的变化控制过程才允许对其变更。

基线是通过了正式复审的软件配置项。如软件需求规格说明书经过评审后，发现的问题已经得到纠正，用户和项目组双方认可，并且正式批准，就可纳入基线。图 9-49 是软件产品开发过程中的典型基线。

软件开发过程中的变化是不可避免的，如果这些变化得不到控制，将严重影响软件的开发过程和产品质量，因此需要采取一定措施控制变化，使软件产品保持一定程度的相对稳定。这就是需要基线的原因。在软件配置项成为基线之前，可以非正式地修改它；一旦软件配置项成为基线，则必须根据特定的、正式的过程（称为规程）来评估、实现和验证每个基线的变化。

除了软件配置项之外，许多软件工程组织也把软件工具作为软件配置项予以管理，如特定版本的编辑器、编译器和其他 CASE 工具，目的是防止不同版本的工具产生的结果不同，以方便今后软件配置项的修改。

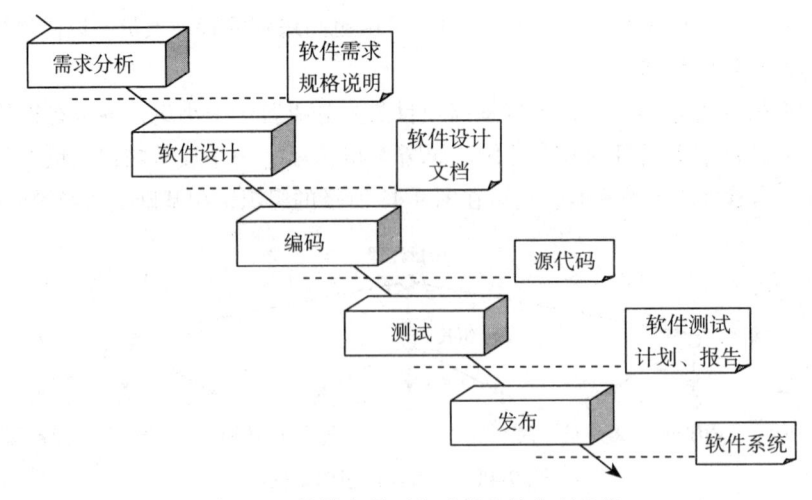

图 9-49　软件产品开发过程中的典型基线

(3) 软件配置管理的任务

软件配置管理的主要任务是控制变化，负责各个软件配置项和软件各种版本的标识、审计及对变化的报告，目的是最终保证软件产品的完整性、一致性、追溯性、可控性，保证最终软件产品的正确性，提高软件的可维护性。软件配置管理是软件质量的重要保证。

软件配置管理的任务如下。

- SCI 的标识：主要识别软件生命周期中有哪些 SCI，并予以描述。每个配置项必须有唯一的、能无歧义地标识每个配置项的不同版本的标识。
- 版本控制：确定每个 SCI 有哪些版本，并控制版本的演化。借助于版本控制技术，用户能够通过选择适当的版本来指定软件系统的配置。
- 变化控制：如何对 SCI 进行改变。典型的变化控制过程如图 9-50 所示。

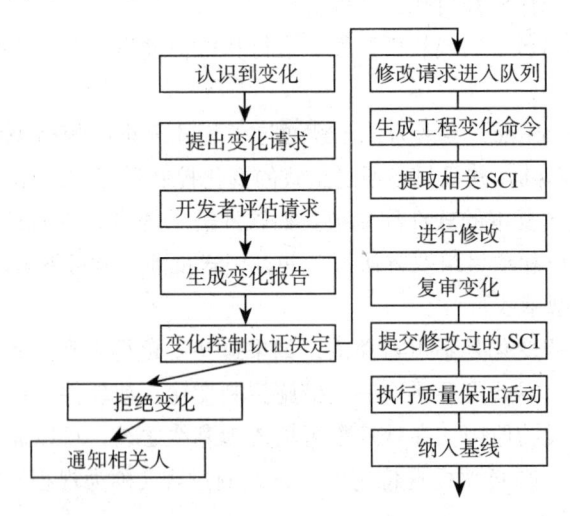

图 9-50　典型的变化控制过程

接到变化请求之后，首先评估该变化在技术方面的得失、可能产生的副作用、对其他配置对象和系统功能的整体影响及估算出的修改成本。评估的结果形成"变化报告"，该报告供变化控制审批者审阅。变化控制审批者既可以是一个人，也可以由多人组成，对变化的状态和优先级做最终决策。如果批准变化，则进入修改队列。为每个被批准的变化生成一个工程变化命令，描述将要实现的变化、必须遵守的约束及复审和审计的标准。把要修改的对象从项目数据库中提取出来，修改并应用适当的 SQA 活动。把修改后的对象提交数据库，并用适当的版本控制机制创建该软件的下一个版本。

- 配置审计：检查配置控制手续是否齐全；判断配置变化是否完成；验证当前基线对前一基线的可追踪性；确认各 SCI 是否均正确反映需求；确保 SCI 及其介质的有效性，尤其是要确保文实相符、文文一致；定期复制、备份、归档，以防止意外的介质破坏。配置审计结果应写成报告，通报有关人员或组织。
- 状态报告：为了清楚、及时地追踪并记载 SCI 的变化，需要在整个生命周期中对每个 SCI 的变化进行系统记录，包括发生了什么事、谁导致事情发生、何时发生、产生什么影响等。状态报告要及时发放给各有关人员和组织。

（4）软件配置管理工具

常见的软件配置管理工具有 Rational ClearCase、Rational ClearQuest、PVCS、Harvest、CVS、VSS 等。

9.2.11 软件开发过程

软件开发过程定义了软件开发中一组适合于项目特点的任务集合，包括所要完成的任务、任务的顺序、标志任务完成的里程碑、采取的管理措施、应该交付的产品等。

1. 经典过程模型

（1）瀑布模型

瀑布模型是软件工程中应用最广泛的过程模型，如图 9-51 所示。

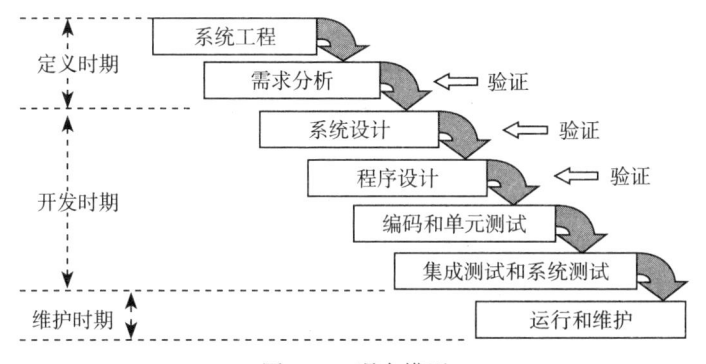

图 9-51 瀑布模型

按照传统的瀑布模型开发软件，有下述特点。

- 各阶段间具有顺序性和依赖性。每一阶段的任务必须等待前一阶段完成后才能开始。
- 推迟系统的物理实现。瀑布模型在编码之前必须完成需求分析与软件设计，这两个阶段主要考虑目标系统的逻辑模型，不涉及软件的物理实现。因此，按照瀑布模型开发软件，尽可能推迟程序的物理实现，这有利于保证质量；但在产品交付之前，用户只能通过文档了解产品，难以全面评估软件产品，很可能导致最终的软件产品不能真正满足用户需要，可能有较大风险。
- 质量保证的观点。瀑布模型要求每个阶段必须完成规定的文档，每个阶段结束前都要对所完成的文档进行验证、评审，以便尽早发现问题，改正错误。及时审查可有效保证软件质量。

传统瀑布模型过于理想化，实际的瀑布模型是带"反馈"的，即在某个阶段发现前面阶段的错误时，可以反馈到前面阶段修改产品之后再回到后面阶段。

瀑布模型适用于需求变化少、风险低、使用环境稳定或开发人员熟悉应用领域的项目开发。

（2）原型模型

原型模型指导软件开发的基本想法是快速建立原型，通过原型引导用户逐步表达出需求，直至得到完全满足用户需要的系统需求，如图9-52所示。

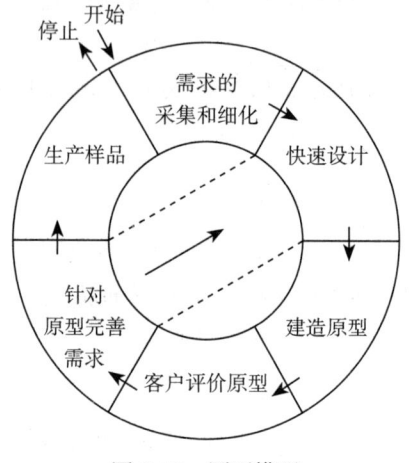

图9-52　原型模型

原型的形式有多种。例如，模拟软件系统人机交互的界面、可以运行的类似软件、实现软件系统部分功能的子系统等，都可以作为引导用户表达需求的原型。

采用原型模型方法的优点在于：用户参与需求的获取，可及早验证系统是否符合其需要；开发人员在构建原型的过程中经历了业务学习，有助于其减少设计和编码阶段的错误。但是原型法需要快速建立原型，对开发人员和开发环境要求高。

原型模型法适合于指导已有类似产品（作为原型）、简单且开发人员熟悉该领域、有快速原型开发工具的项目，或者用于指导产品移植或升级。

（3）螺旋模型

螺旋模型是在每一个阶段引入风险分析的原型模型，如图9-53所示。

螺旋模型以风险驱动软件开发，有利于软件质量的保证，但要求开发人员具备风险分析和控制的相关知识。另外，用户较难接受"演化"方法。螺旋模型适合于庞大、复杂、高风险的系统或者内部开发的大规模软件项目，在风险过大时可及时终止项目。

（4）增量模型

采用增量模型指导软件开发是把软件设计成若干个部分，这些部分共同构成整个软件，每一部分都经历单独的设计、编码、集成和测试过程，然后被添加到前面已经完成的软件中,如图 9-54 所示。这种方式可逐步向用户提交产品,使用户有足够的时间逐渐适应新系统。

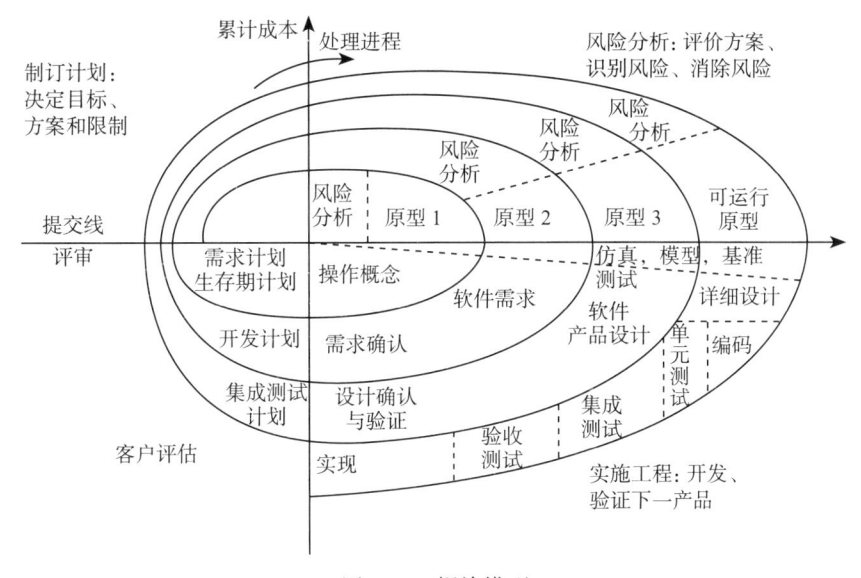

图 9-53　螺旋模型

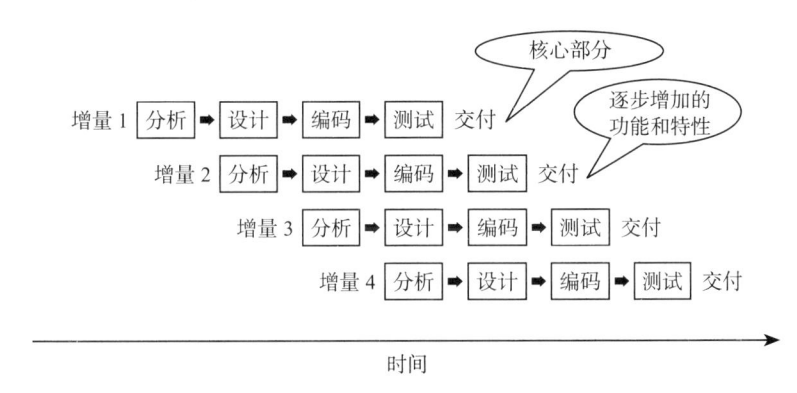

图 9-54　增量模型

采用增量模型开发软件,软件体系结构必须是开放的,每增加一个新的部分,不能破坏原来已经交付的产品。因此,增量模型对设计提出了很高的要求。

增量模型适合用于以下情形:在整个开发过程中,项目需求随时可能变化、客户接受分阶段交付;分析设计人员对应用领域不熟悉,难以一步到位;一些中等或高风险项目,或者软件公司自己有较好的类库、构件库的情况。

实际从事软件开发时,应该根据所承担项目的特点来选择软件过程模型。

2. RUP 模型

RUP(Rational Unified Process,统一过程)模型是基于 UML 及相关过程的一种现代过程模型,总结了长期商业化软件开发中的 6 项经验:迭代式开发、管理需求、基于构件的体系结构、可视化建模、验证软件质量、控制软件变更。

RUP 将软件的开发描述成一个二维模型,如图 9-55 所示。

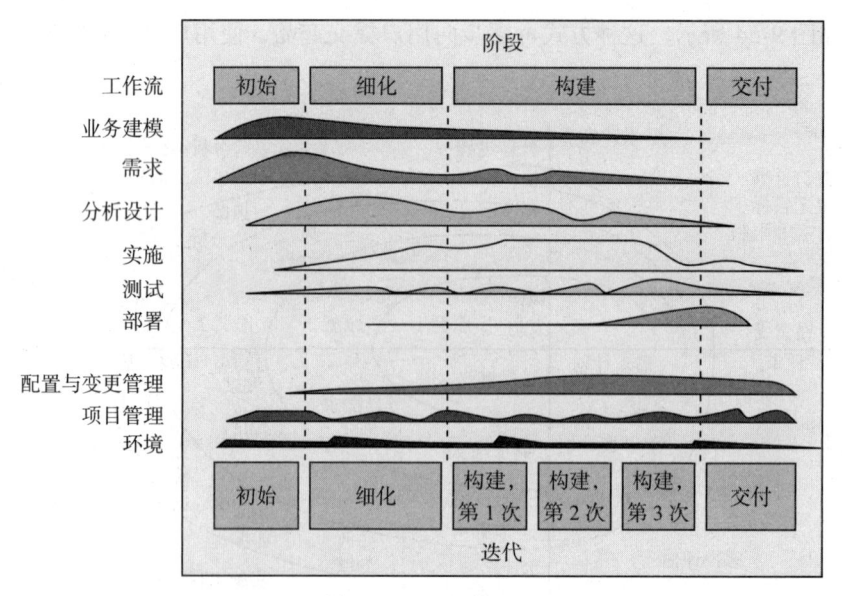

图 9-55　RUP 模型

从时间角度，RUP 模型将软件开发分成若干个迭代（iteration），每个迭代完成一个独立的项目。每个迭代又分成 4 个阶段：初始（inception）、细化（elaboration）、构建（construction）和交付（transition）。每个阶段有明确目标。初始阶段为系统确定项目的目的和范围；细化阶段分析问题领域，在理解整个系统的基础上，设计系统的体系结构；构建阶段实现系统和测试软件；交付阶段将软件从开发环境安装到最终用户的实际环境中。

从工程任务角度，RUP 将项目的开发描述成 9 个核心工作流，包括 6 个过程工作流（业务建模、需求、分析设计、实施、测试、部署）和 3 个支持工作流（配置与变更管理、项目管理、环境）。这 9 个核心工作流在项目中轮流使用，在每一次迭代中以不同的重点和强度重复。

RUP 模型将阶段与工程任务分离，使得项目在规划方面有了更大的灵活性。RUP 模型严格定义了软件开发过程中的许多规则、流程和相关文档工作，适用于指导中、大规模软件研发。也可以将 RUP 模型裁剪以适应小规模的软件开发。

软件过程模型是一个框架，包括项目的关键检查点、任务以及通用的技术、方法和度量说明。对于一个特定的项目，可以通过剪裁过程定义所需的活动和任务，不同的软件组织可以根据需要和目标采用不同的过程、活动和任务。

3. 敏捷软件开发与 XP

现代软件开发面临一些新挑战，如要迅速进入市场、维持高生产率，能够适应快速变化的需求，需要采用快速发展的技术，等等。但是传统的软件开发方法强调过程，强调文档，开发人员负担过重，被称为重载（heavyweight）方法。针对上述问题，产生了一系列轻载（lightweight）方法，如敏捷方法等。

在众多敏捷软件开发方法中，XP（Extreme Programming，极限编程）是富有成效的方法之一。该方法认为更加现实有效的做法是开发团队有能力在项目周期的任何阶段去适应变化，而不是像传统方法那样在项目起始阶段定义好所有需求再努力地控制变化。因此，

XP 强调若干实践原则：现场客户、项目计划、系统隐喻、简单设计、代码集体所有、结对编程、测试驱动、小型发布、重构、持续集成、每周 40 小时工作制、代码规范等。

XP 将复杂的开发过程分解为一个个相对比较简单的小周期——迭代，XP 项目开发过程如图 9-56 所示，迭代开发过程如图 9-57 所示。

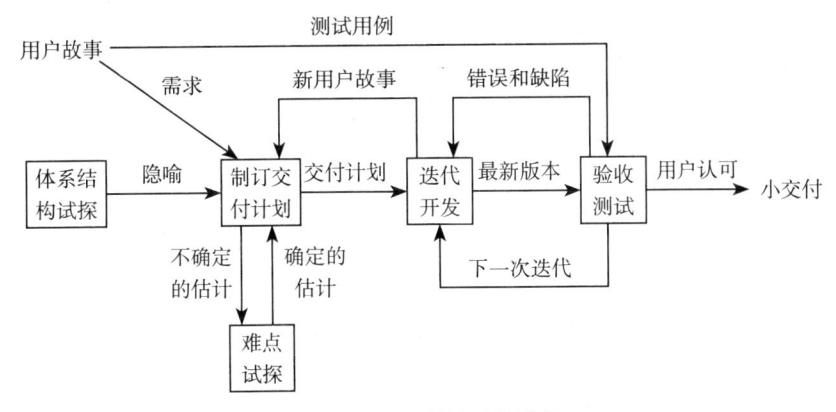

图 9-56　XP 项目开发过程

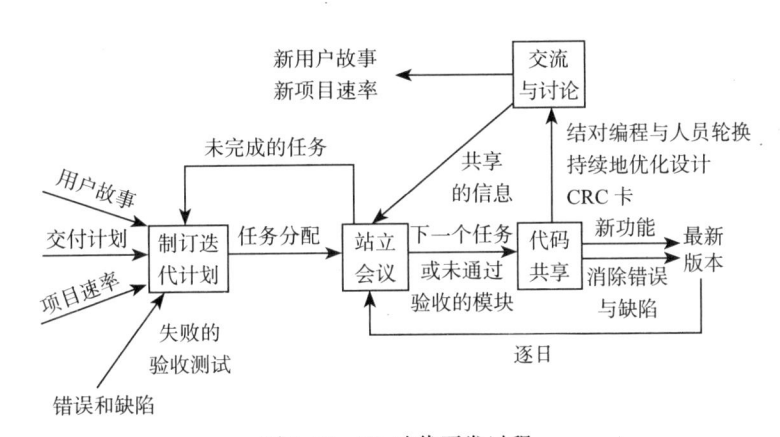

图 9-57　XP 迭代开发过程

整个项目开发过程中，首先由终端用户提供用户故事，开发团队据此讨论后提出隐喻。在此基础上，根据用户设定的优先级制订交付计划，然后开始多个迭代过程。在迭代期内产生的新用户故事不在本迭代内解决，以保证本次迭代开发不受干扰。项目通过验收测试后交付使用。

图 9-57 中的 CRC（Class Responsibility Collaborator）卡是目前流行的面向对象分析建模方法。CRC 卡是一个标准索引卡集合，每张卡片表示一个类，包括三个部分：类名、类的职责、类间协作关系。CRC 建模中，用户、设计者、开发人员共同参与，完成对整个工程的设计。

在每一个迭代过程中，根据交付计划和项目速率，选择要优先完成的用户故事或待消除的错误和缺陷，将其分解为 1～2 天内完成的任务，制订本次迭代计划，然后通过每天的站立会议提出遇到的问题，会后调整迭代计划，进入代码共享式的开发工作。开发人员要确保新功能 100% 通过单元测试，并立即集成，形成新的可运行版本，由用户代表进行验收和测试。

XP广泛用于小团队的规模小、进度紧、质量要求高、需求模糊且经常改变的软件开发。

4. 基于开源软件的软件开发实践

（1）开源软件

开放源码软件，简称开源软件，是指源代码可以自由获取和传播的一类软件，软件使用者通过开源许可证获得软件拥有者对软件的使用许可。

传统商业软件的开发商不向用户提供源代码，用户无法了解软件的内部情况，也无法修改软件，这种软件通常被称为专有（闭源）软件。相较于闭源软件，开源软件为软件开发者提供了更多的创新自由，也引发了一种新的软件开发模式，越来越多的人、组织支撑"开源"，以至于传统的商业公司（如微软、IBM、Google等）也以各种方式投入力量支持开源软件和开源实践。

经过近几十年的发展，各个领域都产生了一些非常有影响力的开源软件，比如开源操作系统 Linux、移动操作系统 Android、Web 服务器软件 Apache、数据库管理系统 MySQL、分布式系统基础架构 Hadoop、集成化开发环境 Eclipse、浏览器 Chrome 等。

与闭源软件相比，开源软件具有以下优势。

- 软件成本低。开源软件通常是免费的，即使有些开源许可协议要求付费，但是费用也低于闭源软件。
- 软件质量高。由于开源软件代码公开，所有人都可以看到，可以吸引大量的参与者参与测试和修复，代码中的缺陷容易被发现并得到解决。
- 软件开发周期短。在开源模式下，软件开发可以是对原有开源软件的完善，也可以是直接使用开源软件作为核心部分搭建新的软件系统，开发周期会大大缩减。
- 软件功能更全面。开源软件参与者众多，不同的参与者会以不同的角度提出需求弥补软件的不足。

（2）开源软件实践

开源方式让大量软件开发者以协同方式参与到同一项目的开发，使得软件由原来相对固定的团体开发扩展到互联网上的大众参与，软件开发模式由此发生了极大的改变，从提出软件需求、发现代码缺陷，到贡献程序代码等，都由互联网上的众多参与者协同完成。

开源软件开发平台和社区提供了交流讨论、协同开发、贡献代码、质量保证等功能，汇聚了大量的开发者群体。目前有影响的开源软件托管平台和开源社区主要有 GitHub、SourceForge、Gitee。其中 GitHub 已有几亿个开源软件仓库资源，是目前最具影响力的开源软件托管平台，支持开源和私有软件项目。GitHub 基于 Git 进行软件版本管理，支持互联网上的软件开发者通过分布式协同的方式来开发软件。

开源软件不仅为软件开发新手提供了学习资源，参与开源软件的建设也可以让开发者贡献自己的智慧，重用开源软件还可以提高软件开发效率和软件的质量。

使用开源软件必须遵循相关的开源软件许可证的规定。现有开源许可证有两大类：宽松式（permissive）开源许可证和 Copyleft 开源许可证。宽松式开源许可证对代码使用没有限制，用户自己承担代码质量风险，但是必须说明原始作者。Copyleft 开源许可证的限制则比较多，用户未经许可不得随意复制代码，分发二进制代码时必须提供源代码，修改后产生的开源软件必须与修改前的软件保持统一许可证，不得在原始许可证外附加其他限制。

9.3 应用软件设计模式

9.3.1 应用软件设计方法

物联网应用软件首先也是软件，其设计应遵循软件工程方法按照 9.2 节所介绍的方法和步骤进行设计。

物联网软件是一个分布式软件，其部分功能通常运行在嵌入式环境，与一般的单机软件有所不同，应遵循分布式软件的设计规律和规则。

9.3.2 软件架构设计

物联网应用软件通常是一个大系统，通常非常复杂，需要一个良好的设计方法才能保证设计的正确性、有效性、可延续性。

IEEE 对架构的定义是：架构是以组件、组件之间的关系、组件与环境之间的关系为内容的某一系统的基本组织结构，以及指导上述内容设计与演化的原理。

因此，软件架构所探讨的主要内容是：软件系统的组织；选择组成系统的结构元素和它们之间的接口，以及这些元素相互协作时体现的行为；如何组合这些元素使它们成为更大的子系统；用于指导这个系统组织的架构风格（元素及其接口、协作和组合方式）；软件的使用、功能性、性能、弹性、重用、可理解性、经济与技术的限制与权衡、美学（艺术性）等。

1. 架构设计视图

架构设计视图是对从某一视角看到的系统所做的简化描述，描述中涵盖了系统的某些特定方面，而忽略了与此方面无关的实体。

最常用的是逻辑架构视图和物理架构视图。

（1）逻辑架构

软件的逻辑架构规定软件系统由哪些逻辑元素组成以及这些元素之间的关系。通常来说，组成软件的逻辑元素可以是逻辑层、功能子系统、模块。

设计逻辑架构的核心任务是比较全面地识别模块，规划接口，并确定基于此模块之间的调用关系和调用机制。

因此，逻辑架构视图主要是模块 + 接口。

（2）物理架构

软件的物理架构规定组成软件系统的物理元素、物理元素之间的关系以及将它们部署到硬件上的策略。

物理架构可以反映软件系统动态运行时的组织情况。物理元素是指进程、线程，以及类的运行时实例对象，而进程调度、线程同步、进程或线程通信反映物理架构的动态行为。

物理架构还需要说明数据是如何产生、存储、共享和复制的。因此，物理元素主要包括：

- 物理层：设备端层，Web 层，业务层，企业信息层。

- 并发控制单元：进程，线程。
- 运行时实体：组件，对象（类的实例化），消息。
- 数据：临时数据，持久化数据，共享数据，以及数据的传送。

（3）从视图到实现

架构设计指导后续的详细设计和编程，其关系如图 9-58 所示。

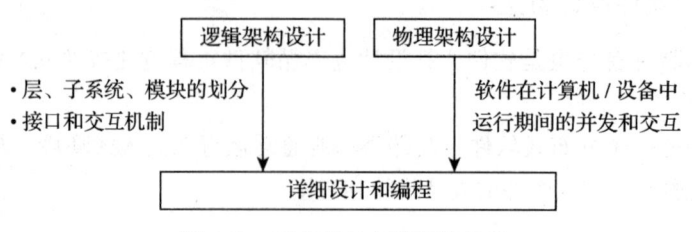

图 9-58 架构设计与实现的关系

2. 架构设计过程

（1）架构设计的原则

软件架构设计应遵循以下基本原则及过程。

1）透彻了解系统需求：这是设计好的架构的前提和基础，需求决定概念架构。要把需求全面地罗列出来，还要找出需求之间的矛盾关系、关联关系。

2）正确建立概念架构：确定正确的概念架构，只要架构基本正确，整个系统就不会偏离方向。概念架构基本确定了系统与系统之间的差异，体现了其独特性。

3）全面设计架构要素：对架构的每一部分进行设计，并进行验证。应使用多视图设计方法，从多个方面进行架构设计。比如针对性能、可用性方面的需求，应进行并行、分时、排队、缓存、批处理等方面的策略设计；针对可扩展性、可重用性方面的需求，应进行代码文件组织、变化隔离、框架应用等方面的策略设计。系统越复杂，越需要进行分解并对每个方面进行周全的设计。

三者之间的关系如图 9-59 所示。

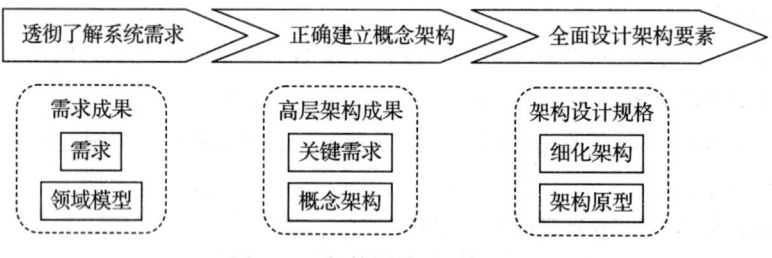

图 9-59 架构设计原则与过程

（2）架构设计的步骤

架构设计一般可分为 6 个步骤，6 个步骤之间的关系如图 9-60 所示。

1）需求分析：全面、透彻地了解需求，找出需求之间的关系。

2）领域建模：找出本质性的领域概念及其关系，建立问题模型。

3）确定关键需求：找出最关键的需求子集。

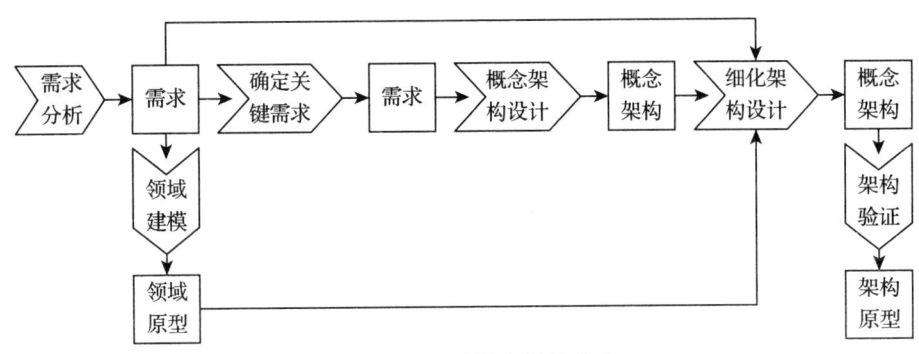

图 9-60　6 个步骤之间的关系

4）概念架构设计：需同时考虑共建功能和关键质量，进行顶级子系统的划分、架构风格选型、开发技术选型、集成技术选型、二次开发技术选型。

5）细化架构设计：分别从逻辑架构、开发架构、运行架构、物理架构、数据架构等不同架构视图进行设计。

6）架构验证：一般开发一个框架来进行验证。

3. 领域建模

领域建模就是将领域概念以可视化的方式抽象成一个或一套模型。其目的是提炼领域概念，建立领域模型。领域建模的原则是业务决定功能，功能决定模型。领域建模的输入是"功能"和"可扩展性需求"（即未来的功能），输出是领域模型。

领域模型在软件开发中的作用如图 9-61 所示。

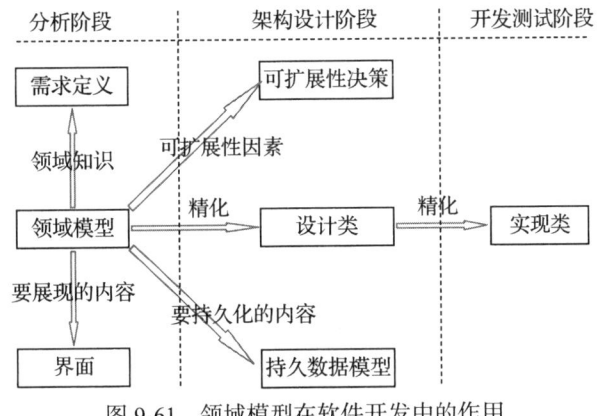

图 9-61　领域模型在软件开发中的作用

4. 概念架构设计

概念架构规定系统的高层组件及其相互关系。概念架构设计旨在对系统进行适当分解，但不涉及细节。

概念架构即"架构 = 组件 + 交互"。组件是指高层组件，对其功能进行笼统定义。交互只定义组件之间的关系，不定义接口细节。

以下是概念架构设计的任务。

1）划分顶级子系统。确定有哪些顶级的子系统。

2）架构风格选型。比如，选择 C/S 还是 B/S 风格、UI 风格等。

3）开发技术选型。比如，选择 Java 还是 Python 等。

4）二次开发技术选型。比如，是否设计为可进行二次开发的形式。

5）集成技术选型。确定是否需用通用的系统集成，还是设计成一体化系统。如用系统集成，选择使用哪种集成平台和技术。

概念设计步骤如图 9-62 所示。

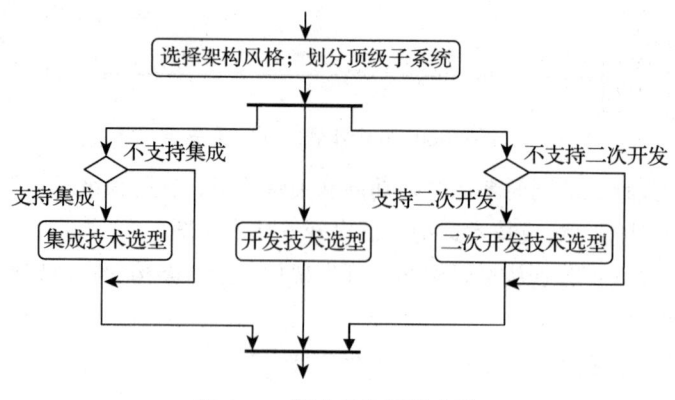

图 9-62　概念架构设计步骤

5. 细化架构设计

架构师需要解决的问题有很多，比如划分子系统、定义接口、设计进程与线程、服务器选型、模块划分与设计、确定逻辑层（layer）与物理层（tier）、设计程序目录结构、设计数据分布与存储。面对众多的任务，需要一种更加有效的设计方法。五视图方法是一种可用的选择，其中的关联关系如图 9-63 所示。

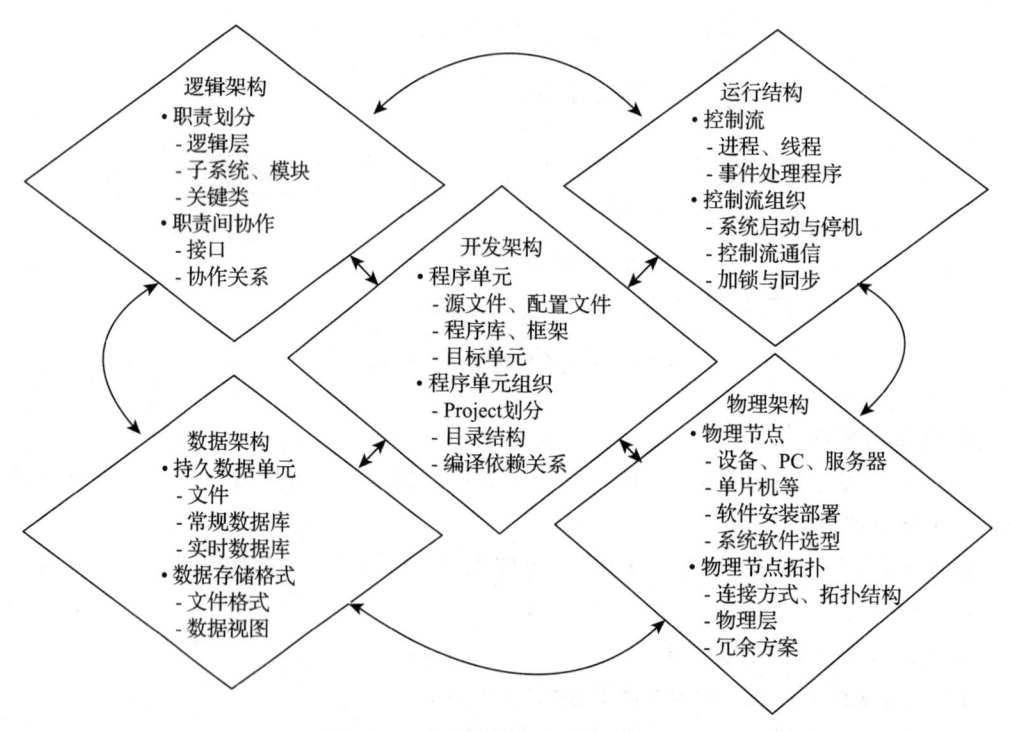

图 9-63　五视图方法中的关联关系

五种视图分别从不同的方面规划系统的划分与交互。
- 逻辑架构 = 职责划分 + 逻辑关系。
- 物理架构 = 物理节点 + 拓扑连接关系。
- 数据架构 = 数据单元 + 数据关系。
- 开发架构 = 程序单元 + 编译依赖关系。
- 运行架构 = 控制流 + 同步关系。

其中包含了 15 项设计任务。
- 逻辑架构设计：模块划分，接口定义，领域模型。
- 开发架构设计：技术选型，文件划分，编译关系。
- 运行架构设计：技术选型，控制流划分，同步关系。
- 物理架构设计：硬件分布，软件部署，方案优化。
- 数据架构设计：技术选型，存储格式，数据分布。

6. 架构验证

架构设计是软件开发中最为关键的一环，架构是否合理直接关系到最终的软件系统能否成功。为此，对所涉及的架构进行验证和评估，就是一项必不可少的工作。

验证架构的方法主要有原型法和框架法。

（1）原型法

原型法的基本思想是对所关心的问题和技术进行有限度的试验，而不是完整地实现。通过试验来确定预计的风险是否存在，是否找到解决风险的办法，项目是否沿着预定的路线推进。

原型法又可分为演进原型法和抛弃原型法。演进原型法是指所做的试验用系统作为继续开发的基础。抛弃原型法是指所做的试验用系统在试验完后抛弃。

实现架构原型一般采用演进原型法，其代码应达到产品级质量。

（2）框架法

框架法的基本思想是指将架构设计方案用框架的形式加以实现，并在此基础上进行评估验证。框架是一个与具体应用无关的通用机制及通用组件，可以支持多种版本的开发。因此，在框架上，应有选择地实现一些应用功能。

验证架构的具体步骤如图 9-64 所示。

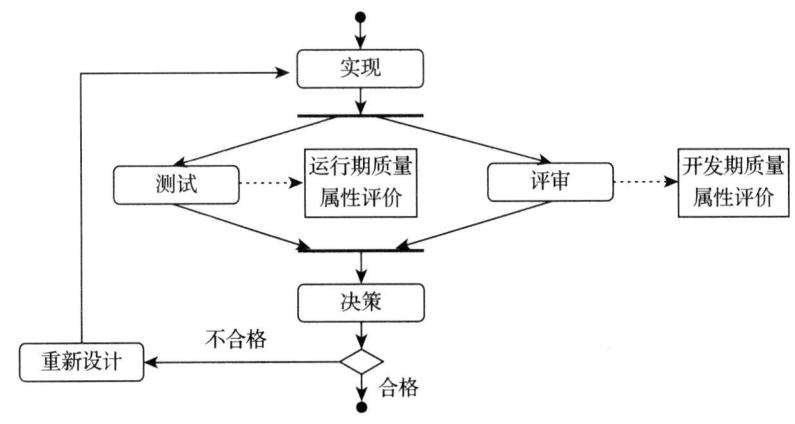

图 9-64 架构验证的具体步骤

9.3.3 模块划分

模块划分是架构设计的细化工作，是从功能层面给出的架构。

1. 功能模块划分

功能模块划分最常用的手段是功能树，即将功能大类、功能组、功能项的关系以树的形式表示出来。功能树是一种功能分解结构，不是简单的功能模块图，它刻画的是问题领域。图 9-65 和图 9-66 是呼叫中心系统和设备管理系统的功能树示例。

功能树中的功能是粗粒度的。

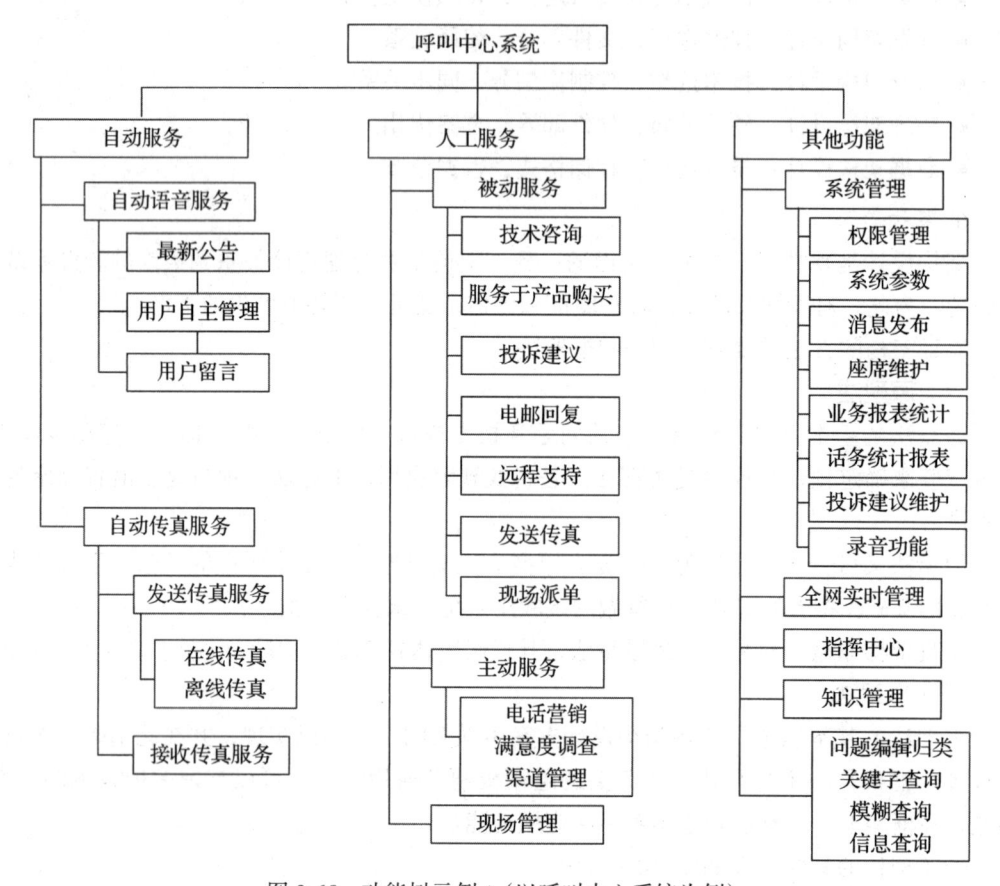

图 9-65 功能树示例 1（以呼叫中心系统为例）

2. 功能分层

分层架构设计是架构设计的一种良好表达形式。

（1）三层架构设计

三层架构设计可以将一个应用软件系统分为三个层次。
- 展现层：显示数据，接收用户输入，为用户提供交互式操作的界面。
- 业务层：也称为业务逻辑层，处理各种功能请求，实现系统的业务功能。
- 数据层：也称为数据访问层，与数据存储打交道，包括访问数据库等。

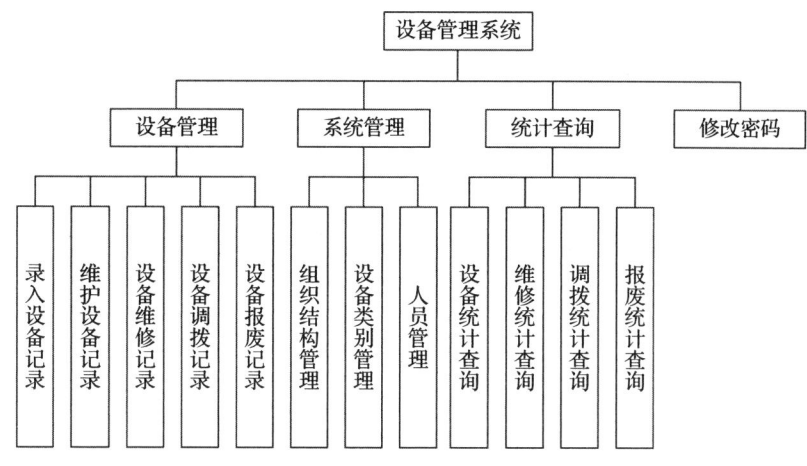

图 9-66　功能树示例 2（以设备管理系统为例）

（2）四层架构设计

四层架构设计是另一种常见的层次划分方法。

- UI 层（用户界面层）：封装与用户的双向交互。
- SI 层（系统交互层）：封装与硬件、外部系统的交互。
- PD 层（问题领域层）：对问题领域或业务领域的抽象及领域功能的实现。
- DM 层（数据管理层）：封装各种持久化数据的具体管理方式，包括数据库、数据文件等。

3. 模块划分与层次划分的结合

确定每个层次包含哪些功能模块，并用一种直观的形式展现出来，是架构设计的结果之一，如图 9-67 所示。

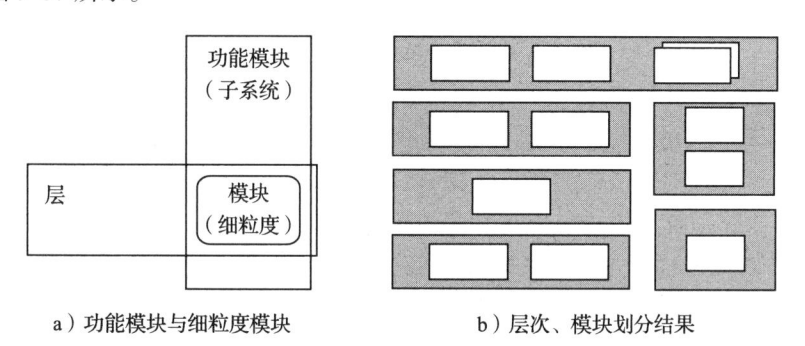

a）功能模块与细粒度模块　　　b）层次、模块划分结果

图 9-67　模块划分与层次划分

9.4　嵌入式软件设计方法

物联网需要实现物物互联，嵌入式技术与系统是实现物物互联的重要基础。嵌入式软件的微型化、信息化、网络化等特征，使得其开发明显不同于 PC 上的软件开发。嵌入式软件需要在一个开发平台上而不是实际运行平台上进行开发，需要在虚拟机上进行调试和测试。

9.4.1 开发工具与平台

目前,应用最多的嵌入式系统是基于 ARM 架构的,因此下面主要针对 ARM 架构的嵌入式系统开发进行介绍。

ARM 应用软件的开发工具包括编译软件、汇编软件、链接软件、调试软件、嵌入式实时操作系统、函数库、评估板、JTAG 仿真器和在线仿真器等,而含有编辑软件、编译软件、汇编软件、链接软件、调试软件、工程管理及函数库的集成开发环境(IDE)一般来说是必不可少的。使用集成开发环境开发基于 ARM 的应用软件,编辑、编译、汇编、链接等工作在 PC 上均可完成。调试工作需要配合其他模块或产品才能完成。

1. 软件开发工具

目前常用的开发工具有 ARM ADS、ARM RVDS 等。

(1)ARM ADS

ARM ADS 是 ARM 公司推出的 ARM 集成开发工具,用来取代 ARM SDT。ADS 使用 CodeWarrior IDE。ARM ADS 支持 ARM7、ARM9、ARM9E、ARM 10、StrongARM 和 XScale 系列处理器,可以在 Windows、Linux 上运行。

(2)ARM RVDS(RealView Developer Suite)

RVDM 是 ADS 之后的新一代开发工具,包括编译器 RVCT、调试器 RV Debugger、集成开发环境 CodeWarrior 和指令仿真器 ARMulator。

(3)Android Studio

Android Studio 是开发基于 Android 软件的典型集成开发环境之一。

(4)GNU 开发工具

Linux 操作系统下的自由软件 GNU GCC 编译器,不仅可以编译 Linux 操作系统下运行的应用程序、编译 Linux 本身,还可以进行交叉编译,即编译运行于其他 CPU 上的程序。可以进行交叉编译的 CPU(或 DSP)涵盖了几乎所有知名厂商的产品,具有较好的通用性。

(5)嵌入式操作系统

用于嵌入式芯片的操作系统主要有 Linux、VxWorks、WinCE、鸿蒙、安卓等。

Linux 是开源系统,可进行裁剪,具有较大的灵活性。但其开发难度较大,工具较少。VxWorks 以其实时性强著称。WinCE 是基于 Windows95/98 的嵌入式操作系统,具有 Windows 系统的 GUI 界面,辅助工具较丰富,但占用内存多。鸿蒙是华为公司开发的跨平台操作系统,可用于各类物联网终端。安卓是谷歌公司开发的移动操作系统,除智能手机外,可用于多种物联网设备。

2. 硬件开发工具

(1)JEENI

JEENI 仿真器是专门用于调试 ARM 系列的开发工具。它与 PC 之间通过以太网或串口连接,与 ARM 目标板之间通过 JTAG 口连接。用户应用程序通过 JEENI 仿真器下载到目标 ARM 中。通过 JEENI 仿真器,用户可以观察、修改 ARM 的寄存器和存储器的内容,可以在所下载的程序上设置断点,可以用汇编语言或高级语言单步执行程序,可以观察高级语言变量的数据结构及内容并对变量的内容进行在线修改。

（2）Multi-ICE

Multi-ICE 是 ARM 公司自己的 JTAG 在线仿真器。Multi-ICE 支持实时调试工具 Multi-Trace。Multi-Trace 可以跟踪触发点前后的轨迹，并且可以在不中止后台任务的同时对前台任务进行调试。Multi-ICE 支持多个 ARM 处理器以及混合结构芯片的在片调试，支持实时调试。

9.4.2 基于虚拟机的调试与测试

开发在 PC 上运行的软件时，可在编程过程中随时进行调试运行，观察运行结果，以判断程序的正确性。但开发嵌入式系统的软件时，一般在 PC 上编程，在嵌入式芯片上运行，所以不能简单地像 PC 上的程序一样随时进行调试运行。为了便于调试，一般在 PC 上安装虚拟机，仿真一个嵌入式运行环境，从而可在编程过程随时启动调试，直观地观察程序的运行结果。

现在广泛使用的虚拟机软件有 VMWare Workstation、VM VirtualBox、Virtual PC 等。

9.5 分布式信息处理与软件设计方法

9.5.1 分布式计算模型

物联网系统和物联网软件的基本形态就是以 Internet 为基础的分布式系统，其计算模型是 C/S（客户机/服务器）和 B/S（浏览器/服务器）模型。

C/S 模型的原理如图 9-68 所示。

图 9-68 C/S 模型的原理

客户机（Client）向服务器（Server）发送指令，服务器返回处理结果。客户机和服务器是相对的概念，并不绝对指系统中的服务器。比如，传感网中的数据汇聚节点（计算机）向传感器发出指令，要求传感器传送所感知的数据，此时传感器充当服务器的角色，汇聚节点充当客户机的角色。C/S 可以递归地进行，直到指令到达最终的服务器，此时中间节点对上游节点而言是服务器，对下游节点而言是客户机。

B/S 是 C/S 的一种特定形式，是指客户机端运行浏览器，请求的通常是网页。

在网络中实现 C/S 模型时，需要利用并遵循网络的相关传输协议。

9.5.2 分布式程序架构

1. 分布式程序

分布式程序至少包括两个相对独立的程序，分别运行在不同的硬件设备上。例如，无线传感器网络中，运行在传感器节点上的感知程序、运行在汇聚节点上的数据收集程序、服务器上的数据存储与处理程序共同构成一个感知软件系统或应用系统；RFID 系统中，运行在标签中的程序、运行在读写器中的程序、计算机上的数据存储与处理程序共同构成 RFID 应用系统。

在编写这类分布式程序时，需要单独编写每个程序，分别进行编译并部署到对应的硬件设备上。

为保证系统协同工作，根据角色的不同，充当服务器的设备程序应具有监听功能，不间断地（或周期性地）监听来自客户机的请求，并做出响应，类似于事件响应程序。

为实现分布式系统的功能，需要提供通信功能，典型的通信模型是 send() 与 receive() 原语。发送消息者使用 send() 原语发送指令，对方使用 receive() 原语接收消息。

在 Internet 中，所有的发送、接收功能都使用数据包传递来实现，一般使用标准的 TCP/IP 协议完成所有功能。但对于传感网等特定的系统，HTTP/HTTPS、TCP 等协议的效率明显很低，因此采用特定的分布式消息机制是更好的选择，常见的有 CoAP、MQTT、MQTT-SN，或者采用系统自己定义的特殊通信功能实现通信和数据传输。

2. CoAP

CoAP（Constrained Application Protocol）是一种运行在资源受限设备上的协议，通常基于 UDP 实现。

基于 CoAP 的一种实现模型如图 9-69 所示。

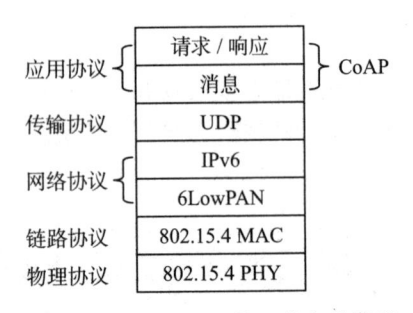

图 9-69　基于 CoAP 的一种实现模型

CoAP 采用 C/S 架构，最小的消息只有 4 个字节。

CoAP 的通信模式如图 9-70 所示。

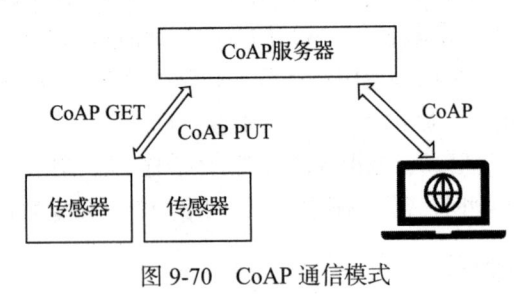

图 9-70　CoAP 通信模式

3. MQTT 协议

MQTT（Message Queue Telemetry Transport）协议能较好地满足低耗能和低网络带宽的需求，具有如下特点。

- 实现简单。

- 提供数据传输的 QoS。
- 轻量、占用带宽小。
- 可传输任意类型的数据。
- 基于 TCP 协议。
- 采用 C/S 架构。
- 使用订阅 / 发布模式。
- 收发消息是异步的。
- 提供 3 种消息 QoS：只有一次，最多一次，最少一次。

MQTT 由代理（Broker）和多个客户机组成，其通信模式如图 9-71 所示。
MQTT 是目前物联网中运用最广的协议。

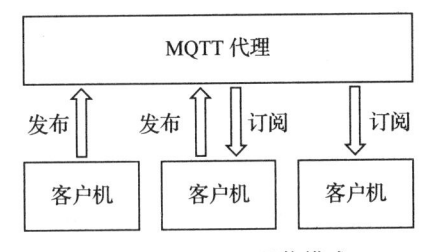

图 9-71 MQTT 通信模式

4. MQTT-SN

MQTT-SN（MQTT for Sensor Network）是 MQTT 的传感器版本，运行于 UDP 之上，其通信模式如图 9-72 所示。

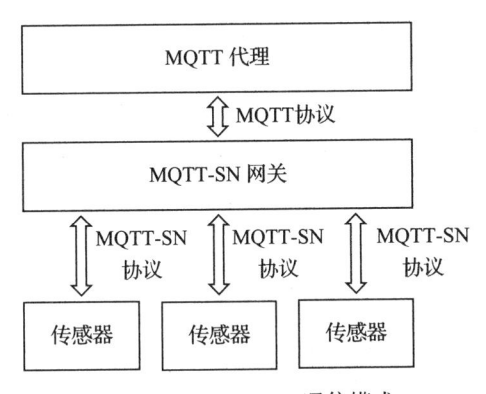

图 9-72 MQTT-SN 通信模式

9.5.3 分布式程序设计方法

在物联网中，分布式程序设计方法主要有基于 B/S（C/S）和基于 MPI 两类。

1. 基于 B/S 的设计方法

基于 B/S 的程序设计需要分别设计服务器端的处理程序和客户端的网页程序。

主要设计工具有 .NET 平台和 J2EE 平台等，都包括语言、编辑、编译工具。

需要特别强调的是，基于 B/S 的物联网软件并不一定使用 HTTP、TCP 等传统的

Internet 协议，在很多应用中，使用 CoAP、MQTT-SN 会有更好的运行性能。

2. 基于 MPI 的设计方法

MPI 是一种消息传递接口标准，本身并不是一种程序设计语言，而是可在程序设计语言（例如 C、C++ 等）及编译中调用的函数库。MPI 当初的设计目的是实现并行处理，但现在可以用于分布式软件的编程。

MPI 库中包含大量 API 函数，可以实现发送消息、接收消息等功能。

9.6 移动终端 App 设计

智能移动终端如智能手机已成为物联网中信息收集、信息交互、信息处理、系统应用的重要载体，大量的物联网应用都需要设计基于智能手机的 App，以方便用户使用。

基于智能手机 App 的开发工具主要有基于 Android 的 Android Studio、基于 iOS 的 Xcode、基于鸿蒙的 DevEco Studio 等。

9.7 物联网应用部署

物联网应用软件的部署范围包括末梢终端、服务器、汇聚节点、云端等不同设备。

9.7.1 应用在末梢终端上的部署

末梢终端上的软件大多采用 C/C++ 语言编写，也有少量软件采用汇编语言编写。这类软件通常是在专用开发平台上写入终端设备，因此其部署方式比较单一，运行时一般直接执行相应的程序即可（常称为绿色程序），基本上没有特殊的关联环境要求，不像 PC 上的应用软件，需要编写专门的安装程序以安装必要的关联软件、设置运行环境。

末梢终端上的软件也存在升级的问题，因此该类软件应有一个升级模块，周期性检查开发商服务器或后端上的升级信息，在有新版本时可以自动下载新版本，实现软件的升级。

升级程序与应用功能程序一般分成两个部分，其一般流程如图 9-73 所示。

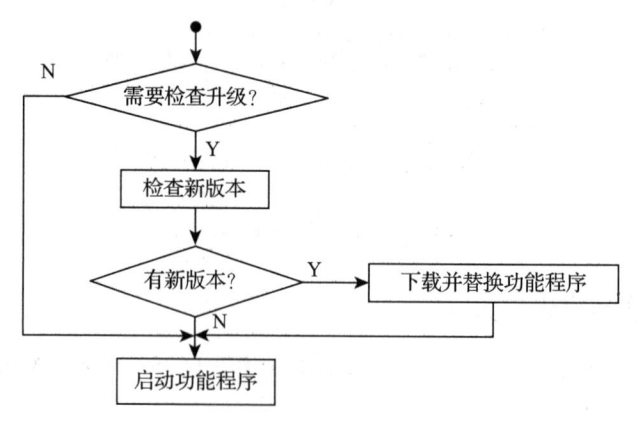

图 9-73 升级程序的一般流程

9.7.2 应用在服务器上的部署

服务器上的应用部署具有一些相似性。

通常，服务器上的软件都比较复杂，使用集成开发工具进行编程和调试，生成的应用程序离开开发环境之后不能独立运行（常称为非绿色程序）。这时，需要对应用软件制作特定的安装程序。安装程序可能是一个单一的可执行程序，其中包括所有的应用功能程序、运行时函数库，同时还包括设置运行环境、生成配置参数文件的功能。安装程序也可能包括一组程序，其中一个主程序、一组辅助程序、数据文件等。通过运行安装程序，可以自动将应用软件部署到计算机上并令其处于可运行状态。

对客户端 PC，如果应用软件是基于桌面应用格式的，其部署与服务器上的软件部署类似。但这样的软件存在一个较大的不便，即当软件需要升级时，所有的客户机都需要进行升级操作。为此，现在多数应用软件都设计成基于 Web 形式，这样客户机不需要进行任何应用软件升级操作，只需要对客户机上的系统软件及相关软件（如安全软件、浏览器等）进行升级。

9.7.3 基于云计算的应用部署

云计算的特征之一是将资源封装为服务，用户按需租用服务，主要包括 IaaS（基础设施即服务）、PaaS（平台即服务）、SaaS（软件即服务）。对物联网应用软件来说，主要涉及 PaaS 和 SaaS 两种情况下的软件部署问题。

PaaS 和 SaaS 的基础是虚拟化，将集群计算机虚拟化为多台计算机，用户在虚拟计算机上部署应用软件，云服务提供商提供的软件与用户部署的软件一样，也是在虚拟机上部署的。

为了满足应用软件的运行要求，需要选用不同类型的虚拟机，并在其上安装所需要的客体操作系统。典型的虚拟机软件是基于容器的虚拟化软件，最常用的是 Docker。

在云计算平台，还需要部署云平台管理软件、云存储系统、任务管理与调度系统等。

9.8 物联网应用软件设计说明书编制

遵循软件设计说明书的编制规范，物联网应用软件设计说明书通常分成两部分：概要设计说明书和详细设计说明书。如果软件系统规模较小，两部分可以合并成一个。这里分别给出两个说明书的主要内容，其中针对具体内容，应利用前述章节所介绍的知识、技术给出具体的设计方案。

概要设计说明书

（封面）
1. 简介
    1.1 编写目的
    1.2 编写背景
    1.3 约定
    1.4 术语与缩写解释
    1.5 参考文献
2. 总体分析
    2.1 需求规定

2.2 系统分析
2.3 系统约束
   2.3.1 设计约束
   2.3.2 开发环境约束
   2.3.3 运行环境约束
   2.3.4 测试环境约束
   2.3.5 条件与限制
3. 系统设计
  3.1 设计策略
  3.2 系统构架设计
   3.2.1 模块内静态类图
   3.2.2 模块间静态包图
  3.3 数据设计
   3.3.1 数据结构设计
   3.3.2 数据结构与程序的关系
  3.4 接口（INTERFACE）/基类/抽象类/通信/协议/事件/信号
   3.4.1 外部类
   3.4.2 内部类
  3.5 框架过程设计
   3.5.1 总体框架过程设计
   3.5.2 客户端——服务器架构进程间通信过程设计
   3.5.3 消息内容及其格式过程设计
   3.5.4 通信端口过程设计
  3.6 其他
   3.6.1 单元测试
   3.6.2 代码走查
   3.6.3 自查表
4. 运行设计
  4.1 运行模块组合
  4.2 运行控制
  4.3 运行时间

详细设计说明书

（封面）
1. 引言
  1.1 编写目的
  1.2 文档背景
  1.3 定义

1.4 参考资料
2. 系统设计
    2.1 模块划分
    2.2 模块描述
    2.3 模块实现
3. 客户端——服务器架构进程间通信模块设计说明
    3.1 类××
        3.1.1 数据结构说明
        3.1.2 友元说明
        3.1.3 数据成员
        3.1.4 存储分配
        3.1.5 测试计划
        3.1.6 方法××（……）
4. 消息内容及其格式模块设计说明
    4.1 类××
        4.1.1 数据结构说明
        4.1.2 友元说明
        4.1.3 数据成员
        4.1.4 存储分配
        4.1.5 测试计划
        4.1.6 方法××（……）
5. 通信端口模块设计说明
    5.1 类××
        5.1.1 数据结构说明
        5.1.2 友元说明
        5.1.3 数据成员
        5.1.4 存储分配
        5.1.5 测试计划
        5.1.6 方法××（……）
6. 全局函数设计说明
7. 数据存储（数据库等）设计说明
8. 数据处理设计说明
9. 数据展示设计说明
10. UI 设计说明

第 10 章 工程实施

工程实施是物联网工程的重要一环，借助这一环节，设计方案得以转化为可用的系统。本章介绍物联网工程实施的流程、招投标过程、施工过程管理与质量监控方法以及工程验收等内容。

10.1 物联网工程实施过程

一般地，可将项目实施的流程分为六个阶段，分别是项目招投标阶段、项目启动阶段、项目具体实施阶段、项目测试阶段、项目验收阶段、项目使用培训和售后服务阶段。

1. 项目招投标阶段

该阶段包括下述主要步骤。

1）承建方寻标：承建方通过各种途径，搜罗项目信息（通常是查询招标公司公告、用户单位招标信息等），寻求投标、承接工程的机会。

2）建设方招标或邀标或直接委托：按照相关规定，对金额较大的项目，建设方应通过公开招标的方式确定承建方。对于特殊性质的项目，可以定向邀标，即邀请有限几个潜在的承建方投标，然后从其中挑选合适的承建方，或者只邀请一个承建方（单一来源采购）进行洽谈。对于金额较小的项目，也可以采用直接委托的方式确定承建方。

3）购买标书：承建方在规定的时间到指定地点购买招标文件。

4）现场调研：承建方组织技术人员到现场调研，进一步了解需求和工程实施中可能碰到的问题。

5）招标咨询会：拟参加投标者，可能对招标文件有疑问，会提出很多问题。发标方按规定不应单独进行解答，而是通知所有购买了招标文件的单位，在指定时间参加发标方召开的咨询会，统一回答问题。发标方也可以将问题的解答写成书面文档，由招标机构统一分发给各投标单位。

6）承建方投标：承建方组织技术、销售等方面的人员，撰写投标书，并在规定时间内投标。

7）评标：招标机构按事先确定的时间、地点，组织专家评标，确定中标者，并进行公示。

8）签订合同：承建方中标后，在规定时间内完成合同签署。

2. 项目启动阶段

该阶段包括下述主要步骤。

1）承建方深入调研：承建方组织技术人员对需求进行深入调研。

2）设计详细的技术方案和施工计划：承建方在深入调研的基础上，进行技术方案的设计，制订具体的施工进度计划。

3. 项目具体实施阶段

该阶段包括下述主要步骤。

1）场地准备：承建方对施工现场进行准备，比如申报施工许可、腾空场地，有时还需要搭建施工人员的临时住房。

2）采购工程所需设备和辅材：购买工程所需要的各种设备，以及各种辅助材料。一些进口设备需要较长的到货时间，必须提早安排。根据承建方的单位性质，对有些大额的设备或工程，可能需要通过招标方式采购，应做好招标文件，走招标流程。

3）组织施工：根据施工计划，组织各类人员各司其职，进行项目的施工。主要包括应用软件设计、编程与测试，场地辅助条件施工，如设备杆埋设、管道埋设、电缆/光缆布设、相关设备安装、用户手册撰写等。

4. 项目测试阶段

该阶段包括下述主要步骤。

1）单元测试：承建方对各单元进行测试，并根据测试结果进行完善。

2）综合测试：承建方对整个项目进行综合测试，确定是否达到设计要求。

3）第三方测试：对于大型工程，按照合同约定，承建方可能需要提交第三方的测试报告，这时承建方应邀请有资质的第三方专业机构对整个系统进行综合测试。

5. 项目验收阶段

该阶段包括下述主要内容。

1）提交验收申请：在经过试运行、确认工程项目达到设计要求后，承建方向建设方提出验收的申请。申请通常是书面形式，小型项目也有口头申请的。

2）准备验收文档：承建方制作验收所需要的各种文档，包括但不限于投标书、合同、各阶段设计书、设备采购合同、设备合格证及使用说明、安装报告、测设报告、试运行报告、用户报告、培训文档、系统密码文档（光盘/U盘/纸质文档）、系统使用说明书/用户手册等。

3）鉴定验收：建设方或委托第三方组织鉴定验收。如果有监理，监理方应同步编制监理报告。

对大型或复杂的工程项目，验收可能分为初验和终验两个步骤，初验通过后会继续试运行一段时间，然后进行终验。

6. 项目使用培训和售后服务阶段

该阶段包括下述主要步骤。

1）继续进行用户培训：对用户进行深入培训，以保证系统更好地运行。

2）定期巡查：承建方定期巡查，与建设方交流运行过程的各类信息，并对设备进行例行检查和维护。定期巡查有利于提高承建方在业界的美誉度。

3）及时处置故障：在运行过程中可能会出现各种问题，承建方应按合同要求及时解决。

4）续保：在质保期过后，承建方通常与建设方协商，签订新的服务合同，有偿提供售后服务。这也是承建方增加收入的重要方式。

10.2 招投标与设备采购

10.2.1 招投标过程

1. 招标代理机构选择

按照相关法规和规定，政府项目或财政出资的项目，只要金额达到规定的额度，都需要通过招标确定承建方。

招标由具有资质的招标代理机构（如招标公司、招标中心等）具体实施。

招标代理机构通常有其特定的业务范围或擅长的招标业务类型。例如，有的招标代理机构擅长土建项目招标，有的擅长机械设备采购招标，有的擅长电气施工项目招标，有的擅长通信工程项目招标，有的擅长药品采购项目招标。这取决于招标代理机构人员的配置和经验等。

在做出需通过招标确定承建方的决定后，首先应选择一个较好的招标代理机构。选择招标代理机构应考虑以下主要因素。

- 资质。要了解招标代理机构的业务范围、资质、等级、服务质量，以及人员的业务水平。一个具有良好业务水平的招标代理机构可以为招标方节约大量的人力、时间，并能对技术需求或技术方案提出一些有价值的建议。
- 招标时限。要了解对方在本方期望的时间段，其相关部门有无专业人员承接此项招标工作，因为可能该代理机构正好在该时间段有很多招标项目，没有人手承接你的招标任务。
- 收费标准。招标代理机构是营利机构，靠收取代理费生存。各代理机构的收费标准并不完全相同。招标费通常由招标方承担，但若招标方没有预算招标费，该笔费用也可约定由中标方支付，因此中标方在报价中会包含招标费用。

2. 招标文件，编制与发布

确定招标机构后，应着手编制招标文件。

通常，招标方与招标代理机构的相关人员会举行多次会议，确定招标文件的具体内容和相关细节。招标文件应满足如下基本要求。

- 合法性：符合法律法规规章的相关规定。

- 完整性。应完整、详细地说明招标方的目的、需求、评标标准等，明确投标方应提交的投标文件清单。
- 准确性。不要有二义性、不确定性的内容。
- 公开性。不能保留一些重要信息供私下告知。

3. 投标者购买标书并投标

投标方应满足相关法律法规或规章的规定，比如应是企业法人，有些还要求企业必须是在中国境内注册的。

潜在的承建方从相关渠道（如招标机构网站、政府采购网站、招标方网站等，甚至私人交流渠道）获知招标信息，在研读招标项目的基本信息并经评估后确定是否投标。若决定投标，则安排相关人员前往招标公司或通过网络方式购买招标文件。一般情况下，招标文件都不是免费的，但价格一般只有几百元。购买招标文件后，应指定负责人开始组织技术人员、销售人员、财务人员、项目管理人员等分工负责，共同编制投标文件。

投标文件应按规定的形式进行装订。大型项目的投标文件可能长达数千页甚至上万页，这时应分册装订。

投标文件通常用硬质封面，并加上适当的封面设计，以显示出投标方的专业性。应在其中一份文件的封面上注明"正本"，在其余多份文件的封面上注明"副本"。

应按要求在每个需要盖章的地方盖上单位公章（或投标专用章），在每一个需要签名的地方手工签上投标负责人或委托人的全名，有些允许只签姓的地方，可只签姓。有的招标文件规定要在投标文件的每一页上签署，这时就应该在每一页上签署，不能用盖章代替签署，也不能签完一份之后复印。

装订好投标文件后，在规定的时间之前送达招标机构。投标人在异地的，在招标机构许可情况下，也可通过快递方式邮寄。

投标时，应按招标文件规定的金额和方式支付投标保证金。通常，投标保证金以网上银行的方式支付，在本地的，也可用支票支付。对于金额很小的保证金，也可用现金方式支付。

投标保证金一般在投标结果公布并公示结束后退还。对于中标的公司，如果已经约定招标代理费由中标者支付，则保证金可冲抵招标代理费，多余部分及时退还，不足部分应按约定及时补齐。

4. 评标及确定中标者

（1）评标委员会的组成

评标委员会的人数为单数，小型项目的评标委员会最少允许为3人，大型项目的评标委员会可能多达十几人，甚至数十人。

评标专家必须是政府相关部门预审通过并录入到专家库中的人员。

按照有关规定和惯例，招标方（用户单位）有一人作为评标委员会的成员。

评标委员会的其余成员应在政府建立的评标专家库中自动抽取。计算机抽取后，通过自动语音系统电话通知被抽取的专家，如果被抽取的专家不能参加，则系统继续抽取，直到达到规定的人数。

(2)评标流程

评标开始前,招标代理机构会组织评标委员会选出一名组长,主持评标过程。

依据投标内容及规定的不同,有些招标规定所有投标人开标前都进入开标现场唱标,有些招标规定每次只能有一个投标人进入现场唱标。

下面是评标的一般流程。

1)确定开标顺序,一般按签到的逆序,或者抽签确定。

2)按照确定的顺序,投标人检查本公司投标文件密封的完好性,工作人员打开封装,交由投标人报告本公司的主要投标内容,如技术方案的关键思想、设备品牌、报价、工期、售后服务等。

3)投标人离场,组长安排评标的具体事务,通常将专家分成多个小组,有的负责商务部分,有的负责技术部分,如果技术部分很复杂,会分成多个小组分别负责不同的部分。各小组审查投标文件,并按评分细则对各投标人打分。

4)对投标文件中有疑问的地方进行讨论,形成统一意见。

5)投票表决中标者。

6)招标机构工作人员统计表决票,宣布结果。

7)组长负责撰写评标决议,全体成员签字。

至此,评标工作结束。

随后,招标代理机构将评标结果放到网上公示。公示期结束后,若无重大异议,即正式通知中标者,让其与招标方编制并签署合同,招标工作结束。招标代理机构一般不参与合同的签订过程。

在公示期内,如果投标人对招标结果有重大异议,可按事先公布的方式向有关方面(一般是纪委或监察部门)进行书面反映,有关方面在进行调查后会确认或否决招标的有效性。

10.2.2 招投标文件

招标方(即建设方)负责编制招标文件。招标文件的格式并非千篇一律,但典型的招标文件通常包括下列主要内容:

第一章 投标邀请书

第二章 投标人须知

第三章 招标工程/货物技术参数、规格及要求

第四章 评标标准及方法

第五章 投标要求

第六章 投标文件格式

第七章 合同格式

各部分的内容简述如下。

第一章 投标邀请书。这一部分通常由招标代理机构填写,典型内容如下。

××招标有限责任公司受业主方的委托,对其采购项目中所需的"＿＿＿＿＿＿"进行国内(或国际)公开招标采购,欢迎符合资质条件并对此感兴趣的制造商或供应商前来

投标。

1. 招标编号：_____
2. 招标内容：_____
3. 合格的投标人

1）投标人必须提供设备制造商针对本次投标的专用授权。

2）投标人注册地应为_____，或者在_____有分支机构或办事处，能稳定地提供技术支持和系统维护。

3）投标人应具有_____资质。

4. 招标文件从即日起到投标截止时间前每天 9:00 时到 17:00 时（节假日除外）在_____招标有限责任公司公开出售。

5. 招标文件售价为每套人民币_____元。售后不退；若投标人需邮购招标文件，我们将以快递邮寄，邮寄费另收_____元人民币。

6. 兹定于_____年_____月_____日 09:30 时（北京时间）在_____公开开标（如开标地点变更，另行通知）。届时敬请参加投标的代表出席开标会。

7. 凡是购买了招标文件但决定不参加投标的投标人，请在开标截止日前 5 个工作日以书面形式通知招标机构。若该项目因参与投标的投标人不足 3 家而进行重新招标的，未予书面通知的投标人将被取消重新参加该项目投标的资格。

8. 招标代理机构

公司名称：_____
地　　址：_____
邮　　编：_____
联 系 人：_____
电　　话：_____
传　　真：_____
E－mail：_____

9. 银行信息

户　　名：_____
开 户 行：_____
账　　号：_____

第二章　投标人须知。该章通常由招标代理机构填写，主要包括以下内容。

- 招标人的相关信息：机构名称、地址、联系电话、联系人及电话。
- 投标人的资格：公司地址限定条件、产品授权、技术/管理资质及等级、产品产地及等级、实施同类项目的经验等。
- 是否允许联合投标的限定条件。
- 报价币种。
- 投标保证金的数额及支付方式。
- 投标书的份数、签字要求、送达时限。
- 开标时间、地点。

第三章 招标工程/货物技术参数、规格及要求。该章由招标人编制,详细列出工程需求。

第四章 评标标准及方法。该章一般由招标人起草,与招标代理机构共同审核定稿。如果招标代理机构经验非常丰富,可以起草该章内容,这样可以节省招标人的一部分工作量。该章主要包括以下内容。

- 评标方法。在国家法规允许的方法中挑选一种,比如综合评标法。
- 评标分数的组成,比如技术、商务、价格等各部分分别占多少分,等等。
- 分数评定细则,详细给出打分的细则。比如产品知名度、技术方案(详细列出各部分)、方案整体性(各部分的协调性、均衡性、优化性等);商务部分的质保期、售后服务措施、过往业绩及案例、技术服务及培训、美誉度(过往用户评价)、制造商业绩、本项目实施方案等;价格部分的评分细则,比如以最低价为最高分和基准价、每高出多少减多少分、超出多少得0分等。有的以所有投标人的平均报价为基准,报价每高出多少减多少分、每低于多少加多少分等。
- 评标委员会的组成。一般5人以上,人数为单数,按惯例,用户单位有1人作为评标委员会成员。
- 评标程序。
- 评标结果的公布时间、方式。

第五章 投标要求。列出具体的投标要求,主要包括以下内容。

- 投标人资质详细要求及需要提供的证明文件,包括核心技术人员的资质证明。
- 联合投标的具体规定。
- 招标文件的语种、计量单位等的约定。
- 投标文件的格式。
- 投标文件的印制要求。
- 投标文件的签署要求。有的要求逐页签署,有的要求逐页盖章。
- 投标文件的送达方式、时间要求。
- 投标保证金的缴交方式。
- 投标文件中单一数量与合计数量不符、单价与总价不符时及出现其他不一致情况时的处理方法。
- 投标保证金的退还时间及方式。
- 中标者签订合同的要求。
- 法律法规规章依据。
- 其他条款。

第六章 投标文件格式。该章给出投标书的参考格式,投标方应按照该样本填写相关内容。通常包括以下几部分(实际样本包括更多的内容)。

- 第一部分:投标承诺函。
- 第二部分:开标一览表,列出所投的各个标段的单价、金额、优惠报价等。
- 第三部分:投标分项报价,给出详细的报价表,具体到每个分解的工程/项目、设备。
- 第四部分:技术方案,详细给出针对本项目的技术方案,以及技术规格偏离表。

- 第五部分：商务部分，包括投标公司的财务状况、资质及证明文件、过往业绩清单及证明文件（签署的合同）、售后服务措施、质保期限、制造商针对本项目的授权文件、商务条款偏离表。对于可进口免税的，需要贸易公司的资质证明文件。

第七章　合同参考格式。给出拟签订的合同的参考样本。

10.2.3　合同

公示期结束且无重大异议，即正式宣告中标者。中标者与招标方开始磋商合同的具体细节，通常由一方负责起草合同，双方审查、修改合同，直到双方都无异议后，交由各自单位的相关部门（如法务部门、合同管理部门等）进行审查，在审查通过后进行签署。

合同以甲方、乙方的形式指称双方，甲方为建设方（买方），乙方为承建方（卖方）。

合同一般包括但不限于这些内容：

_____物联网工程项目合同书

合同编号：_____

甲方：

乙方：

甲方与乙方同意按下述条款签署本合同。

1. 本合同中的词语和术语的含义与"投标人须知"和"合同通用条款"中定义的含义相同。

2. 下述文件是本合同不可分割的组成部分，并与本合同条款具有同等法律效力。

（1）招标文件：（编号为：_____）;

（2）卖方提交的投标文件；

（3）_____招标有限公司发出的中标通知书；

（4）经双方授权代表签字确认的，在投标期间形成的书面文件；

（5）合同附件：

1）分项价格及合同货物清单（含备品备件、专用工具等）；

2）招标货物技术规格、参数与要求；

3）卖方提供的技术服务及技术培训方案；

4）履约保证金保函；

5）附图等。

（6）在合同文件中若有不一致的地方，则图纸和文字发生矛盾时，以文字说明为准；前后文件有矛盾时，以时间在后者为准，标准或要求不一致时，以标准或要求高的为准；在合同实施过程中，合同各方的一切联系、通知均以书面通知为准，合同各方共同签署的其他文件，都属于合同补充文件。

3. 合同范围及条件

本合同范围及条件应与上述规定的合同文件内容相一致。

4. 合同货物及数量/工程任务

本合同项下所需货物及数量详细清单、工程范围及数量质量要求（见招标文件第一章）。

5. 合同金额

本合同总金额为＿＿＿＿＿＿＿＿＿＿（人民币）。其分项价格详见合同附件一。

6. 合同交货时间及交货地点

本合同货物的交货时间及交货地点的说明。

7. 合同验收

本合同工程、货物的验收方案的说明。

8. 支付方式

本合同支付支付方式的说明，一般采用分期支付的方式，应写明分几期、每期支付的时间、比例及金额等。

9. 合同生效

本合同应在双方授权代表签字并加盖双方公章和买方收到卖方提交的履约保证金后（如果需要的话）生效。

10. 知识产权

对知识产权的归属做出规定。

11. 免责条款

对不可抗力因素导致的合同延期的免责规定。

12. 合同终止

对合同终止的条件、各方应承担的责任做出规定。

13. 纠纷处理

对双方出现纠纷后的处理机制做出规定，包括仲裁机构、诉讼法院的名称，以及在纠纷未有最终定论前的合同执行约定。

14. 本合同正本一式两份，双方各执一份；副本一式四份，双方各执两份。双方签字盖章后生效，具有同等法律效力。对正副本有疑义时，以正本为准。

甲方（盖章）	乙方（盖章）
甲 方 名 称：＿＿＿＿＿＿	乙 方 名 称：＿＿＿＿＿＿
授权代表签字：＿＿＿＿＿＿	授权代表签字：＿＿＿＿＿＿
日 期：＿＿＿＿＿＿	日 期：＿＿＿＿＿＿
开 户 银 行：＿＿＿＿＿＿	开 户 银 行：＿＿＿＿＿＿
账 号：＿＿＿＿＿＿	账 号：＿＿＿＿＿＿
地 址：＿＿＿＿＿＿	地 址：＿＿＿＿＿＿
电 话：＿＿＿＿＿＿	电 话：＿＿＿＿＿＿
传 真：＿＿＿＿＿＿	传 真：＿＿＿＿＿＿

合同签订地址：＿＿＿＿＿＿＿＿＿＿＿＿＿＿＿

10.2.4 设备采购与验收

1. 设备应达到具体的性能指标要求

同类型的设备有很多，其性能、质量参差不齐，价格相差很大，兼容性也不尽相同。因此，对拟采购的设备应明确提出具体的性能指标（如可靠性、质量及外观、尺寸、安装方式等）方面的要求，越具体越好。

2. 对进口设备尽量用好免税政策

国家对有些进口设备规定了可免税的政策，采购单位只要满足相应条件，即可申请并享受优惠政策，这样可以节约一部分资金。

进口设备的采购通常应通过有资质的贸易公司购买并办理免税手续。贸易公司要收取一定的费用，这些费用应包含在招标价格中，在招标文件中应注明进口设备享受的优惠政策。

3. 遵守设备禁止规定

对一些特定行业和特殊用途的工程项目，国家规定某些设备只能使用国产设备。因此，在制订方案时应仔细研究国家相关政策，不要违反相关规定。

4. 设备到货验收

昂贵的大型设备在到货后，按照有关规定，应组织开箱验收。这不同于工程项目结束后的验收。

10.3 施工过程管理与质量监控方法

10.3.1 施工进度计划

任务确定后，为保证工程的顺利开展，制订一个具有约束力的进度计划是极其重要且必不可少的工作。

1. 进度计划的时间单位

根据项目周期的长短，应确定不同的时间单位。对较小的项目，总的工期可能只有一两个月，则可以天为单位制订计划；如果工期在半年至一年内，一般可以10天或星期为单位制订进度计划；如果工期超过一年，一般以月为单位制订总的计划，同时以天为单位制订月度明细进度计划；对于工期超过10年的项目，一般以年为单位制订总的计划，再以月或10天或星期为单位制订明细的计划。

2. 进度计划的格式

进度计划有多种格式，其中最常见的是甘特图表示法。

甘特图以图示的方式通过活动列表和时间刻度形象地表示出任何特定项目的活动顺序与持续时间。甘特图基本上是一条线条图，横轴表示时间，纵轴表示活动（项目），线条表示计划和实际的活动完成情况。它直观地表明任务计划在什么时候进行，及实际进展与计划要求的对比。管理者由此可清楚地了解一项任务（项目）还剩下哪些工作要做，并可评估工作进度。典型的甘特图如图10-1所示。

甘特图的优点是直观，但只能显示，不方便实时、动态管理。

在实际工作中，管理人员一般按时间单位在进度表上标注实际进度，比如用红色表示计划进度，在其下方用黑色标注实际进度。这样对照时间轴，就可以清楚地知道项目当前的进度是超前了、落后了还是与计划完全一致。

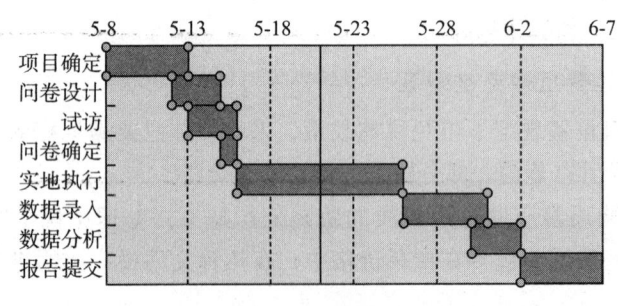

图 10-1　甘特图

为此，可以制订更加简单的进度计划表，如图 10-2 所示。

图 10-2　简单的进度计划表

上述两种计划有一个共同的缺点，即不能体现人工标出的实际进度是什么时间标出的。为此，可在图 10-2 的基础上增加标出时间的方式。比如，对于在 6 月 22 日标出的内容，就用一个起点在 6 月 22 日这一列的垂直线条标注，如果这天已经完成了 6 月 26 日的工作（进度提前了），则用一个终点在 6 月 26 日（箭头向右）的垂直箭头标注，如果 6 月 22 日这天完成的是 6 月 18 日的工作（进度延误），则用一个箭头向左指向 6 月 18 日的垂直箭头来标注，如图 10-3 所示。

图 10-3　改进的进度计划表

3. 绘制进度计划表的工具

绘制进度计划表的常见工具是 MS Project，它可以按照各种条件制作不同式样、不同使用要求的进度计划表，制作甘特图是其最基本的功能。

MS Project 也有不足之处，即对于相关联的多个任务，在前一个任务结束后才能开始下一个任务，多个任务在时间上不能重叠或并行。要做到这一点，就要将任务设定为各自独立的项目。

对于比较简单的进度计划，可以使用 Excel 制作，图 10-2 和图 10-3 就是使用 Excel 制作的。

10.3.2 施工过程管理

施工过程涉及众多方面，管理工作的好坏直接关系到项目的成败。

施工过程管理工作通常包括以下内容。

- 成立项目部，任命项目经理，全权对项目实施全过程进行管理。很多时候可实行项目制，即将项目部当成独立的核算单位，进行财务核算。
- 协调好与甲方的关系，定期召开项目碰头会，及时解决施工过程中碰到的问题，对下一步的工作提出预案。
- 协调与城管、交管、环保等部门的关系。如果工程涉及占道、开挖等内容，需要获得城管部门的批准，如果施工影响到交通，需要获得交管部门的批准，并协助做好交通疏解方案，必要时派出人员协助管理交通。如果涉及环境问题，还需要获得环保部门的批准。如果涉及文物，还需要获得文物保护部门的批准。
- 进度管理。项目经理应密切关注工程进度，发现问题，及时召集相关人员商讨解决。
- 质量管理。工程质量涉及很多方面，应严格按照有关的国际标准、国家标准或行业标准、企业标准进行施工，严格检查。
- 安全管理。应制定严格的操作规范并督促执行，杜绝生产事故的发生。

10.3.3 工程监理

物联网工程是一个较新的、综合性强的领域，目前还没有专门的物联网工程监理公司。但我国已经有一批计算机信息系统工程监理公司，物联网工程可归属为该类监理公司的业务范围。本书所说的监理公司，除非特别说明，都是指计算机信息系统工程监理公司。

对大型物联网工程项目，聘请有资质的监理公司对工程项目的施工进行监控，对工程质量的保证具有十分重要的作用。

1. 监理公司及聘用

监理公司是具有专业资质、专司工程项目监督的专业性公司。监理公司的组建要事先提出申请，由政府监理职能部门确认、批准，在工商行政机关注册并领取营业执照，便可开展业务活动。

监理公司在实施具体的项目监理时，组成工程项目监理组，监理组由总监理工程师、监理工程师、监理技术员组成。总监理工程师是监理公司的代表，也是项目监理的总指挥，拥有对所监理项目的决策权、组织权和指挥权。

通常，监理公司由甲方聘请，如果项目很大、涉及金额很大，应该通过招标确定监理公司。

2. 监理体制

监理即按照相应的规约进行监督，协调理顺建设方（业主）和承建方之间的各种关系。我国建筑行业的建设监理体制的基本框架是一个体系、两个层次，并早已成为我国政府有关职能部门的一项管理制度。物联网工程是工程的一种特定类型，引入监理制度是理所当然的。

（1）一个体系

一个体系是指在组织上和法规上形成一个系统。政府在组织机构和手段上加强及完善对工程建设过程的监督与控制的同时，施行社会监理的开放体制。社会监理工作自成体系，有独立的思想、组织、方法和手段，奉行公正、科学的行为准则，坚持按照工程合同和国家的法律、行政法规、规章和技术标准、规范办事，既不受委托监理的建设单位随意指挥，也不受施工单位和材料供应单位的干扰。

（2）两个层次

- 宏观层次，即"政府建设监理"。由政府机构制定监理法规，对工程行使强制性的监督管理权力，以及定期对社会监理单位考核、审批、监督、清理，对监理工程师的资格进行考核、审批、监督。
- 微观层次，即"社会建设监理"。专业化的工程监理单位经由政府监理机构确认、批准并获取资格证书，向工商行政管理机构申请注册登记，领取营业执照，遵照国家的政策法规、国内外行业标准，以自己的技术基础、长期的工作经验、丰富的阅历以及对经济与法律的通晓，遵循独立、公正、科学的准则，为工程提供优质服务。

3. 工程监理的主要职能

物联网工程监理是指在物联网建设过程中，为用户提供建设前期咨询、建设方案论证、系统集成商的确定、网络质量控制等一系列的服务，帮助用户建设一个性价比最优的物联网系统。监理的执行者对工程建设参与者的行为进行监控、指导和评价，并采取相应的管理措施保证建设行为符合国家法律法规和有关政策，制止建设行为的随意性和盲目性，促使建设进度、造价、质量按计划（合同）实现，确保建设行为合法、科学、经济合理。

监理的主要职能是依法进行项目监督与管理。根据国家的有关法规、技术规范和标准，采用法律和行政手段，对工程建设项目实施有重点的、全面的、精线条的监理。工程监理具有强制性、执法性、全面性、宏观性，其工作方式主要是审批和抽查。监理单位依托或授权行使建设监理职能，具有服务性、公正性、独立性和科学性等重要特性。

监理工程师遵循科学、公正、遵纪、守法、诚信、守约的职业道德，凭着高度的责任心和智慧，采用建议、协助、检查、督促、协调、审定、确认等方式，以业主要求、委托合同、技术规范与标准等为依据，以控制质量、投资、进度、安全事故为目的，帮助业主全面、深入、细致地进行工程建设管理。

监理工作主要包括以下内容。

- 帮助用户做好需求分析。深入了解用户的各个方面，与用户方各级人员共同探讨，提出切实的系统需求。
- 帮助用户选择系统集成商。好的系统集成商应具有较强的经济实力和技术实力，具备丰富的系统集成经验、完备的服务体系和良好的信誉。
- 帮助用户控制工程进度。工程监理人员帮助用户掌握工程进度，按期分段对工程验收，保证工程按期、高质量地完成。
- 严把工程质量关。工程监理人员应对工程的每一环节质量把关，包括系统集成方案是否合理，所选设备质量是否合格，能否达到用户要求，基础建设是否完成，综合布线是否合理，信息系统硬件平台环境是否合理，可扩展性是否充分，软件平台是否统一合理，应用软件能否实现相应功能，是否便于使用、管理和维护，培训手册、时间、内容是否合适。
- 帮助用户做好各项测试工作。工程监理人员应严格遵循相关标准，对信息系统进行包括布线、网络等各方面的测试工作。
- 协助工程竣工验收。协调、组织各方进行工程验收，提出竣工验收报告，并负责对规定保修期内工程质量的检查、鉴定以及督促责任单位维修。

4. 监理实施步骤

（1）物联网系统需求分析阶段

本阶段主要完成用户网络系统（包括布线系统、网络系统集成、网络应用系统）的需求分析，为用户提供一份监理方的网络系统建议。

1）布线系统需求分析。对用户实施综合布线的相关建筑物进行实地考察，由用户提供建筑工程图，了解相关建筑物的建筑结构，分析施工难易程度，了解数据中心的位置、信息点数、信息点与数据中心的最远距离、电力系统供应状况、建筑接地情况等。

2）提供监理方综合布线建议。根据在综合布线需求分析中了解的数据，向用户提交一份监理方的综合布线建议，包括传输介质的选型、综合布线系统品牌选择、价格表等。

3）网络系统集成需求分析。了解用户的网络应用、用户自身对网络的了解情况、用户整体投资概况等。由此对乙方提供的网络选型、网络系统平台、网络服务器品牌、网络设备品牌及数量等方案中不合理的部分给出建议。

4）网络应用系统需求分析。建立网络的目的是应用，不同的行业有不同的应用要求。需了解用户数据量的大小、数据的重要程度、网络应用的安全性及可靠性、实时性等要求。对于行业应用软件，需了解该软件对网络系统服务器或特定计算机的系统要求，以对乙方方案中相应的硬件配置提出建议。

5）提供监理方网络集成方案。根据在网络系统集成需求分析中了解的情况，向用户提交乙方方案中存疑的地方提出相应建议。

（2）物联网工程招标投标阶段

本阶段协助用户完成招标投标工作，确定网络系统集成商。主要包括以下几个方面的工作。

- 根据对用户的需求分析，与用户共同组织编制网络工程技术文件。
- 协助用户进行招标工作前期准备，编制招标文件。
- 协助起草合同。

（3）物联网工程实施建设阶段

本阶段将进入网络建设实质阶段，确保网络工程保质保量完成。由网络总监理工程师编制监理规则，监督乙方的施工。

1）网络布线。主要工作内容包括：网络布线系统材料验收，布线系统合同执行情况掌控，进度审核；网络布线测试，根据测试结果，判定网络布线系统施工是否合格，若合格则继续履行合同，若不合格则敦促施工单位根据测试情况进行整改，直至测试达标；提供翔实的网络布线测试报告；根据合同进行网络布线系统验收，包括布线文档。

2）物联网系统集成，主要包括以下工作。

- 网络设备及系统软件验收，包括网络设备装箱单与实际装箱是否相符、保修单、各设备硬件配置情况、网络设备加电试机情况、系统软件的合法性等。
- 审核施工进度，根据实际施工情况，协助系统集成商解决可能出现的问题，确保工程如期进行。
- 网络系统集成性能测试，包括丢包率、错包率、网络线速等，提交网络性能测试报告。
- 网络应用测试，包括网络应用软件配置是否合理、各种网络服务是否实现、网络安全性及可靠性是否符合合同要求等，敦促系统集成商解决在测试过程中出现的各种问题。
- 系统集成验收，协助用户组织验收工作，验收主要包括合同执行情况、物联网系统是否达到预期效果、各种技术文档等。对存在的问题，督促系统集成商解决。

（4）物联网系统保修阶段

本阶段主要完成可能出现的质量问题的协调工作，主要包括：定期走访用户，检查网络系统运行状况，出现质量问题时，确定责任方，敦促解决；保修期结束，与用户商谈监理结束事宜，即提交监理业务手册，签署监理终止合同。但实际情况通常是，项目验收完毕，监理工作就告结束，监理合同履行完毕。

10.3.4 施工质量控制

施工质量决定了整个物联网系统的质量和水平。为保证工程质量，施工单位应严格按照标准和规范进行施工。

1. 遵守工程质量标准相关标准

施工单位应培训员工，使所有员工了解相关标准的内容并遵照执行，主要标准已在第1章列出。

对前述标准/规范尚未涵盖的、物联网工程特有的施工领域和过程，施工单位应针对工程的实际情况，制定相应的规章制度和标准操作流程，并在实际施工过程中贯彻实施。

2. 完整的技术交底

技术交底是物联网工程从设计转向实施的重要环节。工程设计文件是工程施工的指导文件。在工程开工前，由建设方组织设计人员、现场监理人员、设备厂商技术负责人进行全面的技术交底。按工程的复杂程度，可按照不同的专业组织项目施工的交底工作。通过专业的技术交底，实现以现场的环境情况及各专业的配合情况为参照校验工程设计文件的可行性及合理性。一旦技术交底顺利完成，便意味着前期项目设计阶段工作成果质量符合当前施工阶段的质量要求，能为后期工程施工提供适用的指导文件。

3. 施工环境检查

施工环境是工程现场技术交底的内容之一，也是制订工程施工计划的依据条件。工程施工环境检查的内容包括：现场环境是否与设计图纸上标注的尺寸匹配，机房结构是否符合设备安装要求，设备安装配套设施（如工程现场装潢、电力、传输、空调、安全等）是否符合施工要求，设备安装位置、走线路由设计是否符合安全、可行及美观等要求。

4. 工程货物管理

在确认工程现场环境符合货物进场要求、配套设施具备工程开工条件后，即可协调安排工程货物进场。工程货物管理及质量控制内容包括：货物进场前的分拣及外包装完好检查，货物进场后清点及开箱验货，完成货物的保管责任的移交，货物现场放置应符合消防管理规定、符合通信设备堆放特性要求、符合安全保管管理要求，落实物料管理制度，如施工工具进出登记管理制度、施工物料领用登记制度、工程余料移交登记制度等。

5. 施工过程质量控制

施工过程的质量控制分布在整个施工阶段，环环相扣。质量控制管理要求施工人员从进施工现场开始就要坚持一次性把事情做对，如严格遵守工程现场施工管理制度和作业标准、执行现场日清制度、出入登记制度等。

（1）硬件质量控制

设备安装位置要严格遵循设计图纸，设备安装要求与地绝缘，各类组件安装顺序要求符合施工规范要求，例如，机架水平对齐误差不超过5mm、垂直偏差小于3mm，机架顶部加固符合设计文件要求。设备保护地线线径符合设计文件要求、防雷连接可靠，设备电源线布放符合施工规范，加电前严格执行绝缘和回路检测，机架内部组件安装、接地线符合产品规范要求，线缆下线及光纤布放按规范做好保护措施。设备内部线缆连接严格按照产品指导规范，线缆布放前逐条做好清晰的标注，线缆两端成端前环测确认线序，成端后环测成端质量。线缆路由如涉及隐蔽工程则需检查签字确认。设备加电严格按照审批流程申请、操作过程严格按照操作流程执行，加电操作前检查准备工具的绝缘性，加电完成后检查记录确认各类设备的运行状态。

（2）软件质量控制

按照设计文件完成设备资源分配规划，提交联调资源申请、测试验证方案。调试时需要关注设备软件版本及合同配套的授权信息获取准确，配置数据科学、合理，在调试过程中检查确认硬件设备开工正常，系统补丁、安全软件、常用工具软件安装调测正常。联网调试阶段需要关注与对端互联对接参数严格按照规划协商，积极主动联系、协助对端对故障排查确认，及时汇报联调进展情况。在测试验证阶段，有条件的项目可以和之前的调试和联调调试同步进行，技术责任人严格按照产品验收测试手册及业务规划配置要求进行测试并记录测试情况。

（3）施工过程质量控制

施工过程质量控制主要环节包括：施工过程是否遵循工程规范，工序与操作质量是否达到质量标准，使用的各种材料是否符合要求，施工环节是否符合安全、环保要求。

（4）施工阶段后期质量控制

施工阶段后期质量控制主要环节包括：工程现场的余料整理、移交并清点记录，工程备件的配置及质量符合合同规定，工程过程中检查、测试记录的整理收集，设备配置资料信息的核对确认并移交，工程竣工资料信息的收集整理和确认，对设备操作维护人员的相关技能培训，工程设备操作方案以及应急预案的编制和技术审核等。

6. 工程施工管理控制方法

工程施工管理控制方法如下。

- 施工管理者负首要责任。对施工项目管理全面负责的管理者是施工项目的管理中心，在整个施工活动中起着举足轻重的作用，因此在具备知识和经验的前提下，应抓好施工项目的进度控制、质量控制、成本控制和安全控制。
- 将质量控制放在首位。由于工程项目施工涉及面广，是一个极其复杂的综合过程，再加上工程项目结构类型、质量要求、施工方法、建设周期、自然条件等不同情况，施工阶段的质量控制是工程质量控制的重点。
- 依规办事。贯彻科学、公正、守法的职业规范。工程项目经理在处理质量问题过程中，应面对事实，尊重科学，正直地、公正地、不持任何偏见地、遵纪守法地处理问题，杜绝不正之风，做到既要坚持原则，严格要求，秉公办事，又要谦虚谨慎，实事求是，以理服人，热情帮助。
- 严格审查技术文件。通过审核有关技术文件、报告和直接进行现场检查等方法来实施施工项目的质量控制。审核技术资质证明文件、开工和施工方案、施工组织设计和器材质量检验的报告、工序质量动态统计资料和控制图表、工程质量检查和问题的处理报告，是对工程质量进行全面控制的重要手段。而现场质量检查是指通过目测法、实测法、试验检查等对工程质量进行检查，必须经常深入施工现场，对施工操作质量进行巡回检查、追踪检查。

10.4 工程验收

10.4.1 物联网工程验收过程

物联网工程验收是实现投资确认、认定工程质量、确认工程性能的重要环节，是之后维护管理的基础，是项目完成的标志，同时也是支付工程款的依据。

1. 物联网工程验收的一般流程

验收一般有测试验收和鉴定验收两种方式。

当工程项目完成后，用户和承建方应进行测试验收。测试验收要在有资质的测试机构或专家进行的工程测试基础上，由有关专家和承建方及用户进行共同认定，并在相关文档上签字认可。

通常由政府管理部门或者有资质的中介机构或用户单位，聘请专家组成鉴定委员会，进行工程的鉴定验收工作。鉴定委员会应组成测试小组和文档验收小组。测试小组根据制定的测试大纲对工程质量进行综合测试，文档验收小组对工程的文档进行审查。在鉴定验收会上，承建方和用户要就该工程的实施过程、使用技术、实施结果及存在的问题进行汇报，专家们对其结果进行评价，对问题进行质询和讨论，并最终得出验收结论。

为防止工程出现未能及时发现的问题，应设定质保期，质保期从通过验收之日起计算，其期限应当在签订的项目合同中约定。根据工程的规模、用途、技术难度、投资额度等，质保期可定为半年、一年或更长的时间。通常，用户应留有约 5%~10% 的工程尾款，至质保期结束后再支付给承建方。

物联网工程验收通常包括以下步骤。

（1）确定验收测试内容。主要包括线缆（通信光缆/铜缆/双绞线、供电电缆等）性能测试、终端设备及网络性能指标（网络吞吐量、丢包率等）测试、流量分析、协议分析等。

（2）制订验收测试方案。主要包括验证使用的测试流程和实施的方法等。

（3）确定验收测试指标。参照需求所确定的网络性能指标和有关标准，检查系统是否达到预定的指标。

（4）安排验收测试进度。验收测试通常要耗费较长时间，应制订详细的进度计划，以保证在验收会之前完成。

（5）执行测试。测试可能花费很长时间，大型项目的测试可能长达数周，因此，要事先准备好测试所用设备、软件，准备各种记录表格或电子设备，以便测试工作顺利进行。

（6）分析并提交验收测试结果。对测试所得到的数据进行综合分析，制作验收测试报告。

2. 物联网工程验收的内容

物联网工程验收通常可分为感知系统验收、控制系统验收、传输系统验收、网络系统验收、应用系统验收、数据中心系统验收、机房工程验收等部分。

（1）感知系统验收

对感知系统的各组成部分进行验收。根据具体构成，感知系统可能包括 RFID 系统、无线传感网系统、视频监测系统、光纤传感器系统、特殊监测系统（如交通监测、气象监测等），应对每一个子系统逐一进行测试、验收。

（2）控制系统验收

对于有控制系统的物联网工程，需要对执行系统、控制装置进行测试、验收。

（3）传输系统验收

传输系统包括远距离无线传输系统、干线光缆及附属装置、近距离无线传输系统（如传感网）、园区/建筑物内的结构化布线系统等。结构化布线可能是密度最大的一部分，其测试验收标准需要遵从相关的国际、国家标准，例如 ANSI/TIA/EIA 568B、ISO 11801、GB/T 50312 等。传输系统验收主要包括以下几个方面。

- 环境要求：包括地面、墙面、天花板内、电源插座、信息插座和信息模块插座、接地装置等，设备间、管理间、竖井、线槽、打洞位置以及活动地板的敷设等是否符合方案设计和标准要求。
- 检查施工材料：检验双绞线、光缆、机柜、信息模块、信息模块面板、塑料槽管、电源插座等的规格和生产厂家是否与合同、技术方案等的规定一致。
- 线缆终端安装：验证信息插座、配线架压线、光线头制作、光纤插座等是否符合规范。

- 双绞线线缆和光缆安装：检验配线架和线槽安装是否正确，线缆规格和标号是否正确，线缆拐弯处是否规范，竖井的线槽和线是否固定牢固，是否存在裸线，竖井层与楼层之间是否采取了防火措施。架空布线时，架设竖杆的位置是否正确，吊线规格、垂度、高度是否符合要求，卡挂钩的间隔是否符合要求。管道布线时，使用的管孔位置是否合适，线缆规格、线缆走向、防护设施是否正确。挖沟布线（直埋）时，光缆规格、深度、敷设位置是否合适，是否加了防护铁管，回填土复原是否夯实。隧道线缆布线时，线缆规格、安装位置、路径设计是否符合规范。
- 设备安装检查：检查机柜的安装位置是否正确，规格、型号、外观是否符合要求；跳线制作是否规范，配线面板的接线是否美观整洁；信息插座的位置是否规范；信息插座及盖子是平、直、正；信息插座和盖板是否用螺丝拧紧，标志是否齐全。

（4）网络系统验收

网络系统的验收主要验证交换机、路由器等互联设备以及服务器、用户计算机和存储设备等是否提供了应有的功能，是否满足了网络标准，是否能够互联互通。重点考察以下方面。

- 所有重要的网络设备（路由器、交换机和安全设备等）和网络应用程序都能够联通并运行正常。
- 网络上所有主机全部打开联网并满负荷运转，运行特定的重载测试程序，如"IP网络性能监测系统"中的有关测试功能，产生大量流量对网络系统进行压力测试。
- 启动冗余设计的相关设备，考察它们对网络性能的影响。

（5）应用系统验收

应用测试是通过运行网络应用程序来测试整个网络系统支撑网络应用的能力。测试的主要项目包括服务的响应时间和服务的稳定性等。

（6）数据中心系统验收

数据中心系统的验收内容包括各服务器的硬件和软件配置、存储系统的容量及结构、服务器间的互联方式及带宽、服务器上的作业管理系统的版本及配置、数据库管理系统配置、容错与容灾配置、远程管理系统等。

（7）机房工程验收

机房工程验收的主要包括输入线路是否满足最大的负荷、UPS的负载容量及电池容量、三相供电的负载均衡、接地是否符合要求、空调的制冷量及最热条件下的满足程度、消防是否符合规定、漏水检测系统的灵敏度、监控与报警系统的功能及报警方式、有无自动断电保护、装修材料是否达标、地板强度是否满足承重要求、地面是否满足承重要求等。

3. 验收测试的注意事项

网络验收测试要检查已建成的物联网工程项目是否达到了要求的水准，该水准是在可以控制的环境下满足用户需求的最低性能，而不是在各种潜在情况下表现出来的最好性能。因此，所有的测试者应当得到不低于要求的性能参数。

由于物联网工程和应用的复杂性，因此并不存在适合不同环境、不同类型物联网的统一的验收标准。目前用系统集成方法完成的物联网工程包括具有不同功能的子系统，因此不能期待用一个标准、几个指标就能评价整个物联网。例如，结构化布线系统、路由器、交换机等都应用各自的方法来评价它们的性能,将它们连接到一起后,所表现出来的性能会受到设备配置、软硬件版本、拓扑结构、用户数量等诸多因素的影响,同时要考虑可能存在的网络瓶颈的影响。但无论如何,所实现的物联网工程应当达到设计要求。

10.4.2 文档验收

文档的验收是物联网工程验收的重要组成部分。工程文档通常包括系统设计方案、布线系统相关文档、设备技术文档、设备配置文档、应用系统技术文档、用户报告、用户培训及使用手册等。

系统设计方案主要包括如下内容。
- 工程概况。
- 系统建设需求。
- 系统设计方案。
- 施工方案。
- 招标文件副本。
- 投标文件副本。
- 合同副本。

布线系统相关文档主要包括如下内容。
- 布线图。
- 信息端口分布图。
- 综合布线系统平面布置图。
- 信息端口与配线架端口位置的对应关系表。
- 施工方布线系统性能自检报告。
- 第三方布线系统测试报告(针对大型布线工程)。
- 设备、机架和主要部件的数量明细表(即网络工程中所用的设备、机架和主要部件的分类统计,要列出其型号、规格和数量等)。

设备技术文档主要包括如下内容。
- 设备的进场验收报告。
- 产品检测报告或产品合格证明。
- 设备使用说明书。
- 安装工具及附件(如线缆、跳线、转接口等)。
- 保修单。

设备配置文档主要包括如下内容。
- VLAN 和 IP 地址配置表。
- 设备的配置方案。
- 设备参数设定表。
- 配置文档、设备的口令表(为安全起见,通常单独提供)。
- 施工方的自测报告。
- 第三方测试报告(大型项目)。

应用系统技术文档主要包括如下内容。
- 应用系统总体设计方案。
- 应用系统操作手册。
- 应用系统测试报告。

用户报告主要包括如下内容。
- 用户使用报告。
- 系统试运行报告。

用户培训及使用手册主要包括如下内容。
- 用户培训报告。
- 用户操作手册。
- 用户维护手册（针对各种可能问题的解决方案）。

此外，还包括：各种签收单，如网络硬件设备签收清单、系统软件签收清单、应用软件验收清单；各种施工记录，如施工日志、各种变更审批表/审批报告；经费使用报告，对政府投资的项目都需要提供经费使用报告，通常由具有资质的审计机构出具，对一般商业性项目，通常不需要进行经费审计，无须提供经费使用报告；监理报告，即由监理方提供的监理报告。

第 11 章 运行维护与管理

在物联网工程实施过程中及实施完毕后,需要对其进行测试,以检验物联网系统是否正常运行,是否实现了预期功能、达到了预期目标。本章介绍物联网测试与维护、物联网故障的分析与处理、物联网运行与管理的相关内容。

11.1 物联网测试与维护

11.1.1 物联网测试

1. 测试内容

物联网工程在实施工完成后,需要对其进行全面测试,对照设计方案,以确定工程是否达到预期设计目标。测试的内容通常包括以下几个方面。

(1)终端测试

终端包括各种感知设备、控制设备、面向终端的供电设备、面向终端的通信设备等。这些终端设备通常分散在较大的区域甚至是无人区域,测试的工作量很大。

(2)通信线路测试

通信线路包括终端的通信线路、接入通信线路、汇聚通信线路、骨干通信线路、数据中心网络线路(含集中布线系统)。介质类型包括无线线路、光纤线路、UTP/STP 线路等。

(3)网络测试

网络设备包括无线 AP、LoRa/NB-IoT 汇聚节点、交换机、路由器、防火墙、IDS/IPS、微波设备、卫星地面设备、专用蜂窝设备、网管设备等。在对设备进行测试时,不仅要测试设备本身,也需要测试与其相连的通信线路的协同工作状态。

(4)数据中心设备测试

数据中心设备包括各种服务器、数据存储设备及其软件系统。

(5)应用系统测试

应用系统测试内容包括应用系统的功能、性能、可靠性等。应用系统的测试应与实际的物联网关联,在真实数据环境下进行。

(6)安全测试

安全包括终端安全、网络安全、应用系统安全等。

2. 测试方法

网络测试有多种测试方法，根据测试中是否向被测网络注入测试流量，可以将网络测试方法分为主动测试和被动测试。

主动测试是指利用测试工具有目的地主动向被测网络注入测试流量，并根据这些测试流量的传送情况来分析网络技术参数的测试方法。主动测试具备良好的灵活性，它能够根据测试环境明确控制测试中所产生的流量的特征，如特性、采样技术、时标频率、调度、包大小、类型（模拟各种应用）等，主动测试使测试能够按照测试者的意图进行，容易进行场景仿真。主动测试的问题在于安全性。主动测试主动向被测网络注入测试流量，是"入侵式"的测试，必然会带来一定的安全隐患。如果在测试中进行细致的测试规划，可以减少主动测试的安全隐患。

被动测试是指利用特定测试工具收集网络中活动的元素（包括路由器、交换机、汇聚节点等设备）的特定信息，以这些信息作为参考，通过量化分析实现对网络性能、功能进行测试的方法。常用的被动测试方式包括：通过 SNMP 协议读取相关 MIB 信息，通过 Sniffer、Ethereal 等专用数据包捕获分析工具进行测试。被动测试的优点是它的安全性，被动测试不会主动向被测网络注入测试流量，因此不存在注入 DDoS、网络欺骗等安全隐患；被动测试的缺点是不够灵活，局限性较大，而且它是被动地收集信息，并不能按照测试者的意愿进行测试，会受到网络机构、测试工具等多方面的限制。

应遵循从简单到复杂、从局部到整体的原则，分别对各组成部分进行测试。各组成部分差异较大，应采取有针对性的不同测试方法。

3. 测试工具

常见的通用网络测试工具有线缆测试仪、网络协议分析仪、网络测试仪。

线缆测试仪用于检测线缆质量，可以直接判断线路的通断状况。典型的线缆测试仪有 Fluke 线缆测试仪，如图 11-1 所示，可以测试双绞线的类型、长度、断点、回环噪声、数据率等，以及光纤的长度、特性等。无线链路可用 Fluke Wi-Fi 之类的测试仪测试信号的覆盖、信道冲突、噪声等。

网络协议分析仪多用于网络的被动测试，分析仪捕获网络上的数据报和数据帧，网络维护人员根据捕获的数据，经过分析，可迅速检查网络问题。

网络测试仪是专用的软硬件结合的测试设备，具有特殊的测试板卡和测试软件。这类设备多用于网络的主动测试，能对网络设备、网络系统以及网络应用进行综合测试，具备三大功能：数据报捕获、负载产生和智能分析。网络测试仪多用于大型网络的测试。典型的网络测试仪有如图 11-2 所示的 Fluke 网络测试仪。

4. 测试计划

在测试之前，应制订详细的测试计划，依据测试计划，选用合适的测试设备或系统分别进行测试。

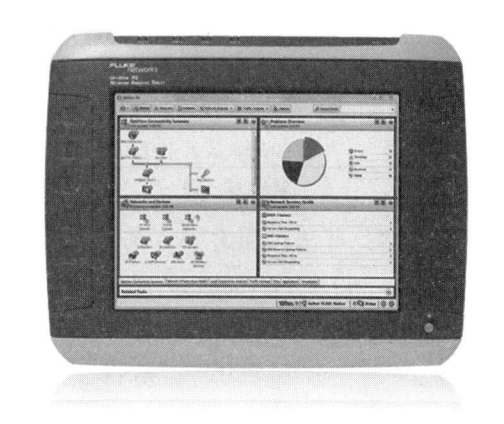

图 11-1　Fluke 线缆测试仪　　　　　图 11-2　Fluke 网络测试仪

（1）终端测试

1）RFID 系统测试。一种可能的测试计划如表 11-1 所示。

表 11-1　终端测试表

测试时间：＿＿＿＿＿＿＿＿　　　　测试人员：＿＿＿＿＿＿＿＿　　　　测试设备：＿＿＿＿＿＿＿＿

序号	终端编号	名称	安装位置	测试内容	测试方法	理论值	实测值
1	1-01-004	RFID 阅读器	大门 1 号位	读标签	实际读写	10 米	
2	1-01-004	RFID 阅读器	大门 1 号位	结果显示	现场观察	正确	

2）传感器测试。传感器测试的目的主要是测试传感器是否正常工作，能否感知设定的对象数据（包括触发条件、数据精度等），能否正确地向外发送感知到的数据。

可以采用类似 RFID 系统的测试方法进行测试。

3）控制装置测试。控制装置测试主要是检验控制装置在给定条件下是否正确地执行了预定的控制功能。在实验室条件下可以采用专用仪器测试各环节的状态是否正确，在应用现场可以采用注入控制信息观察控制效果的方法进行测试。

（2）通信线路测试

通信线路测试是基础测试。在这个过程中，跳线、插座、模块等网络系统中各个连接部件的实际物理特性都可以被测试，这样用户可以清楚地了解每根线缆是怎样被安装的以及是否被正确连接。

统计数据表明，50% 以上的网络故障与布线有关。通信线路介质种类丰富，有单模光纤、多模光纤、双绞线和同轴电缆等，同时接口类型也众多，有 RJ45 头、RS232 头、光纤模块等。这些介质的有些特性我们用肉眼便可识别，如物理外形、长短大小等，有些特性就必须用仪器检测，如线路串扰、传输频率、信号衰减等。绝大多数符合 ANSI/TIA/EIA-568A/B 互连标准验证的测试仪都带有识别开路、短路、错对和分叉等线对故障的功能，这些常见故障很可能在压接模块和打线过程中就出现了。通过测试可以尽早排除故障，以提高网络运行质量。

双绞线和光纤是目前应用最广泛的通信介质。根据 EIA/TIA-568B 布线标准、TSB-67 测试标准，合格的双绞线与光纤布线应满足如表 11-2 所示的测试指标。

表 11-2 双绞线与光纤测试指标

双绞线合格指标	线缆长度	线路衰减	阻抗	近端串扰	环路电阻	线路延时
	<100m	<23.2dB	100±5Ω	>24dB	<40Ω	<1μs
光纤合格指标	500m，波长 1300nm			500m，波长 850nm		
	衰减 <2.6dB			衰减 <3.9dB		

对通信线路，可制订如表 11-3 所示的测试计划。目前使用较多的线路测试设备是 Fluke 系列产品，如 DTX-1800MS。对无线链路，可借助诸如 Fluke AirCheck Wi-Fi 无线网络测试仪之类的设备进行测试。

表 11-3 线路测试表

测试时间：＿＿＿＿＿＿ 测试人员：＿＿＿＿＿＿ 测试设备：＿＿＿＿＿＿

序号	线路编号	种类	起始位置	测试内容	测试方法	理论值	实测值
1	2-01-001	光纤	大棚 1 号位 – 数据中心	通断	仪器实测	1800	
2	2-02-003	UTP	506 室 #1-5 楼配线架	通断	仪器实测	8 线全通	

（3）网络设备测试

对网络设备（如交换机、路由器、防火墙等）进行性能测试，目的是了解设备完成各项功能时的性能情况。性能测试的参数包括吞吐量、时延、帧丢失率、数据帧处理能力、地址缓冲容量、地址学习速率、协议的一致性等。测试主要用于验证设备是否符合各项规范的要求，确保网络设备互联时不会出现问题。

常用网络设备测试标准如下。

1）交换机。网络系统中使用的交换机的端口密度、数据帧转发功能、数据帧过滤功能、数据帧转发及过滤的信息维护功能、运行维护功能、网络管理功能及性能指标应符合第 1 章所列相关标准以及 YD/T 1099—2001、YD/T 1255—2003 的规定和产品明示要求。

2）路由器。网络系统中使用的路由器设备的接口功能、通信协议功能、数据包转发功能、路由信息维护、管理控制功能、安全功能及性能指标应符合 YD/T 1096—2001、YD/T 1097—2001 的规定及产品明示要求。

3）无线局域网 AP。测试信号覆盖、冲突、丢帧率、实验等，遵循 GB/T 32420—2015(无线局域网测试规范）。

4）防火墙。网络系统中若使用防火墙设备，则设备的用户数据保护功能、识别和鉴别功能、密码功能、安全审计功能及性能指标应符合相关标准的规定及产品明示要求。

针对每一个网络设备，可以制定类似表 11-1 的测试计划表。

5. 网络系统综合测试

网络系统综合测试主要是验证网络是否为应用系统提供了稳定、高效的网络平台，如果网络系统不够稳定，网络应用就不可能快速稳定。网络系统综合测试主要包括系统连通性测试、链路传输速率测试、吞吐率测试、传输时延测试及丢包率测试等基本功能测试。

（1）系统连通性测试

所有联网的终端都必须按使用要求全部连通。

①系统连通性测试方法

系统连通性测试结构示意图如图 11-3 所示。

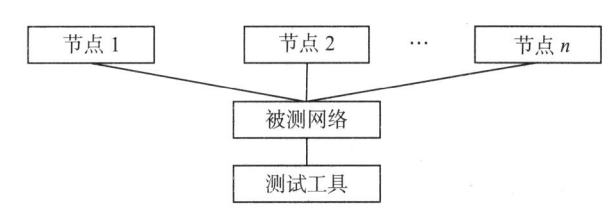

图 11-3　系统连通性测试结构示意图

a）将测试工具连接到选定的接入层设备的端口，即测试点。

b）用测试工具对网络的关键服务器、核心层和汇聚层的关键网络设备（如交换机和路由器），进行 10 次 ping 测试，每次间隔 1s，以测试网络连通性。测试路径要覆盖所有的子网和 VLAN。

c）移动测试工具到其他位置测试点，重复步骤 b，直到遍历所有测试抽样设备。

②抽样规则

以不低于接入层设备总数 10% 的比例进行抽样测试，抽样少于 10 台设备的，全部测试；每台抽样设备中至少选择一个端口，即测试点，测试点应能够覆盖不同的子网和 VLAN。

③合格标准

单项合格判据：测试点到关键节点的 ping 测试连通性达到 100% 时，则判定单点连通性符合要求。

综合合格判据：所有测试点的连通性都达到 100% 时，则判定系统的连通性符合要求；否则判定系统的连通性不符合要求。

（2）链路传输速率测试

链路传输速率是指设备间通过网络传输数字信息的速率。对于 100M 以太网，单向最大传输速率应能达到 100Mbit/s；对于 1000M 以太网，单向最大传输速率应能达到 1000Mbit/s。发送端口和接收端口的利用率关系应符合表 11-4 中的规定。

表 11-4　发送端口和接收端口的利用率对应关系

网络类型	全双工交换式以太网		共享式以太网 / 半双工交换式以太网	
	发送端口利用率	接收端口利用率	发送端口利用率	接收端口利用率
10M 以太网	100%	≥99%	50%	≥45%
100M 以太网	100%	≥99%	50%	≥45%
1000M 以太网	100%	≥99%	50%	≥45%

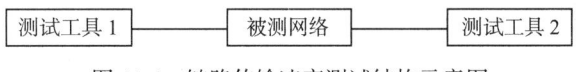

① 链路传输速率测试方法

链路传输速率测试结构示意图如图 11-4 所示，测试工具 1 产生流量，测试工具 2 接收流量。若发送端口和接收端口位于同一机房，也可用一台具备双端口测试功能的测试工具实现。测试必须在空载网络中进行。

图 11-4　链路传输速率测试结构示意图

a）将用于发送和接收的测试工具分别连接到被测网络链路的源和目的交换机端口上。

b）对于交换机，测试工具 1 在发送端口产生 100% 满线速流量；对于半双工系统，测试工具 1 发送端口产生 50% 线速流量（建议将帧长度设置为 1518 字节）。

c）测试工具 2 在接收端口对收到的流量进行统计，计算其端口利用率。

② 抽样规则

对核心层的骨干链路，应进行全部测试；对汇聚层到核心层的上联链路，应进行全部测试；对接入层到汇聚层的上联链路，以不低于 10% 的比例进行抽样测试，抽样链路数不足 10 条时，按 10 条进行计算或者全部测试。

③ 合格标准

发送端口和接收端口的利用率若符合表 11-4 中的要求，则判定系统的传输速率符合要求，否则判定系统的传输速率不符合要求。

（3）吞吐率测试

吞吐率是指空载网络在没有丢包的情况下，被测网络链路所能达到的最大数据包转发速率。

吞吐率测试需按照不同的帧长度（包括 64、128、256、512、1024、1280、1518 字节）分别进行测量。系统在不同帧大小的情况下，从两个方向测得的最低吞吐率应符合表 11-5 中的规定。

表 11-5 系统的吞吐率要求

测试帧长/字节	10M 以太网		100M 以太网		1000M 以太网	
	帧/秒	吞吐率	帧/秒	吞吐率	帧/秒	吞吐率
64	≥ 14 731	99%	≥ 104 166	70%	≥ 1 041 667	70%
128	≥ 8361	99%	≥ 67 567	80%	≥ 633 446	75%
256	≥ 4483	99%	≥ 40 760	90%	≥ 362 318	80%
512	≥ 2326	99%	≥ 23 261	99%	≥ 199 718	85%
1024	≥ 1185	99%	≥ 11 853	99%	≥ 107 758	90%
1280	≥ 951	99%	≥ 9519	99%	≥ 91 345	95%
1518	≥ 804	99%	≥ 8046	99%	≥ 80 461	99%

① 网络吞吐率测试方法

网络吞吐率测试结构示意图如图 11-5 所示，测试工具 1 产生流量，测试工具 2 接收流量。若发送端口和接收端口位于同一机房，也可用一台具备双端口测试能力的测试工具实现。测试必须在空载网络下分段进行，包括接入层到汇聚层链路、汇聚层到核心层链路、核心层间骨干链路及经过接入层、汇聚层和核心层的用户到用户链路。

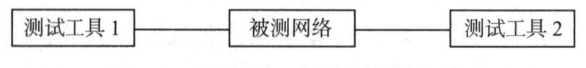

测试工具 1 —— 被测网络 —— 测试工具 2

图 11-5 网络吞吐率测试结构示意图

a）将两台测试工具分别连接到被测网络链路的源和目的交换机端口上。

b）先从测试工具 1 向测试工具 2 发送数据包。

c）用于测试工具 1 按照一定的帧速率，均匀地向被测网络发送一定数量的数据包。

d）如果所有的数据包都被测试工具 2 正确接收到，则增加发送的帧速率；否则减少发送的帧速率。

e）重复步骤 c，直到测出被测网络 / 设备在未丢包的情况下，能够处理的最大帧速率。

f）分别按照不同的帧大小（包括 64、128、256、512、1024、1280、1518 字节）重复步骤 b～d。

g）从测试工具 2 向测试工具 1 发送数据包，重复步骤 c～f。

② 抽样规则

对核心层的骨干链路，应进行全部测试；对汇聚层到核心层的上联链路，应进行全部测试；对接入层到汇聚层的上联链路，以不低于 10% 的比例进行抽样测试，抽样链路数不足 10 条时，按 10 条进行计算或者全部测试；对于端到端的链路（即经过接入层、汇聚层和核心层的用户到用户的网络路径），以不低于终端用户数量 5% 比例进行抽测，抽样链路数不足 10 条时，按 10 条进行计算或者全部测试。

③ 合格标准

若系统在不同帧大小的情况下，从两个方向测得的最低吞吐率值都符合表 11-5 中的要求，则判定系统的吞吐率符合要求，否则判定系统的吞吐率不符合要求。

（4）传输时延测试

传输时延是指数据包从发送端口（地址）到目的端口（地址）所需经历的时间。通常传输时延与传输距离、经过的设备和信道的利用率有关。在网络正常的情况下，传输时延应不影响各种业务的使用。

考虑到发送端测试工具和接收端测试工具实现精确时钟同步的复杂性，传输时延一般通过环回方式进行测量，单向传输时延为往返时延除以 2。系统在 1518 字节帧长的情况下，从两个方向测得的最大传输时延应不超过 1 ms。

① 传输时延测试方法

当被测网络的收发端口位于不同的地理位置时，测试结构示意图如图 11-6 所示，需要由两台工具来完成测试，测试工具 1 产生流量，测试工具 2 接收流量，并将测试数据流环回。当被测网络的收发端口位于同一机房时，测试结构示意图如图 11-7 所示，可由一台具有双端口测试能力测试工具完成，测试工具的一个端口用于产生流量，另一个端口用于接收流量。测试必须在空载网络下分段进行，包括接入层到汇聚层链路、汇聚层到核心层链路、核心层间骨干链路以及经过接入层、汇聚层和核心层的用户到用户链路。

图 11-6 网络传输时延测试结构示意图 1

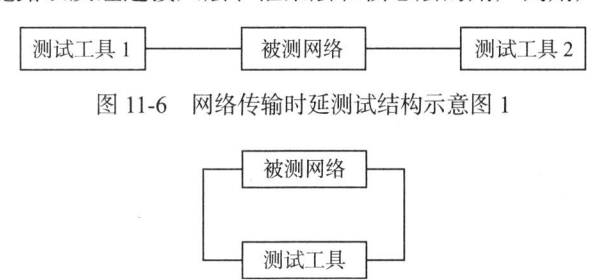

图 11-7 网络传输时延测试结构示意图 2

a）将测试工具（端口）分别连接到被测网络链路的源和目的交换机端口上。

b）先从测试工具 1（发送端口）向测试工具 2（接口端口）均匀地发送数据包。

c）向被测网络发送 1518 字节的数据帧，使网络达到最大吞吐率。

d）在图 11-6 中，由测试工具 1 向被测网络发送特定的测试帧，在数据帧的发送和接收时刻都打上相应的时间标记（timestamp），测试工具 2 接收到测试帧后，将其返回给测试工具 1；在图 11-7 中，测试工具通过发送端口发出带有时间标记的测试帧，在接收端口接收测试帧。

e）测试工具 1 计算发送和接收的时间标记之差，便可得一次结果。

f）重复步骤 c～d 20 次，传输时延是对 20 次测试结果的平均值。

g）在图 11-6 中，从测试工具 2 向测试工具 1 发送数据包，重复步骤 c～f，所得到时延是双向往返时延，单向时延可通过除 2 计算获得；在图 11-7 中，交换收发端口，重复步骤 c～f，所得到时延是单向时延。

② 抽样规则

对核心层的骨干链路，应进行全部测试；对汇聚层到核心层的上联链路，应进行全部测试；对接入层到汇聚层的上联链路，以不低于 10% 的比例进行抽样测试，抽样链路数不足 10 条时，按 10 条进行计算或者全部测试；对于端到端的链路（即经过接入层、汇聚层和骨干层的用户到用户的网络路径），以不低于终端用户数量 5% 的比例进行抽测，抽样链路数不足 10 条时，按 10 条进行计算或者全部测试。

③ 合格判据

若系统在 1518 字节帧长情况下，从两个方向测得的最大传输时延都小于等于 1ms，则判定系统的传输时延符合要求，否则判定系统的传输时延不符合要求。

（5）丢包率测试

丢包率是指网络在 70% 流量负荷情况下，由于网络性能问题造成部分数据包无法被转发的比例。在进行丢包率测试时，需按照不同的帧长度（64、128、256、512、1024、1280、1518 字节）分别进行测量，测得的丢包率应符合表 11-6 中的规定。

表 11-6 丢包率要求

测试帧长/字节	10M 以太网 流量负荷	10M 以太网 丢包率	100M 以太网 流量负荷	100M 以太网 丢包率	1000M 以太网 流量负荷	1000M 以太网 丢包率
64	70%	≤ 0.1%	70%	≤ 0.1%	70%	≤ 0.1%
128	70%	≤ 0.1%	70%	≤ 0.1%	70%	≤ 0.1%
256	70%	≤ 0.1%	70%	≤ 0.1%	70%	≤ 0.1%
512	70%	≤ 0.1%	70%	≤ 0.1%	70%	≤ 0.1%
1024	70%	≤ 0.1%	70%	≤ 0.1%	70%	≤ 0.1%
1280	70%	≤ 0.1%	70%	≤ 0.1%	70%	≤ 0.1%
1518	70%	≤ 0.1%	70%	≤ 0.1%	70%	≤ 0.1%

① 丢包率测试方法

丢包率测试结构示意图如图 11-8 所示，测试工具 1 产生流量，测试工具 2 接收流量。若发送端口和接收端口位于同一机房，也可用一台具备双端口测试能力的测试工具实现。测试链路应分段进行，包括接入层到汇聚层链路、汇聚层到核心层链路、核心层间骨干链路以及经过接入层、汇聚层和核心层的用户到用户链路。

```
测试工具 1 ——— 被测网络 ——— 测试工具 2
```

图 11-8　丢包率测试结构示意图

a）将两台测试工具分别连接到被测网络链路的源和目的交换机端口上。

b）测试工具 1 按一定的流量负荷，均匀地向被测网络发送一定数目的数据帧，测试工具 2 接收负荷，测试数据帧丢失的比例。

c）发送的流量负荷从 100% 至 10% 以 10% 的步长依次递减，如果测得在某一流量负荷情况下丢包率为 0%，则记录此时流量负荷。

d）分别按照不同的帧大小（64、128、256、512、1024、1280、1518 字节）重复步骤 c。

② 抽样规则

对核心层的骨干链路，应进行全部测试；对汇聚层到核心层的上联链路，应进行全部测试；对接入层到汇聚层的上联链路，以不低于 10% 的比例进行抽样测试，抽样链路数不足 10 条时，按 10 条进行计算或者全部测试；对于端到端的链路（即经过接入层、汇聚层和骨干层的用户到用户的网络路径），以不低于终端用户数量 5% 的比例进行抽测，抽样链路数不足 10 条时，按 10 条进行计算或者全部测试。

③ 合格判据

若系统在不同帧大小情况下测得的丢包率都符合表 11-6 中的要求时，则判定系统丢包率符合要求，否则判定系统丢包率不符合要求。

6. 数据中心设备测试

数据中心设备主要包括各种服务器、存储设备、网络核心设备、网络安全设备、配电与 UPS、制冷系统、消防系统、监控与报警系统等。

- 服务器测试：运行系统软件、典型的应用软件，查看结果（包括网络通信）是否正确。
- 存储设备测试：通过重复进行大文件的复制，测试读写的正确性、I/O 带宽及整体性能。
- 网络核心设备测试：网络核心设备包括各种交换机、出口路由器等，通过各种网络操作检查它们是否正常。
- 网络安全设备测试：网络安全设备包括防火墙、IDS 等，通过各种安全操作检查它们是否正常。
- 配电与 UPS 测试：检查电压、电流、是否在安全范围，满负荷时检查三相电是否基本平衡。
- 制冷系统测试：检查空调系统是否正常制冷、有无漏水、室内温度是否达到设定标准。
- 消防系统测试：平时并不能进行直接测试，需要人为制造触发条件，比如烟雾等，检查消防系统是否自动启动。一旦启动，应立即关闭。
- 监控与报警系统测试：可人为制造一些报警条件（如高温、漏水、盗窃等），看报警系统是否正常报警。对短信报警，要定期检查设定的手机号码是否正常、是否欠费。

7. 应用系统性能测试

应用服务性能指标如下。

- DHCP 服务性能指标。DHCP 服务器响应时间应不大于 0.5s。
- DNS 服务性能指标。DNS 服务器响应时间应不大于 0.5s。
- Web 访问服务器性能指标包括：
    - HTTP 第一响应时间：内部网站点访问时间应不大于 1s。
    - HTTP 接收速率：内部网站点访问速率应不小于 100 00Bps。
- Email 服务器主要是指 SMTP 服务器和 POP3 服务器，其性能指标包括：
    - 邮件写入时间：1KB 邮件写入服务器时间应不大于 1s。
    - 邮件读取时间：从服务器读取 1KB 邮件的时间应不大于 1s。
- 文件服务器性能指标应符合表 11-7 中的规定。
- 对特定的物联网应用系统，应针对系统需求所确定的性能指标制订测试计划表，比如 RFID 的读取时间/写入时间、传感器的数据回传时间、光纤传感器的精度等。

表 11-7 文件服务器性能指标要求

测试指标	指标要求（文件大小为 100KB）
服务器连接时间 /s	≤ 0.5s
写入速率 /Bps	>10 000Bps
读取速率 /Bps	>10 000Bps
删除时间 /s	≤ 0.5s
断开时间 /s	≤ 0.5s

应用服务性能测试结构示意图如图 11-9 所示。

a）将测试工具连接到被测网络的某一用户接入端口（网段）。

b）用测试工具仿真终端用户，模拟一个用户访问被测服务器的全过程。对访问过程中各阶段性能指标进行测试，包括服务器响应时间、写入速率、读取速率、删除时间、断开时间等。

c）重复步骤 b，对下一个服务器进行测试，直到测完所有的服务器。

d）按照一定的时间间隔，重复步骤 b～c，共进行 10 次测试，记录 10 次测试结果的平均值。

e）移动测试工具到其他网段，重复步骤 b～c，从而测试网络不同接入位置访问服务的性能水平。

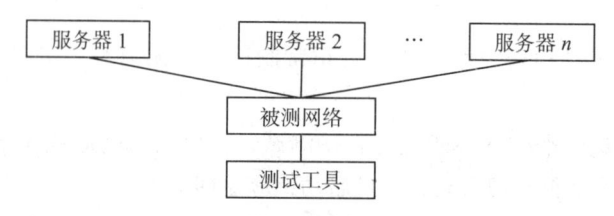

图 11-9 应用服务性能测试结构示意图

测试点符合某应用服务要求时,则判定该服务性能符合要求,否则判定该服务性能不符合要求。

8. 安全测试

安全测试的主要内容及方法包括以下方面。

(1) 系统漏洞测试

利用漏洞检测工具对可能存在的系统漏洞进行测试,典型工具有 360 企业版。目前的工具主要是针对互联网、操作系统、数据库等系统级的,对物联网终端自身系统的漏洞测试工具较少。

(2) 应用系统安全测试

利用安全检测系统检测应用系统是否存在恶意行为。IDS、网站漏洞监测系统等都具有相应的功能。

通常,通过简单的测试不能发现全部安全隐患,需要在运行过程中持续监测。

9. 测试报告

测试完成后应提供一份完整的测试报告,测试报告应对测试中的测试对象、测试工具、测试环境、测试内容、测试方法、测试结果等进行详细论述。测试报告是整个物联网工程验收、运维的重要资料,用户对工程的满意程度和对工程质量的认可很大程度上来源于这份报告。

测试报告的形式并不固定,可以是一个简短的总结,也可以是很长的书面文档。测试报告通常包含以下信息。

- 测试目的:解释本次测试的目的。
- 测试内容和方法:简单描述测试是怎样进行的,应该包括负载模式、测试脚本和数据收集方法,并且解释采取的测试方法怎样保证测试结果和测试目的相关,以及测试结果是否可重现。
- 测试配置:网络测试配置用图形表示出来。
- 测试结果:以数字、图形、列表等方式记录测试结果,包括中间结果。
- 结论:从测试中得到的信息和推荐的下一步行动。结论则以书面文档方式叙述。

完整、客观的测试报告是物联网运行与维护的重要参考资料。

11.1.2 物联网维护

物联网维护的主要目的是排除物联网的故障或故障隐患,进行性能优化,以保障物联网持续稳定地运行。

1. 隐患排除

隐患是指威胁物联网正常运行的一些因素。下面是常见的隐患及其处理方法。

- 火灾隐患:定期检查数据中心、室内外网络设备部署位置、物联网终端设备部署位置、有线通信线路敷设位置有无导致火灾的可能,比如易燃易爆物品、用电负荷过载、线路老化或损坏等,并根据实际情况进行处置。
- 水灾隐患:检查室内有无漏水可能、室外设施有无淹水或被雨水浇湿可能,应采取防护措施，确保物联网不会受到上述因素的影响。
- 通信隐患：检查有线通信线路有无被盗窃、被破坏的可能，应采取安保措施，降低直至杜绝被破坏的可能。对无线通信环境，检查有无严重干扰源。
- 设备隐患：定期检查设备的运行状态，对异常情况及时处置。
- 软件隐患：对软件的自动升级应审慎对待，通常应关闭非必要功能的自动升级功能。
- 供电隐患：应对室外设备的电池、UPS 的电池定期检查，并及时更换。
- 安全隐患：经常检查有无网络攻击，及时处理各类攻击事件；检查各种密码的有效期，定期更改系统的有关密码。
- 存储隐患：定期检查存储空间是否还有剩余，及时清理无用的数据，保证有足够的存储空间存放有用数据；检查备份/容灾系统是否正常，及时处理非正常事件。

2. 性能优化

物联网优化的目的是尽量使各部分的性能达到最优，同时消除性能瓶颈，使得整个系统的性能最优。单一设备的最优并不能保证系统整体性能的最优，因此，需要保证各部分的性能最佳匹配。主要包括以下优化措施。

- 找出性能瓶颈。通过理论计算、实际测试和结果对比分析，找出整个系统的性能瓶颈。
- 对瓶颈进行优化。如替换为更高性能的设备（更换为更高主频的 CPU、更高带宽的通信介质和收发器、替换为升级版的硬件和软件等）、增加配置（内存数量、CPU 数量等）。
- 重复上述过程直到瓶颈基本消除或整体性能达到最优。

11.2 物联网故障分析与处理

物联网环境越复杂，发生故障的可能性就越大，引发故障的原因也就越难确定。故障往往具有特定的故障现象。这些现象可能比较笼统，也可能比较特殊。利用特定的故障排除工具及技巧，在具体的物联网环境下观察故障现象，细致分析，最终必然能找出一个或多个引发故障的原因。一旦确定引发故障的根源，就可以通过一系列的步骤对这些故障进行有效的处理。

11.2.1 物联网故障分类

物联网系统可能出现的故障很多，按照不同的分类标准，可以将物联网故障分成不同的类别。

1. 按照故障单元功能分类

按照故障单元所对应的功能，物联网故障可分为通信故障、硬件故障、软件故障等，如表 11-8～表 11-10 所示。

表 11-8 通信故障

故障种类	故障原因
有线线路不通	线路断开，线路超过限定长度
无线链路不通	距离太远，超出信号覆盖范围；干扰严重；障碍物阻挡

(续)

故障种类	故障原因
不能收发数据	网卡故障，网卡连接，协议配置错误，地址配置错误
数据收发不稳定	线路连接不牢，无线干扰严重，网络攻击
交换机不转发数据	VLAN 配置错误，ACL 配置错误，网络形成环路，设备损坏
路由器不转发数据	路由配置错误，地址错误，设备损坏，流量过载

表 11-9 硬件故障

故障种类	故障原因
RFID 不能读写	距离太远，设备故障，标签内损坏，标签内程序/数据错误
传感器不发送数据	电池耗尽，传感器故障，通信模块故障，距离超限，存储溢出
执行器不动作	设备故障，接收不到指令，电池耗尽或供电故障
传输网关故障	供电故障，设备损坏，配置错误
交换机故障	供电故障，设备损坏
路由器故障	供电故障，设备损坏，配置错误
计算机故障	部件损坏，软件错误

表 11-10 软件故障

故障种类	故障原因
驱动程序错误	版本错误，软件不兼容，多个程序之间冲突
通信软件错误	协议未正确安装，协议版本不正确，协议配置错误
系统软件错误	权限设置不当，软件版本不兼容，软件配置错误
应用软件运行错误	数据异常，软件 bug，用户操作错误
结果错误	软件错误，网络攻击

2. 按照故障形态分类

按照故障形态的不同，物联网故障可分为物理故障与逻辑故障。

- 物理故障，包括设备故障、设备冲突、设备驱动问题、通信线路与设备故障等。
- 逻辑故障，包括协议配置错误、服务安装与配置错误、软件故障等。

11.2.2 物联网故障排除过程

在排除物联网中出现的故障时，使用非系统化的方法进行故障排除，可能会浪费大量宝贵的时间及资源，使用系统化的方法往往更为有效。系统化的方法流程如下：定义特定的故障现象，根据特定现象推断出可能发生故障的所有潜在的问题，直到故障现象不再出现为止。

图 11-10 给出了一般故障排除模型的处理流程。这一流程并不是解决网络故障时必须严格遵守的步骤，只为建立特定环境中故障排除的流程提供基础。

1）分析故障。分析物联网故障时，要对物联网故障有一个清晰的描述，并根据故障的一系列现象以及潜在的症结来对其进行准确的定义。

要想对物联网故障做出准确的分析，首先应该了解故障表现出来的各种现象，然后确定可能会产生这些现象的根源。例如，主机没有对客户机的服务请求做出响应（一种故障现象），可能产生这一现象的原因主要包括主机配置错误、网络接口卡损坏或路由器配置不正确等。

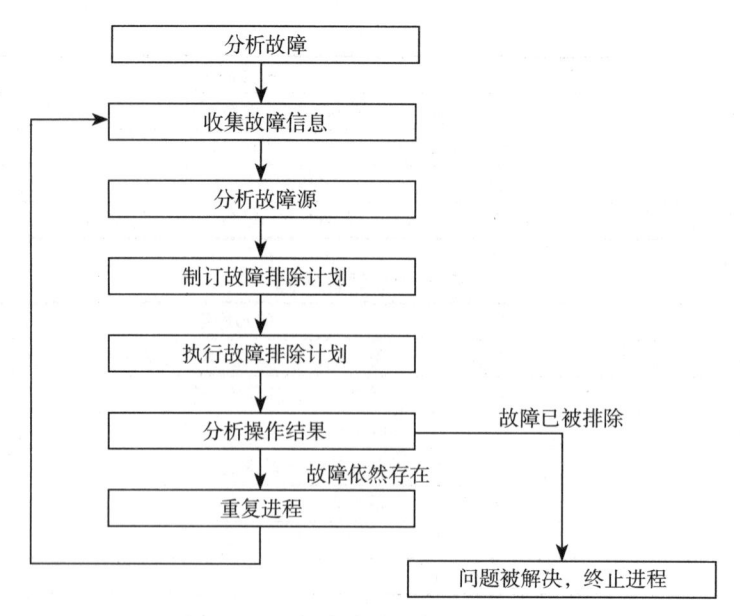

```
        ┌─────────────┐
        │   分析故障   │
        └──────┬──────┘
               ↓
    ┌──→┌─────────────┐
    │   │  收集故障信息 │
    │   └──────┬──────┘
    │          ↓
    │   ┌─────────────┐
    │   │  分析故障源   │
    │   └──────┬──────┘
    │          ↓
    │   ┌─────────────┐
    │   │ 制订故障排除计划│
    │   └──────┬──────┘
    │          ↓
    │   ┌─────────────┐
    │   │ 执行故障排除计划│
    │   └──────┬──────┘
    │          ↓
    │   ┌─────────────┐   故障已被排除
    │   │  分析操作结果 ├────────────┐
    │   └──────┬──────┘             │
    │    故障依然存在                 │
    │          ↓                    ↓
    │   ┌─────────────┐     ┌──────────────────┐
    └───┤   重复进程   │     │ 问题被解决，终止进程│
        └─────────────┘     └──────────────────┘
```

图 11-10 一般故障排除模型的处理流程

2）收集故障信息。收集有助于确定故障症结的各种信息。向受故障影响的用户、网络管理员、经理及其他关键人员询问详细的情况。从网络管理系统、协议分析仪的跟踪记录、路由器诊断命令的输出信息以及软件发行注释信息等信息源中收集有用的信息。

3）分析故障源。依据所收集到的各种信息考虑可能引发故障的症结。利用所收集到的信息可以排除一些可能引发故障的原因，例如，也许可以排除硬件出现问题的可能性，于是把关注的焦点放在软件问题上。应该充分地利用每一条有用的信息，尽可能地缩小目标范围，从而找出高效的故障排除方法。

4）制订故障排除计划。根据剩余的潜在症结制订故障的排查计划。从最有可能的症结入手，每次只做一处改动。之所以每次只做一次改动，是因为这样有助于确定针对固定故障的排除方法。如果同时做了两处或多处改动，也许能排除故障，但是难以确定到底是哪些改动消除了故障现象，对日后解决同样的故障没有太大的帮助。

5）执行故障排除计划。实施制订好的故障排除计划，认真执行每一个步骤，同时进行测试，查看相应的现象是否消失。

6）记录操作反馈信息。当做出一处改动时，要注意收集相应操作的反馈信息。通常，应该采用在步骤 2 中使用的方法（利用诊断工具并与相关人员密切配合）进行信息的收集工作。

7）分析操作结果。分析相应操作的结果，并确定故障是否已被排除。如果故障已被排除，那么整个流程到此结束。

8）确定新的操作步骤。如果故障依然存在，就要针对剩余的潜在症结中最可能的一个制订相应的故障排除计划。回到步骤 4，依旧每次只做一次改动，重复此过程，直到故障被排除为止。

如果能提前为物联网故障做好准备工作，那么故障的排除也就变得比较容易了。对于各种物联网环境来说，最为重要的是保证维护人员总能够获得有关物联网当前情况的准确信息。只有利用完整、准确的信息才能够对物联网的变动做出明智的决策，才能够尽快、尽可能简单地排除故障。因此，在物联网故障的排除过程中，最为关键的是确保当前掌握的信息和资料是最新的。

对于每个已经解决的问题，一定要记录其故障现象以及相应的解决方案。这样，就可以建立一个问题/回答数据库，当发生类似的情况时，公司里的其他人员也能参考这些解决方案排除故障，从而大大缩短故障排除时间，最小化对业务的负面影响。

11.2.3 物联网故障诊断工具

排除物联网故障的常用工具有多种，总的来说可以分为三类，即设备或系统诊断命令、网络管理工具以及专用故障排除工具。

1. 设备或系统诊断命令

许多网络设备及系统本身提供了大量的集成命令来帮助监测系统并对物联网进行故障诊断和排除。下面介绍常用命令的用法。

（1）show 命令

show 命令是一个功能强大的监测及故障排除工具。使用 show 命令可以实现以下多种功能。

- 监测路由器在最初安装时的工作情况。
- 监测正常的网络运行状况。
- 分离存在问题的接口、节点、介质或者应用程序。
- 确定网络是否出现拥塞现象。
- 确定服务器、客户机以及其他邻接设备的工作状态。

以下为 show 命令最常用的一些形式。

- show version——显示系统硬件、软件版本、配置文件的名称和来源以及引导图像的配置。
- show running-config——显示当前正在运行的路由器所采用的配置。
- show startup-config——显示保存在非易失随机存储器（NVRAM）中的路由器配置信息。
- show interfaces——显示配置在路由器或者访问服务器上的所有接口的统计信息。这一命令的输出信息根据网络接口所在的网络配置类型不同而有所不同。
- show controllers——显示网络接口卡控制器的统计信息。
- show flash——显示闪存的布局结构和信息内容。
- show buffers——显示路由器上的缓冲池的统计信息。
- show memory summary——显示存储池统计信息，以及关于系统存储器分配符的活动信息，并给出从数据块到数据块的存储器使用程序清单。
- show process cpu——显示路由器上活动进程的有关信息。
- show stacks——显示进程或者中断例程的堆栈使用情况，以及最后一次系统重新启动的原因。
- show debugging——显示关于排除故障类型的信息（路由器允许此种故障类型）。

还可以使用许多其他的 show 命令。关于使用 show 命令的细节，可以参阅相关设备的命令参考手册。

（2）debug 命令

利用 debug 特权命令可以查看大量有用的信息，其中包括网络接口上可以看到的（或无法看到的）通信过程、网络节点产生的错误信息、特定协议的诊断数据包以及其他有用的故障排除数据。

debug 命令可以用于故障的定位，但是不能用于监测网络的正常运行状况。这是因为 debug 命令需要占用大量的处理器时间，可能打断路由器的正常操作。因此，应该在寻找特定类型的数据包或通信故障并且已经将引发故障的原因缩小到尽可能小的范围内时，才使用 debug 命令。

不同形式的 debug 命令所输出的格式也不同：有些命令针对每一个数据包产生一行输出信息，而有些命令针对每一数据包产生多行输出信息；有些命令产生大量的输出信息，而有些命令偶尔才产生输出信息；有些命令产生文本行，而有些命令产生格式信息。

如果需要将 debug 命令的输出信息保存起来，那么可以将其输出信息保存到文件中。在许多情况下，使用第三方厂商提供的诊断工具更为有效，也比使用 debug 命令带来的负面影响要小。

（3）ping 命令

利用 ping 命令，可以检查目的节点能否到达以及网络的连通性。

对于 IP 网络来说，ping 命令发送 Internet 控制报文协议（Internet Control Message Protocol，ICMP）的 Echo 报文。ICMP 协议能够报告错误信息，并且能够提供有关 IP 数据包寻址的信息。如果某一站点收到 ICMP 协议的 Echo 报文，那么它会向源节点发送一个 ICMP Echo 应答（ICMP Echo Reply）消息。

利用 ping 命令的扩展模式可以指定 IP 报头的选项。这样就能使路由器进行更为完善的测试。在 ping 命令的扩展命令提示符下输入 yes，就可以进入 ping 命令的扩展模式。

在网络正常工作时，可以使用 ping 命令查看某个命令在正常情况下是如何起作用的，这样当进行故障排除时就可以与正常情况进行比较。

（4）tracert 命令

tracert 命令（Linux 中为 traceroute）能显示发出的分组向目的地传送时所走的路线。当数据包超过其生命周期（Time To Live，TTL）数值时，将会产生出错信息，tracert 命令就是利用这一机制实现的。首先，发送 TTL 数值为 1 的探测包，这将导致路径上的第一个路由器丢弃该探测包并返回"超时"（time exceeded）错误信息。随后，tracert 命令继续发送几个探测包，并为其分别显示探测包的往返时间。每经过 3 次探测后，TTL 值加 1。每个送出的分组能产生两个错误消息中的一个。"超时"错误信息表明，路径中的路由器已经收到该探测包并将其丢弃。"端口不可达"（port unreachable）错误信息表明，目的节点已经收到该探测包，但是由于目的节点无法将其提交给相应的进程而将其丢弃。如果在接收到应答信息之前定时器出现超时，那么 tracert 命令将显示为星号（*）。当接收到目的节点的应答信息时，或者当 TTL 数值超过了允许的最大值时，或者当用户中断 tracert 进程时，tracert 命令就结束了。

与 ping 命令一样，在网络正常工作时查看 tracert 命令在正常情况下是如何起作用的，这样当进行故障排除时就可以与正常情况进行比较。

2. 网络管理工具

一些厂商推出的网络管理工具，如华为的 iMaster、华三的 iMC、锐捷的 RIIL、惠普的 HP OpenView 等都含有监测以及故障排除功能，这有助于对网络互联环境的管理和故障的及时排除。

3. 专用故障排除工具

在许多情况下专用故障排除工具可能比设备或系统中集成的命令更有效。例如，在网络通信负载重的环境中，运行需要占用大量处理器时间的 debug 命令将会对整个网络造成巨大影响。然而，如果在"可疑"的网络上接入一台网络分析仪，就可以尽可能少地干扰网络的正常工作，并且很有可能在不打断网络正常工作的情况下获取有用的信息。以下为一些典型的用于排除网络故障的专用工具。

（1）欧姆表、数字万用表及电缆测试器

欧姆表、数字万用表属于电缆检测工具中比较低档的一类。这类设备能够测量诸如交直流电压、电流、电阻、电容以及电缆连续性之类的参数。利用这些参数可以检测电缆的物理连通性。

电缆测试器（扫描器）也可以用于检测电缆的物理连通性。电缆测试器适用于屏蔽双绞线（STP）、非屏蔽双绞线（UTP）、10BaseT、同轴电缆及双芯同轴电缆等。通常，电缆测试器能够提供下述任意一项功能。

- 测试并报告电缆状况，其中包括近端串音、信号衰减及噪声。
- 实现 TDR、通信检测及布线图功能。
- 显示局域网通信中媒体访问控制（Media Access Control，MAC）层的信息，提供诸如网络利用率、数据包出错率之类的统计信息，完成有限的协议测试功能（例如，TCP/IP 网络中的 ping 测试）。

对于光缆而言，也有类似的测试设备。由于光缆的造价及其安装的成本相对较高，因此在光缆的安装前后都应该对其进行检测。对光纤连续性的测试需要使用可见光源或反射计。光源应该能够提供 3 种主要波长（即 850nm、1300nm、1550nm）的光线，配合能够测量同样波长的功率计一起使用，便可以测出光纤传输中的信号衰减与回程损耗。

（2）时域反射计与光时域反射计

电缆检测工具中比较高档的就是时域反射计（TDR）。这种设备能够快速定位金属电缆中的断路、短路、压接、扭结、阻抗不匹配及其他问题。

TDR 的工作原理基于信号在电缆末端的振动。电缆的断路、短路及其他问题会导致信号以不同的幅度反射回来。TDR 通过测试信号反射回来所需要的时间，就可以计算出电缆中出现故障的位置。TDR 还可以用于测量电缆的长度。有些 TDR 还可以基于给定的电缆长度计算出信号的传播速度。

对于光纤的测试则需要使用光时域反射计（OTDR）。OTDR 可以精确地测量光纤的长度、定位光纤的断裂处、测量光纤的信号衰减、测量接头或连接器造成的损耗。OTDR 还可以用于记录特定安装方式的参数信息（例如，信号的衰减以及接头造成的损耗等）。以后当怀疑网络出现故障时，可以利用 OTDR 测量这些参数并与原先记录的信息进行比较。

（3）断接盒、智能测试盘和位/数据块错误测试器

断接盒、智能测试盘和位/数据块错误测试器（BERT/BLERT）是用于测量 PC、打印机、调制解调器、信道服务设备/数字服务设备（CSU/DSU）以及其他外围接口数字信号的数字接口测试工具。这类设备可以监测数据线路的状态，俘获并分析数据，诊断数据通信系统中常见的故障。通过监测从数据终端设备（DTE）到数据通信设备（DCE）的数据通信，可以发现潜在的问题、确定位组合模式、确保电缆铺设结构正确。这类设备无法测试诸如以太网、令牌环网及 FDDI 之类的媒体信号。

（4）网络监测器

网络监测器能够持续不断地跟踪数据包在网络上的传输，能够提供任何时刻网络活动的精确描述或者一段时间内网络活动的历史记录。网络监测器不会对数据帧中的内容进行解码。网络监测器可以对正常运作下的网络活动进行定期采样，以此作为网络性能的基准。

网络监测器可以收集数据包长度、数据包数量、错误数据包数量、连接的总体利用率、主机与 MAC 地址的数量、主机与其他设备之间的通信细节等信息。这些信息可以用于概括局域网的通信状况，帮助用户确定网络通信超载的具体位置、规划网络的扩展形式、及时发现入侵者、建立网络性能基准、更加有效地分散通信量。

（5）网络分析仪

网络分析仪有时也称为协议分析仪，它能够对不同协议层的通信数据进行解码，以便于阅读的缩略语或概述形式表示出来，详细表示哪个层（物理层、数据链路层等）被调用，以及每个字节或者字节内容起什么作用。

大多数的网络分析仪能够实现如下所示的功能。

- 按照特定的标准对通信数据进行过滤，例如，可以截获发送给特定设备及特定设备发出的所有信息。
- 为截获的数据加上时间标签。
- 以便于阅读的方式展示协议层数据信息。
- 生成数据帧，并将其发送到网络中。
- 与某些系统配合使用，系统为网络分析仪提供一套规则，并结合网络的配置信息及具体操作，实现对网络故障的诊断与排除或者为网络故障提供潜在的排除方案。

11.3 物联网运行与管理

11.3.1 物联网运行状态监测

为掌握物联网的运行状态，应对物联网进行实时监测。

对互联网部分，可以选择功能较完善的网管系统（如 iMaster NCE）实现监测，可以监测每个交换机、路由器、AP 的 CPU 利用率、内存（缓冲区）利用率、端口流量及利用率，能自动绘制拓扑结构，发现网络处于异常状态的节点、链路。对于物联网终端机链路，常规的网管系统并不具备有效的监测功能，需要单独开发。

11.3.2 物联网管理

物联网管理的主要目的是实现故障管理、性能管理、配置管理、安全管理。

现有的网络管理工具一般是针对互联网设计的，能对网络设备（交换机、路由器）实现管理，但对物联网终端类设备可能无法实现通用的有效管理。为此，在条件许可时，可以自己开发或委托开发物联网管理系统，其方案如下。

1）选用功能较完善的网络管理系统（如 iMaster 网管系统），对互联网部分进行有效管理。

2）开发针对物联网终端与线路部分的管理功能，包括监测每个终端的运行状态、每条线路的状态、网络拓扑结构、终端与线路的流量及利用率，这些基本的监测功能极大地方便管理人员对物联网进行维护和管理。

3）根据监测报告，利用管理系统完成故障修复、配置变更、安全策略完善等工作，使系统达到最好的性能。

4）根据监测发现的不能自动修复的故障，如设备损坏，及时进行更换，对断开的链路进行维修。

5）定期制作网络运行报告，根据长期运行态势，有针对性地完善维护与管理方案，使得整个系统运行更高效、更可靠、更安全。

第 12 章 智能物联网案例——车联网与智能驾驶

本章通过一个案例说明物联网工程设计的主要内容。该案例侧重关键技术的设计，不详细介绍设计的过程及文档的撰写。

12.1 关键需求

智能网联汽车与自动驾驶是近年来关注度最高的领域之一，车联网与智能网联汽车是智能物联网的典型应用实例，也是智能物联网的集大成者。

车联网与智能网联汽车的宏观需求包括以下内容。

- 多类型车载传感器能实时感知车辆、路况信息。
- 车载处理系统（On Board Unit，OBU）能实时接收、处理来自传感器的各种数据。
- OBU 能与车联网中的路边单元（Road Side Unit，RSU）实时交互路况、车辆等信息，为安全、高效行驶提供决策支持。
- 车载控制系统能根据感知到的数据，经实时计算后做出相应决策，控制车辆加速、减速、制动、转向等动作，实现安全行驶。
- 车辆能将车辆信息、道路信息发送到数据中心，形成海量大数据系统，为系统决策提供支撑。
- 车辆间能收发有关路况的信息，提高交通效率，降低交通事故。
- 数据中心对收集到的海量数据进行实时处理或离线分析，为智能驾驶、交通管理等提供智能决策支持。

12.2 车联网系统设计

12.2.1 总体设计

1. 系统架构

车联网解决方案涉及网络/边缘、车载、平台及业务等多个

部分，可采用华为车联网解决方案的 RSU、设备运维管理器、车载 OBU（T-Box）终端以及 V2X Server（云化部署）等主要功能网元来实现。

基于端、边、云一体的 V2X 智能网联系统［智能交通系统（ITS）］架构如图 12-1 所示。

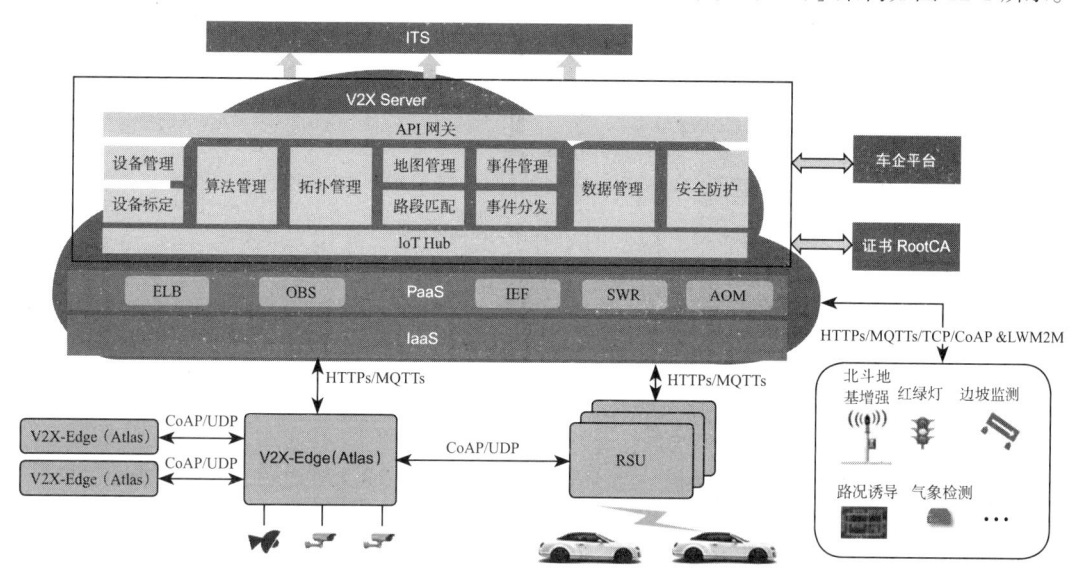

图 12-1　V2X 智能网联系统架构

2. 网络方案

车联网整体网络方案如图 12-2 所示。

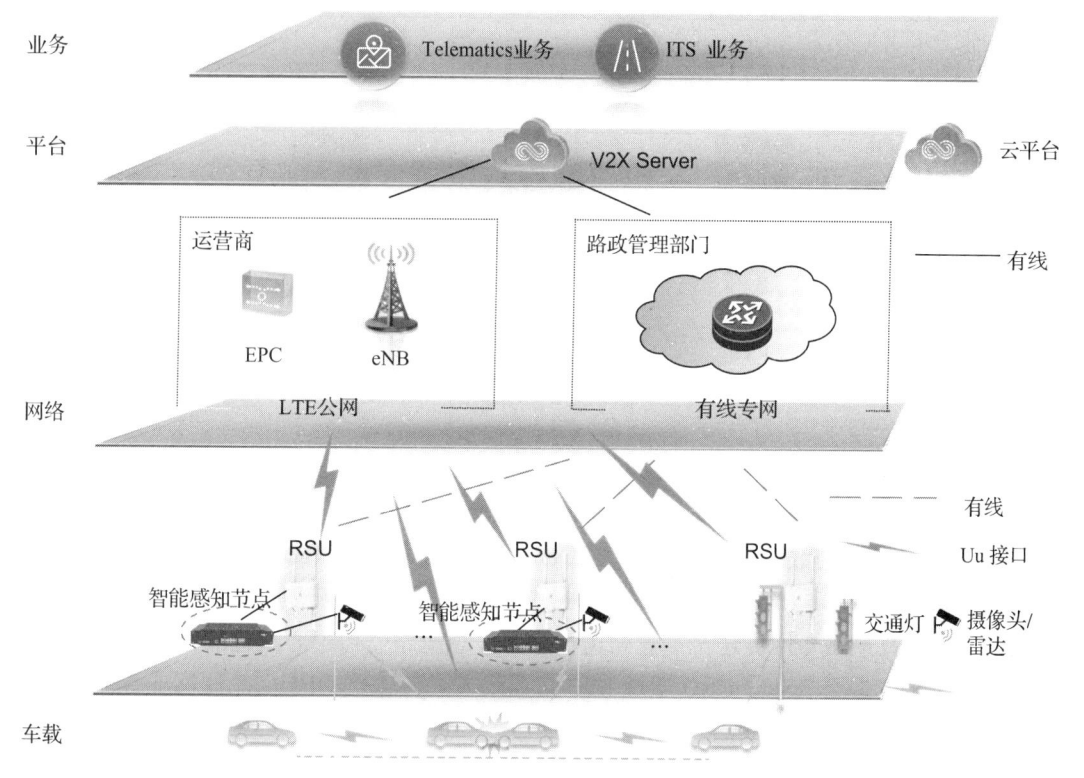

图 12-2　车联网整体网络方案

V2X 车联网解决方案主要是将 RSU 收集到的车辆交通信息通过光纤、交换机等传输网络传到监控中心及服务器，并将服务器下发的消息传递给 RSU 及 OBU。为了实现上述功能，需要将 RSU/RSS（Road Side Server）等路边单元与 V2X Server 实现互联互通，典型的组网方案是通过光纤互联的传输子系统实现互联互通，具体组网如图 12-3 所示。

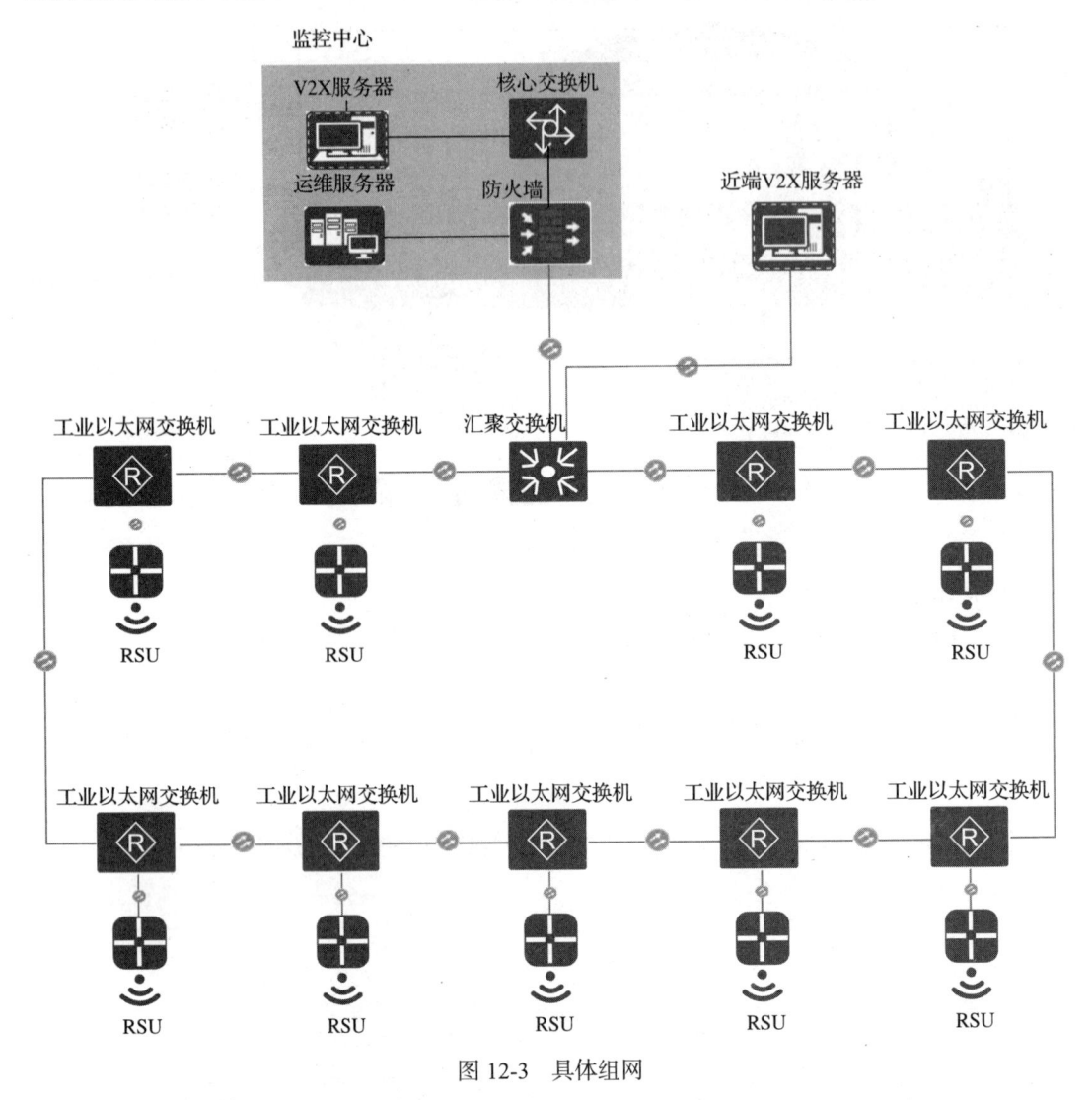

图 12-3　具体组网

3. 业务流程

在有线传输网络中，不具备 IP 地址自动分配能力的情况下需要手动规划 IP 地址并进行配置。OBU 发送的数据通过 LTE-V 无线传输至 RSU，摄像机或传感器数据通过有线方式传输至 RSU。RSU 收集处理后的数据通过有线传输网络经由汇聚交换机传送至近端服务器或通过现有高速路专网传送至高速路监控中心。高速路监控中心或近端服务器发送的数据经由交换机发送至 RSU，RSU 通过 LTE-V 无线方式传输至 OBU。车联网业务流程（数据流）如图 12-4 所示。

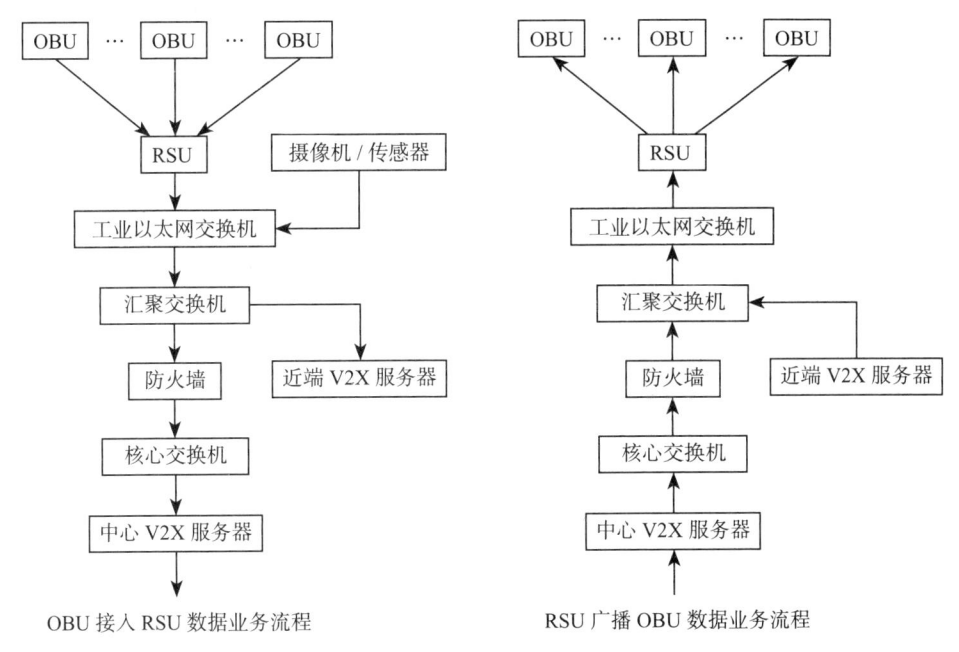

OBU 接入 RSU 数据业务流程　　　　　　　　RSU 广播 OBU 数据业务流程

图 12-4　车联网业务流程

12.2.2　感知系统设计

1.RSU

RSU 收集车辆 OBU 上报的状态信息、摄像头信息，检测出车辆、路况等信息转发至后台服务器，能够向特定区域内的车辆广播交通信息。

可采用华为 RSU，该 RSU 是基于 3GPP R14 LTE-V2X 技术的路侧网络设备，能够支持低时延的 V2X 数据广播，使能智慧交通和自动驾驶，主要面向交通、公安等政府/行业及运营商客户，通过与联网汽车协作，提升道路交通效率和道路交通安全。

RSU 产品的主要特点如下。

- 支持 Uu+PC5 并发。
- 支持基于 Mode4 的 PC5 口通信，实现 3GPP R14 协议物理层收发功能，通过 GNSS 同步，实现 PC5 口 RSU 之间以及 RSU 和 OBU 之间的同步。
- 支持多种 LTE 频段，包括 LTE FDD B3&B8 频段、LTE TDD B39&B41 频段。
- 支持北斗、GPS 双定位系统，定位更精准。
- 支持 Uu+PC5 通信安全。
- 支持 PC5 口和 LTE Uu 口的空口安全，对通信数据加密传输，确保 RSU 设备安全和通信安全。
- 支持 RSU 敏捷部署。
- 支持无线部署方式，无须挖沟布线。
- 支持国标 DSMP 协议。
- 支持与交通行业基础设施和应用服务器对接。
- 支持和交通行业红绿灯信号机、摄像头、应用服务器对接，实时处理交通信息。

华为 RSU 主要指标如表 12-1 所示。

表 12-1　华为 RSU 主要指标

容量	1 个 RSU 同时服务 200 个用户
覆盖	传统天线＞800m（为保证通信可靠性，城市道路建议 200m 间隔部署，高速道路建议 500m 间隔部署）
通信带宽	＞30Mbit/s
时延	智能站到用户通信时延（V2I，200 个用户）＜20ms 智能站到智能站通信时延（I2I）＜10ms
支持车速	[0，250]km/h
接口	以太网口 / 光口
载波频率	5875～5925MHz
调制方式	QPSK，16QAM
最大发射功率	23dBm
协议	支持 3GPP LTE R14、LTE-V R14、车路应用层网络层协议
安全	支持欧洲及国家密码局规定加密算法
网管	支持 Web 网管，CWMP 远端网管
电源	AC 100～240V，45～65Hz 或 POE 48V
功耗	＜26W
工作温度	−40～+60℃
湿度	相对湿度 5%～95%
雷击	满足 IEC61000-4-5 标准
防护等级	IP65

2．摄像头

摄像头部署在十字路口，每个路口部署 4 个摄像头，每个方向各一个，每个摄像头可识别和分析四个车道的车流和行人。摄像头的主要功能和参数如表 12-2 所示。

表 12-2　摄像头的主要功能和参数

项目	参数
\multicolumn{2}{c}{智能分析}	
异常侦测	音频有无检测，音频陡升陡降检测，场景变更检测，虚焦检测，热度图（约束场景）
车辆分析	车牌识别，车身颜色，车型车款，交通参数采集
车辆二次特征	安全带（主副驾），司机打电话，遮阳板（主副驾），年检标，挂坠，纸巾盒，主副驾驶人脸抠图（约束场景）
车辆事件检测	非机动车占用机动车道
基础参数	
图像传感器	1 英寸 900 万像素 GS CMOS
内存	DDR4，1GB×2
flash	SPI NAND FLASH 512MB
有效图像尺寸	4096×2160
最低照度	彩色：0.005Lux（F1.2，AGC ON，1/30 快门）
日夜模式	自动（ICR）/ 彩色 / 黑白
宽动态范围	120dB
镜头 & 补光（镜头另配）	
镜头接口	C 接口
光圈	提供 4PIN 光圈接口

（续）

项目	参数
功能	
视频压缩格式	H.265/H.264/MJPEG
最大分辨率	4096×2160
帧率	30/25fps
多码流	三码流
智能编码	Extra265/264
前端接入协议	GB/T 28181（2011，2016 协议规格）、GB 35114—2017、GA/T 1400.1—2017、HUAWEI SDK、HUAWEI Rest API、DB3311
网络协议	TCP、UDP、IPv4、IPv6、DHCP、DHCPv6、DNS、ICMP、ICMPv6、IGMP、HTTPS、FTP、SFTP、RTP、RTSP、RTCP、SIP、ARP、SSL、NTP、SNMP（V1/V2/V3）、802.1x、QoS、DDNS、SMTP
安全模式	用户名和密码认证，支持 802.1x、HTTPS 数字证书
媒体安全	SDK 码流 AES256 加密，视频数字水印
告警联动	告警源：开关量输入/智能分析告警 联动目标：开关量输出/SD 卡录像/SD 卡抓拍/邮件发送/警前预录
视频 OSD	支持 12 组 OSD 信息叠加、时间、点位、人员计数和自定义信息
GPS	支持
接口	
网络接口	2 个 RJ45 千兆以太网口，支持 10/100/1000M 自适应
通信串口	4 个半双工 RS-485 接口
USB 接口	支持
报警接口	4 路报警输入，4 路报警输出
音频接口	1 路音频输入，1 路音频输出
存储接口	1 个 Micro SD 卡插槽，支持 SDHC/SDXC，最大容量为 256GB
I/O 控制接口	4 路光耦输出（爆闪灯控制）和 3 路电平输出（频闪灯控制）
一般规格	
电源	100～240V AC，50/60Hz
功耗	最大功耗 53W，典型功耗 15W
工作温度	-40～60℃
工作湿度	5%～95%（无冷凝）
防雷等级	6kV
防护等级	IP66
防爆等级	IK10（除视窗）
重量	设备 5.8kg，包装 8.6 kg
尺寸	设备 160×215×515.9mm，包装 325×329×678mm

3. 毫米波雷达

毫米波雷达用于车辆速度等的监测，毫米波雷达高速公路场景检测指标如表 12-3 所示。可感知如下信息：

- 排队长度：交通道口和路段车辆排队车辆的数量、列队长度等信息。
- 逆行：车辆朝着与规定方向相反的方向行进。
- 违章停车：有禁停标志、标线的路段，在机动车道与非机动车道、人行道之间设有隔离设施的路段，人行横道、施工路段、铁路道口、急弯路、宽度不足 4 米的窄路、桥梁、陡坡、隧道，以及距离上述地点 50 米以内的路段。
- 车辆详细信息：经纬度信息、航向角、速度、加速度。

表 12-3　毫米波雷达高速公路场景检测指标

项目	指标
距离分辨率	100m～500m 覆盖区域≤2m，100m 以内覆盖区域≤0.5m
速度分辨率	0.05m/s（100m～500m 覆盖区域），0.1m/s（100m 以内覆盖区域）
角度分辨率	100m～500m 覆盖区域≤1°，100m 以内覆盖区域≤4°
塔下盲区范围	来向≤10m，去向≤30m
速度范围	±220km/h
覆盖范围	<500m
定位精度	500 米车道级定位
测速精度	100m～500m 覆盖区域≤0.05 m/s，100m 以内覆盖区域≤0.1m/s
检测准确率	95%
更新周期	100ms
检测目标数	256

4. 边缘节点

边缘节点（Atlas）承担边缘计算功能，其主要参数如表 12-4 所示。

表 12-4　边缘节点主要参数

产品名称	Atlas 500 边缘小站
主 CPU	2 × 1.8GHz A73+2 × 1.2GHz A53
内存	4GB
AI 处理器 昇腾 310	• 16Tops@INT8 或 8T@FP16 • 支持 16 路视频解码、1 路视频编码，支持 JPEG 编码和解码
存储	• 板载 32GB eMMC • 无盘形态可支持 1 张 SD 卡（64/128/256GB）+1 × M.2 SSD • 有盘形态可扩展支持 1 × 3.5 英寸 HDD，6TB
网络	2 × 100M/1000M 自适应以太网口
无线模块	双天线 3G/4G 模块（可选）
显示	一路 HDMI 接口
语音	一路输入和输出
USB	面板 2 个 USB2.0，内部 1 个 USB2.0，可用于加密狗等
凤凰端子	• 1 个 RS232+1 个 RS485 • GPIO 告警输入输出（2 输入 1 输出）
功耗	典型 25W，最大 60W（含加热模块）
电源	DC 12V
尺寸	235 × 220 × 45mm（无盘）/355 × 220 × 45mm（有盘）
温度	−40～70℃（无风环境），具体视配置而定

5. 车载终端

车载终端（OBU）可并行接收 RSU 广播信息和 4G/5G 蜂窝网络发布的信息，同时可通过广播方式完成车与车之间的通信，并根据接收的信息，参考北斗高精度定位信息和自身车辆行驶情况的智能判断后，对驾驶员进行安全辅助提醒。

华为 OBU（T-BOX300）具有平台化、高性能、开放架构、持续演进的特点，主要具有如下特性。

- MCU + NAD 系统架构。
- 支持 LTE-V，Uu+PC5 并发。
- Open CPU，提供丰富的 Telematics SDK 开发 TSP 应用，以及 V2X SDK 开发 C-V2X 应用。
- 丰富的车内接口。
- 支持 Wi-Fi 6、802.11ax。
- 支持双频 GPS 和高精度定位。
- 支持 4×4 MIMO 天线。

6. 电子车牌

电子车牌是一种将普通车牌与超高频无线射频识别技术相结合形成的电子身份证。通过在车辆前挡风玻璃内侧安装一张用于存储汽车身份数据的 RFID 电子标签，与在城市道路断面上布设的电子车牌高速读写设备进行通信，可以对 RFID 电子标签内的数据进行读写，实现自动、非接触、不停车地完成车辆的识别和监控。基于 RFID 技术的电子车牌设备，以 RFID 为信息采集手段，以汽车电子车牌为载体，结合数据通信技术，实现车辆假套牌稽查等涉车安全监控、智能化的交通拥堵治理及交通诱导，提高车辆智能化管理水平，为公安、交通部门提供重要的信息支撑。

电子车牌设备实现汽车电子车牌的识别和信息采集、过滤、存储、上传等基本功能。通过路侧电子车牌设备与汽车电子车牌的通信，实现全天候自动采集过往车辆属性信息、位置信息以及状态信息，采集车辆号牌、品牌型号、车身颜色、车辆型号等信息并进行实时比对，准确发现假牌、套牌等违法嫌疑车辆，提取车辆特征信息，准确定位车辆。这从根本上消除了道路交通管理在时间和空间上的"盲点"，全面扩大了交通管理的监控时段和监控范围。

电子车牌设备、天线单元的安装数量，原则上每台读写设备最多连接 3 台读写天线组成 1 套，电子车牌在每个路口每方向部署 1 套。

12.2.3 数据传输系统设计

传输系统主要负责有线传输单元、支撑路边设备和 V2X Server 之间的信息交互。有线传输单元提供有线网络传输，包括电交换机等，可根据实际光纤部署方式进行选配。道路沿线的 RSU 通过有线传输单元接入骨干光纤网，有线传输单元可根据沿线光纤组网及可获得资源的不同而调整。

RSU 与 V2X Server 互通采用光纤专线组网方案时，V2X Server 侧的有线传输设备根据网络规模酌情选取，小规模组网时推荐采用汇聚交换机。

12.2.4 数据存储方案设计

可使用数据中心的存储系统或云存储保存数据，包括采集的各类数据和视频，具体请参看第 7 章相关内容。

12.2.5 数据处理与决策系统设计

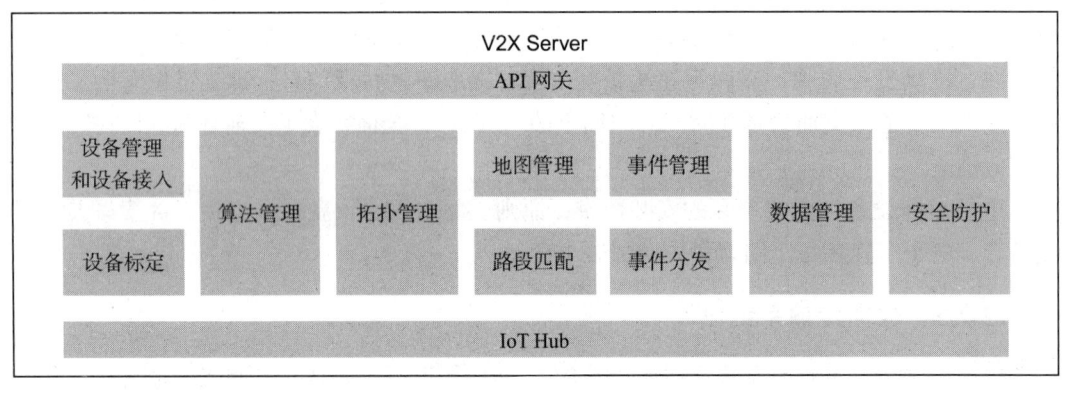

1. V2X Server

V2X Server 平台包括云化基础设施（IaaS、PaaS）、设备接入管理中心及 V2X 业务中心，可根据需要部署在公有云上。云化基础设施将提供 V2X 业务所需的软硬件运行底座；设备接入管理中心提供设备接入管理、设备运维、拓扑管理和各类设备数据的管理能力；V2X 业务中心提供 V2X 应用服务，包括交通事件管理、事件信息发布、地图管理、算法管理等。同时，V2X Server 还提供与第三方系统对接的消息接口。

为保证 V2X 智能网联系统随着 RSU 和车辆数量的增加而保持高度的可扩展性，V2X Server 平台的基础设施应选择可靠的公有云租赁服务，提供 V2X 业务所需的 IaaS 运行底座。云端基础设施包括云主机、云硬盘、虚拟私有云等云服务设施。

云端建设以汇聚与整合数据资源、共享数据与服务为原则，将区域内道路基础数据、路侧感知子系统采集的交通事件数据、Portal 录入交通事件数据、车辆测试感知数据等通过网络上传至云端进行存储、处理和分析。

在云端基础设施上配套部署 V2X Server 平台，提供云控平台软件系统。复杂的计算处理由 V2X Server 和 V2X-Edge 云边协同实现，可有效简化车载终端计算系统，降低成本。

V2X Server 平台基于对区域内车、路、人、传感器等设备信息的汇集，运用云平台强大的数据整合和分析能力，提供设备、车辆、事件的管理，并可提供多维度统计分析结果展示。V2X Server 架构如图 12-5 所示。

图 12-5　V2X Server 架构

2. V2X-Edge

V2X-Edge 是部署在路侧的计算服务器，基于华为 Atlas 硬件，提供对雷达、摄像头的基本管理能力，以及对雷达、摄像头采集信息的融合分析能力。由摄像头、毫米波雷达、V2X-Edge 组成的路侧感知子系统用于感知路面发生的各类交通事件，包括交通事故、施工、车辆异常停止、逆行车辆等。路侧感知子系统发现的交通事件信息将通知到 RSU 和 V2X Server。

V2X-Edge 对路侧传感器提供的信息进行融合分析，提供全天候（雨雪、夜晚、大雾等)、非视距(建筑物/山体等遮挡)下的环境及事件检测能力。

V2X-Edge 可提供如下路面事件检测:车辆慢行、车辆逆行、车辆违停、大型货车识别、交通流量监测/拥堵预警、道路施工、事故、危险路段等,具体架构如图 12-6 所示。

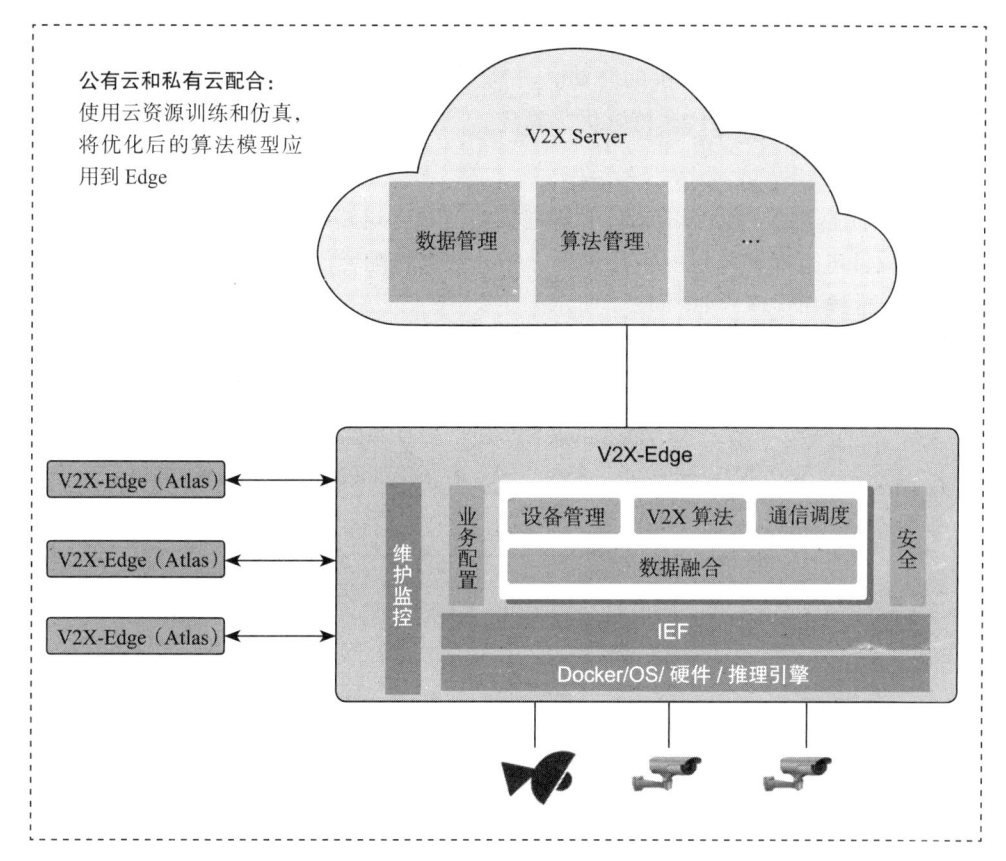

图 12-6 V2X-Edge 架构

3. 设备接入管理

V2X Server 提供设备接入能力,支持接入与业务相分离,避免接入设备与 V2X Server 平台和业务的强绑定,采取分层方案为智能网联交通奠定基础。V2X Server 支持多种接入协议,支持为接入方的接入提供辅助策略,包含提供模组、Agent 等多种接入辅助能力,促进车路协同产业发展。

V2X Server 平台支持通过国标接入路侧设备,包含 RSU、V2X-Edge、信号机数据等,也支持厂商自定义的方式接入路侧设备。当接收到路侧设备上报的数据后,V2X Server 平台计算可能存在的风险,并向车辆下发预警信息或调度指令。

V2X-Edge 支持基本的设备接入和设备管理能力,确保在 Server 断网的情况下仍可提供不间断业务服务。

4. 车辆与 V2X Server 对接

车辆与 V2X Server 对接遵从中国智能交通产业联盟规定的《合作式智能运输系统 车用通信系统 应用层及应用数据交互标准》,提供与车端 OBU 的配套对接服务,在芯片

DSMP 协议栈的基础上，开放 C-ITS V2X 栈国际五类消息的编解码能力（SDK/API），完成车端与云端对接。

5. 算法管理

IoT 平台通过采集任务调度、数据清洗和筛选、场景抽取等完成海量数据的融合，通过数据标注、模型训练完成初步的算法，并将这部分算法推送到 V2X-Edge。通过 V2X-Edge 和云资源的不断训练迭代，持续优化算法。

6. 拓扑管理

V2X Server 提供接入设备的拓扑管理能力。它结合道路地图数据，匹配设备类型及配置数据，对设备进行部署位置的拓扑管理，拓扑数据将配合规则引擎实现近端及远端特定区域内的事件推送和管理，如图 12-7 所示。

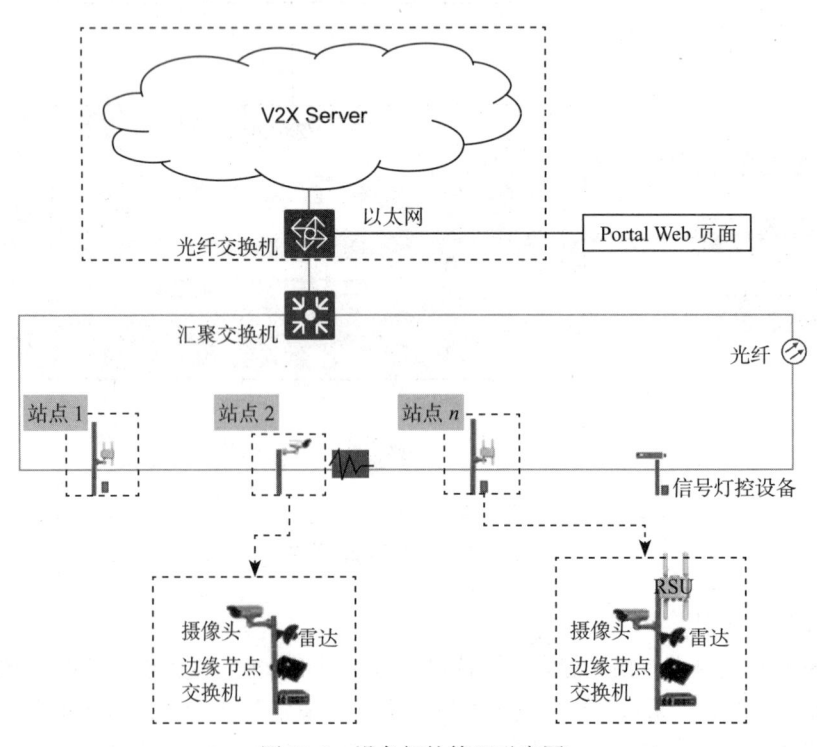

图 12-7　设备拓扑管理示意图

7. 地图管理

V2X Server 支持集成地图，支撑 MAP 消息发布。地图主要用于 Portal 上的事件定义，使得管理员可以直观配置事件位置，以及基于地图展示交通事件信息。后续版本可实现地图切片与交通事件的打包和下发功能，方便 OBU 等车载终端将信息呈现给驾驶员。

8. 事件管理

V2X Server 可通过 Portal 录入、路侧感知子系统上报、对接 ITS 等外部系统获得路面事件数据。Portal 提供各类事件录入、查询和统计能力，如图 12-8 所示。

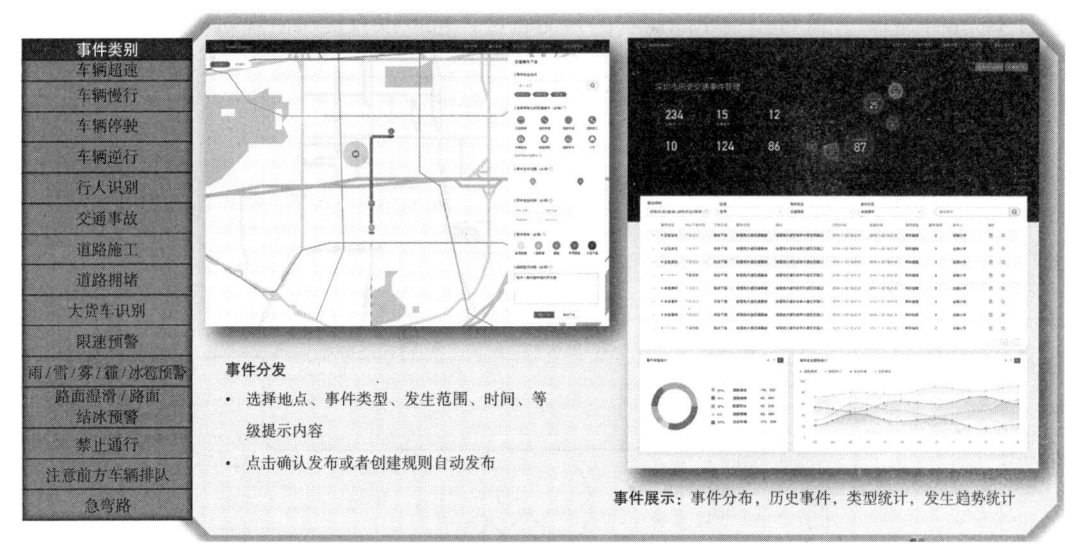

图 12-8　事件管理

12.2.6　网络部署设计

在连续覆盖的情况下，RSU 部署的一般原则是：城市道路平均每 200m 部署一个 RSU，高速道路平均每 500m 部署一个 RSU，弯道单独覆盖。

前端工业交换机和 RSU/RSS 等路边设备在道路沿线配套部署，通过千兆 10km 单芯模块与汇聚交换机互联，然后通过汇聚交换机万兆互联到近端的 V2X Server 及监控中心的核心交换机。

12.3　智能驾驶关键技术设计

12.3.1　预测与轨迹规划

在自动驾驶软件系统中，预测（predicting）主要负责预测其他障碍物目标未来的运动轨迹，规划（planning）主要负责规划自车未来的驾驶轨迹，用于保证驾驶安全（与其他目标未来预测轨迹无重叠），同时保证舒适性和可执行性（曲率平滑并符合车辆动力学，控制可执行）。预测与规划本质上都是预测未来的运动轨迹，且自车未来的运动和其他障碍物的未来运动会相互影响，需要联合考虑。

采用联合规划（joint planning）的思想，将预测与规划作为一个整体方案进行设计，规划自车轨迹时，不仅考虑自车轨迹的目标完成度、平滑性，还会考虑与其他车辆未来运动趋势的交互。也就是说，规划出来的轨迹不仅要保证自车的舒适性，还要保证不会过分地影响到其他车辆的行驶。

预测与规划的整体方案如图 12-9 所示。

主要输入是定位模块提供的自车位姿信息、感知模块提供的其他障碍物感知结果、导航模块提供的全局导航信息，以及高精度地图数据。通过一个基于深度学习的联合规划网络，同时考虑障碍物的预测结果和自车规划结果，保证自车与其他障碍物之间的安全。可设计不同的检测头，既可以输出障碍物的预测轨迹，也可以直接输出规划轨迹。

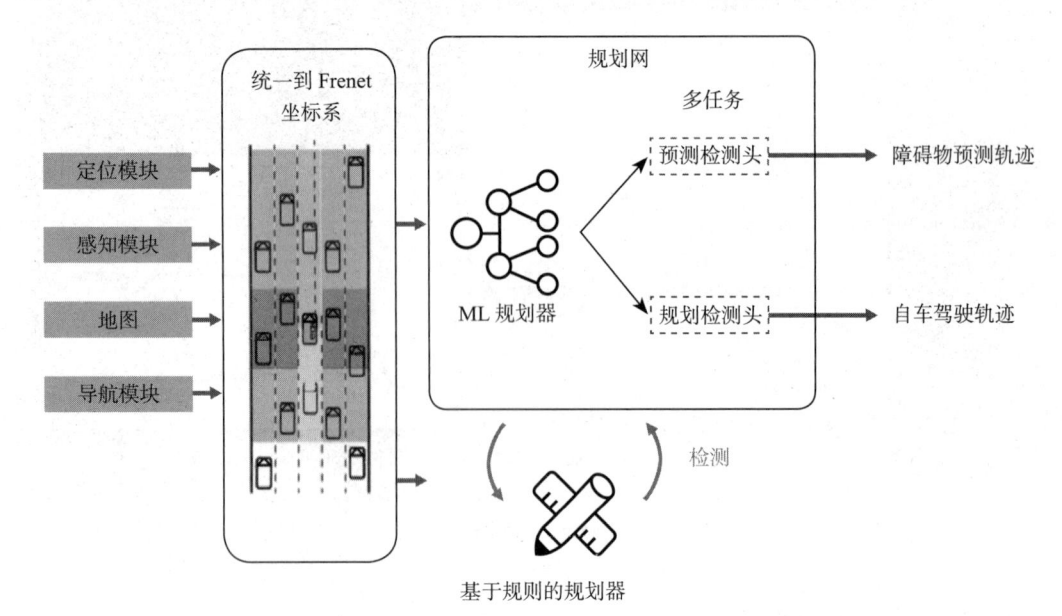

图 12-9　预测与规划的整体方案

由于基于 AI 的算法给出的路径规划结果具有不可预测性，为了保障行车安全，在核心的 AI 规划技术外，应设计基于规则的安全保底机制。在 AI 算法规划出的路径明显不合理或不安全时，该机制能够短暂地接替车辆的轨迹规划，避免事故发生。

12.3.2　预测与轨迹规划算法设计

1. 预测与轨迹规划算法设计思想

预测与轨迹规划是智驾系统软件中的关键功能之一，其算法主要采用基于 AI/ML（机器学习）的方法。

基于 ML 的行为决策方法主要结合各种学习算法，利用自动驾驶车辆配备的各种传感器，来感知周边的环境信息，将信息传递给学习系统，从而对各类信息进行分析和处理，并结合经验来对自动驾驶汽车做出行为决策。它的主要特点包括数据驱动、适应复杂场景、闭环规划、智能决策。

轨迹表示：轨迹表示为一系列的离散的点，每个点上包含速度信息以及加速度信息。

$$S_t = \begin{bmatrix} x_t \\ y_t \\ \theta_t \\ v_t \\ \mathrm{lon\_a}_t \\ \mathrm{lat\_a}_t \end{bmatrix} \quad a_t = \begin{bmatrix} \mathrm{lon\_j}_t \\ \mathrm{lat\_j}_t \end{bmatrix} \quad r = [(s_0,a_0),(s_1,a_1),\cdots,(s_T,a_T)]$$

目标完成度：轨迹上最后时刻的状态 S_t 与行为决策给出的目标点 g 越近越好。

$$g(\tau) = \mathrm{sq\_dist}(g, s_T)$$

轨迹平滑性（舒适度）：轨迹的加速度尽量要小。
$$h(\tau) = \int_0^T w_{\text{lon}} \text{lon\_j}_t^2 \mathrm{d}t + w_{\text{lat}} \text{lat\_j}_t^2 \mathrm{d}t$$
安全性：同一个时刻的不同轨迹上的点的最小距离要大于安全阈值。
$$D(\tau^1, \tau^2) = \min_t (\text{sq\_dist}(s_t^1, s_t^2)) > d_{\text{safe}}$$
优化目标：最小化到达时间、自车轨迹末端与自车的距离、自车轨迹的平滑性，以及其他车辆的目标完成度和轨迹平滑性。
$$\arg\min_{\tau^{\text{ego}}} T + g(\tau^{\text{ego}}) + h(\tau^{\text{ego}}) + \sum_i (g(\tau_i^{\text{obj}}) + h(\tau_i^{\text{obj}}))$$
$$\text{s.t.} \ D(\tau_i, \tau_j) > d_{\text{safe}}$$
$$\forall \tau_i, \tau_j \in \left\{\tau^{\text{ego}}, \tau_1^{\text{obj}}, \tau_2^{\text{obj}}, \cdots, \tau_N^{\text{obj}}\right\}$$

对于其他车辆的轨迹，本质上包含其他车辆对自车决策的交互式的预测。

2. 基于 AI 的预测规划算法设计

该算法主要分为矢量化编码、目标构建、轨迹生成和轨迹评价四个部分，最终得到一条最优的轨迹，下发给下游的控制模块。

预测与轨迹规划算法负责决策自动驾驶车辆未来的轨迹、速度等。其输入为障碍物的感知结果、车辆的定位结果与高精/导航地图。其输出至少包括如下内容。

- 自动驾驶车辆未来的轨迹（trajectory）以及对应轨迹点的到达时间、朝向（heading）和速度（speed），以离散点的形式输出。
- 对周围障碍物的决策，如让行、避让等，供 HMI 展示。
- 提示司机注意或接管的报警提醒。

对于自动驾驶车辆的轨迹，考虑到车辆运动学限制、驾驶环境和驾驶员接受程度等因素，综合考虑进行轨迹规划；特别地，对于需要进行主动换道的场景，综合车辆行为、安全行为、驾驶员行为等多因素耦合进行自动换道决策。

（1）矢量化编码

输入主要是地图和障碍物信息，对地图中的车道线、路口人行道等元素，以及障碍物的历史运动轨迹采用矢量化的向量表示，相关算法原理参考图 12-10。矢量化表示能够直接使用地图的主要元素和障碍物的关键信息，更好地描述复杂交通语义信息和拓扑关系，避免有损的图层渲染，并减少编码过程中的高复杂度计算。

对于障碍物的历史运动轨迹，一般采用 LSTM 等循环神经网络来提取包含时序的特征信息。对于地图元素，一般采用图网络结构，如 LaneGCN，来提取不同地图元素之间的拓扑关系特征。最后采用注意力机制网络来提取自车与其他障碍物目标以及地图之间的全局关系特征，输出到后续的规划器或者预测器中。

（2）目标构建

目标构建就是一个决策的过程，所以自车和其他障碍物都会进行决策的工作。根据导航信息在地图车道上采样目标位置，对应不同的决策结果（其他车辆障碍物没有导航信息，直接根据地图信息进行采样；对于行人障碍物，进行开放空间的采样）。

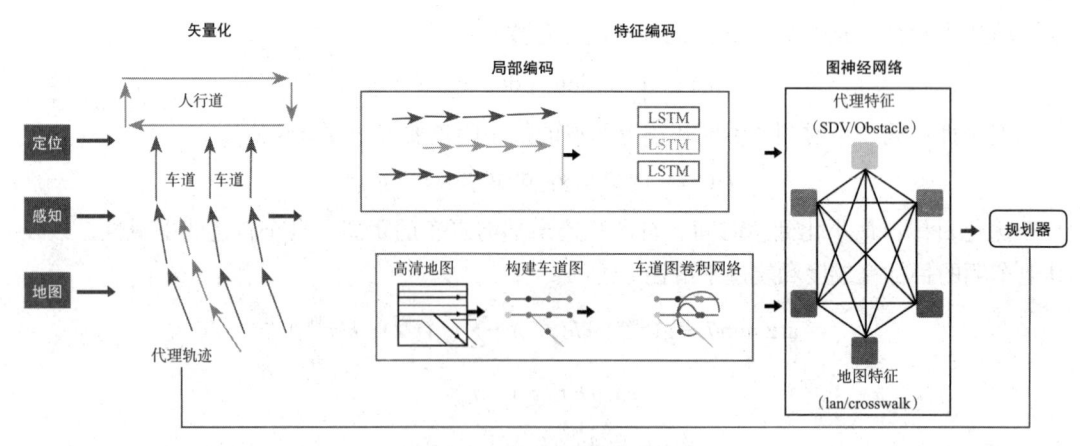

图 12-10　矢量化编码

例如，图 12-11 中采样了不同的候选目标，包含直行（本车道目标点）、右转（右车道目标点）、左换道（左车道目标点）、减速让行（近处目标点）或加速通过（远处目标点）。再将之前提取的特征和这些候选目标输入到一个评分网络，得到这些目标位置的评分。最后选取评分最高的几个目标，作为下一步的输入。

图 12-11　目标构建

（3）轨迹生成

在确定目标以后，需要确定一条到达目标的轨迹。在得到选中目标后，结合之前提取的特征输入到轨迹生成（trajectories generation）的网络模型，用人类驾驶的轨迹作为真值训练模型，输出自车到各个选中目标的候选轨迹（candidate trajectories）。每条轨迹点由一系列离散点组成，每个点包含其位置坐标、朝向和速度信息，如图 12-12 所示。

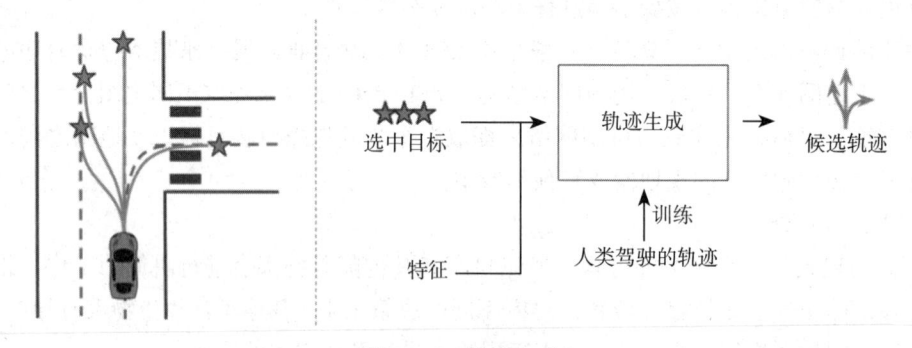

图 12-12　轨迹生成

第 12 章 智能物联网案例——车联网与智能驾驶

（4）轨迹评价

在多条候选轨迹中，如何选择出一条最优的轨迹下发给控制是一个难题。通常采用传统方法与数据驱动相结合的办法来评价候选轨迹。

以人为驾驶轨迹为真值，采用模仿学习来让规划的轨迹尽可能接近人的驾驶轨迹，符合人类驾驶经验，并输出各条候选轨迹的评分（概率）；同时，结合碰撞（交互）代价、与道路的偏离代价、几何（舒适性）代价以及动力学代价来作为辅助损失函数，保证选择的轨迹更加安全舒适且可控制执行，其概念如图 12-13 所示。

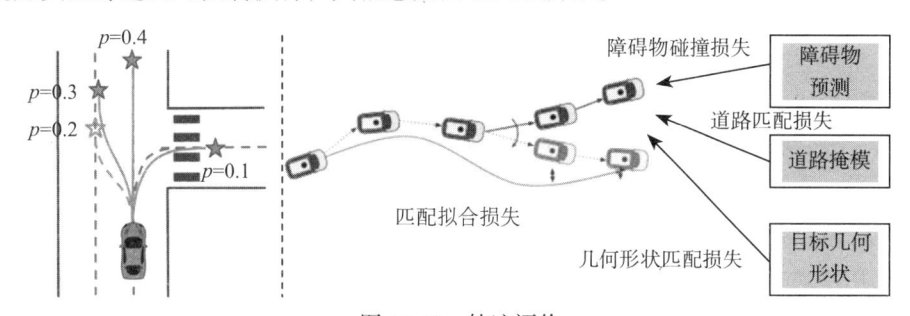

图 12-13 轨迹评价

碰撞（交互）代价如图 12-14 所示。

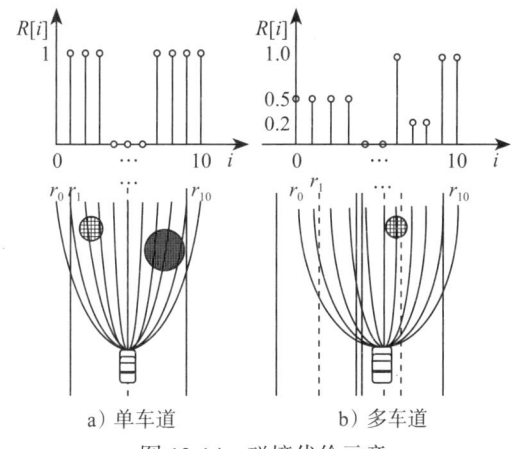

a）单车道　　　　b）多车道

图 12-14 碰撞代价示意

道路偏离代价如图 12-15 所示。

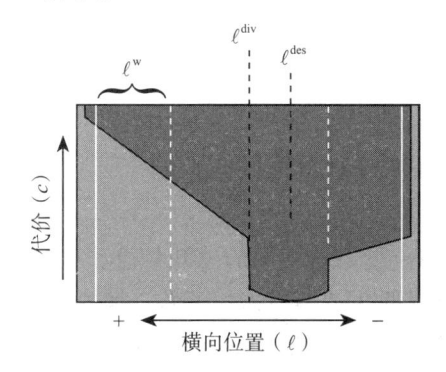

图 12-15 道路偏离代价示意

几何（舒适性）代价：

$$C_{\text{trans}}(i) = \frac{1}{s_2 - s_1} \int_{s_1}^{s_2} d_i ds$$

$$C_{\text{curv}}(i) = \begin{cases} 0, & \max(|k_i, j|) \leq \dfrac{1}{R_{\min}} \\ \text{maxvalue} & \max(|k_i, j|) > \dfrac{1}{R_{\min}} \end{cases}$$

动力学代价：

$$C_{\text{dyn}}(i) = \sum (|a_i^{\text{lon}}| + |\dot{a}_i^{\text{lon}}| + |a_i^{\text{lat}}|)$$

3. 算法开发过程

基于 AI 的预测规划算法一般要经过以下开发环节：训练模型、算法仿真测试、评测模型性能、可视化分析模型。

（1）所用数据集

为了开发基于 AI 的预测规划算法，可考虑采集相关的多种场景数据，以进行训练及测试验证，促进算法的数据闭环驱动。

拟采集的相关数据类别一般包括：

- 总的日志信息。
- 自车数据、位置、方向、速度、加速度等。
- 相机以及激光雷达的硬件信息。
- 相机在不同时刻拍摄到的图片。
- 激光雷达在各个时刻感知到的原始数据。
- 点云数据转化后的障碍物数据。
- 障碍物跟踪信息，长、宽、高以及 ID。
- 不同障碍物的类别，车辆、自行车、行人等。
- 场景信息，把整个行车数据划分为不同的场景。
- 场景标签，标记不同类型的场景。
- 交通信号灯信息。

（2）算法仿真测试

通过仿真测试，可以低成本、高效率地对预测与轨迹规划算法进行许多常见场景的测试验证，以提高研发效率并优化算法。

基于 AI 的预测规划算法仿真测试流程如图 12-16 所示。

4. 基于规则的规划算法设计

基于规则的路径规划包括行为规划和运动规划。

（1）行为规划

行为规划接收车辆当前位置以及周围的感知信息，构建区域栅格图，分析地图情况和障碍物相对关系，以确定当前的决策状态：巡航、换道、停车等。主流算法有有限状态机（finite state machine）、规则匹配系统（rule based system）、强化学习系统（reinforcement learning）等。可使用有限状态机的方法设计一套状态机，并根据自车状态及其与周围环境

（地图、其他交通参与者、交通规则）之间关系的变化，来进行各状态机之前的切换。行为决策的有限状态机如图12-17所示。

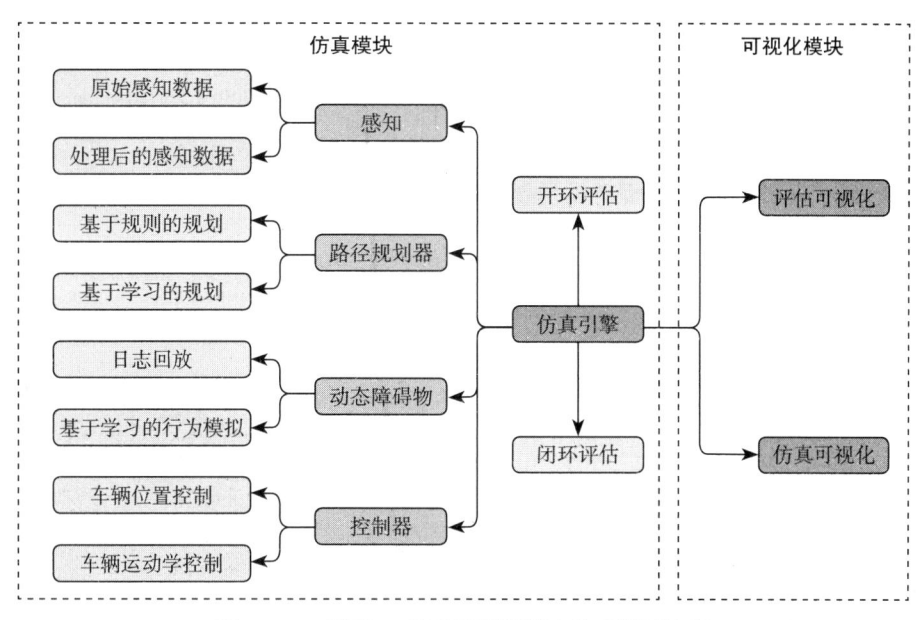

图12-16　基于AI的预测规划算法仿真测试流程

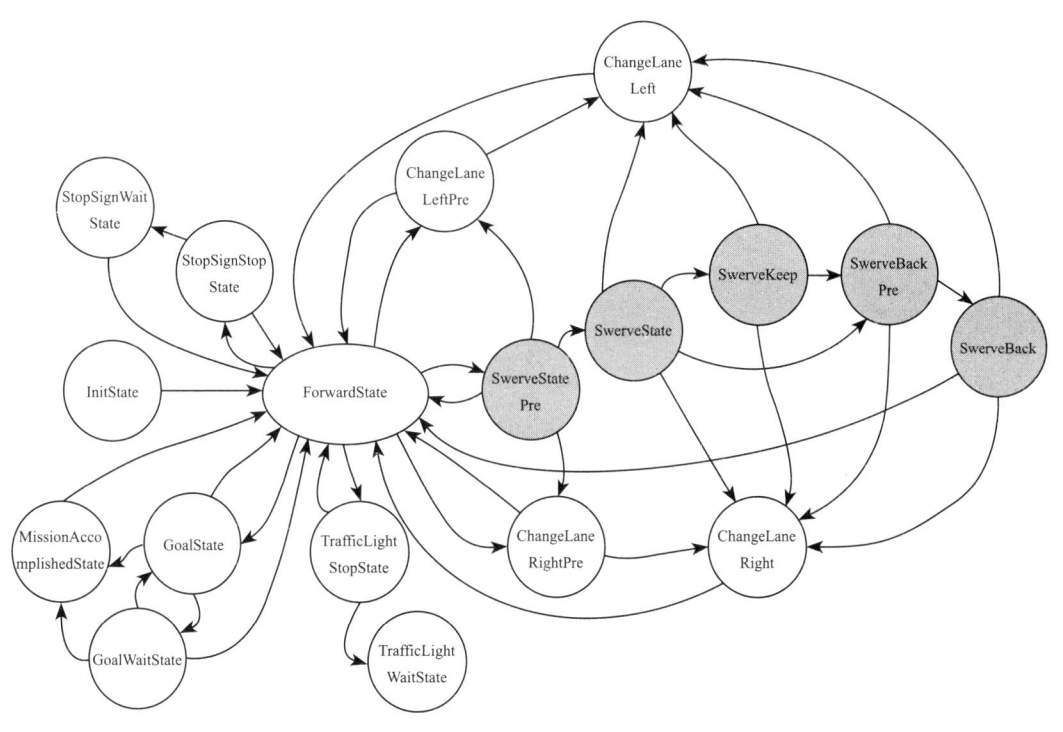

图12-17　行为决策的有限状态机

（2）运动规划

运动规划根据行为规划的决策结果，生成安全（无碰撞风险）、舒适（曲率、加速度连续)的轨迹,以指导控制模块控制自动驾驶车辆沿轨迹行驶。主流算法有基于采样的方法、基于曲线的插值法和基于数值优化的方法。运动规划主要分为轨迹生成和轨迹评估两个部分。

轨迹生成过程如图 12-18 所示。

1)截取全局规划的参考线,采用二次规划的方法对参考线进行平滑处理,得到连续平滑的参考线。

2)根据平滑后的参考线将坐标系统从笛卡儿坐标系转换到 Frenet 坐标系,使得自动驾驶车辆与道路结合更密切。

3)在 Frenet 坐标系下,根据道路结构采样控制点。

4)使用高阶多项式(五阶)连接采样的控制点,生成轨迹,保证轨迹的平滑性(曲率一阶导连续)。

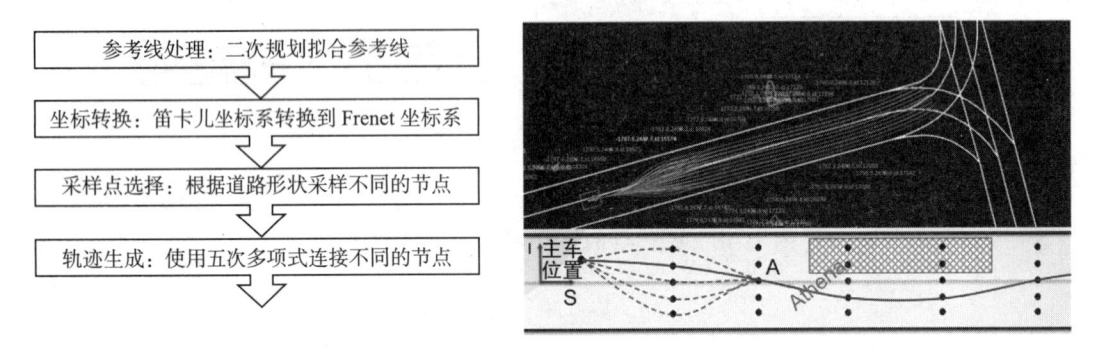

图 12-18 轨迹生成过程

通过建立多目标的代价函数,计算生成的每条轨迹的代价,选择出代价最小,即最优的轨迹下发给控制模块。

当基于 AI 的规划方法和基于规则的规划方法都不满足要求时(轨迹曲率过大、加减速度过大、与其他障碍物有碰撞风险等),会发送告警信息给安全监控模块,以进一步提醒司机注意或接管车辆。

12.3.3 数据闭环系统

智能驾驶系统的软件核心,涵盖了能适应复杂道路场景的环境感知理解算法以及预测与规划算法,它们处理的数据都来源于各种各样的现实情况。要搭建感知和规控一体化的数据(闭环)工程平台,以便支持感知算法和规控算法的迭代,其流程如图 12-19 所示。

如图 12-19 所示,数据闭环系统包含 6 个模块(5 个功能处理模块,1 个数据模块)与两大闭环,即:

- 数据采集。
- 数据预处理。
- 数据标注(道路标线检测,3D 目标检测等)。
- 模型训练与评测。
- 测试与仿真。
- 数据库。

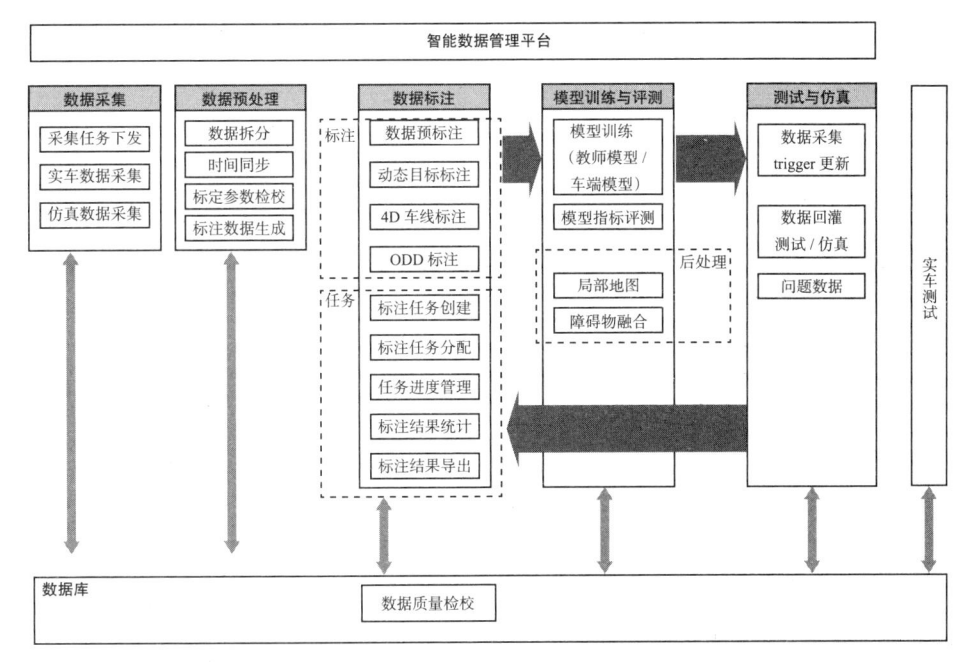

图 12-19　数据闭环流程

注：细箭头表示整体数据闭环过程，粗箭头表示问题数据消化过程。

数据平台的 5 大功能处理模块，加上实车测试，都与各部分自建的数据集存在交互，形成一个整体的数据闭环，如图中细箭头所示。

数据闭环的功能处理通过数据库来进行，而且数据库中也包含对各个部分数据的质量检校。

12.3.4　数据闭环设计

1. 概述

将算法和数据闭环系统分为自动驾驶数据管理平台、AI 算法加速训练平台、算法系统仿真测试平台三部分（见图 12-20）。

- 通过测试车辆采集传感器和车身系统的数据，将原始数据上传到数据管理平台，经过数据抽取，将其中有价值的数据进行智能预标注，并可以进行数据增强、难例挖掘等数据处理，形成训练和仿真的完整数据集，供后续感知和规划模型训练测试使用。
- 在 AI 算法加速训练平台，针对感知识别、地图定位、决策规划等三大类算法，利用数据平台的标注数据进行模型训练和优化，可以分多个阶段进行训练，一般将感知和地图算法第一步训练完成，再结合预测、决策和规划模型一起训练，形成完整的端到端模型。
- 在仿真测试平台，将利用无标注的数据或者仿真系统直接产生的数据，进行软件在环或者硬件在环的系统测试，对算法和系统的性能进行详尽的分析，同时还可以积累大规模数据进行覆盖性测试，充分评估系统的性能。

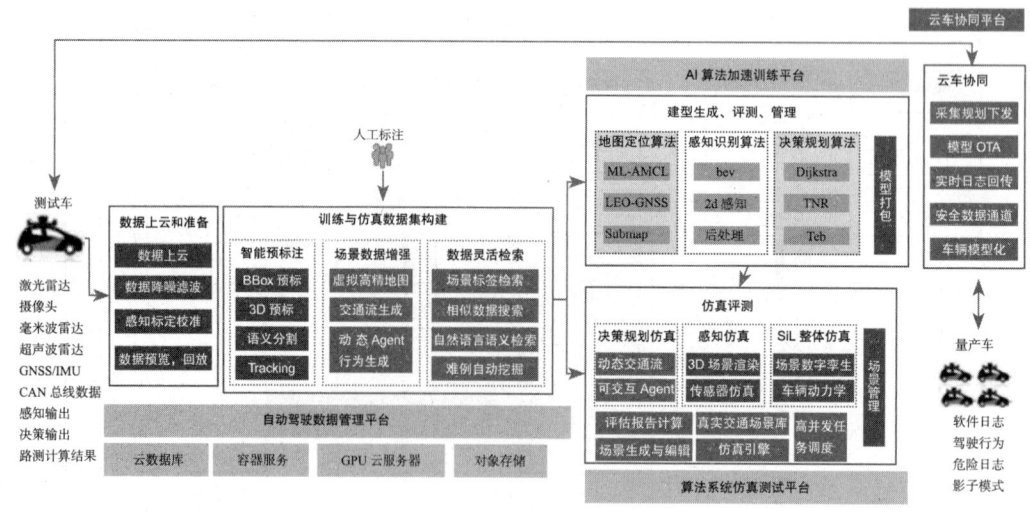

图 12-20 数据闭环工程示意图

数据平台产生的数据可分成两个等级：level01 的数据主要用于感知算法的训练测试，level02 的数据主要用于规划的训练测试。

同时，在算法测试的过程中也会发现和产生问题数据，可用于指导数据的采集和标注，积累更有价值的数据集，来加速问题解决和算法迭代。

2. 数据工程的工作流程

整个数据工程主要分成五大阶段，即数据采集阶段、数据预处理阶段、Level 01 数据标准阶段、Level 02 数据生成阶段、模型训练使用（训练、评测）阶段。数据工程的工作流程如图 12-21 所示。

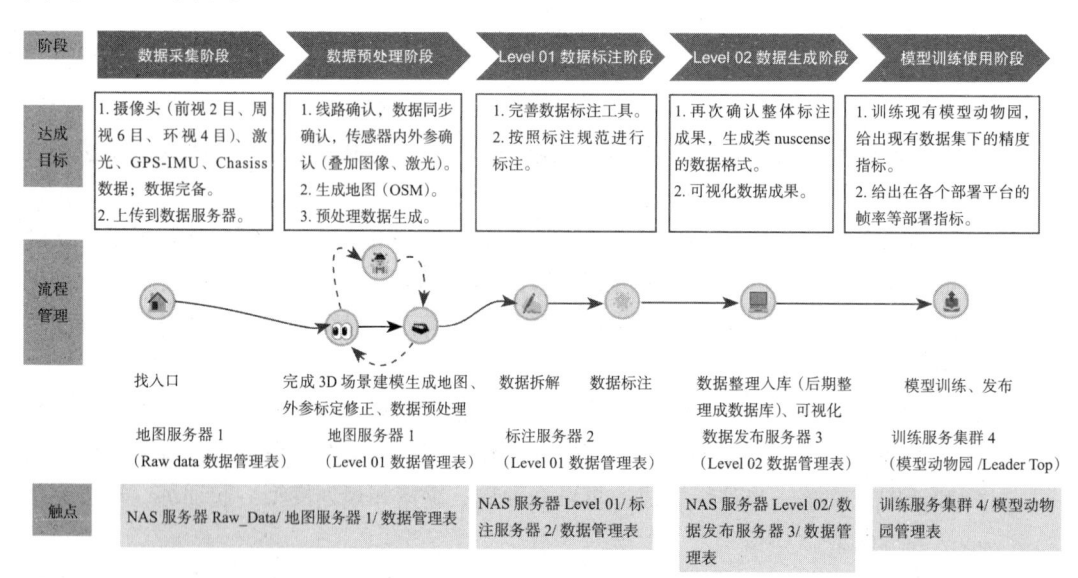

图 12-21 数据工程的工作流程

3. 车队与云端数据平台

车队与云端数据平台交互过程如图 12-22 所示。

整体数据闭环部分起源于车队（采集数据），也最终止于车队（模型上车）。

在车队方面，可构建相对高成本的采集车（带激光雷达），也可部署量产视觉车辆（量产配置），来完成整个车队的组建。

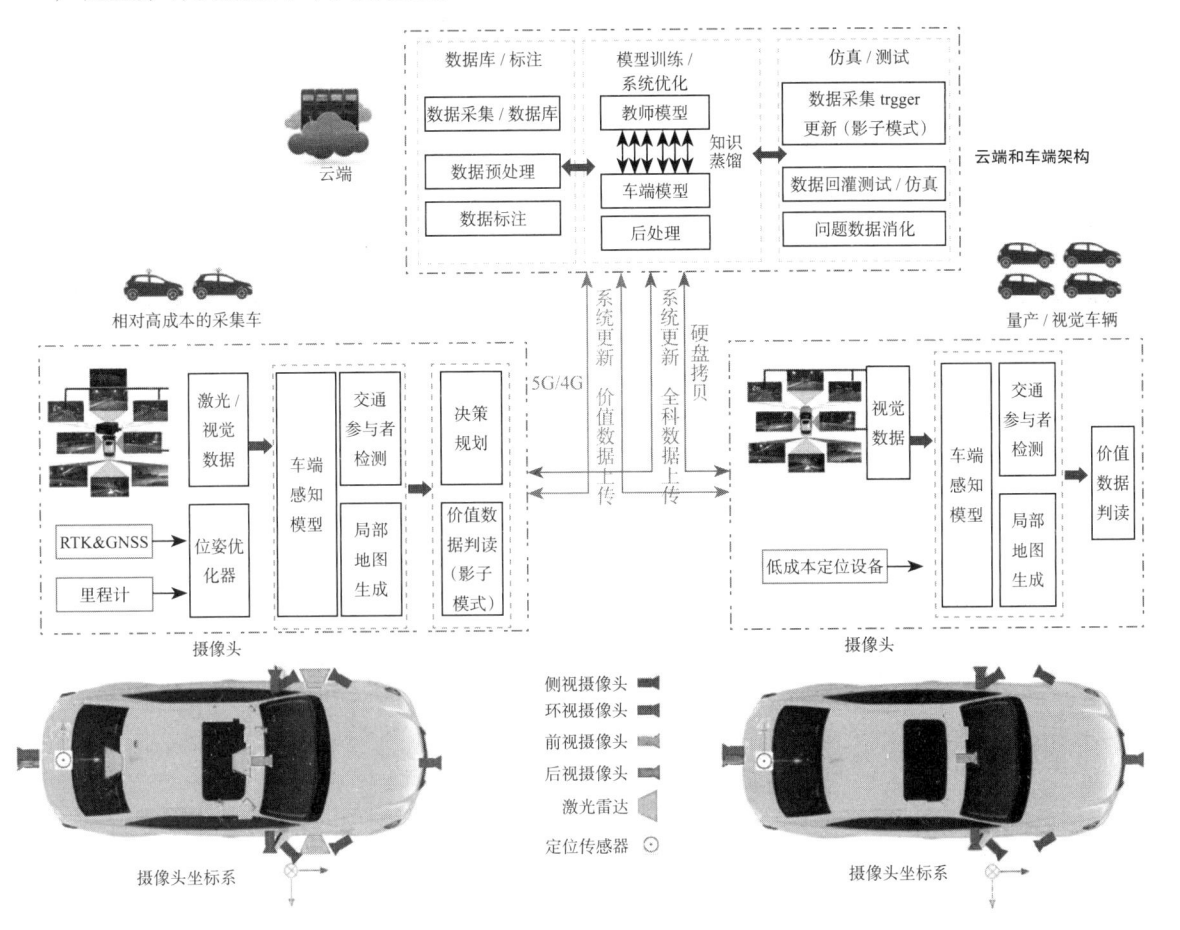

图 12-22　车队与云端数据平台交互过程

数据采集方面，可采用两种方式进行大规模数据的采集。

针对量产车辆，在测试和用户使用阶段采用影子模式，在一定触发条件下采集我们所关心的数据。也可构建专门的采集车辆，配置周视摄像头（比如按照：前左，前中，前右，侧右前，侧右后，后方，侧左后，侧左前）和环视摄像头（前方鱼眼，右方鱼眼，后方鱼眼，左方鱼眼），并搭载 128 线 360° 激光雷达和高精度定位的真值系统，有针对性地进行数据采集。采集的数据将被送到云端数据平台进一步处理。

（4）算法评测

可以使用从标注数据中抽取的测试验证集对算法模型进行评测。具体操作时，能够自主选择测试数据集以及相关测试算法模型，待算法模型运行测试后详细记录相关数据结果，最后，通过平台的算法评测结果可视化对比功能，将其与真值数据在同一屏幕以分图层的形式对比显示，从而直观找出存在效果偏差的数据。

感知结果可以可视化数据显示，还可以并排显示感知目标的关键参数信息的折线图，对照多路图像数据回放及其感知检测的鸟瞰图（BEV）显示，可以发现深度或距离方向上的误差信息。

12.3.5 地图方案设计

规划算法模型需要相应的高精地图。

1. 对高精地图的数据要求

预测与轨迹规划算法需要如下的相关地图数据。

地图数据主要包括物理层（physical layer）数据、关系层（relational layer）数据和拓扑层（topological layer）数据。

物理层数据主要由点（point）和线（line）组成。这些点和线通过有序的连接关系组成了地图的要素：车道（lanelet）、区域（area）及调控元件（regulatory element）。

2. 高精地图接口与集成对接方案

地图数据从生产商传递到高级驾驶辅助系统（ADAS）应用需要一个数据分解、传输再重构的过程，按照 ADASIS 相关标准，该过程通常是指从 EHP（Electronic Horizon Provider）数据到 EHR（Electronic Horizon Reconstructor）数据的传递和转化，地图集成流程如图 12-23 所示。

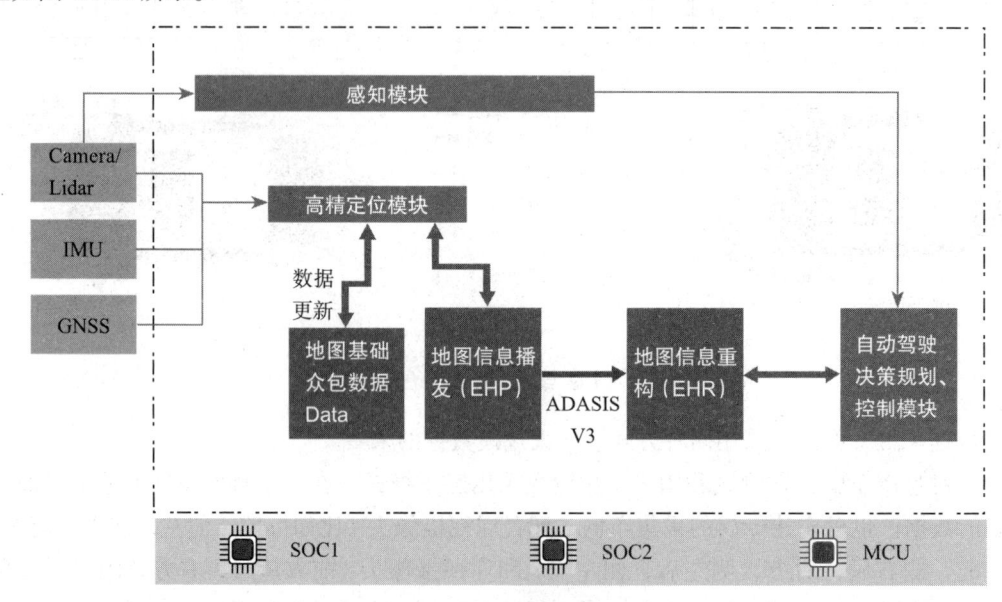

图 12-23 地图集成流程

EHP 即电子地平线，作用是为 ADAS 应用提供超视距的前方道路和数据信息，提取地图及位置信息生成 ADAS Horizon 数据，通过总线传输到智驾控制器，ADAS 智驾控制器中有一个重构单元 EHR，用于解析 EHP 发出的消息并重建地图数据，供终端 ADAS 应用模块使用，即将收到的数据重构为 ADAS 系统能看懂的数据。工作过程如图 12-24 所示。

地图厂商可以提供相应 SOC 上的 EHP、EHR 的软件包以及相关的 EHR SDK 二次开发包，供智驾软件模板获取所需区域的高精地图信息。

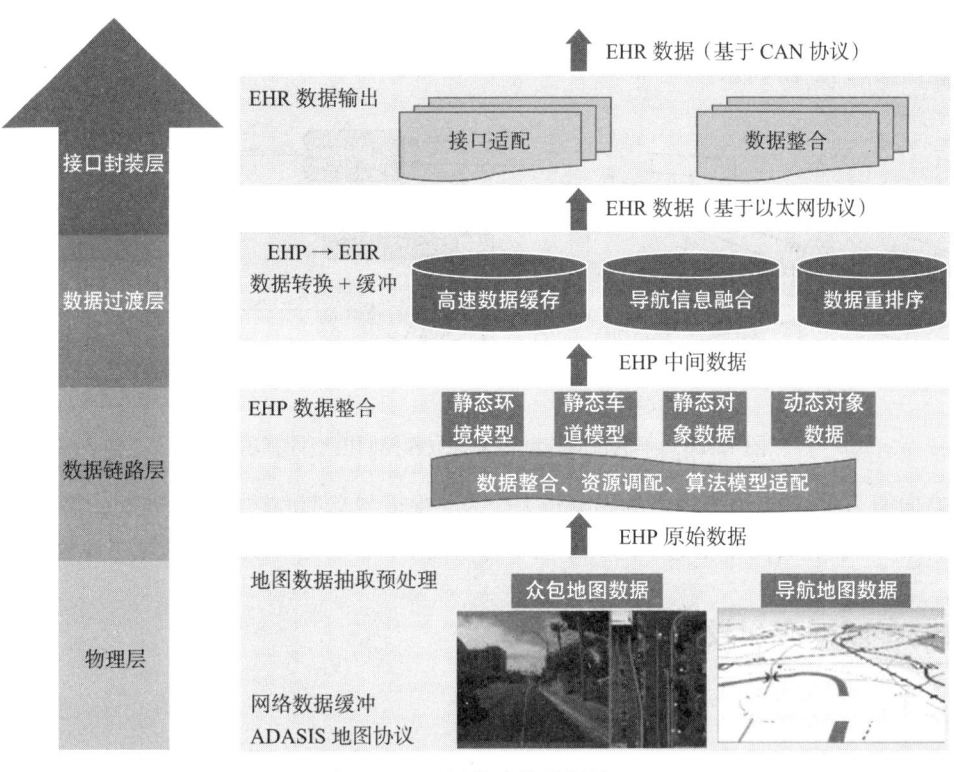

图 12-24 地图集成的数据处理

12.3.6 车辆控制执行

为了实现 APA 泊车与 VPA 泊车在低速巡航阶段的精准控制，需要研制专用的决策和规划模块，该模块旨在确保车辆按照规划的路径不断接近车位以及泊入/泊出车位在位置和时间维度实现误差最小化，并保证安全性。车辆控制系统的处理流程如图 12-25 所示。

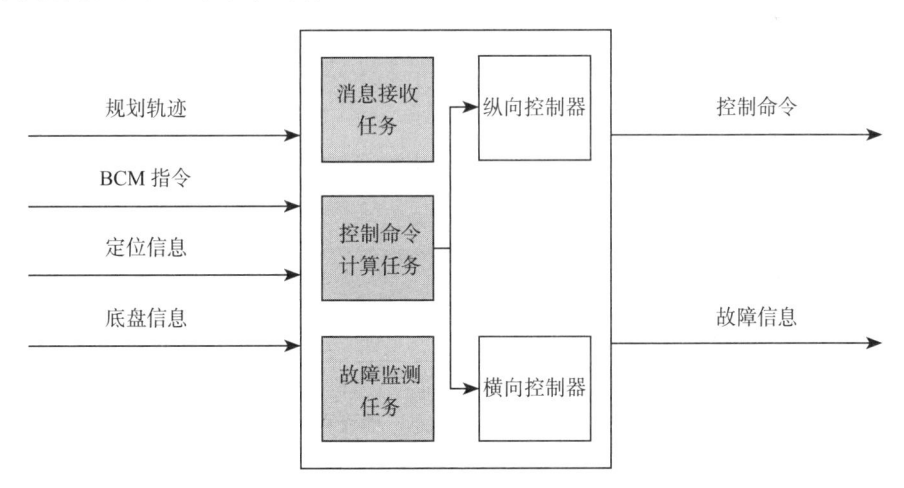

图 12-25 车辆控制系统的处理流程

控制模块功能主要分为横向控制和纵向控制，总体结构如图 12-25 所示。外部输入主要包括本车定位信息、反馈的车辆底盘信息、规划轨迹以及 BCM 指令信息。结合模块内部的逻辑判断和功能算法，输出安全合理舒适的车辆控制指令。车辆转向控制相关参数计算示意图如图 12-26 所示。

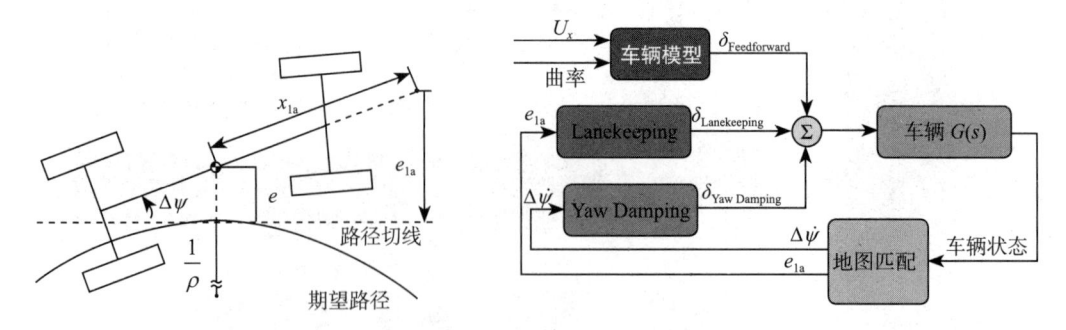

图 12-26　车辆转向控制相关参数和控制模型计算示意图

转向能力对 APA 泊车功能的影响较大。为了保证与车型的转向性能匹配，需要构建前轮转向车型 / 四轮转向车型的不同的车辆动力学模型，并标定相关的运动控制参数表。

12.4　车联网应用设计

12.4.1　静态信息广播

静态信息广播场景如下：由 Portal 录入静态信息，由云控平台（V2X-Ⅰ Server）指示位置相关的特定 RSU 发送广播消息。该大类功能由云控平台（V2X-Ⅰ Server）与 RSU 配合实现。静态信息广播流程如图 12-27 所示。

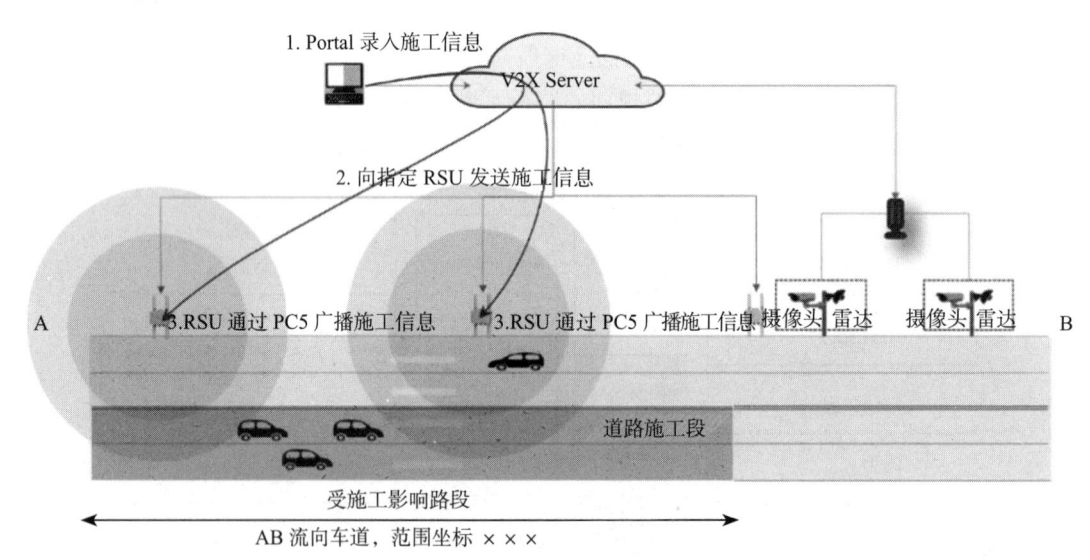

图 12-27　静态信息广播流程

相关参数可由 Portal 配置。

- 道路施工预警。通过 Portal 录入道路施工信息，由 V2X Server 通知指定的 RSU 下发道路施工范围、施工事件，当车辆行驶至事件推送范围内路段时，车载终端解析消息通知自动驾驶系统并展示在车内的屏幕上。这适用于各类路段。

- 电子标牌上车。通过 Portal 录入道路标牌信息，如弯道、连续弯道、长下坡、事故多发路段等，由 V2X Server 根据策略通知指定的 RSU 下发，包含电子标牌类型、标牌内容信息等，当车辆行驶至事件推送范围内路段时，车载终端根据协议标准解析消息，通知自动驾驶系统并展示在车内的屏幕上。这适用于各类路段。
- 限速提醒。交通管理部门对特定路段进行限速下发，当车辆行驶至限速区域，V2X Server 通过指定 RSU 下发限速提醒，提醒驾驶员以适当车速行驶。这适用各类路段。进一步，车载 OBU 收到限速规则后，可根据车辆自身的速度发出超速告警。
- 集会信息提醒。交通管理部门获得特定路段进行展会、集会、表演信息后，通过 Portal 录入事件，V2X Server 通知指定的 RSU 下发事件提醒，当车辆行驶至事件推送范围内的路段时，车载终端解析消息，实现对驾驶员的提醒，可提前变换出行路线以避免拥堵。这适用于城市道路。

12.4.2 动态信息广播

路面发生的动态事件可以由多种渠道获得，本节场景路面信息由 ITS 对接获取（测试环境下可直接通过 Portal 手工录入实现），由 V2X Server 指示位置相关的特定 RSU 发送广播消息。该大类功能由 V2X Server、RSU、ITS 配合实现，动态信息广播流程如图 12-28 所示。

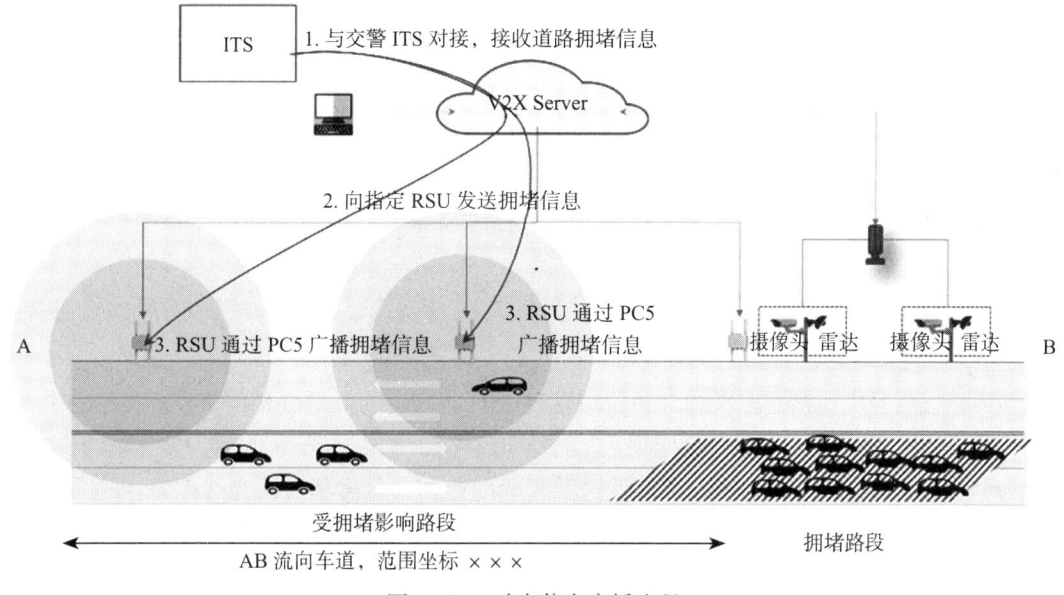

图 12-28 动态信息广播流程

- 拥堵信息发布。当通行道路发生交通拥堵事件时，由交管部门 ITS 向 V2X Server 实时发布信息，V2X Server 根据策略通知被影响路段，以及可能被影响路段的指定 RSU，向行驶车辆发出拥堵提醒，包含拥堵路段及车道、拥堵程度等信息。这适用于各类路段，需交通部门配合对接。
- 事故及二次事故预警。当通行道路发生交通事故时，由交管部门 ITS 向云控平台实时发布信息，交通云控平台根据策略通知被影响路段指定 RSU，将事件信息发送至近端及远端特定区域车辆，包含事故精准位置、事故类型等信息，从而减轻事故影响、避免二次事故发生。这适用于各类路段，需交通部门配合对接。

12.4.3 气象信息广播

气象信息广播由交通管理部门对特定路段进行道路危险状况事件下发，包括暴雨、大雾、大雪等，交通云控平台根据事件影响范围通知被指定 RSU，将气象信息通知过路车辆，提醒驾驶员谨慎驾驶，适用于各类有气象危险状况的路段，需气象部门对接配合。气象信息广播流程如图 12-29 所示。

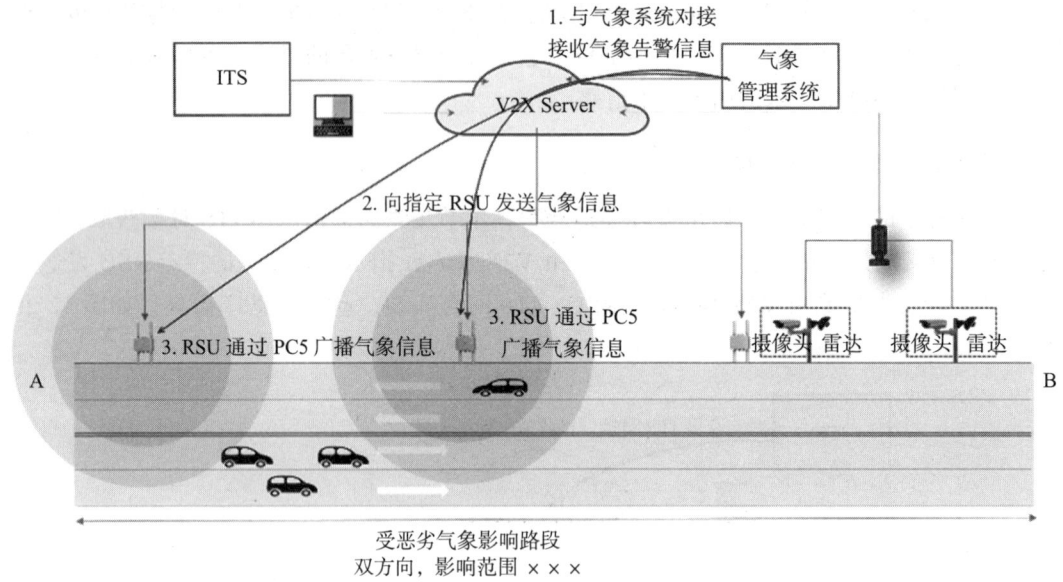

图 12-29 气象信息广播流程

12.4.4 红绿灯信息推送

红绿灯信息推送流程如图 12-30 所示。

RSU 与信号机连接获取红绿灯相位信息，RSU 将获得的红绿灯相位信息广播给路面车辆。此功能由 RSU 与信号机配合实现。

- 红绿灯推送 / 闯红灯预警。自动驾驶车辆因遮挡、恶劣天气或光线因素，通常无法对当前红绿灯相位或未来一段时间即将产生的红灯变化做出正确判断，车路协同系统可通过红绿灯信号机获得红绿灯相位信息，并通过 RSU 广播该路口红绿灯相位信息到周边车辆，车辆获得该信息后可明确获知路口不同方位的红绿灯状态，同时还可以根据自身的位置和地图确定车辆达到路口的时间，实现闯红灯预警及路口车速引导。这适用于具备红绿灯信号机的普通道路，需要信号机与 RSU 对接。

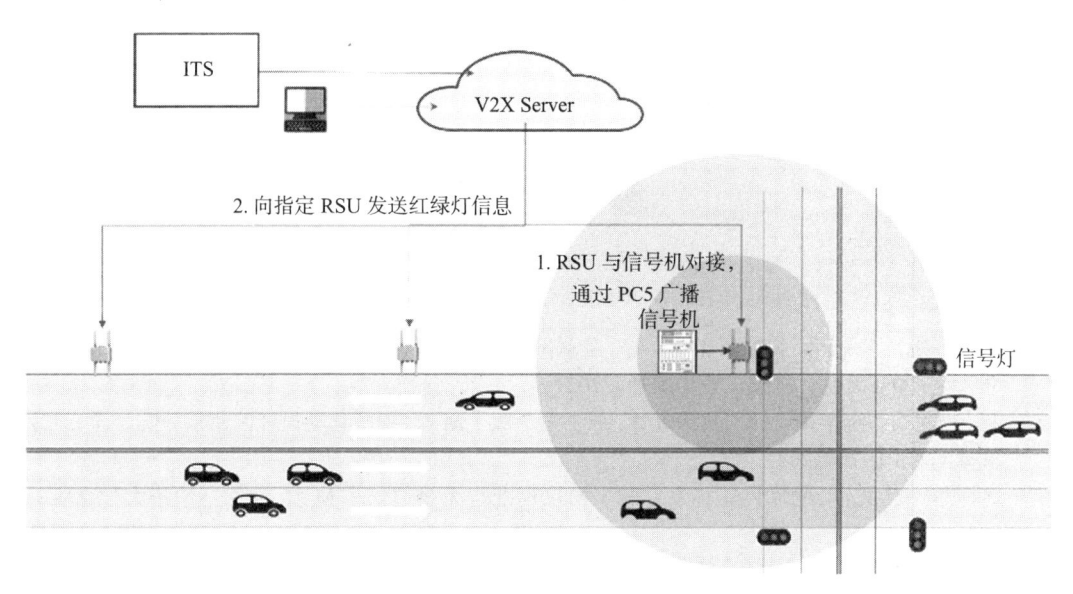

图 12-30 红绿灯信息推送流程

12.4.5 实时路侧信息警示

道路运营方或测试场内，在路边部署路侧感知设备，包含摄像头、雷达和负责融合计算的 V2X Edge 服务单元。V2X Edge 接收摄像头和雷达输出的视频、点云信息进行融合运算，对路面发生的交通事件做出判定，并将结果上报给 V2X Server，Server 根据策略下发给一个或多个 RSU 广播。此功能需云控平台、RSU、摄像头/雷达、V2X Edge 配合实现。

- 障碍物提醒。当车道出现静止物体时，V2X Edge 可根据路侧摄像头、雷达设备采集到的信息提醒该路段经过车辆，注意避让。适用于各类路段。需路侧感知设备配合。
- 慢行/逆行车辆提醒。当路面出现慢行、逆行车辆时，路测设备通过目标的行为识别发现后，将信息通过 V2X 设备发送给周围车辆，来保证其他行车安全。

12.4.6 车辆间交互信息警示

此类场景由车与车之间直接通信实现，可以用 V2V 直联或者 C-V2X 方式通信。由 TBox/OBU 与 RSU 配合实现。

- 车辆异常信息提醒。当车辆车载终端从交通云控平台获知路上某车辆异常发生时，如某车急刹车，本车将通过 TBox/OBU 将该紧急信息局部广播出去，这样后车 TBox/OBU 与前车 TBox/OBU 之间直接通信获得信息。适用于各类路段。需车载终端对接配合。
- 车辆异常停止预警。当通行道路发生车辆异常停止事件时，后车 TBox/OBU 与前车 TBox/OBU 之间直接通信获得信息。适用于各类路段。需车载终端对接配合。
- 特殊车辆优先通行。救护车、事故处理车、警车等特殊车辆需优先通行某路段时，向车路协同系统发送优先通行请求，由 RSU 将请求广播到周边车辆，接收到避让请求消息的行驶车辆向道路两侧避让让行。适用于各类路段。需车载终端对接配合。
- 交叉路口/碰撞预警。TBox/OBU 结合车载地图判定交叉路口行驶方向其他车辆的速度和位置，当可能有碰撞事故发生时，发出告警。

参 考 文 献

[1] 齐阿齐斯，卡尔诺斯科斯，霍勒，等.物联网：架构、技术及应用：原书第 2 版［M］.王慧娟，邢艺兰，译.北京：机械工业出版社，2021.

[2] 利.物联网系统架构设计与边缘计算：原书第 2 版［M］.中国移动设计院北京分院，译.北京：机械工业出版社，2021.

[3] 高泽华，孙文生.物联网：体系结构、协议标准与无线通信［M］.北京：清华大学出版社，2020.

[4] 郭斌，刘思聪，王柱，等.智能物联网导论［M］.北京：机械工业出版社，2023.

[5] 史治国.物联网系统设计［M］.杭州：浙江大学出版社，2022.

[6] 付强.物联网系统开发：从 0 到 1 构建 IoT 平台［M］.北京：机械工业出版社，2020.

[7] 尹周平，陶波.工业物联网技术及应用［M］.北京：清华大学出版社，2022.

[8] 王强.物联网软件架构设计与实现［M］.北京：北京大学出版社，2022.

[9] 陈鸣，李兵，雷磊.网络工程设计教程：系统集成方法［M］.北京：机械工业出版社，2021.

[10] 巴斯，克莱门茨.软件架构实践：原书第 4 版［M］.周乐，译.北京：机械工业出版社，2023.

[11] 温昱.软件架构设计［M］.2 版.北京：电子工业出版社，2021.

[12] 林幼槐.信息网络工程项目建设质量管理概要［M］.北京：人民邮电出版社，2011.

[13] 何林波，王铁军，聂清彬.网络测试技术与应用［M］.西安：西安电子科技大学出版社，2018.

[14] 萨默维尔.软件工程：原书第 10 版［M］.彭鑫，赵文耘，等译.北京：机械工业出版社，2018.

[15] 普莱斯曼，马克西姆.软件工程：实践者的研究方法：原书第 9 版［M］.王林章，等译.北京：机械工业出版社，2021.

[16] 毛新军，董威.软件过程：从理论到实践［M］.北京：高等教育出版社，2022.

推荐阅读

物联网信息安全（第2版）

ISBN：978-7-111-68061-1

本书特点：

- 采用分层架构思想，自底而上地论述物联网信息安全的体系和相关技术，包括物联网安全体系、物联网信息安全基础知识、物联网感知安全、物联网接入安全、物联网系统安全、物联网隐私安全、区块链及其应用等。

- 与时俱进，融合信息安全前沿技术，包括云安全、密文检索、密文计算、位置与轨迹隐私保护、区块链技术等。

- 校企协同，导入由企业真实项目裁减而成的实践案例，涉及RFID安全技术、二维码安全技术、摄像头安全技术和云查杀技术等。

- 内容丰富，难易适度，既可作为高校物联网工程、计算机科学与技术、信息安全、网络工程等专业的"物联网信息安全"及相关课程的教材，也可作为企业技术人员的参考书或培训教材。

- 配套资源丰富，包括教学建议、在线MOOC、电子教案、实践案例、习题解答等，可供采用本书的高校教师参考。

推荐阅读

物联网接入技术与应用

作者：吴功宜 吴英 书号：978-7-111-72800-9

本书特色

◎ 接入层是智能物联网层次结构中的重要层次。本书力图体现物联网接入技术在物联网中的重要作用。

◎ 内容全面，案例生动。本书对物联网中常用接入技术的研究背景、形成与发展过程、基本概念、技术特点、具体实现和应用领域等做了详细介绍，涵盖面广，辅以大量我国IT企业有关物联网的技术、标准与案例。

◎ 循序渐进，层次分明。本书首先介绍物联网和计算机网络的相关概念，能够帮助读者补充相关的基础知识；接下来介绍各种物联网接入技术，力求突出重点，帮助读者掌握不同的物联网接入技术。

边缘计算技术与应用

作者：吴英 编著 书号：978-7-111-70955-8

边缘计算已成为物联网的关键技术之一，随着5G网络建设的加速，边缘计算的研究与应用速度也不断加快。边缘计算已成为5G "网-云" 融合的最佳切入点，推动 "端-边-云" 的分布式协作格局的形成。本书基于作者的教学和科研经验，系统地介绍了边缘计算的概念、5G边缘计算技术、计算迁移技术、移动边缘计算系统、边缘计算安全、物联网边缘计算应用，以及边缘计算开源平台与软件等内容，帮助读者建立对边缘计算的初步认识。